高等学校"十二五"规划教材

语音信号处理

（第4版）

胡 航 编著

哈尔滨工业大学出版社

内 容 简 介

本书系统地介绍了语音信号处理的基础、概念、原理、方法与应用,以及该学科领域取得的新进展,同时介绍了本门学科的背景知识、发展概况、研究现状、应用前景和发展趋势与方向。既着重基本理论、方法的阐述,又着重新方法和新技术。全书分3篇共17章,其中第1篇语音信号处理基础,包括第1章绪论,第2章语音信号处理的基础知识;第2篇语音信号分析,包括第3章至第9章,介绍语音信号的各种分析方法和技术,包括时域分析、短时傅里叶分析、同态滤波及倒谱分析、线性预测分析、矢量量化技术、隐马尔可夫模型技术以及语音检测分析;第3篇语音信号处理技术与应用,包括第10章至第17章,分别介绍语音编码(1)——波形编码、语音编码(2)——声码器技术及混合编码、语音合成、语音识别、说话人识别、语音增强、神经网络在语音信号处理中的应用及语音信号处理中的一些新兴与前沿技术。

本书物理概念清晰、分析透彻,原理阐述深入浅出、简洁明了,取材广泛、选编得当,内容丰富而新颖,并介绍了本学科领域的一些最新的研究进展;语言通俗易懂、简洁流畅;全书层次分明、条理清晰、结构严谨,并注意各部分内容的有机结合;既有较强的理论系统性,又体现一定应用的观点。

本书可作为高等院校信号与信息处理、通信与电子系统、计算机应用等专业及学科的高年级本科生、研究生教材,也可供该领域的科研及工程技术人员参考。

图书在版编目(CIP)数据

语音信号处理/胡航编著. —4 版. —哈尔滨:哈尔滨工业
大学出版社,2012.7(2021.1 重印)
ISBN 978-7-5603-1489-1

Ⅰ.①语… Ⅱ.①胡… Ⅲ.①语音信号处理-高等学校-教材
Ⅳ.①TN912.3

中国版本图书馆 CIP 数据核字(2012)第 107427 号

策划编辑 张秀华 许雅莹
责任编辑 张秀华
封面设计 卞秉利
出版发行 哈尔滨工业大学出版社
社 址 哈尔滨市南岗区复华四道街 10 号 邮编 150006
传 真 0451 - 86414749
网 址 http://hitpress.hit.edu.cn
印 刷 肇东市一兴印刷有限公司
开 本 787mm×1092mm 1/16 印张 18.5 字数 433 千字
版 次 2012 年 7 月第 4 版 2021 年 1 月第 11 次印刷
书 号 ISBN 978-7-5603-1489-1
定 价 30.00 元

第 4 版前言

20 多年来,语音信号处理的研究取得了很多重大成果,但到目前仍然存在一些难以解决的问题。近年来兴起并得到迅速发展的一系列新兴和前沿的理论与技术,包括智能信息处理技术和现代信号处理技术,提供了解决这些问题的有力工具,正日益受到研究者的重视。这些技术在语音信号处理中得到了有效的应用,并对语音信号处理技术的发展起到了重要的推动作用。

因此,在这次修订中,增加了语音信号处理研究中的一些最新进展、研究方法和成果,同时给出了一些应用。

本次修订的内容包括以下方面:

1. 增加了第 17 章语音信号处理中的一些新兴与前沿技术,介绍了混沌在语音信号处理中的应用,分形在语音信号处理中的应用,支持向量机(SVM)在语音识别和说话人识别中的应用,及语音信号的非线性预测(NLP)编码。

2. 在第 13 章语音识别中增加了 13.7 节:听觉视觉双模态语音识别(AVSR)。

3. 对原书中的一些章节进行了一定的改动,以更好地介绍语音信号处理的基本概念、发展概况、研究现状和应用。

在修订过程中,参考了一些文献和有关研究成果,在此向作者致以诚挚的感谢。由于涉及到的文献很多,书中可能没有将所有参考文献一一列出,在此向有关作者致歉。

本次修订涉及到一些前沿和新兴学科,是最近几年才进行研究与开展的。由于作者在本学科领域的学术水平和业务能力有限,因而书中可能存在一些问题,敬请批评指正。

作 者
2012 年 7 月

修订版前言

　　语音是人类获取信息的重要来源和利用信息的重要手段。语音信号处理是一门发展十分迅速、应用非常广泛的前沿交叉学科,同时又是一门跨学科的综合性应用研究领域和新兴技术。近年来,语音信号处理的研究已取得了丰硕成果,不仅在理论与技术上取得了长足发展,其成果也在许多领域得到了广泛应用。不久的将来,它不仅在理论还是实践上都存在着很大的潜力。语音信号处理已经为人类社会带来了重大的经济和社会效益,今后它在理论上会有更深入的发展,在应用上也将成为科学研究、社会生产乃至人类生活中不可缺少的有用工具。

　　本书对第一版进行了大幅度的修订,包括以下几个方面:

　　1. 在内容上作了很大更新,充实了全书内容,其中每一章均作了大幅度的增补与修改;

　　2. 增加了"神经网络在语音信号处理中的应用"一章;

　　3. 对全书体系进行了调整,为增加系统性,将全部内容分为"语音信号处理基础"、"语音信号分析"和"语音信号处理技术与应用"三篇;

　　4. 结合了作者在本学科领域所作的一些研究工作;

　　5. 注重各种概念、原理、方法、应用及学科进展的逻辑联系和比较;

　　6. 对原书的不当之处和印刷错误进行了修正;

　　7. 对文字进行了进一步润色,力求简洁流畅。

　　本书在修订过程中,力求概念清晰、逻辑严密、分析透彻;论述深入浅出、简洁明了,语言通俗易懂;增强系统性和条理性,并注意内容的组织,做到层次分明、条理清晰、结构严谨,体系完整,并使全书各部分的内容有机结合;注重选材,做到取材广泛、选编得当、简繁适中,使内容丰富而新颖,并力求具有先进性;同时注意联系实际应用。这些将有助于读者迅速、系统而又比较深入地了解本门学科的概念、基础、原理、方法、应用,以及背景知识、发展概况、研究现状、应用前景和发展趋势与方向。

　　本书在修订过程中,参考了一些专著、文献资料及学术期刊的内容,在此向作者们致以诚挚的敬意和感谢!

　　语音信号处理内容非常丰富,涉及很多研究领域,具有很强的实用性,且发展十分迅速。作者学术水平和业务能力有限,又受到多方面因素的限制,因而本书可能存在一些问题,对原书的不当之处可能也没有做到彻底的修改。对于本书中存在的缺点、错误,敬请批评指正。

作　者

2002 年 2 月

前　言

　　语音信号处理是研究用数字信号处理技术对语音信号进行处理的一门学科,是一门新兴的交叉学科,是在多门学科基础上发展起来的综合性技术。它涉及到数字信号处理、模式识别、语言学、语音学、生理学、心理学及认知科学和人工智能等许多学科领域。

　　语音信号处理是目前发展最为迅速的信息科学研究领域中的一个,其研究涉及一系列前沿课题,且处于迅速发展之中。其研究成果具有重要的学术及应用价值。

　　从技术角度讲,语音信号处理是信息高速公路、多媒体技术、办公自动化、现代通信及智能系统等新兴领域应用的核心技术之一。用数字化的方法进行语音的传送、储存、识别、合成、增强等是整个数字化通信网中最重要、最基本的组成部分之一。同时,自然语言作为一种理想的人机通信方式,可为计算机、自动化系统等建立良好的人机交互环境,提高社会的信息化和自动化程度。目前,语音技术处于蓬勃发展时期,有大量产品投放市场,并且不断有新产品被开发研制,具有广阔的市场需要和应用前景。

　　本书介绍了语音信号处理的基础、原理、方法和应用,以及该学科领域取得的一些新成果、新进展及新技术。全书共分15章,其中第2章介绍的是语音信号处理的基础知识。第3章到第8章介绍的是语音信号的各种分析和处理技术,包括传统方法,如时域、频域处理等,还包括新方法和新技术,如同态处理、线性预测分析、矢量量化、隐马尔可夫模型技术等。第2章至第6章是各种具体应用领域的共同基础部分。第9章至第15章介绍的是语音信号的各种处理及应用,包括基音提取与共振峰估值、波形编码、声码器、语音合成、语音识别、说话人识别及语音增强。

　　本书的特点如下:

　　1. 力求系统地反映语音信号处理的基本原理与方法,以及该领域的新进展和新技术;在篇幅上,按照基础—分析—处理与应用的顺序组织材料;在选材上,使之既能满足教学需要,又反映出国内外某些具有代表性的新成果。对具体技术在整个语音处理体系中的地位、作用以及与其他技术之间的关系,也给予介绍。

　　2. 以尽可能简明、通俗的语言,以尽可能少的篇幅,以深入浅出、通俗易懂的方式将这门学科介绍给读者,突出基本概念、原理、方法、应用、研究现状及学科发展趋势,而不是去过多追求数学推导和证明的严谨性。为便于理解,书中配备了较多的曲线、图表及实例。

　　3. 为了突出重点和节省篇幅,书中对语音信号处理的基础知识部分,包括语音学、语音生成、语音感知等内容进行了大幅度压缩,只对其最基本和必要的部分进行了介绍。有关这一部分的详细内容请参阅有关文献。同时,书中将主要篇幅放在语音信号处理的原理与方法的阐述上,尽量避免涉及语音学及语言学等内容。

4.除每章末附有参考文献外,书末将常用的专业名词以中英文对照的方式列出。

本书是在作者为哈尔滨工业大学电子与通信工程系信息工程专业本科生讲授"语音信号处理"课及为信号与信息处理学科硕士研究生开设"语音信号处理"课所编写的校内教材基础上,重新进行编写的。

本书可作为高等院校信号与信息处理、通信、模式识别与人工智能等专业及学科高年级本科生、硕士研究生教材,也可供该领域的科研及工程技术人员参考。

本书在编写过程中参考了大量国内外文献资料,在此向著译者们致谢!

语音信号处理是一门理论性强、实用面广、内容新、难度大的交叉学科,同时这门学科又处于迅速发展之中,尽管作者在各方面作了很大努力,但受水平、学识和经验所限,编写时间又很仓促,书中难免会有缺点及疏漏之处,敬请给予批评指正。

作　者
1999 年 9 月

目　　录

第1篇　语音信号处理基础

第2篇　语音信号分析

第3篇　语音信号处理技术与应用

第1篇 语音信号处理基础

第1章 绪 论

1.1 语音信号处理概述

通过语言相互传递信息是人类最重要的基本功能之一。语言是从千百万人的言语中概括总结出来的规律性的符号系统,是人们进行思维、交际的形式。语言是人类特有的功能,它是创造和记载几千年人类文明史的根本手段,没有语言就没有今天的人类文明。语音是语言的声学表现,是声音和意义的结合体,是相互传递信息的最重要的手段,是人类最重要、最有效、最常用和最方便的交换信息的形式。语音中除包含实际发音内容的语言信息外,还包括发音者是谁及喜怒哀乐等各种信息。在人类已构成的通信系统中,语音通信方式(比如日常的电话通信)早已成为主要的信息传递途径之一,具有最方便和最快捷的特点。语言和语音也是人类进行思维的一种依托,它与人的智力活动密切相关,与文化和社会的进步紧密相连,具有最大的信息容量和最高的智能水平。

语音信号处理是研究用数字信号处理技术对语音信号进行处理的一门学科,它是一门新兴的学科,同时又是综合性的多学科领域和涉及面很广的交叉学科。虽然从事这一领域研究的人员主要来自信号与信息处理及计算机应用等学科,但是它与语音学、语言学、声学、认知科学、生理学、心理学等许多学科也有非常密切的联系。

语音信号处理是许多信息领域应用的核心技术之一,是目前发展最为迅速的信息科学研究领域中的一个。语音信号处理是目前极为活跃和热门的研究领域,其研究涉及一系列前沿科研课题,且处于迅速发展之中;其研究成果具有重要的学术及应用价值。

20 世纪 60 年代中期形成的一系列数字信号处理的理论和算法,如数字滤波器、快速傅里叶变换(FFT)等是语音信号数字处理的理论和技术基础。随着信息科学技术的飞速发展,语音信号处理在最近 20 多年中取得了重大进展:进入 70 年代之后,提出了用于语音信号的信息压缩和特征提取的线性预测技术(LPC),已成为语音信号处理最强有力的工具,广泛应用于语音信号的分析、合成及各个应用领域;以及用于输入语音与参考样本之间时间匹配的动态规划方法。80 年代初一种新的基于聚类分析的高效数据压缩技术—矢量量化(VQ)应用于语音信号处理中;而用隐式马尔可夫模型(HMM)描述语音信号过程的产生是 80 年代语音信号处理技术的重大进展,目前 HMM 已构成了现代语音识别研究的重要基石。

近年来人工神经网络的研究取得了迅速发展,语音信号处理的各项课题是促使其发展的重要动力之一;同时,它的许多成果也体现在有关语音信号处理的各项应用之中,尤其语音识别是神经网络的一个重要应用领域。

从技术角度讲,语音信号处理是信息高速公路、多媒体技术、办公自动化、现代通信及智能系统等新兴领域应用的核心技术之一。在高度发达的信息社会用数字化的方法进行语音的传送、存储、识别、合成、增强等是整个数字化通信网中最重要、最基本的组成部分之一。同时,语言不仅是人类相互间进行沟通的最自然和最方便的形式,也是人与机器之间进行通信的重要工具,它是一种理想的人机通信方式,因而可为计算机、自动化系统等建立良好的人机交互环境,进一步推动计算机和其他智能机器的应用,提高社会的信息化和自动化程度。

语音处理技术的应用极其广泛,包括工业、军事、交通、医学、民用等各个领域。目前,语音处理技术处于蓬勃发展时期,已有大量产品投放市场,并且不断有新产品被开发研制,具有极其广阔的市场需要和应用前景。

目前对语音信号均采用数字处理,这是因为数字处理与模拟处理相比具有许多优点。其表现为:① 数字技术能够完成许多很复杂的信号处理工作;② 通过语音进行交换的信息本质上具有离散的性质,因为语音可以看做是音素的组合,这就特别适合于数字处理;③ 数字系统具有高可靠性、廉价、快速等特点,很容易完成实时处理任务;④ 数字语音适于在强干扰信道中传输,也易于进行加密传输。因此,数字语音信号处理是语音信息处理的主要方法。

语音信号处理是一门边缘学科,它主要是数字信号处理和语音学等学科相结合的产物,所以它必然受这些学科的影响,同时也随着这些学科的发展而发展。语音信号处理又简称为语音处理,它的研究目的和处理方法多种多样,一直是数字信号处理技术发展的重要推动力量,而数字信号处理的很大部分内容也涉及语音信号处理。数字信号处理技术的发展,其中的一部分就是由数字语音处理的研究中得到的。无论是谱分析方法,还是数字滤波技术或压缩编码方法等,许多新方法的提出,首先是在语音处理中获得成功,然后再推广到其他领域的。同时,它始终与当时信息科学中最活跃的前沿学科保持密切的联系,并且一起发展。比如说,神经网络、模糊集理论、子波分析和时频分析等研究领域常将语音处理作为一个应用实例,而语音处理也常常从这些领域的研究进展中取得突破。

高速数字信号处理器的诞生和发展也是与语音处理的发展分不开的,语音识别和语音编码算法的复杂性和实时处理的需要,就是促使人们去设计这样的处理器的重要推动力量之一。这种产品问世之后,又首先在语音处理的应用中得到最有效的推广应用。语音处理产品的商品化对这样的处理器有着巨大的需求,因此它反过来又进一步推动了微电子技术的发展。

语音信号处理需要有两方面的知识作为基础,除了数字信号处理外,还有语音学。语音信号处理与语音学存在十分密切的关系。语音学是研究言语过程的一门科学,它包括三个研究内容:发音器官在发音过程中的运动和语音的音位特性;语音的物理属性;以及听觉和语音感知。

1.2　语音信号处理的发展概况

1874 年电话的发明可以认为是现代语音通信的开端。电话的理论基础是尽可能不失真地传送语音波形,这种"波形原则"几乎统治了整整一百年。1939 年产生了一种概念全新的语音通信技术,这就是通道声码器技术。这种声码器打破语音信号的内部结构,使之解体,提取其参数加以传输,在接收端重新合成语音。这一技术包含了其后出现的语音参数模型的基本思想,在语音信号处理领域具有划时代的意义。40 年代后期,研制成功了将语音信号的时变谱用图形表示出来的仪器——语谱仪,为语音信号分析提供了一个有力的工具。语谱仪的研制成功对声学语音学的发展曾经起过很大的推动作用。在语音信号分析研究的基础上,电话通信技术得到了很大发展,同时也开展了人机自然语音通信的研究。这样,便在 50 年代初出现了第一台口授打字机和第一台英语单词语音识别器。但由于语音信号分析的理论尚未取得决定性成熟,工艺技术水平尚未达到一定高度,这些研究工作都未取得决定性成功。进入 60 年代,语音信号处理的研究工作取得了新的进展,其主要标志是 1960 年瑞典科学家 Fant 的著名论文《语音产生的声学理论》的发表,它为建立语音信号数字模型奠定了基础。另一方面,数字计算机的应用得到了推广。特别重要的是 60 年代中期数字信号处理的技术和方法取得了突破性进展,其主要标志是快速傅里叶变换算法的成功应用。这样,出现了第一台以数字计算机为基础的孤立词语音识别器,继而又研制出第一台有限连续语音识别器。70 年代初,Flanagan 出版的重要著作《语音分析、合成和感知》,奠定了数字语音处理的系统的理论基础。与此同时,倒谱分析技术和线性预测技术在语音处理中的成功应用,微电子学和集成电路技术取得的进展,价格低廉的微处理器芯片及专用信号处理芯片的不断问世,再次给数字语音处理技术的发展和推广应用以巨大的推动力。发展到今天,虽然语音信号处理领域中还有许多关键问题尚未很好解决,但已经在很多研究中取得了巨大进展。可以相信,经过长期不断的艰苦努力,必将取得更大的成果。

语音信号处理有着广泛的应用领域,其中最重要的包括语音编码、语音合成、语音识别、说话人识别及语音增强。

语音编码技术是伴随着语音的数字化而产生的,目前主要应用在数字语音通信领域。语音信号的数字化传输,一直是通信的发展方向之一。采用低速率语音编码技术进行语音传输比语音信号的模拟传输有诸多优点。由于简单地将连续语音信号抽样量化得到的数字语音信号,在传输时要占用较多的信道资源,因此,为在尽量减少失真的情况下,使得同样的信道容量能够传输更多路的信号,就必须对模拟语音信号进行高效率的数字表示,即进行压缩编码,就成为语音编码技术的主要内容;如何在中低速率上获得高质量的语音,一直是其研究的主要目标。低数码率编码在无线通讯、网络安全、数字电话及存储系统等方面有广泛的应用前景。语音编码技术的研究开始于 20 世纪 30 年代末发明的声码器,但是直至 70 年代中期,中低比特率语音编码一直没有大的突破。而在最近 20 多年中整个语音编码技术产生了一个大的飞跃。1980 年世界上公布了一种 2.4 kbit/s 的标准编码算法,使人们所希望的在普通电话带宽信道中传输数字电话的愿望终于变成事实,而数字电话具有保密性高、容易克服噪声累计现象、便于进行程控交换等优点。然而,上述的线性预测编码的音质并不令人满意。80 年代以后,提出了众多新型编码算法,可以在 16 kbit/s、4.8 kbit/s 以至 2.4 kbit/s

上提供高质量的语音,而且这些算法都可用单片数字信号处理器实时实现。目前,实用系统的最低压缩速率已经达到 2.4 kbit/s 甚至更低,在大大节省信道带宽的同时还保证了语音质量。目前的研究是努力减小编码解码过程所产生的时延,以使其在移动通信中得到广泛应用。

近年来,高质量的语音编码技术已经开始大规模地走向实用化,各种国际标准的制定集中反映了这种技术发展的水平和趋势。语音编码的研究和通信技术的发展密切相关。现代通信的重要标志是实现数字化,语音编码技术的根本作用是使语音通信数字化,而语音通信的数字化将使通信技术的水平提高一大步。对于目前的蓬勃兴起的移动通信和个人通信,语音编码技术是非常重要的支撑技术。语音编码技术的进展对通信新业务的发展有着极为明显的影响。同时,语音编码产品化的过程比语音识别容易,其研究成果能很快推向实用,对通信事业的发展将起重要的推动作用。

目前计算机已经得到了广泛的应用,但计算机使用起来还不够方便,因为人与计算机的通信通常是采用键盘和显示器,这种方式在很多场合效率低下,操作也不方便。因而人们期望着计算机具有智能的接口。其目的是使人们能够更加方便、更加自然与计算机打交道,即使计算机象人一样能接收、识别并理解声、文、图信息,能够看懂文字、听懂语言、朗读文章,甚至能够进行不同语言之间的翻译。智能接口技术的研究既有巨大的应用价值,又有基础的理论意义,多年来一直是最活跃的研究领域,成果也最为显著。这里,人们特别期望的是智能的语音接口,最理想的是能用自然语言与机器进行对话。语音是人与人之间以及人与计算机之间的最方便的一种信息交换方式。因此,使计算机具有类似于人的听觉功能和发音功能,是人们长期追求的目标。

语音识别与语音合成为人机交流开辟了一条新的途径。语音识别和语音合成的研究是智能接口技术中的标志性成果。语音合成和语音识别是人工智能的重要课题。语音合成的目的是使计算机说话。它是一种人机语音通信技术,其应用领域十分广泛,这些应用已经发挥了很好的社会效益。对语音合成应用的社会需求是广泛和迫切的,因而语音合成技术的研究和产品开发具有很好的发展前景。目前,有限词汇的语音合成技术比较成熟,在自动报时、报警、报站、电话查询服务等方面得到了广泛应用。而无限词汇语音合成的音质的改善存在较大困难,仍未达到完美的程度。这是当前语音合成研究的主要方向,从社会需求来看也是迫切需要解决的问题。

语音识别是使计算机判断出所说的话的内容。语音识别和语音合成一样,也是一种人机语音通信技术。语音识别的研究具有重要意义,特别是对于汉语来讲,由于汉字的书写和录入比较困难,通过语音输入汉字信息就是显得特别重要。计算机终端的微型化也使键盘操作不方便,使语音输入代替键盘输入的必要性变得更加突出。在计算机智能接口技术及多媒体技术的研究中,语音识别技术具有很大的应用潜力。同时,为了实现人机语音通信,必须具备语音识别和语音理解两种功能。

语音识别的研究比语音合成困难得多,其起步也较晚。它的研究始于 20 世纪 50 年代,已有近半个世纪的历史,到目前已取得了长足的进步,而且近年来不断有语音识别器(主要是集成电路芯片)投放市场。目前,小词汇量特定人孤立词语音识别技术已经成熟,而大词汇量连续语音识别系统的性能有待进一步改善。自 90 年代以来,语音识别的研究重点便集中在大词汇量非特定人连续语音识别上,目前比较有代表性的是 1997 年 IBM 公司推出的

Via Voice 大词汇量连续语音识别系统。

20世纪90年代以来,语音识别的研究逐渐由实验室走向实用化。一方面,对声学语音学统计模型的研究逐渐深入,鲁棒的语音识别、基于语音段的建模方法及隐马尔可夫模型与人工神经网络的结合成为研究的热点。另一方面,为了语音识别实用化的需要,听觉模型、快速搜索识别算法,以及进一步的语言模型的研究课题受到很大的关注。在语音识别方面,很多专业人员对其理论和应用进行了广泛的研究,有关这方面的文献浩如烟海。然而,语音识别是一项综合性的、难度很大的高科技项目,从语音中提取满意的信息的过程是一项艰巨复杂的任务。语音识别研究中一直面临着许多难以解决的问题,可以说存在着无穷无尽的困难。目前是语音识别研究的黄金时期,该领域的研究得到了前所未有的重视,国内外均投入了大量人力物力,语音识别因而成为科学与技术研究的热点。

计算机和集成电路技术的发展,推动了语音信号处理的实用化。目前有很多专用语音处理芯片,这些芯片与微处理机或微型计算机相结合可以组成各种复杂的语音处理系统。

1.3　本书的内容

本书系统地介绍了语音信号处理的基础、原理、方法、应用、研究现状及学科发展趋势,以及新方法与新技术。全书分为3篇,共17章。第1篇为语音信号处理基础,其中第1章为绪论;第2章介绍了进行语音信号处理所必需的有关语音信号的基础知识;第2篇为语音信号分析,其中第3章至第8章介绍了语音的各种分析和处理方法,包括时域分析、短时傅里叶分析、同态滤波和倒谱分析、线性预测分析、矢量量化技术及隐马尔可夫模型技术等。我们认为,这些内容包括了当前语音信号处理中最重要的理论和方法。而第9章介绍了语音特征参数的提取方法。第3篇为语音信号处理技术及应用,包括第10章至第17章,介绍了语音处理的理论和方法的各种实际应用,包括语音编码(分为波形编码、声码器技术及混合编码两部分)、语音合成、语音识别、说话人识别、语音增强、神经网络在语音信号处理中的应用及语音信号处理中的一些新兴与前沿技术。这一部分起着理论联系实际的作用,从应用的角度介绍了各种语音处理方法所形成的实际系统,同时也从发展的角度介绍了语音处理学科的发展动态和前景。

第2章 基础知识

2.1 概　述

在研究分析各种语音信号处理技术及其应用之前,必须了解有关语音信号的一些基本特性。为了对语音信号进行数字处理,需要建立一个能够精确描述语音产生过程和语音全部特征的数字模型,即根据语音的产生过程建立一个既实用又便于分析的语音信号模型。为了处理和实现上的简便,这个模型应尽可能简单。然而,人类语音的产生过程很复杂,语音中所包含的信息又十分丰富和多样,因而至今尚未找到一种能够细致描述语音产生过程和所有特征的理想的模型。在已经提出来的许多种模型中,Fant 于 1960 年提出的线性模型是模拟语音主要特征的较成功的模型之一。该模型以人类语音的发音生理过程和语音信号的声学特性为基础,成功地表达了语音的主要特征,在语音编码、语音识别和语音合成等领域得到了广泛应用。这是本章所要介绍的模型,也是以后各章讨论的基础。

本章还将介绍与语音处理关系密切的语音学的一些基本内容。语音学是研究言语过程的一门科学。语音就是人类说话的声音,它是语言信息的声学表现。语言交际是通过连结说话人大脑和听话人大脑的一连串心理、生理和物理的转换过程实现的,这个过程分为"发音—传递—感知"三个阶段。因此现代语音学发展为与此相应的三个主要分支:发音语音学、声学语音学、听觉语音学。

发音语音学主要研究语音产生机理,借助仪器观察发音器官,以确定发音部位和发音方法。这一学科目前已相当成熟。声学语音学研究语音传递阶段的声学特性,它与传统语音学和现代语音分析手段相结合,用声学和非平稳信号分析理论来解释各种语音现象,是近几十年中发展非常迅速的一门新学科。听觉语音学研究语音感知阶段的生理和心理特征,也就是研究耳朵是怎样收听语音的,大脑是怎样理解这些语音的,以及语言信息在大脑中存储的部位和形式。听觉语音学与心理学关系密切,是近几十年才发展起来的新兴学科,目前还处于探索阶段。语音信号处理的进一步发展在很多方面依赖于语音信息的研究,以此为目的的语音学的研究工作也非常活跃。

本章要介绍的语音的产生过程属于发音语音学的内容,语音的声学特性属于声学语音学的内容,而语音感知属于听觉语音学的内容。

本章所介绍的基础知识对于语音信号处理的任何一个研究领域都是必需的,其中贯穿全书的是语音信号产生的数字模型。

2.2　语音产生的过程

声音是一种波,能被人耳听到,它的振动频率在 20 ~ 20 000 Hz 之间。自然界中包含各种各样的声音,如风声、雷声、雨声、机械发出的声音,乐器发出的声音等。而语音是声音的一种,它是由人的发音器官发出的、具有一定语法和意义的声音。语音的振动频率最高可达 15 000 Hz 左右。

人类生成语音过程的第一阶段是决定想传给对方的内容是什么,然后将内容转换为语言的形式。选择表现其内容的适当语句,将其按文法规则排列,便能构成语言的形式。由大脑对发音器官发出运动神经指令,发音器官各种肌肉运动,振动空气而形成语音波。这个过程可分为神经和肌肉的生理学阶段和产生语音波、传递语音波的物理阶段。

人类的语音是由人体发音器官在大脑控制下的生理运动产生的。人的发音器官包括肺、气管、喉(包括声带)、咽、鼻和口等,如图 2-1 所示。这些器官共同形成一条形状复杂的管道,其中喉以上的部分称为声道,随着发出声音的不同其形状是变化的;而喉的部分称为声门。在发音器官中,肺和气管是整个系统的能源,喉是主要的声音生成机构,而声道则对生成的声音进行调制。

产生语音的能量,来源于正常呼吸时肺部呼出的稳定气流,喉部的声带既是阀门,又是振动部件。在说话的时候,声门处气流冲击声带产生振动,然后通过声道响应变成语音。由于发不同的音时,声道的形状不同,所以听到不同的声音。

喉部的声带是对发音影响很大的器官。声带的声学功能是为语音提供主要的激励源:由声带振动产生声音,是形成声音的基本声源。呼吸时左右两声带打开,讲话时则合拢起来。两声带之间的部位也称为声门。讲话时声带合拢因而受声门下气流的冲击而张开;但由于声带韧性迅速地闭合,随后又张开而闭合……。声带开启和闭合使气流形成一系列脉冲。每开启和闭合一次的时间即振动周期称为音调周期或基音周期,其倒数称为基音频率,也简称为基频。基音频率取决于声带的尺寸和特性,也决定于它所受的张力。声带振动的频率即基频决定了声音频率的高低,频率快则音调高,频率慢则音调低。基音的范围约为 80 ~ 500 Hz 左右,它随发音人的性别、年龄及具体情况而定,老年男性偏低,小孩和青年女性偏高。

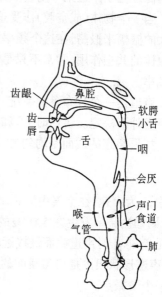

图 2-1 人的发音器官简图

语音由声带振动或不经声带振动来产生,其中由声带振动产生的音统称为浊音,而不由声带振动产生的音统称为清音。浊音中包括所有的元音和一些辅音,而清音中包括另一部分辅音。

声道是声门至嘴唇的所有器官,由咽、口腔和鼻腔组成,它是一根从声门延伸至口唇的非均匀截面的声管,其外形变化是时间的函数,发不同音时其形状变化是非常复杂的。成年男子声道的平均长度约 17 cm,而声道的截面积取决于其他发音器官的位置,它可以从零(完全闭合)变化到 20cm²。在产生声音的过程中,声道的非均匀截面又是在随着时间不断地变化。声道是气流自声门声带之后最重要的、对发音起决定性作用的器官。

下面介绍语音的产生过程。空气从肺部排出形成气流。空气通过声带时,如果声带是绷紧的,则声带将产生张驰振动,即声带周期性地启开和闭合。声带开启时,空气流从声门喷射出来,形成一个脉冲;声带闭合时相应于脉冲序列的间歇期。因此,这种情况下在声门处产生出一个准周期性脉冲序列的空气流,该空气流经过声道后最终从嘴唇辐射出声波,这便是"浊音"语音。如果声带是完全舒展开来,则肺部发出的空气流将不受影响地通过声门。空气流通过声门后,会遇到两种不同的情况:一种情况是,如果声道的某个部位发出了收缩而形成一个狭窄的通道,当空气流到达此处时被迫以高速冲过收缩区,并在附近产生出空气的湍流,这种湍流通过声道后便形成"摩擦音"或"清音";另一种情况是,如果声道的某个部位完全闭合在一起,当空气流到达时便在此处建立空气压力,一旦闭合点突然开启便会让气压快速释放,经过声道后便形成"爆破音"。

由此可见,语音是由空气流激励声道最后从嘴唇或鼻孔或同时从嘴唇和鼻孔辐射出来而产生的。对于浊音、清音和爆破音来说,激励源是不同的,浊音语音是位于声门处的准周期脉冲序列,清音的激励源是位于声道的某个收缩区的空气湍流(类似于噪声),而爆破音的激励源是位于声道某个闭合点处建立起来的气压及其突然释放。

当一个物体(或空腔)作受迫振动,所加驱动(或激励)频率等于振动体的固有频率,便以最大的振幅来振荡,在这个频率上其传递函数具有极大值,这种现象称之为共振。实际上,共振体的共振作用,常常只是在一个固有频率上起作用,它可能有多个响应强度不同的共振频率。

声道是一个分布参数系统,它是一谐振腔,因而有许多谐振频率。谐振频率由每一瞬间的声道外形决定。讲话时,舌和唇连续运动,使声道常常改变外形和尺寸,随即改变谐振频率。如果声道的截面是均匀的,谐振频率将发生在

$$F_n = \frac{(2n-1)c}{4L}, \qquad n = 1,2,3\cdots \tag{2-1}$$

式中,c 为声速,在空气中为 $c = 350$ m/s;L 为声道长度,n 表示谐振频率的序号。如果 $L = 17$ cm,则谐振频率发生在 500 Hz 的奇数倍上,即 $F_1 = 500$ Hz,$F_2 = 1\,500$ Hz,$F_3 = 2\,500$ Hz,…。发元音 e[ə] 时声道截面最接近于均匀断面,所以谐振频率也最接近于上述值。而发其他音时,声道形状很少是均匀断面的,这些谐振点之间的间隔不同,但平均仍然大约为每 1 kHz 有一个谐振点。

这些谐振频率称为共振峰频率,简称为共振峰,它是声道的重要声学特性。声道对于一个激励信号的响应,可以用一个含有多对极点的线性系统来近似描述。每对极点都对应一个共振峰频率。这个线性系统的频率响应特性称为共振峰特性,它决定信号频谱的总轮廓,或称谱包络。共振峰和声道的形状与大小有关,一种形状对应着一套共振峰。当声音沿着声道传播时,其频谱形状就会随声道而改变。语音的频率特性主要是由共振峰决定的。而声道的共振峰特性决定所发声音的频谱特性,即音色。人在说话时,元音的音色和区别特征主要取决于声道的共振峰特性。共振峰特性可以从语音信号频谱分析得到的幅频特性观察到。声门脉冲序列具有丰富的谐波成分,这些频率成分与声道的共振频率之间相互作用的结果对语音的音质有很大影响。由于声道的大小随不同讲话而不同,因此共振峰频率与讲话者有密切关系。即使是音素相同,但因讲话者不同,共振峰也有相当大的变化。

共振峰用依次增加的多个频率表示,如 F_1、F_2… 等,称为第一共振峰、第二共振峰 …等。为了得到高质量的语音,或者说为了精确描述语音,必须采用尽可能多的共振峰。但在实际应用中,只有头三个共振峰才重要的。在声学语音学中通常考虑 F_1 和 F_2,但在语音识

别技术中至少要考虑三个共振峰,而在语音合成技术中考虑五个共振峰是最为现实的。表2-1给出了前三个共振峰的大致范围,这些数值只是概略的,因为不同的人特性变化相当大。

表 2-1　前三个共振峰的频率范围

	频率范围 /Hz		
	成年男子	成年女子	带　　宽
F_1	200 ～ 800	250 ～ 1 000	40 ～ 70
F_2	600 ～ 2 800	700 ～ 3 300	50 ～ 90
F_3	1 300 ～ 3 400	1 500 ～ 4 000	60 ～ 180

声波的共振也称为共鸣。声道截面积随纵向位置而改变的函数,称为声道截面积函数,它决定共振峰的特性。

2.3　语音信号的特性

2.3.1　语言和语音的基本特性

构成人类语音的是一种特殊的声音,是由人讲话所发出的声音。语音由一连串的音所组成。语音中的各个音的排列由一些规则所控制,对这些规则及其含意的研究属于语言学的范酬,而对语音中音的分类和研究则称为语音学。

语音具有被称为声学特征的物理性质。语音既然是人的发音器官发出来的一种声波,它就和其他各种声音一样,也具有声音的物理属性。它具有以下一些特性:① 音质。它是一种声音区别于其他声音的基本特征。② 音调。就是声音的高低。音调取决于声波的频率:频率快则音调高,频率慢则音调低。③ 声音的强弱。音强即音量,又称响度。它是由声波振动幅度决定的。④ 声音的长短。也称为音长,它取决于发音持续时间的长短。

语音除了具有上述的声音的物理属性外,它还具有另一个重要性质,这就是语音总是和一定的意义相联系着,一定的语音要表达一定的思想和意义。语音所代表的意义是历史发展形成的,是约定俗成。语音不仅表达了一定的意义和思想内容,而且还能表达出一定的语气、情感,甚至许多"言外之意"。因此,语音中所包含的信息是十分丰富和多种多样的。

说话的时候,很自然地一次发出来的、有一个响亮的中心的、听的时候也很自然地感到是一个小的语音片断的,称为音节。音节是由音素结合而构成的语音流最小单位,是发声的最小单位。而音素是语音的最小、最基本的组成单位;音素都有其独立的各不相同的发音方法和发音部位,它是使听者能区别一个单词和另一个单词的声音的基础。一个音节可以由一个音素构成,也可以由几个音素构成。实际上,各种音素组合而构成语音时的连接方法有几种限制,并不是所有的组合都存在。因此,一种语言中所用的音节数,远少于音素的组合数。词是由音节结合而成的更大单位,单词简称词,它是文章的基础,是有意义的语言的最小单位;而句子是词的进一步组合。

任何语言的语音都有元音和辅音两种音素。一个音节由元音和辅音构成。元音是由声带振动发出的声音,构成了一个音节的主干,无论从长度看还是从能量看,元音在音节中都占有主要部分。每个元音的特点是由声道的形状和尺寸决定的。所有元音都是浊音。辅音是由呼出的气流克服发音器官的阻碍而产生的。发辅音时如果声带不振动,则称为清音;发辅音时如果声带振动,则称为浊辅音,它是乐音和清音的混合音。在已知语言中元音有少至2个多至12个,辅音从10多个至70多个。而音节的定义不一定明确,但是一个音节可以是1个元音和1～2个辅音组合。

重音、语调和声调也是构成语言学的一部分,它们或者用来表示一句话中重要的单词,或者用来表示疑问句,或者用来表示说话人的感情。重音和语调是一种附加的信息,其中词的重音是西方语言如英语的一个重要特点,而语调实际上是讲话声音的调节,它决定于诸多因素,如语气、环境、讨论的话题等。语音中还有一个问题是同音异义词,它是指有相同的语音但是有两个或更多的不同意义。如汉语中的"语"、"与"、"雨",英语中的"site"、"sight"、"cite"等就是同音异义词。语音除了上述一些特点外,还存在所谓超语言学特点,如低语表示秘密、高声说话表示愤怒等。

对于我们所使用的汉语,有其特殊的、不同于英语的特点。汉语的特点为自然单位是音节,每一个字都是单音节字,即汉语的一个音节就是一个字的音,这里字是独立的发音单位;再由音节字构成词(其中主要是两音节字构成的词),最后再由词构成句子。而每一个音节字又都是由声母和韵母拼音而成;在音节中,声母比较简单,它们只是一个音素;而韵母则比较复杂。

汉语语音的另一个重要特点是它具有声调(即音调在发一个音节中的变化),这使它使用语声较其他语言更为经济。我国公布的汉语拼音方案中采用声调这个词。声调是一种音节在念法上的高低升降的变化。汉语有四种声调,即阴平(-)、阳平(ˊ)、上声(ˇ)、去声(ˋ),由于有声调之分,所以参与拼音的韵母又有若干种(包括轻声在内至多有5种)声调。

汉语的特点是音素少、音节少。它大约有64个音素,但只有400个左右音节,即400个基本的发音。如考虑每个音节有5个声调,也只不过有1 200多个有调音节即不同的发音。

在我国,传统上习惯对汉语语音的分析,是将每个"字音"分为"声母"和"韵母"两个部分。在汉语语音中,辅音也称为声母,元音也称为韵母。汉语中有21个声母和39个韵母。每个"字音"又有四种音调。所以说,汉语中的音节即字音是由声母、韵母和声调按一定方式构成的,即由声、韵、调三个因素构成的。声母都是由辅音充当的,但辅音不一定就是声母。汉语中共有22个辅音,其中21个可以作为声母。韵母可以由元音充当,例如汉语的10个元音中有9个可以作为韵母。韵母也可以由复合元音充当,还可以由元音加上鼻音构成韵母,所以汉语中共有39个韵母。

2.3.2　语音的时间波形和频谱特性

下面以元音为例讨论一下语音波形的性质,这些性质在后面要经常地引用。

因为元音属于浊音,所以其声门波形为图2-2所示的脉冲序列,脉冲之间的间隔为基音周期,这个函数用 $g(t)$ 表示。将它加于声道,得到的语音信号是 $g(t)$ 与声道冲激响应 $h(t)$ 的卷

图2-2　元音的周期声门激励脉冲

积。这里假定 $g(t)$ 不受声道形状影响。假定声道传递函数是全极点的,其冲激响应就是一系列衰减的正弦波之和, $H(z)$ 的每一个极点对应一个衰减振荡,得到的典型时间函数如图2-3所

示。每个高峰代表一个新的声门脉冲的起点,因此,它们之间的间隔等于声门脉冲的周期。

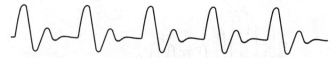

图 2-3　声道对声门脉冲响应的输出

下面考察其频域特性。周期声门脉冲序列具有丰富的谐波,如果将 $g(t)$ 考虑为冲激函数响应与周期声门脉冲波形的卷积,得到的频谱就是间隔等于基音频率的脉冲序列与声门波形的傅里叶变换的乘积。这种变换通常有复数零点落于我们关心的频率范围内,这些零点在与共振峰相互作用的激励频谱包络中产生最小点。随着基音、说话条件、说话人不同及其他条件的变化,声门脉冲形状有很大的变化,因此准确的零点位置难以确定。通常大约在 $0.8 \sim 1.0$ kHz 以上用 12 dB/ 倍频程的下降来表示这种影响。

还有一个因素要考虑。由于语音从嘴唇辐射出去时其声压与口腔中体速度的微分成正比,这使语音频谱的幅度有 6 dB/ 倍频程的提升。通常,把这种提升的影响与声门的影响结合起来,以便于研究声道滤波器,采用 6 dB/ 倍频程下降的脉冲序列作为“综合”的激励频谱。由于加窗是实际谱分析的一部分,所以图 2-4 表示的是加窗之后的激励频谱。

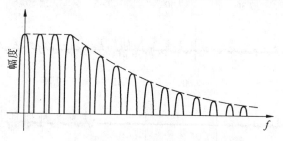

图 2-4　理想的声门激励脉冲序列频谱

将这样得到的激励作用于声道。设上述所示的有效频谱为 $G(f)$,声道传递函数为 $H(f)$,则输出频谱为 $G(f)H(f)$。$H(f)$ 的特点是最大值与共振峰相对应,见图 2-5。

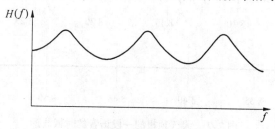

图 2-5　声道频率特性,最大值与共振峰相对应

输出语音频谱如图 2-6 所示,其中虚线称为谱包络,其形状是由 $H(f)$ 和 $G(f)$ 的包络乘积得到的。恢复这个谱包络是许多语音处理应用中的主要问题,因为正是谱包络携带了主要的发音信息。第六章介绍的线性预测技术之所以非常重要,是由于它所提供的谱包络分析方法是快速、准确,并且在理论上完全得到证明的方法。

为了直观地了解语音的特性,图 2-7 给出了一段语音的时间波形。它是摘自天气预报中的一个句子,该句话为“ten above in the suburbs”。其取样率为 8 kHz;时间延迟在图中用相等

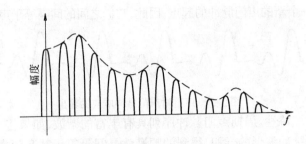

图 2-6　元音信号的频谱示意图

间隔来表示。

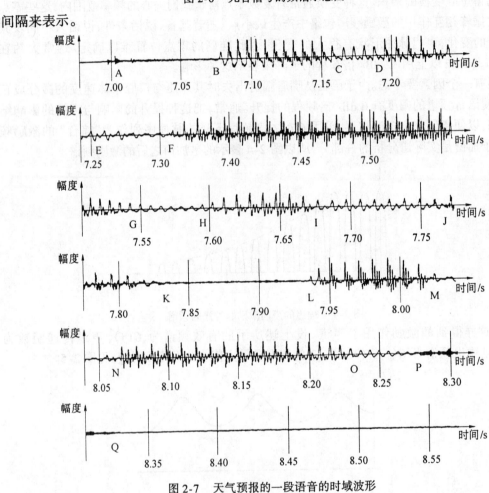

图 2-7　天气预报的一段语音的时域波形

　　由图可见,在不同的音素之间实际上没有明显的分界,几乎每个音素都逐渐消失在其后面的音素中。图中对音素的描述都是从一定时刻开始并用大写英文字母表示,但这只是大致的位置。

　　[t]音的开始大约发生在7 s这一时刻,图中用A点表示。由B点开始是"ten"中的[ε]音。这时可看到语音波形特有的形式:每个周期开始都有一个明显的高峰,接着是一串衰减振荡。开始的高峰是由声门脉冲的起点造成的,接着的振荡是声道谐振系统冲激响应引起的。

由图可见,在7.10和7.15 s之间大约有7.5个周期;因此说话人的基频大约为150 Hz,这个数值对男性发音来说是合理的。

[n]音由C点开始延迟约4个周期到D点。紧接着是"above"中的[ə]音,在这两个单词之间没有将它们分开。[ə]音长度约为5个或6个周期,[b]音大约在E点开始。振荡一直持续到[b]音发出。后面的[ʌ]音在F点开始,一直持续到G点。

图中词组"in the suburbs"由H点开始。在由"in"中的[n]音向"the"中的[ð]音转音的过程中,可以看到协同发音的例子。在口张开发"the"中的"ð"音之前,[n]音的波形实际上是保持不变的;[ð]音开始只有一种低电平噪声加于[n]音的最后两三个周期上,并使[ə]音的头一两个周期的波形稍微有些起伏。这里的"th"音实际上几乎完全简化为一个[ə]音,英语中的大多数"the"都是这样。"suburbs"中的前一个[s]音从K点一直持续到L点。

Q点以后完全无声使句子没有明显的终止点。但有时情况也并不如此,因为人们说话时经常都控制自己的呼吸,一直到一句话说完才透过一口气,从而给语音识别中的端点检测造成困难。此外在图中还可看出,8.35 s以后说话人为准备下一句话呼气而产生的逐渐增大的噪声波形。

从该图看出,清音和浊音(包括元音)这两类音的波形有很大的不同。例如,从A点开始的[t]、从K点和P点开始的摩擦音[s]都是清音,它们的波形类似于白噪声,且具有很弱的振幅;而从B、D、F、H、L、N各点开始的音分别是[ɛ]、[ʌ]、[ɔ]、[i]、[ʌ]、[ə:]等音,这些元音具有明显的准周期性,并具有较强的振幅。它们的周期对应的频率就是基音频率。如果考察其中一个周期,还可以大致看出其频谱特性(反映出共振峰的数值)。从C点、E点和O点开始的音分别对应于浊音[n]、[b]和[b],它们的波形同样表现出声带振动的特点。

语音波形是时间的连续函数。因此,应当注意到图中从一个音到另一个音的逐渐过渡。语音信号的特性是随时间而变化的,其幅值随着时间有很显著的变化;即使是浊音,其基音频率也是不同的。语音信号的这些时变特性在波形图中都能够很明显地观察出来。

图2-8给出"above"中[ʌ]音的傅里叶变换,时间大约在图2-7中7.45处开始,取时间波

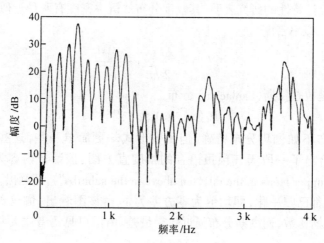

图2-8　天气预报的一段语音中元音[ʌ]的频谱

形为256个样本,大约包括4个基音周期。在频谱图中基音的谐波表示得很清楚。在0～1 500 Hz之间几乎有11个峰点,因此基频约为136 Hz。观察图2-7中周期之间的距离

可以证明这里的推算是正确的。在图2-7中,在7.45和7.50之间约6.5个周期,由此可估计基音约为130 Hz。这两种结果是相当一致的。频谱表示能量在550、1 150、2 450、3 600 Hz各频率附近最为集中,这些频率就是共振峰。前三个共振峰的频率数值也与表2-1中[ʌ]音的共振峰频率数值一致。

单词"suburbs"中开始的[s]音的傅里叶变换示于图2-9中。可以看出[s]音中不乏高频能量。由图可见频谱峰点之间的间隔是随机的,表明[s]音中没有周期分量,这与原来的预计是一样的。

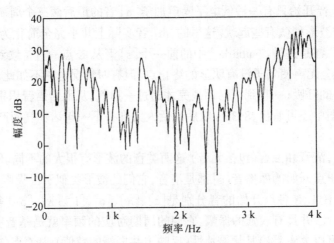

图2-9 天气预报的一段语音中辅音[s]的频谱

2.3.3 语音信号的统计特性

语音信号可以看做是一个遍历性随机过程的样本函数。语音信号的统计特性可以用它的幅度的概率密度函数和一些平均量(主要是均值和自相关函数)来描述。

对语音信号统计特性的研究表明,其幅度分布的概率密度有两种近似表达式。较好的是修正伽玛(Gamma)概率密度

$$P_G(x) = \frac{\sqrt{k}}{2\sqrt{\pi}} \cdot \frac{e^{-k|x|}}{\sqrt{|x|}} \tag{2-2}$$

精度稍差一点的是拉普拉斯(Laplacian)分布

$$P_L(x) = 0.5\alpha e^{-\alpha|x|} \tag{2-3}$$

拉普拉斯分布不如伽玛分布精确,但函数形式却更简单一些,这些密度曲线示于图2-10中。图中还给出了一段天气预报语音的幅度直方图(该话音内容为:"Clear and cold tonight, low in the upper teens in the city, ten above in the suburbs"),还画出了高斯密度曲线以便比较。图中曲线都已归一化,即均值为零方差为1。由该图看出,伽玛函数逼近的效果最好,其次是拉普拉斯函数,而高斯分布逼近效果最差。由图可见语音主要集中在幅度较小的范围内。

图2-11表示出英语和日语发音十多分钟所得到的声音振幅累计分布。图中,横轴所表示的是以长时间有效值为相对基准的幅度。因为从振幅大的点累积,所以,纵轴表示超过这个振幅值的概率。由图可见,不论日语还是美国英语,其动态范围都超过50 dB。

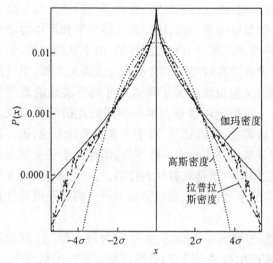

图 2-10　修正伽玛密度、拉普拉斯密度和高斯
　　　　　密度以及语音的幅度分布的概率密度函
　　　　　数(不规则的虚线)

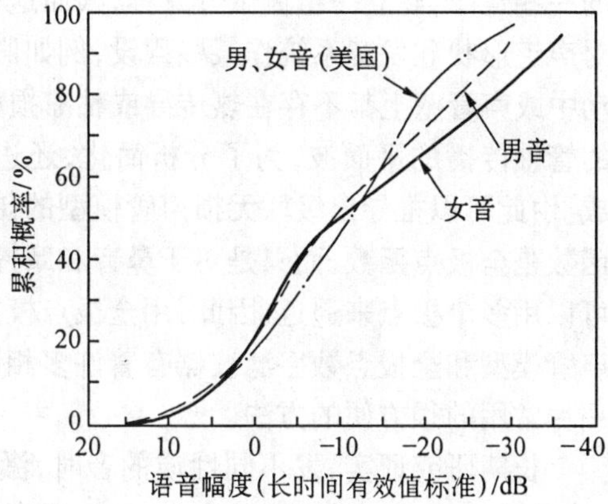

图 2-11　语音幅度的累计概率分布

2.4　语音信号产生的数字模型

利用数字技术来模拟语音信号的产生称为语音信号的数字模型,或者说,利用数字信号处理技术来实现发音器官的模拟。发音器官能发出一系列声波,那么数字模型就能产生与此声波相对应的信号序列。

为了表示取样的语音信号,我们采用的是离散时间模型。虽然已经假定了许多不同的模型,但是目前还没有发现一种可以详细描述人类语音中已观察到的全部特征的模型。人类说话是一种非常普通的能力,但语音的产生是一个非常复杂过程,以至于无法用解析表达式对其进行精确的描述。由于它的复杂性,也许不可能找到一个理想的模型。建立模型的基本准则是要寻求一种可以表达一定物理状态下的数学关系,要使这种关系不仅具有最大的精确度,而且还要最简单。这种模型的参数选定之后,就应使系统的输出具有所希望的语音性质。

我们希望模型既是线性的又是时不变的,这是最理想的模型。但是语音信号是一连串的时变过程,根据语音的产生机理,不能精确地满足这两种性质。此外,声门和声道相互耦合,还形成语音信号的非线性特性。然而,作出一些合理的假设,在较短的时间间隔内表示语音信号时,可以采用线性时不变模型。下面将给出经典的语音信号数字模型,这里,语音信号被看成是线性时不变系统(声道)在随机噪声或准周期脉冲序列激励下的输出。这一模型用数字滤波器原理加以公式化后,就成为本书其余部分讨论语音处理技术的基础。

从 2.2 节中的讨论中可知,语音是由空气流激励声道最后从口或鼻或同时从口和鼻孔辐射出来。研究表明,语音的产生就是声道中的激励,语音的传播就是声波在声道中的传播,语音赖以传播的介质为可压缩的低粘滞的流体 —— 空气。声几乎是振动的同义词,语音声波由振动而产生并借助于介质质点的振动而传播。因此,要描述语音就必须描述发音系统中空气的运动,这涉及到质量守恒、动量守恒、能量守恒等原理,还涉及到热力学和流体力学中的一些定律,建立一组偏微分方程,因而这种描述是很复杂和很困难的。由于这些困难,通常对声道形状和发音系统作些假设,例如假设声道是时变的具有不均匀截面的声管,空气流动中或声管壁上都不存在热传导或粘滞损耗;又假设波长大于声道尺寸的声波是沿着声管的管轴传播的平面波;为了分析简化,还进一步假定声道是由半径不同的无损声管级联而成。由此可以推导出级联无损声管模型的传输函数。可以证明,对于大多数语音来说,该传输函数是全极点函数,而只是对于鼻音和摩擦音来说还应加入一些零点。但是由于任何零点都可以用多个极点来逼近,因此,用全极点模型模拟声道是具有代表性的。另一方面,级联无损声管模型和全极点数字滤波器有着许多相同的性质,因此,用数字滤波器来模拟声道特性是一种常用的很方便的方法。

长期研究证实,发不同性质的音时,激励的情况是不同的,大致分为两大类:① 发浊音时。此时气流在通过绷紧的声带时,冲激声带产生振动,使声门处形成准周期性的脉冲串,并用它去激励声道。声带绷紧的程度不同时,振动频率也不同。该频率就是音调频率,其倒数为音调周期。不同人的音调周期是不同的,男子大,女子小;老人大,小孩低。② 发清音时。此时声带松弛而不振动,气流通过声门直接进入声道。

产生语音信号的模型框图如 2-12 所示,下面分别讨论模型中的各个部分。

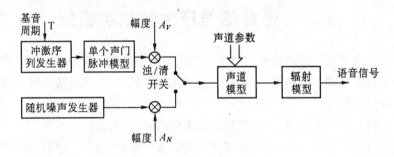

图 2-12　语音信号的产生模型

2.4.1　激励模型

发浊音时,由于声带不断张开和关闭,将产生间歇的脉冲波。根据测量结果,这个脉冲波类似于斜三角形的脉冲,如图 2-13(a) 所示。因此,此时的激励信号是一个以基音周期为周期的斜三角脉冲串。

单个斜三角波形的频谱 $20 \lg |G(e^{j2\pi fT})|$ 如图 2-13(b) 所示。由图可见,它是一个低通滤波器。频率分析表明,其幅度谱按 12 dB/ 倍频程的速率衰减。如果将其表示为 Z 变换的全极点模型的形式,有

$$G(z) = \frac{1}{(1 - g_1 z^{-1})(1 - g_2 z^{-1})} \tag{2-4}$$

如果 g_1 和 g_2 的值都接近于 1,则由此形成的激励信号频谱很接近于声门脉冲的频谱。显然,上式表明斜三角波可描述为一个二阶极点的模型。需要指出,不同人、不同语音,其声门脉冲

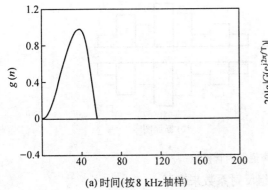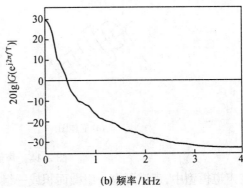

(a) 时间(按 8 kHz 抽样)　　　　　(b) 频率/kHz

图 2-13　单个斜三角波及其频谱

的形状不一定相同,但在语音合成中对其形状要求不很苛刻,只要其傅里叶变换有近似的特性就可以了。

周期性的斜三角波脉冲可看做加权的单位脉冲串激励上述单个斜三角脉冲的结果。而周期冲激序列及幅值因子可表示成下面的 Z 变换形式

$$E(z) = \frac{A_V}{1 - z^{-1}} \tag{2-5}$$

所以整个激励模型可表示为

$$U(z) = G(z)E(z) = \frac{A_V}{1 - z^{-1}} \cdot \frac{1}{(1 - g_1 z^{-1})(1 - g_2 z^{-1})} \tag{2-6}$$

另一种是发清音的情况。这时声道被阻碍形成湍流,所以可模拟成随机白噪声。实际上可使用均值为 0、方差为 1,并在时间或在幅度上为白色分布的序列。

图 2-12 中,增益控制系数 A_V、A_N 分别代表浊音和清音时声门激励信号的强度,用以调节信号的幅度或能量。

应该指出,上述模型简单地把激励分为浊音和清音两种情况是不严格的。对于某些音,即使是把两种激励简单地叠加起来也是不合适的。但是,若将这两种激励源经过适当的网络后,可以得到良好的激励信号。为了更好地模拟激励信号,有人提出在一个基音周期时间内用多个斜三角波(例如三个)脉冲的方法;此外,还有用多脉冲序列和随机噪声序列的自适应激励的方法,关于声道部分的数字模型,目前有两种观点:一是将声道视为由多个不同截面积的管子级联而成的系统,由此导出"声管模型";一是将声道视为一个谐振腔,由此导出"共振峰模型"等,这将在 11.6 节中介绍。

2.4.2　声道模型

1. 声管模型

最简单的声道模型是将其视为由多个不同截面积的管子串联而成的系统,这就是声管模型。在语音信号的某一"短时"期间,声道可表示为形状稳定的管道,如图 2-14 所示。

在声管模型中,每个管子可看做为一个四端网络,这个网络具有反射系数,这些系数和第六章中将要介绍的线性预测的参数之间有惟一的对应关系。每个管子都有一个截面积。因

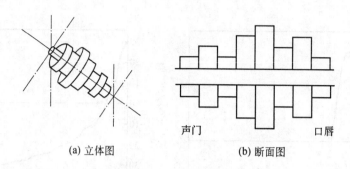

| (a) 立体图 | (b) 断面图 |

图 2-14　声道的声管模拟

此在声道模型中,声道可由一组截面积或一组反射系数来表示。

通常用 A 表示声管的截面积。在短时间内,各段管子的截面积是常数。设第 m 段和第 $m+1$ 段声管的截面积分别为 A_m、A_{m+1},称

$$k_m = (A_{m+1} - A_m)/(A_{m+1} + A_m) \tag{2-7}$$

为"面积差和比",其取值范围为 $-1 < k_m < 1$。它实际上就是第 6 章将要介绍的线性预测分析的反射系数。

用声管模型来描述声道的方法比较复杂,实际上是用波动方程来描述它的特性。

2. 共振峰模型

另一种声道模型是将其视为一个谐振腔,共振峰就是这个腔体的谐振频率。实践表明,用前三个共振峰来代表一个元音就足够了;对于较复杂的辅音或鼻音,大概要用到五个以上的共振峰才行。

基于共振峰理论,可以建立三种实用的模型:级联型、并联型和混合型。

① 级联型

此时认为声道是一组串联的二阶谐振器。根据共振峰理论,整个声道具有多个谐振频率和多个反谐振频率,所以它可被模拟为一个零极点的数学模型;但对于一般元音,可以用全极点模型。将实际声道作为一个变截面声管加以研究,采用流体力学的方法可以导出,在大多数情况下,它是一个全极点函数。此时共振峰模型以 AR(Autoregressive,即自回归) 模型来近似,其传输函数为

$$H(z) = \frac{G}{1 - \sum_{k=1}^{P} a_k z^{-k}} \tag{2-8}$$

这里将截面积连续变化的声管近似为 P 段短声管的级联。式中,P 是极点个数即模型阶数,G 是幅值因子,a_k 是模型系数,由 P 和 a_k 两者决定了声道特性,描述了说话人的特征,比如口腔形状、大小、运动方向等。由于有高效的分析方法求解 AR 模型系数,其物理意义也很明确,所以这个模型应用十分普遍。对大多数实际应用而言,$P = 8 \sim 12$ 就能满足要求。若 P 为偶数,$H(z)$ 一般有 $P/2$ 对共振极点,即 $1 - \sum_{k=1}^{P} a_k z^{-k} = 0$,有 $P/2$ 对共轭复根,$r_k \exp(\pm j\omega_k)$,$k = 1,\cdots,P/2$,各个 ω_k 分别与语音的各个共振峰相对应,因而这些共轭复根决定了声道的共振峰参数。显然,P 值越大,模型的传输函数与声道的实际传输函数的吻合程度就越高。式 (2-8) 所示的传输函数可以分解为多个二阶极点的网络的级联,即

$$H(z) = \prod_{k=1}^{P/2} H_k(z) = \prod_{k=1}^{P/2} \frac{a_k}{1 - b_k z^{-1} - c_k z^{-2}} \qquad (2\text{-}9)$$

若 $P = 10$,则 $P/2 = 5$,此时整个声道可模拟为图 2-15 的形式。

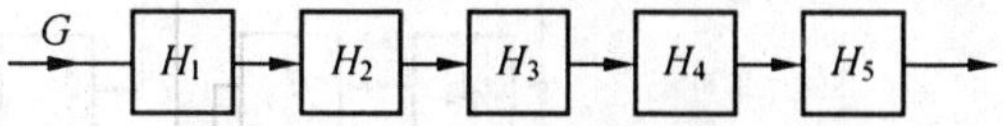

$$G \longrightarrow \boxed{H_1} \longrightarrow \boxed{H_2} \longrightarrow \boxed{H_3} \longrightarrow \boxed{H_4} \longrightarrow \boxed{H_5} \longrightarrow$$

图 2-15 级联型共振峰模型

② 并联型

对于非一般的元音和大部分辅音,必须采用零极点模型。此时其传输函数为

$$H(z) = \frac{\sum_{r=0}^{R} b_r z^{-r}}{1 - \sum_{k=1}^{P} a_k z^{-k}} \qquad (2\text{-}10)$$

通常,$P > R$;若设分子与分母无公因子及分母无重根,则上式可分解为部分分式之和

$$H(z) = \sum_{k=1}^{P/2} \frac{A_k}{1 - B_k z^{-1} - C_k z^{-2}} \qquad (2\text{-}11)$$

这就是并联型的共振峰模型,如图 2-16 所示($P/2 = 5$)。

③ 混合型

上面两种模型中,级联型比较简单,可用于描述一般的元音。级联的级数取决于声道的长度。当声道长度为 17 cm 左右时,取 3 ~ 5 级即可。当鼻化元音或鼻腔参与共振,以及发阻塞音或摩擦音等时,用级联型描述就不合适了:此时腔体具有反谐振特性,必须考虑加入零点,使之成为极零点模型。为此可采用并联型结构。它比级联型复杂些,每个谐振器的幅度都要独立控制。

将级联型和并联型结合起来的混合型也许

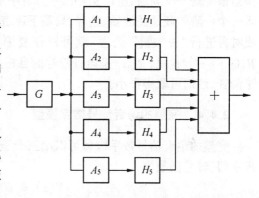

图 2-16 并联型共振峰模型

是比较完备的一种共振峰模型,如图 2-17 所示。该模型能够根据不同性质的语音进行切换。图中的并联部分,从第一到第五共振峰的幅度都可以独立地进行控制和调节,用来模拟辅音频谱特性中的能量集中区。此外,并联部分还有一条直通路径,其幅度控制因子为 AB,这是专为一些频谱特性比较平坦的音素(如[f]、[p]、[b] 等)而考虑的。

2.4.3 辐射模型

声道的终端为口和唇。从声道输出的是速度波,而语音信号是声压波,二者之倒比称为辐射阻抗 Z_L。它表征口和唇的辐射效应,也包括圆形的头部的绕射效应等。

研究表明,口唇端辐射在高频端较为显著,在低频端时影响较小,所以辐射模型 $R(z)$ 应是一阶类高通滤波器的形式(如 2.3.2 所示)。口唇的辐射模型可表示为

$$R(z) = R_0(1 - z^{-1}) \qquad (2\text{-}12)$$

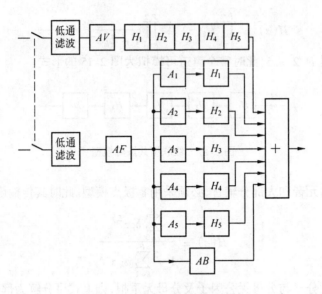

图 2-17　混合型共振峰模型

它是一阶后向差分。

　　在语音信号模型中,如果不考虑冲激脉冲串模型 $E(z)$,则斜三角波模型是二阶低通,而辐射模型是一阶高通,所以实际信号分析中常采用"预加重技术"。即在对信号取样之后,插入一个一阶的高通滤波器,这样,只剩下声道部分,就便于对声道参数进行分析了。在语音合成时再进行"去加重"处理,就可以恢复原来的语音。常用的预加重因子为 $1 - [R(1)/R(0)] \cdot z^{-1}$。这里,$R(n)$ 是语音信号的自相关函数。通常对于浊音,$[R(1)/R(0)] \approx 1$;而对于清音,该值可取得很小。

2.4.4　完整的语音信号数字模型

　　完整的语音信号数字模型可以用三个子模型:激励模型、声道模型和辐射模型的级联来表示。其转移函数为

$$V(z) = U(z)H(z)R(z) \tag{2-13}$$

这里 $H(z)$ 是声道传递函数,既可以用声管模型,也可以用共振峰模型来描述。在共振峰模型中,又可采用级联型、并联型或混合型等几种形式。

　　应该指出,式(2-13)所示模型的内部结构并不和语音产生的物理过程相一致,但这种模型和真实模型在输出处是等效的。另外,这种模型是"短时"的模型,其中 $G(z)$、$R(z)$ 保持不变,而基音频率、清音或浊音的幅度、清 / 浊音判决,声道参数 $a_k, k = 1,2,\cdots,P$ 是时变的。但发音器官的惯性使这些参数的变化速度受到限制。对于声道参数,在 $0 \sim 30$ ms 内近似不变,因而这里声道转移函 $H(z)$ 是一个参数随时间缓慢变化的模型。而对于激励参数,在 5 ms 左右近似不变。另外,这一模型认为语音是声门激励线性系统 —— 声道所产生的;实际上,声带 – 声道互相作用的非线性特性还有待研究。同时,正如 2.4.1 中所指出的,模型中用浊音和清音这种简单的划分方法是有缺陷的,对于某些音是不适用的,例如浊音当中的摩擦音。这种音要有发浊音和发清音的两种激励,而且二者不是简单的叠加关系。对于这些音可用一些修正的或更精确的模型来模拟。

　　根据图 2-12 所示的语音产生模型以及上面的分析,可以得出语音信号的数字模型如图

2-18 所示。在该图中,清／浊音开关模拟了加在声道上的激励的改变情况:当开关接在浊音位置时,激励源是准周期脉冲序列发生器,其重复频率由基音频率来确定;当开关接在清音位置时,激励源是随机噪声发生器。图中线性时变系统主要用来模拟声道的特性。前已指出,

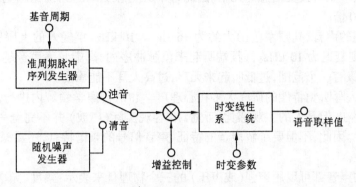

图 2-18   语音产生的数字模型

在发浊音时声门脉冲不是一个理想的冲激;另一方面,已经证明声波辐射效应可以用一个一阶滤波器来近似。这两种影响通常都同时与声道的频率特性合并起来加以考虑,都反映在时变线性系统中。该系统的时变参数反映了语音的时变特性,在这个模型中,以下参数都是随着时间而变化的:基音频率、清／浊音开关的位置、增益以及线性系统的滤波器参数。

上面得到的模型对语音的产生模拟得是否成功,主要是考察它所产生的语音信号听上去是否合乎预期的结果,至于它是否能准确地描述发音器官产生语音的物理过程并不重要。这种“终端模拟”方法已在语音合成和语音编码的大量实践中被证明是一种成功的方法。语音信号处理中两个最基本的问题,即语音分析和语音合成,都是基于这个模型来实现的。所谓语音分析,主要是根据语音来估计模型的参数;而语音合成的主要任务,则是利用信号模型的参数产生出听起来自然易懂的语音来。根据语音分析和语音合成原理建立起来的所谓分析—合成系统,其主要目的是降低语音信号传输或贮存的比特率和增加对语音参数进行控制的灵活性。

值得指出的是,上述语音产生模型的基本思想起源于 30 年代发明的声码器。只是当时还没有离散线性系统的成熟理论,而是采用滤波器组频谱分析来粗糙地估计系统的频谱响应。但其基本思想是将激励与系统相分离,使语音信号解体来分别进行描述,而不是直接研究信号波形本身的特性,这是导致语音处理技术飞速发展的关键。

2.5   语音感知

人的听觉器官是耳,其作用是接收声音并将声音转换成神经刺激。人耳听到声音后,还要经过脑的处理才能变成确定的含义,这就是对语音的感知。

人的听觉系统具有复杂的特性,没有哪一种物理仪器具有人耳那样的特性。听觉机构不但是一个非常灵敏的声音接收器,还具有选择性,此外还有判别声音强弱、音调和音色的能力。当然这些功能在一定程度上是和大脑的作用结合而产生的,因此听觉特性涉及到有关心理声学和生理声学方面的问题。

听觉系统是外界语音信息进入大脑的惟一通路。在听觉通路的各个阶段上,都要对语音信号进行处理。虽然人们常将语音信号处理和图像信号处理相提并论,但二者有很大不同。

图像信号是一种物像信号,是空间信号;而语音信号是一种事件信号,是时间信号。语音信号随时间变化剧烈,转瞬即逝。人的视觉感觉细胞大约是听觉感觉细胞数目的几十倍,而视觉接受的信息只是听觉所接受信息的几倍。因此每个听觉感觉细胞比视觉感觉细胞所承担的信息量大约多 10 倍。

人耳能听到的声音,其频率范围大约为 16 Hz ~ 16 kHz,年轻人的上限频率可延伸至 20 kHz,老年人则衰退为 10 kHz。低频端听起来象脉冲序列,高端频率声音越来越小直至完全听不到。声压级有一个范围,过低听起来无声,过高人耳不能承受。

迄今为止,人耳听觉特性的研究大多在心理声学和语言声学领域内进行。实践证明,声音虽然是客观存在,但是人的主观感觉(听觉)和客观实际(声波)并不完全一致。人耳听觉有其独有的特性。因此,不但要了解声音的特征、声音信号的频谱特点,还要深入了解和研究人耳的听觉特性。

任何复杂的声音都可以用声强(或声压)的三个物理量来表示:幅度、频率和相位。对于人耳的感觉,声音的描述用的是另外三个特性:响度、音调和音色,即所谓声音三要素。

① 响度。响度是人耳对声音强弱程度,即声音轻、响的主观反应,响度取决于声音的幅度,主要是声压的函数,但和频率、波形也有关。它的单位是宋(sone)。根据实验,人耳对于 3 000 ~ 4 000Hz 声音的音强的感觉是最灵敏的。

② 音调。音调也称音高,也是一种主观心理量,是人耳对声音频率高低的感受。音调与声音的频率有关。频率高的声音听起来感觉它的音调"高",而频率低的声音,听起来感觉它的音调"低"。音调与声音频率并不成正比,而是近似为对数关系。它还与声音的强度及波形有关。它的单位是美(Mel)。

③ 音色。音色也叫音质,反映了声音属性。每个声音具有特殊的音色,人根据音色在主观感觉上区别具有相同响度和音调的两个声音。

人类听觉中存在一种现象,即两个音同时存在时,一个声音有可能受到另一个声音的干扰或压制,即一个音被另一音掩盖,这称为听觉掩蔽。两个声音音调越接近,掩盖现象越严重。听觉掩蔽现象在语音处理中得到了应用,比如,在语音编码中,利用听觉掩蔽效应改善输出语音质量已经取得了很大效益。

听觉器官还能排斥各种噪声而集中注意力于需要听的声音,使人们在嘈杂的环境中具有抗噪声能力。人类听觉器官对声波的音调、音强、声波的动态频谱具有分析感知能力。音质、音调、音强和音长是人类能够感受到的语音的四大要素,人们对这种感受特性已经有了比较深入的认识,提出了各种各样的声学模型,并应用于语音识别与语音编码中,取得了一定的效果。

对于听觉系统的复杂结构与信息处理过程,现今的科学已经有所揭示,但对所有的实质性问题还没有完全掌握。对于大脑是如何存储语言信息的,对语音的相似度是如何进行估算的,如何利用区别特征进行模式分类,如何识别语音、理解语意等问题,目前的认识还比较肤浅。因此,目前的语音识别系统的顽健性(即鲁棒性)还无法与人类听觉系统相比拟。因而研究语音的感知特性是未来很长一段时间内的基础研究工作之一。语音感知所涉及的首要问题是进入人耳中的声音是怎样被大脑转化为语音的,虽已有许多实验数据对这一问题的基本原理作出了回答,但还需要进一步研究。目前已经清楚,语音感知与声道的共振峰密切相关。这一点已经在分析 – 合成语音编码系统中得到利用,如利用感知加权滤波器来改善合成语音质量。

第2篇 语音信号分析

第3章 时域分析

3.1 概　述

语音信号处理包括语音通信、语音合成、语音识别、说话人识别和语音增强等方面,但其前提和基础是对语音信号的分析。只有将语音信号分析成表示其本质特性的参数,才有可能利用这些参数进行高效的语音通信,才能建立用于语音合成的语音库,也才可能建立用于识别的模板或知识库。而且,语音合成的音质好坏、语音识别率的高低,都取决于对语音信号分析的准确性和精度。

语音信号是非平稳、时变、离散性大、信息量大的复杂信号,处理难度很大。语音信号携带着各种信息。在不同应用场合下,人们感兴趣的信息是不同的。那些与应用目的的不相干或影响不大的信息,应当去掉;而需要的信息不仅应当提取出来,有时还需要加强。这涉及到语音信号中各种信息如何表示的问题。语音信息表示方法的选择原则是使之最方便和最有效。

语音信号可以用语音的抽样波形来描述,也可以用一些语音信号的特征来描述。提取少量的参数有效地描述语音信号,即语音信号的参数表示,是语音处理领域共用性的关键技术之一。根据所分析的参数不同,语音信号分析可分为时域、频域、倒谱域等方法。时域分析具有简单、运算量小、物理意义明确等优点;但更为有效的分析多是围绕频域进行的,因为语音中最重要的感知特性反映在其功率谱中,而相位变化只起着很小的作用。另一方面,按照语音学观点,可将语音的特征表示和提取方法分为模型分析法和非模型分析法两种。其中模型分析法是指依据语音产生的数学模型,来分析和提取表征这些模型的特征参数;共振峰模型分析及声管模型(即线性预测模型)分析即属于这种分析方法。而不进行模型化分析的其他方法都属于非模型分析法,包括上面提到的时域分析法、频域分析法及同态分析法等。基于语音产生模型的多种参数表示法已在语音识别、合成、编码和说话人识别研究的大量实践中证明是十分有效的。

贯穿于语音分析全过程的是"短时分析技术"。语音信号特性是随时间而变化的,是一个非平稳的随机过程。但是,从另一方面看,虽然语音信号具有时变特性,但在一个短时间范围内其特性基本保持不变。这是因为人的肌肉运动有一个惯性,从一个状态到另一个状态的转变是不可能瞬间完成的,而是存在一个时间过程。所以可以假设在没有完成状态转变时,可以近似认为它不变。只要时间足够短,这个假设是成立的。在一个较短的时间内语音信号的特征基本保持不变,即语音的"短时平稳性",是语音信号处理的一个重要出发点。语音的重要特性就是它具有"短时平稳性"。因而可将语音看做是一个准平稳过程。因而可以采用平稳过程的分析处理方法来处理语音。以后各章几乎所有的处理方法都立足于这种短时平稳的假设。但是对语音的分析和处理必须建立在"短时"的基础上,即进行"短时分析",即对语音信号流采用分段处理。将其分为一段一段来分析,其中每一段称为一"帧"(这里帧是借用电影和电视的术语,其原意为画面),由于语音通常在 10 ~ 30 ms 之内是保持相对平稳的,因而帧长一般取为 10 ~ 30 ms。

短时方法是用平稳信号的处理方法处理非平稳信号的关键。虽然短时处理是语音处理的根本方法,但对于某些要求较高的研究领域或应用场合(如语音识别),应该考虑语音信号是时变或非平稳的,此时应采用"隐马尔可夫模型"(如第 8 章所述)来分析。

进行语音信号分析时,最先接触到并且也最直观的是它的时域波形。语音信号本身就是时域信号,因而时域分析是最早使用、也是应用范围最广的一种方法,它直接利用语音信号的时域波形。时域分析通常用于最基本的参数分析及用于语音的分割、预处理和大分类等。其特点为:① 表示语音信号比较直观、物理意义明确。② 实现起来比较简单、运算量少。③ 可以得到语音的一些重要参数。

3.2 数字化和预处理

本节讨论与时域分析有密切关系的语音信号的数字化和预处理方面的一些内容。

3.2.1 取样率和量化字长的选择

为了将原始的模拟语音信号变为数字信号,必须经过取样和量化两个步骤,从而得到时间和幅度上均为离散的数字语音信号。取样是将时间上连续的语音信号离散化为一个样本序列。根据取样定理,当取样频率大于信号的两倍带宽时,取样过程中不会丢失信息,且从取样信号中可以精确地重构原始信号波形。

语音信号是随时间而变化的一维信号,它所占据的频率范围可达 10 kHz 以上,但是对语音清晰度和可懂度有明显影响的成分,最高频率约为 5.7 kHz。CCITT(国际电话电报咨询委员会)提出过一个数字电话的建议,只利用 3.4 kHz 以内的信号分量。原则上说,这样的取样率对语音清晰度是有损害的,但受损失的只有少数辅音,而语音信号本身冗余度是比较大的,少数辅音清晰度下降并不明显影响语句的可懂度,就象人们打电话时所体验到的那样。

这样的语音又称为电话带宽语音(Telephone Speech),信号频带限于 300 ~ 3 400 Hz 范围。目前的长途通信、移动通信、卫星通信中的声音以它为主,数字化时取样率多取 8 kHz。但在实际语音信号处理中,取样率经常取 10 kHz。为了实现更高质量的语音合成或使语音识别系统得到更高的识别率,某些现代语音处理系统语音频率高端扩展到 7 ~ 9 kHz,相应的取样率也提高到 15 ~ 20 kHz。在信号的带宽不明确时,在取样前应接入反混叠滤波器(低通滤波器),使其带宽限制在某个范围内。否则,如果取样率不满足取样定理,则会产生频谱混叠,此时信号中的高频成分将产生失真。

取样之后要对信号进行量化，量化是指将取样后得到的样本序列的幅度再离散化，即将时间上离散而幅度仍连续的波形再离散化。量化过程是将整个幅度值分割为有限个区间，将落入同一区间的样本都赋予相同的幅度值。量化范围和电平的选取方式，取决于数字表示的应用。量化过程中不可避免地会产生误差。常将量化过程用图 3-1 所示的统计模型来表示。根据该模型，量化后的信号 $\hat{x}(n)$ 等于量化前的取样信号 $x(n)$ 与量化噪声 $e(n)$ 之和，即

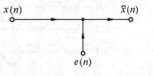

图 3-1　量化过程统计模型

$$\hat{x}(n) = x(n) + e(n) \tag{3-1}$$

为了简化分析，量化后的信号值与原信号之间的差值称为量化误差，又称为量化噪声。若信号波形的变化足够大或量化间隔 Δ 足够小时，可以证明量化噪声符合具有下列特性的统计模型：① 它是一个平稳的白噪声过程；② 量化噪声和输入信号不相关；③ 量化噪声在量化间隔内均匀分布，即具有等概率密度分布。其概率密度函数如图 3-2 所示。

语音信号通常是波形比较复杂的随机信号。若将量化阶梯选择得足够小（等效于将量化电平数目选择得足够多，例如选为 2^6 以上），这样语音信号的幅度从一个取样到相邻另一个取样的变化就非常大，常常要跨越很多量化阶梯。这样产生的量化噪声，其性质与上列三个假设相吻合。对实际语音信号的实验结果很好地证实了这一点。例如，图 3-3(a) 是一段语音信号 400 个取样值的包络曲线，

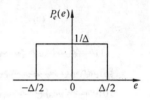

图 3-2　量化误差概率分布密度

由图(b)和图(c)可见，3 bit 量化器的量化噪声与被量化信号之间存在着一定的相关性，但 8 bit 量化噪声几乎已经看不出这种相关性了。图(d)和(e)分别是图(b)和(c)的量化噪声的自相关函数的估计，可见，3 bit 量化器的噪声与"平稳白噪声过程"的假设不大相符，但 8 bit 量化器的噪声的自相关函数的估计几乎是一个冲激函数，这与"白噪声过程"的假设相一致。而从图(f)和(g)来看，3 bit 量化噪声谱和语音信号谱的性质有某些相似，也是随着频率的升高而下降，但当量化器增加到 8 bit 时，其量化噪声谱就比较平坦了，这是典型的白噪声谱的形状。

若用 σ_x^2 表示输入语音信号序列的方差，$2X_{\max}$ 表示信号的峰值，B 表示量化字长，σ_e^2 表示噪声序列的方差，则可证明量化信噪比（信号与量化噪声的功率之比）为

$$\mathrm{SNR(dB)} = 10 \lg\left(\frac{\sigma_x^2}{\sigma_e^2}\right) = 6.02B + 4.77 - 20 \lg\left(\frac{X_{\max}}{\sigma_x}\right) \tag{3-2}$$

假设语音信号的幅度服从 Laplacian 分布，此时信号幅度超过 $4\sigma_x$ 的概率很小（这由图 2-10 可以看出），只有 0.35%，因而可以取 $X_{\max} = 4\sigma_x$。此时式(3-2)可写为

$$\mathrm{SNR(dB)} = 6.02B - 7.2 \tag{3-3}$$

上式表明量化器中每 bit 字长对 SNR 贡献为 6 dB。当 $B = 7$ bit 时，SNR = 35 dB。此时量化后的语音质量能满足一般通信系统的要求。然而，研究表明，语音波形的动态范围可达 55 dB，故 B 应取 10 bit 以上。为了在语音信号变化的范围内保持 35 dB 的信噪比，一般要求 $B \geqslant 11$，实际常用 12 bit 来量化，其中附加的 5 bit 用于补偿 30 dB 左右的语音波形的动态范围变化。

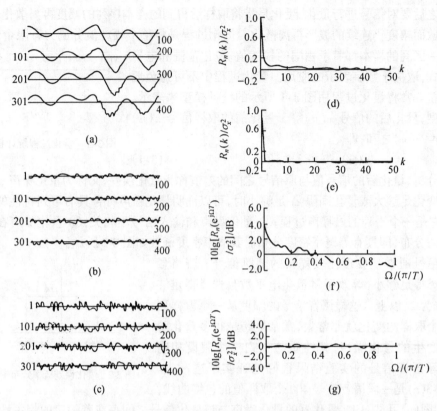

图 3-3　语音信号及其自相关和功率谱的估计

（a）语音信号；　（b）3 bit 量化误差；　（c）8 bit 量化误差；　（d）3 bit 量化噪声的自相关函数；　（e）8 bit 量化噪声的自相关函数；　（f）3 bit 量化噪声谱；　（g）8 bit 量化噪声谱

3.2.2　预处理

在对语音信号进行分析和处理之前,必须对其进行预处理。预处理除了前面讨论的数字化外,还包括放大及增益控制、反混叠滤波、预加重等。在有语音输出的场合,需要进行数模变换和起平滑作用的模拟低通滤波。图 3-4 为一般语音数字分析或处理的系统框图。

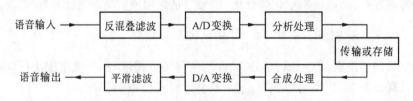

图 3-4　语音信号处理系统框图

图中,A/D 变换前需要加一个反混叠滤波器。从前面的讨论可知,浊音语音信号的频谱一般在 4 kHz 以上便迅速下降,而清音语音信号的频谱在 4 kHz 以上频段反而呈上升趋势,甚至超过 8 kHz 以后仍然没有明显下降的趋势。因此,在实际语音处理时,仍然必须考虑到语音信号本身包含着 4 kHz 以上频率成分这样一个事实。即使有的语音(例如大多数浊音)的频谱能量主要集中在低频段,但由于噪声环境中的宽带随机噪声叠加的结果,使得在取样之前,语音信号实际上总是包含着 4 kHz 以上的频率成分。因此,为了防止混叠失真和噪声干扰,必须在取样前用一个具有良好截止特性的模拟低通滤波器对语音信号进行滤波,该滤波器称为反混叠滤波器。有时为了防止 50 Hz 市电频率干扰,该低通滤波器实际上做成一个从 100 Hz 到 3.4 kHz 的带通滤波器。对该滤波器的要求是其带内波动和带外衰减特性应尽可能好。要实现满足以上指标的具有良好截止特性的滤波器是比较困难的,因此,通常允许有一定的过渡带。滤波器的频率特性如图 3-5 所示。这是一个带宽为 3.4 kHz 的低通滤波器,4.6 kHz 以上为阻带。因为混叠频率为 4 kHz,这意味着在取样过程中只有 4 kHz 以上的频率成份才会反映到 3.4 kHz 以下的通带中造成混叠失真,然而这些高频成分已经受到阻带很大衰减,所以造成的混叠失真可以忽略不计。通过式 (3-3) 可知,为了将由于混叠效应引起的谐波失真减小到与 11 bit 量化器的量化噪声相同的水平,阻带衰减约为 − 66 dB。对通带内波纹的要求就没有这么严格,这是因为:① 混

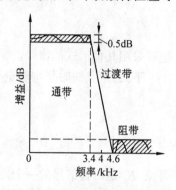

图 3-5　反混叠滤波器典型特性

叠失真频率分量的出现意味着我们感兴趣的频率范围内的某些频率成分的信息已经丢失,而通带内的波纹实际上不会引起这种信息的丢失,只会引起某种失真。② 混叠失真是可以听出来的,而通带波纹引起的频谱失真几乎听不出来。因此,通常允许通带内的波纹可达 0.5 dB。

　　上述指标可以用一个 9 阶椭圆滤波器来实现。这种滤波器常用于高质量语音信号处理系统中。反混叠滤波器通常与 A/D 做在一块集成芯片内,因而,目前语音信号数字化的质量是有保证的。图 3-5 中,D/A 后面的低通滤波器是平滑滤波器,对重构的语音波形的高次谐波起平滑作用,以去除高次谐波失真。对于这种低通滤波器的特性和 D/A 变换频率,也要求与取样时具有相同的关系。

　　由于语音信号的平均功率谱受声门激励和口鼻辐射的影响,高频端大约在 800 Hz 以上按 6 dB/ 倍频程跌落,为此要在预处理中进行预加重。预加重的目的是提升高频部分,使信号的频谱变得平坦,以便于进行频谱分析或声道参数分析。预加重可在 A/D 变换前的反混叠滤波之前进行,这样不仅能够进行预加重,而且可以压缩信号的动态范围,有效地提高信噪比。所以,为提高 SNR,应在 A/D 变换之前进行预加重。预加重也可在 A/D 变换之后进行,用具有 6 dB/ 倍频程的提升高频特性的预加重数字滤波器实现,它一般是一阶的

$$H(z) = 1 - \mu z^{-1} \qquad (3-4)$$

式中,μ 值接近于 1。

　　加重后的信号在分析处理后,需要进行去加重处理,即加上 6 dB/ 倍频程的下降的频率特性来还原成原来的特性。

3.3　短时能量分析

　　语音信号的能量分析是基于语音信号能量随时间有相当大的变化,特别是清音段的能量一般比浊音段的小得多这一特性。能量分析包括能量和幅度两个方面。

　　对语音信号采用短时分析时,信号流的处理用分段或分帧来实现。一般每秒的帧数约为

33 ～ 100,视实际情况而定。分帧既可连续,也可采用交叠分段的方法,使相邻帧有部分相重叠。分帧可用可移动的有限长度窗口进行加权的方法来实现。窗每次移动的距离如果恰好与窗的宽度相等,相应于各帧语音信号是相互衔接的;如果窗的移动距离比窗宽要小,那么相邻帧之间将有一部分重叠。窗口可采用直角窗,即

$$w(n) = \begin{cases} 1, & 0 \leqslant n \leqslant N-1 \\ 0, & \text{其他} \end{cases} \tag{3-5}$$

也可采用其他形式的窗口。

下面,定义短时平均能量

$$E_n = \sum_{m=-\infty}^{\infty} [x(m)w(n-m)]^2 =$$

$$\sum_{m=n-N+1}^{n} [x(m)w(n-m)]^2 \tag{3-6}$$

可见,E_n 是语音信号的一个短段的能量,但它是以 n 为标志的。这是因为窗序列是沿着平方值的序列逐段移动,它所选取的是要包括在计算中的间隔。图 3-6 说明了短时能量序列的计算方法,其中窗口采用的是直角窗。式(3-6) 也可以表示为

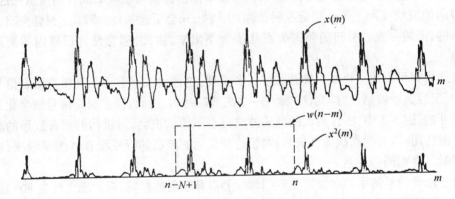

图 3-6 短时平均能量计算的说明

$$E_n = \sum_{m=-\infty}^{\infty} x^2(m)h(n-m) = x^2(n) * h(n) \tag{3-7}$$

这里

$$h(n) = w^2(n) \tag{3-8}$$

此式表明,短时平均能量相当于语音信号平方通过一个单位函数响应为 $h(n)$ 的线性滤波器的输出,如图 3-7 所示。

由上面的分析可知,不同的窗口选择(形状、长度)将决定短时能量的特性。为此应选择合适的窗口,使其平均能量更好地反映语音信号的幅度变化。

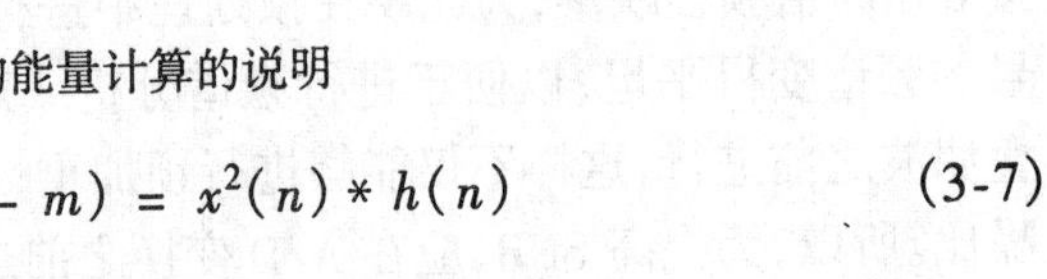

第一个问题是窗口的形状。窗口有多种形状,如汉宁窗、海明窗、布莱克曼窗和凯塞窗等,它们都是以其中心点为对称的。这里只以最常用的直角窗和海明窗为例进行比较。

图 3-7 短时平均能量的方框图表示

直角窗时

$$h(n) = \begin{cases} 1, & 0 \leqslant n \leqslant N-1 \\ 0, & \text{其他} \end{cases} \tag{3-9}$$

对应于该单位函数响应的数字滤波器的频率响应为

$$H(e^{j\omega T}) = \sum_{n=0}^{N-1} e^{-j\omega nT} = \frac{\sin(N\omega T/2)}{\sin(\omega T/2)} e^{-j\omega T(N-1)/2} \tag{3-10}$$

它具有线性的相位 — 频率特性,其频率响应中第一个零值所对应的频率为

$$f_{01} = \frac{f_s}{N} = \frac{1}{NT} \tag{3-11}$$

这里,f_s 为取样频率,而 $T = 1/f_s$ 为取样周期。

海明窗时

$$h(n) = \begin{cases} 0.54 - 0.46\cos[2\pi n/(N-1)], & 0 \leqslant n \leqslant N-1 \\ 0, & \text{其他} \end{cases} \tag{3-12}$$

图 3-8(a) 和(b) 分别给出了 $N = 51$ 的直角窗和海明窗的对数幅频特性。可以看出,海明窗的第一个零值频率位置比直角窗要大 1 倍左右,即带宽约增加 1 倍;同时其带外衰减也比直角窗大得多。

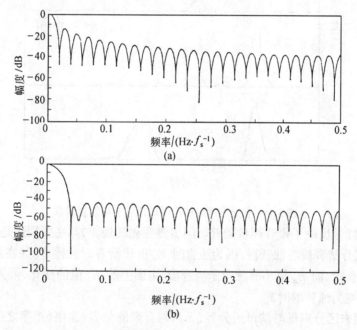

图 3-8　直角窗(a) 和海明窗(b) 的频率特性

因此,对语音信号的时域分析来说,窗口的形状是重要的,选用不同的窗口,将使能量的平均结果不同:直角窗的谱平滑较好,但波形细节丢失;而海明窗则相反。

第二个问题是窗口的长度。不论什么样的窗口,窗的长度对于能否反映语音信号的幅度变化,将起决定作用。如果 N 很大,它等效于带宽很窄的低通滤波器,此时 E_n 随时间的变化很小,不能反映语音信号的幅度变化,波形的变化细节就看不出来;反之,N 太小时,滤波器的通带变宽,短时能量随时间有急剧的变化,不能得到平滑的能量函数。因此,窗口长度选择应合适。

这里所谓窗口的长与短,都是相对于语音信号的基音周期而言的。通常认为在一个语音

帧内,应含有 1 ~ 7 个基音周期。然而不同人的基音周期变化范围很大,从女性儿童的 2 ms 到老年男子的 14 ms(即基音频率为 500 Hz ~ 70 Hz),所以 N 的选择比较困难。通常在 10 kHz 取样频率下,N 折衷选择为 100 ~ 200(即 10 ~ 20 ms 持续时间)。

图 3-9 给出了一个男子说:"What she said?"时,各种长度海明窗的短时能量函数。由图可知,$N = 51$ 时,窗选得较窄,E_n 随语音信号波形变化而很快起伏;$N = 401$ 时,窗选得太宽,E_n 随语音信号波形的变化而很缓慢地变化;$N = 101$ 或 $N = 201$ 时,E_n 随语音信号波形的变化而快速变化,从而充分反映出此信号的特征。

/What she said/ – 海明窗

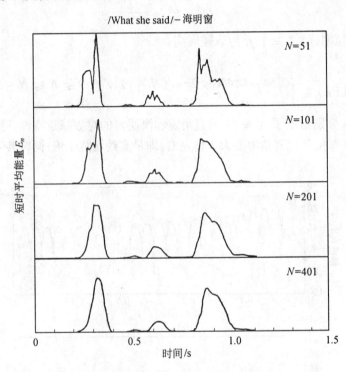

图 3-9　各种宽度海明窗时的短时平均能量函数

短时平均能量反映了语音能量随着时间缓慢变化的规律,其主要用途是:

① 可以区分清音段与浊音段,因为浊音时 E_n 值比清音时大得多。如在图 3-9 中,E_n 值大的对应于浊音段,而 E_n 值小的对应于清音段。由图上的 E_n 值的变化,可大致判定浊音变为清音或清音变为浊音的时刻。

② 可以用来区分声母与韵母的分界,无声与有声的分界,连字(指字之间无间隙)的分界等。如对于高信噪比的语音信号,E_n 用来区分有无语音。此时,无语音信号的噪声能量 E_n 很小,而有语音信号的 E_n 显著地增大到某一个数值,由此可区分语音信号的开始点或终止点。

③ 作为一种超音段信息,用于语音识别中。

但是,E_n 值对于高电平信号非常敏感(因为它计算时用的是信号的平方),为此,可以采用另一种度量语音信号幅度值变化的函数,即"短时平均幅度 M_n",其定义为

$$M_n = \sum_{m=-\infty}^{\infty} |x(m)| w(n-m) = |x(n)| * w(n) \tag{3-13}$$

其实现框图如图 3-10 所示。这里用计算加权了的信号绝对值之和代替平方和。这种短时处理的方法比较简单,因为它不必作平方运算。显然,浊音和清音的 M_n 值不如 E_n 值那样有明显的差异。

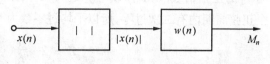

图 3-10   语音信号短时平均幅度的实现框图

图 3-11 表示对应于图 3-9 的由同一个人说同一句话时的短时平均幅度函数,这里同样是采用海明窗。由图可见,窗口长度 N 对平均幅度函数的影响与短时平均能量的分析结果相同。比较图 3-11 和图 3-9,可知短时平均幅度的动态范围(最大值与最小值之比)比短时平均能量要小,实际上短时平均幅度的动态范围接近于短时平均能量的平方根。因此,虽然从图 3-11 中同样可以区分出清音和浊音,但二者的电平差不如图 3-9 所示的短时能量那样明显。同时,在清音的范围内,M_n 和 E_n 二者的区别特别显著。

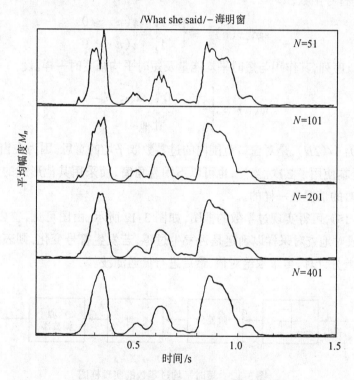

图 3-11   各种宽度海明窗的平均幅度函数

3.4   短时过零分析

过零分析是语音时域分析中最简单的一种,顾名思义,过零就是信号通过零值。对于连续语音信号,可以考察其时域波形通过时间轴的情况。而对于离散时间信号,如果相邻的取样值改变符号则称为过零,由此可以计算过零数。过零数就是样本改变符号的次数。单位时间内的过零数称为平均过零数。

对于窄带信号,平均过零数作为信号频率的一种简单度量是很精确的。比如,一个频率

为 f_0 的正弦信号,以取样频率 f_s 进行取样,则每个正弦周期内有 f_s/f_0 个取样;另一方面,每个正弦周期内有二次过零,所以平均过零数为

$$Z = 2 \cdot \frac{f_0}{f_s}(\text{过零}/\text{样本}) \tag{3-14}$$

所以由平均过零数 Z 及 f_s 可精确地计算出频率 f_0。

然而,语音信号序列是宽带信号,所以不能简单地用上面的公式计算频率。但是,仍然可用短时平均过零数来得到其频谱的粗略估计。

语音信号 $x(n)$ 的短时平均过零数定义为

$$Z_n = \sum_{m=-\infty}^{\infty} |\operatorname{sgn}[x(m)] - \operatorname{sgn}[x(m-1)]| w(n-m) =$$
$$|\operatorname{sgn}[x(n)] - \operatorname{sgn}[x(n-1)]| * w(n) \tag{3-15}$$

式中,$\operatorname{sgn}[\cdot]$ 是符号函数,即

$$\operatorname{sgn}[x(n)] = \begin{cases} 1, & x(n) \geqslant 0 \\ -1, & x(n) < 0 \end{cases} \tag{3-16}$$

而 $w(n)$ 为窗口序列,其作用与短时平均能量及短时平均幅度时一样。设

$$w(n) = \begin{cases} \dfrac{1}{2N}, & 0 \leqslant n \leqslant N-1 \\ 0, & \text{其他} \end{cases} \tag{3-17}$$

这里窗口幅度为 $1/(2N)$,是对窗口范围内的过零数取平均的意思。因为在窗口内共有 N 个样本,而每个样本使用了 2 次。当然,也可以不用直角窗,而采用其他形式的窗,这和前面讨论能量和幅度时的情况是一样的。

根据式(3-15),可得实现过零数的框图,如图 3-12 所示。由图可见,首先对语音信号序列 $x(n)$ 进行成对地查对采样以确定是否发生过零,若发生符号变化,则表示有一次过零;而后进行一阶差分计算,再求取绝对值,最后进行低通滤波。

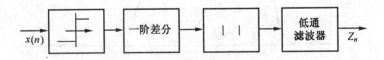

图 3-12　短时平均过零数的实现框图

短时平均过零数可应用于语音信号分析中。由于它粗略地描述了信号的频谱特性,因而可以用来区分清/浊音。发浊音时,尽管声道有若干个共振峰,但由于声门波引起了谱的高频跌落,所以其语音能量约集中于 3 kHz 以下。而发清音时,多数能量出现在较高频率上。既然高频率意味着高的平均过零数,低频率意味着低的平均过零数,那么可以认为浊音时具有较低的平均过零数,而清音时具有较高的平均过零数。但这种高低仅是相对而言,没有精确的数值关系。

图 3-13 给出浊音和清音语音的典型平均过零数的概率分布。图中横坐标为平均过零

数,它是每 10 ms 内过零数的平均值。由图可见,浊音和清音的过零分布与高斯分布均很吻合。可以看出,浊音短时平均过零数的均值为 14 过零 /10 ms,而清音短时平均过零数的均值为 49 过零 /10 ms。显然,这两种分布有一个交叠区域,此时很难区分是清音还是浊音。这个区域所含的信息量是很大的。近年来,有用子波分析提取基音的,也有用语音的分形特征作盒维数统计分析的。

图 3-14 是对三句不同讲话的平均过零数的测量结果。语音信号的取样率为 10 kHz,窗的宽度为 150 个取样周期,

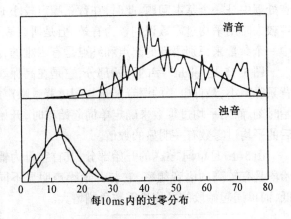

图 3-13　清音和浊音的过零分布

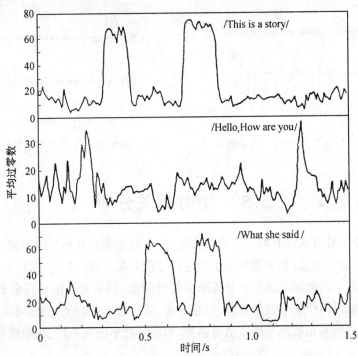

图 3-14　三句不同讲话的平均过零数

每次将窗移动 100 个取样周期(即相邻两段有 50 个样本重叠)。这就是说,每 100 个输入数据计算一次平均过零数。由图可见,这三句话的平均过零数变化都很大,高平均过零数对应于清音,低平均过零数对应于浊音;但是清音和浊音的变化非常明显。因而,短时平均过零数可用于清音和浊音的大分类上。

利用短时平均过零数还可以从背景噪声中找出语音信号,可用于判断寂静无语音和有语音的起点和终点位置。在孤立词的语音识别中,必须要在一连串连续的语音信号中进行适当分割,用以确定一个一个单词的语音信号,即找出每一个单词的开始和终止位置,这在语

音处理中是一个基本问题。此时,在背景噪声较小时用平均能量识别较为有效,而在背景噪声较大时用平均过零数识别较为有效。但是研究表明,在以某些音为开头或结尾时,只用其中一个参量来识别语音的起点和终点是有困难的,必须同时使用这两个参数。

图 3-15 是"eight"字的开始部分,它是在高保真的隔音室中录制的,其信噪比极高。由于背景噪声小,最低电平的语音能量均超过背景噪声能量,二者明显变化的地方就是发音的起始时刻。而用平均过零数来确定单词起始点时,开始点之前的平均过零数极低,而开始点之后的平均过零数有一明显的数值。

图 3-16 是单词"six"的开始部分,其首字母为辅音 s,其频谱在高频段。因此单词 six 的起始段具有较高的语音频率,它与背景噪声明显不同。即此单词的背景噪声的平均过零数较低,而单词起始段的平均过零数急剧增大。

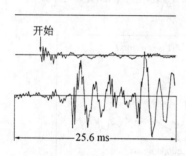

图 3-15 "eight"发音的开始波形

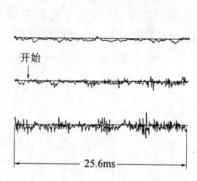

图 3-16 "six"发音的开始波形

3.5 短时相关分析

相关分析是一种常用的时域波形分析方法,它有自相关和互相关的不同,分别由自相关函数和互相关函数来定义。相关函数用于测定两个信号在时域内的相似性,如利用互相关函数,可测定两个信号间的时间滞后或从噪声中检测信号。如果两个信号完全不同,则互相关函数接近于零;如果两个信号波形相同,则在超前、滞后处出现峰值,由此可求出两个信号间的相似程度。而自相关函数用于研究信号本身,如信号波形的同步性、周期性等。这里主要讨论自相关函数。

3.5.1 短时自相关函数

对于确定性信号序列,自相关函数定义为

$$R(k) = \sum_{m=-\infty}^{\infty} x(m)x(m+k) \tag{3-18}$$

对于随机性信号序列或周期性信号序列,自相关函数的定义为

$$R(k) = \lim_{N \to \infty} \frac{1}{2N+1} \sum_{m=-N}^{N} x(m)x(m+k) \tag{3-19}$$

自相关函数具有以下性质

① 如果序列是周期的(设周期为 N_p),则其自相关函数也是同周期的周期函数,即 $R(k) = R(k + N_p)$。

② 它是偶函数,即 $R(k) = R(-k)$。

③ 当 $k = 0$ 时,自相关函数具有极大值,即 $R(0) \geqslant |R(k)|$。

④ $R(0)$ 等于确定性信号序列的能量或随机性序列的平均功率。

自相关函数的这些性质,完全可应用于语音信号的时域分析中。如根据性质①,可不用考虑信号起始时间,而是利用自相关函数中的第一个最大值的位置来估计其周期,这个性质使自相关函数成为估计各种信号(包括语音信号)周期的一个很好的依据。例如,发浊音时语音波形序列具有周期性,因此可用自相关函数求出这个周期,即基音周期。此外,自相关函数还应用于语音信号的线性预测分析等方面。

短时自相关函数的定义如下

$$R_n(k) = \sum_{m=-\infty}^{\infty} x(m)w(n-m)x(m+k)w(n-m-k) \tag{3-20}$$

此式可解释如下:首先乘以窗来选择语音段,然后把确定自相关函数定义式(3-18)应用于窗选语音段。很容易证明

$$R_n(-k) = R_n(k) \tag{3-21}$$

所以

$$R_n(k) = R_n(-k) = \sum_{m=-\infty}^{\infty} x(m)x(m-k)[w(n-m)w(n-m+k)] \tag{3-22}$$

如果定义

$$h_k(n) = w(n)w(n+k) \tag{3-23}$$

由式(3-22)可写为

$$R_n(k) = \sum_{m=-\infty}^{\infty} [x(m)x(m-k)]h_k(n-m) = [x(n)x(n-k)] * h_k(n) \tag{3-24}$$

所以,短时自相关函数可看做序列 $[x(n)x(n-k)]$ 通过单位函数响应为 $h_k(n)$ 的数字滤波器的输出,其运算框图如图 3-17 所示。

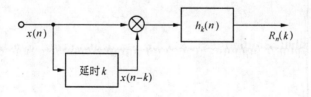

图 3-17　短时自相关函数的方框图表示

短时自相关函数的计算通常是用式(3-20)来进行,此时将其改写为

$$R_n(k) = \sum_{m=-\infty}^{\infty} [x(n+m)w'(m)][x(n+m+k)w'(m+k)] \tag{3-25}$$

这里 $w'(n) = w(-n)$,上式表明输入序列的起始时间被等效地移到抽样时刻 n 处,进而乘以窗函数 $w'(n)$,以选择一个语音段。如果 $w'(n)$ 的长度为 $0 \leqslant n \leqslant N-1$,则式(3-25)可简化为

$$R_n(k) = \sum_{m=0}^{N-1-k} [x(n+m)w'(m)][x(n+m+k)w'(m+k)] \qquad (3-26)$$

上式表明,计算第 k 次的自相关滞后时, $x(n+m)w'(m)$ 需要 N 次相乘。而为计算滞后乘积的求和,就需要 $(N-k)$ 次乘和加,因而计算量较大。利用该式的一些特殊性质可减少运算,比如利用 FFT。

图 3-18 给出了三个自相关函数的例子,它们是用式(3-26)在 $N=401$ 时对 10 kHz 取样的语音计算得到的。如图所示,计算了滞后为 $0 \le k \le 250$ 时的自相关值。前两种情况是对浊音语音段,而第三种情况是对一个清音段。由于语音信号在一段时间内的周期是变化的,所以甚至在很短一段语音内也不同于一个真正的周期信号段。不同周期内的波形也有一定的变化。由图 3-18(a)、(b) 可见,对应于浊音语音的自相关函数,具有一定的周期性。在相隔一定的取样后,自相关函数达到最大值。在图 3-18(c) 上自相关函数没有很强的周期峰值,表明在信号中缺乏周期性,这种清音语音的自相关函数有一个类似噪声的高频波形,有点像清音信号。浊音语音的周期可用自相关函数中的第一个峰值的位置来估算。在图 3-18(a) 中,峰值约出现在 72 的倍数上,由此估计出浊音的基音周期为 7.2 ms 或 140 Hz 左右的基频。在图 3-18(b) 中,第一个最大值出现在 58 个取样的倍数上,它表明平均的基音周期约为 5.8 ms。

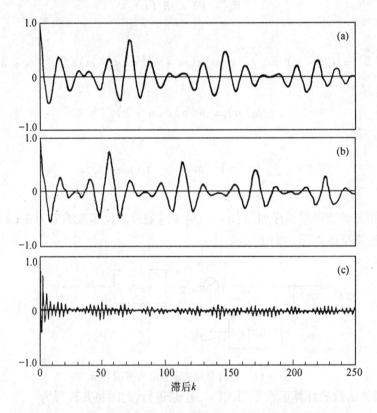

图 3-18　$N=401$ 直角窗时浊音语音(a)、(b) 及清音语音(c) 的自相
　　　　关函数

对于一个 N 点窗的 K 点短时自相关函数,如果直接计算,约需要 KN 次乘法和加法,对于很多实际应用来说, K 和 N 都比较大(如 $K=250, N=401$)。为此提出过一些减少自相关

函数运算量的方法。比如,可以采用 FFT 方法,这是由于自相关函数是功率谱密度的 IDFT。为避免自相关计算的混叠,需要一个 $2N$ 点 DFT(用 FFT 来实现),其中有 N 点数据是由 N 个零值抽样来补足。构成一个平方幅度约需要 $2N$ 次乘法,而 $2N$ 点 FFT 需要 $2N\log_2(2N)$ 次乘法以得到所有 N 点自相关函数。因此,对于 FFT 方法,所需乘法总数为

$$N_F = 2 \cdot 2N\log_2(2N) + 2N \qquad (3\text{-}27)$$

目前高速数字信号处理器(DSP)可以在一个很短的指令周期内完成一次乘加运算,而且专为卷积运算设计了一些效率很高的运算指令,所以如果采用 DSP 实现自相关运算,常常是直接进行计算反而更加简单有效,而不必采用结构复杂的快速算法。

3.5.2 修正的短时自相关函数

在语音信号处理中,计算自相关函数所用的窗口长度与平均能量等情况略有不同。这里,N 值至少要大于基音周期的二倍,否则将找不到第二个最大值点。另一方面,N 值也要尽可能地小;因为语音信号的特性是变化的,如 N 过大将影响短时性。由于语音信号的最小基频为 80 Hz,因而其最大周期为 12.5 ms,两倍周期为 25 ms,所以 10 kHz 取样时窗宽 N 为 250。因而,用自相关函数估算基音周期时,N 不应小于 250。同时,由于基音周期的范围很宽,所以应使窗宽匹配于预期的基音周期:长基音周期用窄的窗,将得不到预期的基音周期;而短基音周期用宽的窗,自相关函数将对许多个基音周期作平均计算,这是不必要的。为解决这个问题,可用"修正的短时自相关函数"来代替短时自相关函数,以便使用较窄的窗。

修正的短时自相关函数定义为

$$\hat{R}_n(k) = \sum_{m=-\infty}^{\infty} x(m)w_1(n-m)x(m+k)w_2(n-m-k) \qquad (3\text{-}28)$$

或

$$\hat{R}_n(k) = \sum_{m=-\infty}^{\infty} x(n+m)w'_1(m)x(n+m+k)w'_2(m+k) \qquad (3\text{-}29)$$

上面两个式子分别与式(3-20)和式(3-25)相对应,不同的是,这里 $w'_1(n)$ 和 $w'_2(n)$ 用了不同的长度。即为了消除式(3-26)中可变上限引起的自相关函数的下降,选取 $w'_2(n)$ 使其包括 $w'_1(n)$ 的非零间隔以外的取样。比如,在直角窗时,可以使

$$w'_1(m) = \begin{cases} 1, & 0 \leq m \leq N-1 \\ 0, & 其他 \end{cases} \qquad (3\text{-}30a)$$

$$w'_2(m) = \begin{cases} 1, & 0 \leq m \leq N-1+\bar{K} \\ 0, & 其他 \end{cases} \qquad (3\text{-}30b)$$

因此,式(3-29)可以写为

$$\hat{R}_n(k) = \sum_{m=0}^{N-1} x(n+m)x(n+m+k), \qquad 0 \leq k \leq \bar{K} \qquad (3\text{-}31)$$

这里 $\bar{K}$ 是最大的延迟点数。此式表明,总是取 N 个取样的平均,而且 n 到 $n+N-1$ 间隔以外的抽样也包括在计算里了。在式(3-25)和式(3-31)中,计算数据之间的差别表示于图 3-19 中,其中图 3-19(a) 表示一个语音波形,图 3-19(b) 表示由一个矩形窗选取的 N 个抽样段。对于一个矩形窗,这个段作为式(3-26)中的两项,而在式(3-31)中将是 $x(n+$

$m)w'_1(m)$ 项,图 3-19(c) 表示式(3-31)的另一项。需要注意,这里包括了 $\bar{K}$ 个外加抽样。

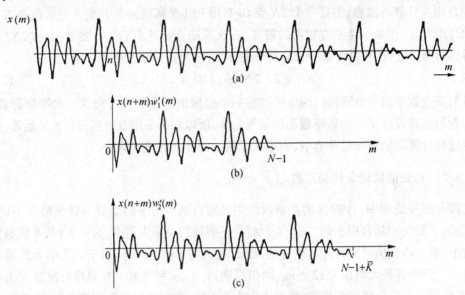

图 3-19　修正的短时自相关函数计算中窗口宽度选择的说明

严格地说,$\hat{R}_n(k)$ 是两个不同的有限长度语音段 $x(n+m)w'_1(m)$ 和 $x(n+m)w'_2(m)$ 的互相关函数。因而 $\hat{R}_n(k)$ 具有互相关函数的特性,而不是一个自相关函数,例如 $\hat{R}_n(k) \neq \hat{R}_n(-k)$。然而 $\hat{R}_n(k)$ 在周期信号周期的倍数上有峰值,所以与 $\hat{R}_n(0)$ 最近的第二个最大值点仍然代表了基音周期的位置。图 3-20 表示了相应于图 3-18 所给例子的修正自相关函数。在 $N = 401$ 时因为波形变动的效应超过了图 3-18 中逐渐变细的效应,所以这两张图看上去很相似。

3.5.3　短时平均幅度差函数

短时自相关函数是语音信号时域分析的重要参量。它有两个主要用途。一是判断清／浊音,并估计浊音的基音周期;二是它的傅里叶变换就是短时谱。如果仅仅是为了第一个用途,就没有必要计算短时自相关函数。因为计算自相关函数的运算量是很大的,其原因是乘法运算所需时间较长。简化计算自相关函数的方法有多种,如 FFT 等,但都无法避免乘法运算。为了避免乘法,一个简单的方法就是利用差值。为此常常采用另一种与自相关函数有类似作用的参量,即短时平均幅度差函数(AMDF)。

平均幅度差函数能够代替自相关函数进行语音分析,是基于这样一个事实:即语音的浊音具有准周期性。如果信号是完全的周期信号,则相距为周期的倍数的样点上的幅值是相同的,差值为零,即

$$d(n) = x(n) - x(n-k) = 0, \qquad k = 0, \pm N_p, \pm 2N_p, \cdots \qquad (3-32)$$

对实际的语音信号,$d(n)$ 虽不为零,但值仍很小,这些极小值将出现在整数倍周期的位置上。为此,可定义短时平均幅差函数

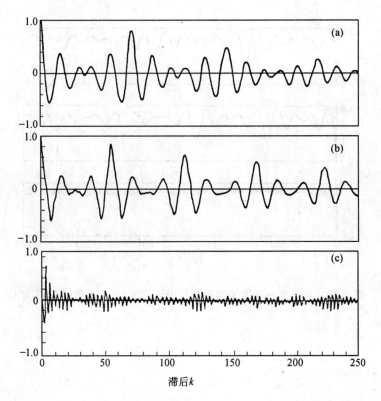

图 3-20 与图 3-18 对应的语音段在 $N = 401$ 时修正的短时自相关函数

$$F_n(k) = \frac{1}{R} \sum_{m=-\infty}^{\infty} \left| x(n+m)w'_1(m) - x(n+m+k)w'_2(m+k) \right| \tag{3-33}$$

式中，R 是信号 $x(n)$ 的平均值。显然，如果 $x(n)$ 在窗口取值范围内具有周期性，则 $F_n(k)$ 在 $k = N_p, 2N_p, \cdots$ 处将出现极小值。应该指出，这里窗口应使用直角窗。如果两个窗口 $w'_1(n)$ 和 $w'_2(n)$ 具有相同的长度，则得到类似于短时自相关函数的一个函数；如果 $w'_2(n)$ 比 $w'_1(n)$ 长，则有类似于式(3-31)中修正的短时自相关函数的那种情况。研究表明

$$F_n(k) \approx \frac{\sqrt{2}}{R}\beta(k)\left[\hat{R}_n(0) - \hat{R}_n(k)\right]^{1/2} \tag{3-34}$$

式中 $\beta(k)$ 对不同的语音段可在 $0.6 \sim 1.0$ 之间变化，但是对一个特定的语音段，它随 k 值的变化不是很快。

图 3-21 给出 AMDF 函数的例子，它与图 3-18 和图 3-20 中相应的语音段是相同的且有同样的宽度。可以看到，AMDF 函数确实有式(3-34)所给出的形状。因此，在浊音语音的基音周期上，$F_n(k)$ 值急剧下降，而在清音语音时没有明显下降。

采用直角窗时，有

$$F_n(k) = \frac{1}{R}\sum_{n=0}^{N-1} \left| x(n) - x(n+k) \right|, \quad k = 0,1,\cdots,N-1 \tag{3-35}$$

因此，计算 $F_n(k)$ 只需加、减法和取绝对值的运算；与自相关函数的相加与相乘运算相比，运算量大大减小，这尤其在硬件实现语音信号分析时有很大好处。为此，AMDF 已被用在许多实时语音处理系统中。

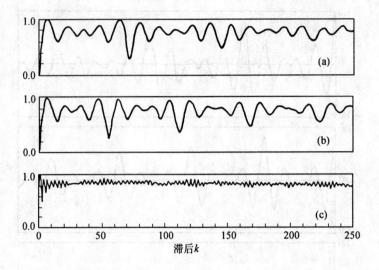

图 3-21 与图 3-18 和图 3-20 有相同语音段的 AMDF 函数(归一化为 1)

第4章　短时傅里叶分析

4.1　概　　述

傅里叶分析在信号处理中具有十分重要的作用,它是分析线性系统和平稳信号稳态特性的强有力手段,在许多工程和科学领域中得到了广泛的应用。这种以复指数函数为基函数的正交变换,理论上很完善,计算上很方便,概念上易于理解。同时,傅里叶分析可使信号的某些特性变得很明显,而在原始信号中这些特性可能没有表现出来或至少不明显。

在语音信号处理中,傅里叶表示在传统上一直起主要作用。其原因一方面在于稳态语音的产生模型由线性系统组成,此系统被一随时间作周期变化或随机变化的源所激励,因而系统输出的频谱反映了激励与声道频率响应特性。另一方面,语音信号的频谱具有非常明显的语言声学意义,可以获得某些重要的语音特征(如共振峰频率和带宽等)。同时,语音的感知过程与人类听觉系统具有频谱分析功能是密切相关的。因此,对语音信号进行频谱分析,是认识语音信号和处理语音信号的重要方法。

然而,语音波是一个非平稳过程,因此适用于周期、瞬变或平稳随机信号的标准傅里叶变换不能用来直接表示语音信号。对语音处理来说,短时分析的方法是有效的解决途径。由于语音信号的特性是随时间缓慢变化的,因而可以假设它在一短段时间内保持不变。短时分析方法应用于傅里叶分析就是短时傅里叶变换(STFT),即有限长度的傅里叶变换;相应的频谱称为"短时谱"。语音信号的短时谱分析是以傅里叶变换为核心的,其特征是频谱包络与频谱微细结构以乘积的方式混合在一起;另一方面是可用 FFT 进行高速处理。

短时傅里叶分析是分析缓慢时变频谱的一种简便方法,是用稳态分析方法处理非平稳信号的一种方法,在语音处理中是一个非常重要的工具。短时傅里叶变换最重要的应用是语音分析—合成系统,因为由短时傅里叶变换可以精确地恢复语音波形。

从广义上讲,语音信号的频域分析包括频谱、功率谱、倒谱、频谱包络分析等,常用的频域分析方法有带通滤波器组法、傅里叶分析、线性预测分析等几种。本章将介绍短时傅里叶分析。

4.2　短时傅里叶变换

4.2.1　短时傅里叶变换的定义

由于可以认为语音信号是局部平稳的,所以可以对某一帧语音进行傅里叶变换,即短时傅里叶变换,其定义为

$$X_n(e^{j\omega}) = \sum_{m=-\infty}^{\infty} x(m)w(n-m)e^{-j\omega m} \tag{4-1}$$

可见,短时傅里叶变换是窗选语音信号的标准傅里叶变换。这里用下标 n 区别于标准的傅里叶变换。式(4-1)中,$w(n-m)$ 是窗口函数序列。同样,不同的窗口函数序列,将得到不同的傅里叶变换的结果。由该式知,短时傅里叶变换有两个自变量:n 和 ω,所以它既是关于时间 n 的离散函数,又是关于角频率 ω 的连续函数。与离散傅里叶变换和连续傅里叶变换的关系一样,若令 $\omega = 2\pi k/N$,则得离散的短时傅里叶变换

$$X_n(e^{j\frac{2\pi k}{N}}) = X_n(k) = \sum_{m=-\infty}^{\infty} x(m)w(n-m)e^{-j\frac{2\pi km}{N}}, \quad 0 \leqslant k \leqslant N-1 \qquad (4-2)$$

它实际上是 $X_n(e^{j\omega})$ 在频域的取样。由式(4-1)和式(4-2)可以看出,这两个公式都有两种解释:① 当 n 固定不变时,它们是序列 $w(n-m)x(m)(-\infty < m < \infty)$ 的标准傅里叶变换或标准的离散傅里叶变换。此时 $X_n(e^{j\omega})$ 与标准傅里叶变换具有相同的性质,而 $X_n(k)$ 与标准的离散傅里叶变换具有相同的特性。② 当 ω 或 k 固定时,$X_n(e^{j\omega})$ 和 $X_n(k)$ 看做是时间 n 的函数。它们是信号序列和窗口函数序列的卷积,此时窗口的作用相当于一个滤波器。下面分别从这两方面对短时傅里叶变换进行分析。

4.2.2　标准傅里叶变换的解释

此时,短时傅里叶变换可写为

$$X_n(e^{j\omega}) = \sum_{m=-\infty}^{\infty} [x(m)w(n-m)]e^{-j\omega m} \qquad (4-3)$$

当 n 取不同值时窗 $w(n-m)$ 沿着 $x(m)$ 序列滑动,所以 $w(n-m)$ 是一个"滑动的"窗口。图 4-1 画出了这一情况,它表明了在几个不同 n 值上 $x(m)$ 及 $w(n-m)$ 与 m 的函数关系。由于窗口是有限长度的,满足绝对可和条件,所以这个变换是存在的。与序列的傅里叶变换相同,短时傅里叶变换随着 ω 作周期变化,周期为 2π。

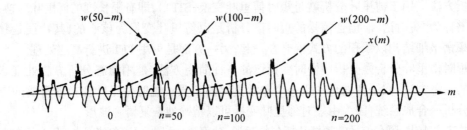

图 4-1　在几个 n 值上 $x(m)$ 与 $w(n-m)$ 的示意图

根据功率谱定义,可以写出短时功率谱与短时傅里叶变换之间的关系

$$S_n(e^{j\omega}) = X_n(e^{j\omega}) \cdot X_n^*(e^{j\omega}) = |X_n(e^{j\omega})|^2 \qquad (4-4)$$

式中 $*$ 表示复共轭运算。同时功率谱 $S_n(e^{j\omega})$ 是短时自相关函数

$$R_n(k) = \sum_{m=-\infty}^{\infty} w(n-m)x(m)w(n-k-m)x(m+k) \qquad (4-5)$$

的傅里叶变换。

下面将短时傅里叶变换写为另一种形式。设信号序列和窗口序列的标准傅里叶变换为

$$X(e^{j\omega}) = \sum_{m=-\infty}^{\infty} x(m)e^{-j\omega m} \qquad (4-6)$$

$$W(e^{j\omega}) = \sum_{m=-\infty}^{\infty} w(m)e^{-j\omega m} \tag{4-7}$$

均存在。当 n 取固定值时，$w(n-m)$ 的傅里叶变换为

$$\sum_{m=-\infty}^{\infty} w(n-m)e^{-j\omega m} = e^{-j\omega n} \cdot W(e^{-j\omega}) \tag{4-8}$$

根据傅里叶变换的频域卷积定理，有

$$X_n(e^{j\omega}) = X(e^{j\omega}) * [e^{-j\omega n} \cdot W(e^{-j\omega})]$$

因为上式右边两个卷积项均为关于 ω 的以 2π 为周期的连续函数，所以可将其写成以下的卷积积分形式

$$X_n(e^{j\omega}) = \frac{1}{2\pi}\int_{-\pi}^{\pi} \{[W(e^{-j\theta})e^{-jn\theta}]X(e^{j(\omega-\theta)})\}d\theta \tag{4-9}$$

或将 θ 改为 $-\theta$，可得到

$$X_n(e^{j\omega}) = \frac{1}{2\pi}\int_{-\pi}^{\pi} \{[W(e^{j\theta})e^{jn\theta}]X(e^{j(\omega+\theta)})\}d\theta \tag{4-10}$$

下面讨论窗口序列的作用。用波形乘以窗函数，不仅为了在窗口边缘两端不引起急剧变化，使波形缓慢降为零，而且还相当于对信号谱与窗函数的傅里叶变换进行卷积。为此窗函数应具有如下特性：

① 频率分辨率高，即主瓣狭窄、尖锐；

② 通过卷积，在其他频率成分产生的频谱泄漏少，即旁瓣衰减大。

这两个要求实际上相互矛盾，不能同时满足。

窗口宽度 N、取样周期 T 和频率分辨率 Δf 之间存在下列关系

$$\Delta f = \frac{1}{NT} \tag{4-11}$$

可见，频率分辨率随窗口宽度的增加而提高，但同时时间分辨率降低；如果窗口取短，频率分辨率下降，但时间分辨率提高，因而二者是矛盾的。

首先，$W(e^{j\omega})$ 主瓣宽度与窗口宽度成反比。例如，最简单的直角窗

$$w(n) = \begin{cases} 1, & 0 \leq n \leq N-1 \\ 0, & \text{其他} \end{cases}$$

的傅里叶变换由式(4-7)得

$$W(e^{j\omega}) = \sum_{n=0}^{N-1} e^{-j\omega n} = \frac{\sin(\omega N/2)}{\sin(\omega/2)}e^{-j\omega(N-1)/2} \tag{4-12}$$

由上式得其第一个零点位置为 $2\pi/N$，显然它与窗口宽度成反比。对于其他窗口，这个结论也是成立的。比如，对于海明窗，第一个零点位置为 $4\pi/N$，也与 N 成反比。这是由信号的时宽带宽积为常数这一基本性质所决定。对于矩形窗，虽然频率分辨率很高，但由于第一旁瓣的衰减只有 13.2dB，所以不适合用于频谱成分动态范围很宽的语音分析中。而海明窗在频率范围中的分辨率较高，而且由于旁瓣的衰减大于 42dB，具有频谱泄漏少的优点，频谱中高频分量弱、波动小，因而得到较平滑的谱。其他窗函数中，还有汉宁窗

$$w(n) = 0.5 - 0.5\cos\left[\frac{2\pi n}{N-1}\right] \tag{4-13}$$

其优点是高次旁瓣低，但是第一旁瓣的衰减只有 30 dB。

对语音波形乘以海明窗,压缩了接近窗两端的部分波形,等效于用作分析的区间缩短40% 左右,因此,频率分辨率下降40% 左右。所以,即使在基音周期性明显的浊音频谱分析中,乘以合适的窗函数,也能抑制基音周期与分析区间的相对相位关系的变动影响,从而得到稳定的频谱。因为乘以窗函数将导致分帧区间缩短,所以为跟踪随时间变化的频谱,要求一部分区间重复移动。

下面讨论窗口宽度的影响。由式(4-10)可知,窗傅里叶变换 $W(e^{j\omega})$ 很重要。由该式可以明显看出,为使 $X_n(e^{j\omega})$ 准确再现 $X(e^{j\omega})$ 的特性,$W(e^{j\omega})$ 相对于 $X(e^{j\omega})$ 来说应是一个冲激函数。N 越大,$W(e^{j\omega})$ 的主瓣越窄,$X_n(e^{j\omega})$ 越接近于 $X(e^{j\omega})$。当 $N \to \infty$ 时,$X_n(e^{j\omega}) \to X(e^{j\omega})$。但是 N 值太大时,信号的分帧已失去了意义,尤其是 N 值大于语音的音素长度时,$X_n(e^{j\omega})$ 已不能反映该语音音素的频谱了。因此,应折衷选择窗宽 N。

图 4-2 给出了 $N = 500$ 时(取样率 10 kHz,窗持续时间 50 ms)时直角窗及海明窗下浊音语音的频谱。其中图(a)是海明窗的窗选信号,图(b)是其对数功率谱;图(c)是矩形窗下的窗选信号,图(d)是其对数功率谱。从图(a)可以明显看出时间波形的周期性,此周期性同样在图(b)中表现出来。图中基频及其谐波在频谱中表现为等频率间隔的窄峰。图(b)中的频谱大约在 300 ~ 400 Hz 附近有较强的第一共振峰,而约在 2000 Hz 附近有一个对应于第二、三共振峰的宽峰。此外,还能在 3 800 Hz 附近看到第四个共振峰。最后,由于声门脉冲谱的高频衰减特性,频谱在高频部分表现出下降的趋势。

将图(b)和图(d)比较可看出它们在基音谐波、共振峰结构以及频谱粗略形状上的相似性,同样也能看到其频谱之间的差别。最明显的是图(d)中基音谐波尖锐度增加,这主要是由于矩形窗频率分辨率较高。另一差别是矩形窗较高的旁瓣产生了一个类似于噪声的频谱。这是由于相邻谐波的旁瓣在谐波间隔内的相互作用(有时加强有时抵消),因而在谐波间产生了随机变化。这种相邻谐波间不希望有的"泄漏"抵消了其主瓣较窄的优点,因此在语音频谱分析中极少采用矩形窗。

图 4-3 给出了 $N = 50$ 的比较结果(取样率与图 4-2 中相同,因而窗口持续时间为 5 ms)。由于窗口很短,因而时间序列(图(a)和(c))及信号频谱(图(b)和(d))均不能反映信号的周期性。与图 4-2 相反,图 4-3 只大约在 400、1 400 及 2 200 Hz 频率上有少量较宽的峰值。它们与窗内语音段的前三个共振峰相对应。比较图 4-3(b) 及(d) 的频谱后,再次表明矩形窗可以得到较高的频率分辨率。

图 4-2 和图 4-3 中的例子清楚地说明了窗口宽度与短时傅里叶变换特性之间的关系,即用窄窗可得到好的时间分辨率,用宽窗可以得到好的频率分辨率。但由于采用窗的目的是要限制分析的时间以使其中波形的特性没有显著变化,因而要折衷考虑。

综上所述,将短时傅里叶变换看做是窗选语音信号的标准傅里叶变换后,可透彻了解短时傅里叶变换表示的特性以及窗的作用。

4.2.3 滤波器的解释

另一方面,可以从线性滤波角度对 $X_n(e^{j\omega})$ 进行解释。为此,将短时傅里叶变换的定义写为

$$X_n(e^{j\omega}) = \sum_{m=-\infty}^{\infty} \left[x(m) e^{-j\omega m} \right] w(n - m) \tag{4-14}$$

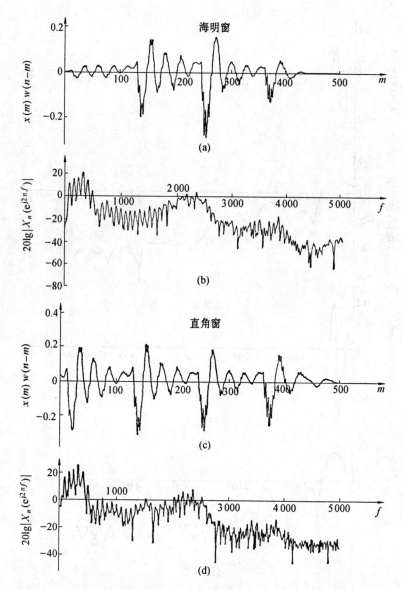

图 4-2　$N = 500$ 时海明窗(a、b)及直角窗(c)、(d)的浊音语音频谱分析:(a)和(c)为时间波形;(b)和(d)为相应的频谱

因而,如果将 $w(n)$ 看做是一个滤波器的单位函数响应,则 $X_n(e^{j\omega})$ 就是该滤波器的输出,而滤波器的输入为 $x(n)e^{-j\omega n}$,如图 4-4(a)所示。同时,由于复数可分解为实部和虚部,所以 $X_n(e^{j\omega})$ 也可以完全由实数运算来实现,即

$$X_n(e^{j\omega}) = \left| X_n(e^{j\omega}) \right| e^{j\theta_n(\omega)} = a_n(\omega) - jb_n(\omega) \tag{4-15}$$

其实现框图如图 4-4(b)所示。无论是由实数运算还是由复数运算来实现,给定 ω,就可求出该频率处的短时谱。

　　用滤波器解释的短时傅里叶变换还具有另外一种形式。令 $m = n - m'$,则将式(4-1)改写为

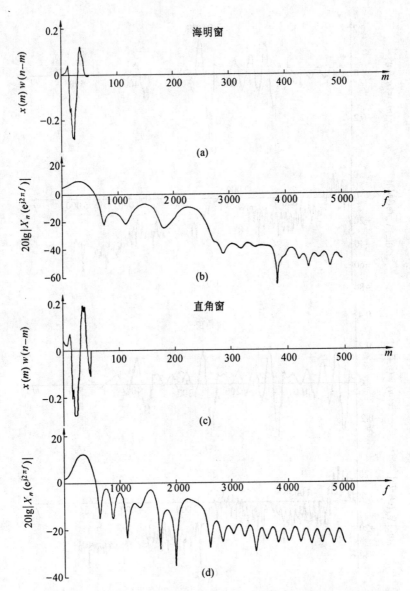

图 4-3　$N = 50$ 时海明窗(a、b) 及直角窗(c、d) 对浊音语音的频谱分析:
(a)、(c) 为时间波形;(b)、(d) 为相应频谱

$$X_n(\mathrm{e}^{\mathrm{j}\omega}) = \sum_{m' = -\infty}^{\infty} w(m') x(n - m') \mathrm{e}^{-\mathrm{j}\omega(n - m')} =$$

$$\mathrm{e}^{-\mathrm{j}\omega n} \Big[\sum_{m' = -\infty}^{\infty} x(n - m') w(m') \mathrm{e}^{\mathrm{j}\omega m'} \Big] \tag{4-16}$$

令 $$\tilde{X}_n(\mathrm{e}^{\mathrm{j}\omega}) = \sum_{m' = -\infty}^{\infty} x(n - m') w(m') \mathrm{e}^{\mathrm{j}\omega m'} \tag{4-17}$$

所以 $$X_n(\mathrm{e}^{\mathrm{j}\omega}) = \mathrm{e}^{-\mathrm{j}\omega n} \cdot \tilde{X}_n(\mathrm{e}^{\mathrm{j}\omega}) \tag{4-18}$$

由此可画出短时傅里叶变换滤波器解释的另一种形式,如图 4-5 所示,同样可分为复数和实数运算两种实现形式。

通常,$W(\mathrm{e}^{\mathrm{j}\omega})$ 为窄带低通滤波器。因而从物理概念上讲,上述第一种形式为低通滤波

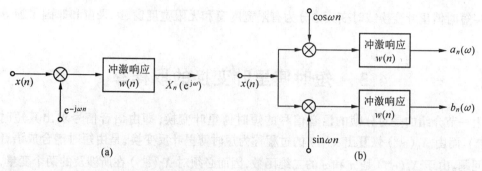

(a)

(b)

图 4-4　短时傅里叶变换滤波器解释的第一种形式(a) 复数运算　　(b) 只有实数运算

器;由于第二种形式中的滤波器单位函数响应为 $w(n)e^{j\omega n}$,所以它为带通滤波器。比较图 4-4 和图 4-5,如要输出复数形式即同时求 $a_n(\omega)$ 和 $b_n(\omega)$ 时,第一种形式比较简单;而如果只求幅度谱 $|X_n(e^{j\omega})|$,则用带通滤波器实现就比较简单,因为由式(4-15) 及式(4-17),有

$$\begin{aligned} \left| X_n(e^{j\omega}) \right| &= \left[a_n^2(\omega) + b_n^2(\omega) \right]^{1/2} = \left| \widetilde{X}_n(e^{j\omega}) \right| \cdot \left| e^{-j\omega n} \right| = \\ \left| \widetilde{X}_n(e^{j\omega}) \right| &= \left[\tilde{a}_n^2(\omega) + \tilde{b}_n^2(\omega) \right]^{1/2} \end{aligned} \tag{4-19}$$

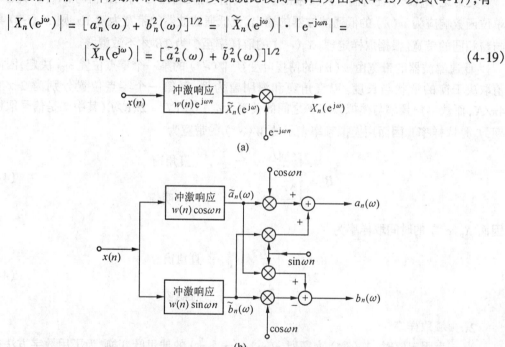

(a)

(b)

图 4-5　短时傅里叶变换滤波器解释的另一种形式

(a) 复数运算　(b) 只有实数运算

从物理概念上考虑,如果将 $w(n)$ 的滤波运算除外,短时傅里叶变换实际上是对信号的幅度调制。上面第一种形式是在输入端进行调制,$x(n)$ 乘以 $e^{-j\omega n}$ 相当于将$x(n)$的频谱从 ω 移到零频处;而 $w(n)$(直角窗或海明窗等) 为窄带低通滤波器。后一种形式是在输出端进行调制,此时先对信号进行带通滤波,滤波器的单位函数响应为 $w(n)e^{j\omega n}$,而调制后输出的是中心频率为 ω 的短时谱。

用线性滤波实现短时傅里叶变换的主要优点在于,可以利用线性滤波器的一些成果,使实现方法变得非常简单。根据线性滤波器可以分为 FIR 和 IIR 的、因果和非因果的,类似地也可以将短时傅里叶变换或时变频谱分为有限宽度窗和无限宽度窗、因果窗和非因果窗等类型。

4.3 短时傅里叶变换的取样率

上一节介绍的是对分帧的语音信号的短时傅里叶变换,即由语音信号求出其短时谱 $X_n(e^{j\omega})$。而由 $X_n(e^{j\omega})$ 恢复出 $x(n)$ 的过程称为短时傅里叶反变换,是由短时谱合成语音信号的问题。由于 $X_n(e^{j\omega})$ 是 n 和 ω 的二维函数,因而必须对 $X_n(e^{j\omega})$ 在所涉及的两个变量,即时域及频域内进行取样,取样率的选取应保证 $X_n(e^{j\omega})$ 不产生混叠失真,从而能够恢复原始语音信号 $x(n)$。

1. 时间取样率

先讨论 $X_n(e^{j\omega})$ 在时间上所要求的取样率。前已指出,当 ω 为固定值时,$X_n(e^{j\omega})$ 是一个单位函数响应为 $w(n)$ 的低通滤波器的输出。设低通滤波器的带宽为 B Hz,则 $X_n(e^{j\omega})$ 具有与窗相同的带宽。根据取样定理,$X_n(e^{j\omega})$ 的取样率至少为 $2B$ 才不致混叠。

低通滤波器的带宽由 $w(n)$ 的傅里叶变换 $W(e^{j\omega})$ 的第一个零点位置 ω_{01} 决定,因而 B 值取决于窗的形状与长度。以直角窗和海明窗为例,其第一个零点位置分别为 $2\pi/N$ 和 $4\pi/N$,而数字角频率与模拟频率 F 之间的关系为 $\omega = 2\pi FT = 2\pi F/f_s$(其中 T 是信号取样周期,f_s 是取样率),因而用模拟频率表示的 $W(e^{j\omega})$ 的带宽为

$$
B = \begin{cases} \dfrac{\omega_{01}f_s}{2\pi} = \dfrac{f_s}{N} & , \quad \text{直角窗} \\ \dfrac{2f_s}{N} & , \quad \text{海明窗} \end{cases}
\tag{4-20}
$$

因而 $X_n(e^{j\omega})$ 的时间取样率为

$$
2B = \begin{cases} \dfrac{2f_s}{N} & , \quad \text{直角窗} \\ \dfrac{4f_s}{N} & , \quad \text{海明窗} \end{cases}
\tag{4-21}
$$

2. 频域取样率

当 n 为固定值时,$X_n(e^{j\omega})$ 为序列 $x(m)w(n-m)$ 的傅里叶变换。为了用数字方法得到 $x(n)$,必须对 $X_n(e^{j\omega})$ 进行频域的取样。由于 $X_n(e^{j\omega})$ 是关于 ω 的周期为 2π 的周期函数,所以只需讨论在 2π 范围内频率取样的问题。取样在 2π 范围内等间隔地进行。设取样点数为 L,则各取样频率值为

$$
\omega_k = 2\pi k/L, \qquad k = 0, 1, \cdots, L-1
\tag{4-22}
$$

这里 L 即为取样频率。上式的含义为在单位圆内取 L 个均匀分布的频率,在这些频率上求出相应的 $X_n(e^{j\omega})$ 值。这样,在频域内 L 个角频率上对 $X_n(e^{j\omega})$ 进行取样,由这些取样恢复出的时间信号应该是 $x(m)w(n-m)$ 进行周期延拓的结果,延拓周期为 $2\pi k/\omega_k = L$。显然,为使恢复的时域信号不产生混叠失真,需满足条件

$$
L \geq N
$$

这就表明,在 $0 \sim 2\pi$ 范围内取样至少应有 N 个样点。通常可取 $L = N$。

3. 总取样率

根据上面的讨论,可以确定由 $X_n(e^{j\omega})$ 恢复 $x(n)$ 所必须的总取样率。总取样率 SR 为时域取样率和频域取样率的乘积,即

$$SR = 2BL = \begin{cases} \dfrac{2f_s L}{N}, & \text{直角窗} \\[3mm] \dfrac{4f_s L}{N}, & \text{海明窗} \end{cases} \tag{4-23}$$

当 $L = N$ 时,直角窗时 SR $= 2f_s$,海明窗时 SR $= 4f_s$;即短时谱表示所要求的取样率是原信号时域取样率 f_s 的 2 或 4 倍。

如式(4-20)和式(4-21)所示,对大多数实际应用的窗,其带宽 B 都与 f_s/N 成正比,即

$$B = k \cdot \frac{f_s}{N}$$

这里 k 为正比例常数。所以 $X_n(e^{j\omega})$ 的最低时域取样率为 $2k \cdot \dfrac{f_s}{N}$。因此

$$SR = 2k \cdot \frac{f_s}{N} \cdot L \geqslant 2k \cdot \frac{f_s}{N} \cdot N = 2kf_s$$

其中 SR 的单位为 Hz。由上式可见,最低取样率为

$$SR_{min} = 2kf_s$$

$$\frac{SR_{min}}{f_s} = 2k$$

因而,对短时谱的取样率是信号波形取样率的 $2k$ 倍,这个比值称为“过取样比”。采用海明窗时,过取样比为 4(即 $k = 2$),如前所述。

在某些应用场合,如谱估计、基音检测和共振峰估计、数字语谱图以及声码器中,通常只对傅里叶分析感兴趣,而且主要目的是尽可能降低语音编码的比特率。在这些情况下,短时谱的取样率可低于 $2kf_s$,即所谓“欠取样”。这时虽然短时谱发生了混叠失真,但仍可采用一些方法从欠取样的短时谱中准确地恢复出原始语音信号。增加或减少取样率的问题在语音信号处理中是常见的。某些实际系统致力于使存储量(或传输比特率)为最小,此时欠取样具有实际的重要意义,如通道声码器就是据此压缩传输码率的(见 11.3.2)。例如,当窗口宽度很大时,B 很小,低通滤波器带宽很窄。因此当 ω 为固定值时,只需取一个 $X_n(e^{j\omega})$ 即可代表 ω_k 时的频谱值;所以声码器只需传送一个参数码。而对所有频率($k = 0, 1, \cdots, L-1$)只需传送 L 个谱值(通常,L 值为 10～16)就可以代表 $x(m)w(n-m)$ 的频谱,即可恢复有良好质量的语音了。当然,N 值不能太大,如果超过音素长度,语音质量就会大大降低。

但是在另外一些情况下,常常要求对短时傅里叶变换作某些处理(即进行线性或非线性滤波),并由滤波后的频谱合成信号。这时,最重要的要求是,短时傅里叶变换在时域和频域都不能产生混叠失真。

4.4 语音信号的短时综合

下面讨论由 $X_n(e^{j\omega})$ 恢复 $x(n)$ 的方法,这一问题通常称为语音的短时综合。经典的方法主要有滤波器组求和法和叠接相加法两种,下面分别介绍。

4.4.1 滤波器组求和法

这种方法与短时频谱的滤波器组表示有关。对于某个频率 ω_k，如果已知 $X_n(e^{j\omega})$，则由式(4-17)得

$$\widetilde{X}_n(e^{j\omega_k}) = \sum_{m=-\infty}^{\infty} x(n-m)w_k(m)e^{j\omega_k m} = X_n(e^{j\omega_k})e^{j\omega_k n} \tag{4-24}$$

若令

$$h_k(n) = w_k(n)e^{j\omega_k n} \tag{4-25}$$

则

$$\widetilde{X}_n(e^{j\omega_k}) = \sum_{m=-\infty}^{\infty} x(n-m)h_k(m) = X_n(e^{j\omega_k})e^{j\omega_k n} \tag{4-26}$$

下面用 $y_k(n)$ 表示 $\widetilde{X}_n(e^{j\omega_k})$，即

$$y_k(n) = \widetilde{X}_n(e^{j\omega_k}) \tag{4-27}$$

则有

$$y_k(n) = \sum_{m=-\infty}^{\infty} x(n-m)h_k(m) = X_n(e^{j\omega_k})e^{j\omega_k n} \tag{4-28}$$

由式(4-25)可知，$h_k(n)$ 是一个带通滤波器，其中心频率为 ω_k。因而，由式(4-27)可知，$y_k(n)$ 是第 k 个滤波器 $h_k(n)$ 的输出。图 4-6 画出了式(4-28)的运算过程。

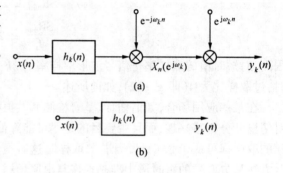

下面考虑有 L 个带通滤波器的情况，其中心频率均匀分布以覆盖整个频带，即

$$\omega_k = 2\pi k/L, \quad k = 0,1,\cdots,L-1 \tag{4-29}$$

再假定所有带通滤波器都用了相同的窗，即

图 4-6 滤波器组求和法的单通道表示

$$w_k(n) = w(n), \quad k = 0,1,\cdots,L-1 \tag{4-30}$$

下面考察整个带通滤波器组，其中每个带通滤波器均有相同输入，将其输出相加，即得恢复信号 $y(n)$

$$y(n) = \sum_{k=0}^{L-1} y_k(n) = \sum_{k=0}^{L-1} X_n(e^{j\omega_k})e^{j\omega_k n} \tag{4-31}$$

也就是输出信号为滤波器组中每个通带输出信号的总和，在恢复时这些通带信号被移回到原来的中心频率上。这种方法即为带通滤波器组求和法，如图 4-7 所示。

下面证明 $y(n)$ 正比于 $x(n)$。由式(4-25)有

$$H_k(e^{j\omega}) = W_k(e^{j(\omega-\omega_k)}) \tag{4-32}$$

将 L 个 $H(e^{j\omega})$ 求和，得

$$\widetilde{H}(e^{j\omega}) = \sum_{k=0}^{L-1} H_k(e^{j\omega}) = \sum_{k=0}^{L-1} W_k(e^{j(\omega-\omega_k)}) \tag{4-33}$$

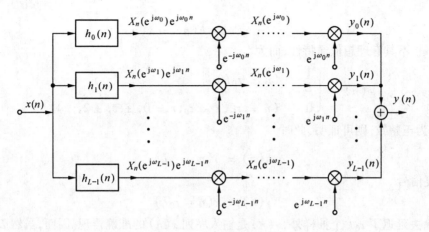

图 4-7   滤波器组求和法

这里 $W_k(e^{j\omega})$ 为 $w(n)$ 的傅里叶反变换,若将 $W(e^{j\omega})$ 用 L 点取样,则其离散傅里叶反变换为

$$\frac{1}{L}\sum_{k=0}^{L-1} W(e^{j\omega_k})e^{j\omega_k n} = \sum_{r=-\infty}^{\infty} w(n+rL) \tag{4-34}$$

得到的为周期重复的 $w(n)$。由于 $w(n)$ 的长度为 N,所以

$$w(n) = 0 \qquad (n < 0 \text{ 或 } n \geqslant N) \tag{4-35}$$

当 $N = L$ 或 $N < L$ 时,由式(4-33)知 $n = 0$ 时

$$\frac{1}{L}\sum_{k=0}^{L-1} W(e^{j\omega_k}) = w(0) \tag{4-36}$$

这表明由于 $N \leqslant L, w(n)$ 没有重叠,因而可以由特定的 n 值(如 $n = 0$ 来简化 $W(e^{j\omega})$ 的 IDFT。因而根据上式,并考虑到 $W(e^{j(\omega-\omega_k)})$ 为 $W(e^{j\omega})$ 均匀取样后在 $\omega - \omega_k$ 处的值,可得

$$\frac{1}{L}\sum_{k=0}^{L-1} W(e^{j(\omega-\omega_k)}) = w(0) \tag{4-37}$$

代入式(4-33)可得

$$\widetilde{H}(e^{j\omega}) = \sum_{k=0}^{L-1} H_k(e^{j\omega}) = Lw(0) \tag{4-38}$$

因而整个系统的单位函数响应为

$$\widetilde{h}(n) = \sum_{k=0}^{L-1} h_k(n) = \sum_{k=0}^{L-1} w_k(n)e^{j\omega_k n} = Lw(0)\delta(n) \tag{4-39}$$

它等于单位冲激序列乘以一个比例系数,而合成输出

$$y(n) = \sum_{k=0}^{L-1} y_k(n) = x(n) * \widetilde{h}(n) = Lw(0)x(n)$$

这表明,在 $L \geqslant N$ 时,$y(n)$ 正比于 $x(n)$ 且与窗口 $w(n)$ 的形状无关。

上面是假定频域取样率 $L \geqslant N$ 的情况。而当 $L < N$ 时,如果窗函数具有理想低通特性

$$W(e^{j\omega}) = \begin{cases} 1 & , \ -\pi/L \leqslant \omega \leqslant \pi/L \\ 0 & , \quad \text{其他} \end{cases} \tag{4-40}$$

时,则可证明

$$\widetilde{h}(n) = \delta(n) \tag{4-41}$$

因而

$$y(n) = x(n) * \tilde{h}(n) = x(n) \tag{4-42}$$

如果 $w(n)$ 不具有理想低通特性,而为

$$w(n) = \begin{cases} \dfrac{1}{L} & (n = r_0 L) \\ 0 & (n = rL(r \neq r_0, r = 0, \pm 1, \pm 2, \cdots)) \end{cases} \tag{4-43}$$

式中,r_0 为正整数,则可证明,此时

$$\tilde{h}(n) = \delta(n - r_0 L) \tag{4-44}$$

因而恢复信号

$$y(n) = x(n - r_0 L) \tag{4-45}$$

这说明除去延迟了 $r_0 L$ 个抽样外,$y(n)$ 是输入序列 $x(n)$ 的准确再现。因而,虽然 $L < N$,但通过合理地选取窗函数,也可以使 $y(n)$ 得以精确地恢复。

在实际的实现过程中,由于 $X_n(e^{j\omega_k})$ 仅有与窗口相同的带宽,所以传输或存储 $X_n(e^{j\omega_k})$ 时的取样率可大大降低。即在第 k 个通道上每输入 D_k 个抽样计算一次,此时图 4-6 就变为图 4-8。图中,在分析输出后加上抽取器并在综合输入端加上插入器后,$X_n(e^{j\omega_k})$ 的取样率降低了 D_k 倍。即取样器在每 D_k 个取样中删去 $D_k - 1$ 个取样,或等效为每隔 D_k 个取样值计算一次 $X_n(e^{j\omega_k})$。而插值是在降低速率后的每个 $X_n(e^{j\omega_k})$ 取样之间填充 $D_k - 1$ 个零值,然后再用一个合适的低通滤波器滤波。

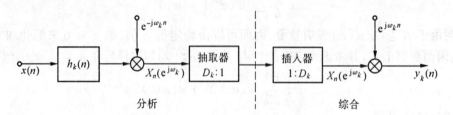

图 4-8　短时谱分析中降低取样率的单通道表示

4.4.2　快速傅里叶变换求和法

另一种从短时谱恢复 $x(n)$ 的方法基于短时频谱的标准傅里叶表示。前已指出,$X_n(e^{j\omega})$ 可看做序列 $x(m)w(n - m)$ 的标准傅里叶变换。为实现反变换,可将 $X_n(e^{j\omega})$ 进行频域取样,即令 $\omega_k = 2\pi k/L (k = 0, 1, \cdots, L - 1)$,则有

$$X_n(e^{j\omega_k}) = \sum_{m = -\infty}^{\infty} [x(m)w(n - m)] e^{-j\omega_k m} \tag{4-46}$$

若以 n 为参量,将 $X_n(e^{j\omega_k})$ 在各 ω_k 的值用离散傅里叶反变换的方法求得各 n 时刻的序列值,然后再除以窗口长度而得到 $x(n)$。但是这种方法由于 $X_n(e^{j\omega_k})$ 采用了时域欠速率取样而极易产生混叠。下面介绍一种可靠的时域信号的恢复方法,它与离散傅里叶变换周期卷积的叠接相加法类似。

假设在时间域上用周期为 R 的抽样速率对 $X_n(e^{j\omega_k})$ 取样,则可令

$$Y_r(e^{j\omega_k}) = X_{rR}(e^{j\omega_k}) \qquad (n = rR, r = 1, 2, \cdots) \tag{4-47}$$

上式中 r 为整数。用各个 $Y_r(e^{j\omega_k})$ 可求出其离散傅里叶反变换 $y_r(n)$

$$y_r(n) = \frac{1}{L} \sum_{k=0}^{L-1} Y_r(e^{j\omega_k}) e^{j\omega_k n} \tag{4-48}$$

显然

$$y_r(n) = [x(m)w(n-m)]_{n=rR} = x(n)w(rR-n) \tag{4-49}$$

对 r 求和,得

$$y(n) = \sum_{r=-\infty}^{\infty} y_k(n) = \sum_{r=-\infty}^{\infty} \left[\frac{1}{L} \sum_{k=0}^{L-1} Y_r(e^{j\omega_k}) e^{j\omega_k n} \right] =$$

$$\sum_{r=-\infty}^{\infty} x(n)w(rR-n) = x(n) \left[\sum_{r=-\infty}^{\infty} w(rR-n) \right] \tag{4-50}$$

由上式可见,$y(n)$ 仍是 $x(n)$ 与 $w(n)$ 的卷积和,只是其中每隔 R 个样值参与一次运算。比如,设 $R = N/4$,则 n 取不同值时,有

$0 \leqslant n \leqslant \dfrac{N}{4} - 1$ 时,$y(n) = x(n)w(R-n) + x(n)w(2R-n) + x(n)w(3R-n) +$
$$x(n)w(4R-n)$$

$\dfrac{N}{4} \leqslant n \leqslant \dfrac{N}{2} - 1$ 时,$y(n) = x(n)w(2R-n) + x(n)w(3R-n) + x(n)w(4R-n) +$
$$x(n)w(5R-n) \tag{4-51}$$

不难证明,如果 $w(n)$ 的傅里叶变换频带受限,同时设 $X_n(e^{j\omega_k})$ 在时间上被正确取样,即 R 选得足够小以避免混叠,则不论 n 为何值均满足

$$\sum_{r=-\infty}^{\infty} w(rR-n) = \frac{1}{R} W(e^{j0}) \tag{4-52}$$

因此式(4-49)变为

$$y(n) = x(n) \cdot \frac{W(e^{j0})}{R} \tag{4-53}$$

式中,$W(e^{j0})/R$ 为常系数。上面只是证明了 $y(n)$ 正比于 $x(n)$,实际上求 $y(n)$ 时仍要用式(4-48):即先将 $X_n(e^{j\omega})$ 在频域上离散化为 $X_n(e^{j\omega_k})$,再对其进行周期为 R 的取样,得到 $X_{rR}(e^{j\omega_k}) = Y_r(e^{j\omega_k})$,再由式(4-48)用快速傅里叶反变换求出 $y_r(n)$,最后在长度为 N 的范围内对 r 求和后得到 $y(n)$。

滤波器组求和法与快速傅里叶变换求和法之间存在着对偶性,即一个与频率取样有关,而另一个却与时间取样有关。滤波器组求和法所要求的频率取样率应能使窗变换满足下面的关系

$$\frac{1}{L} \sum_{k=0}^{L-1} W(e^{j(\omega-\omega_k)}) = w(0) \tag{4-54a}$$

而快速傅里叶变换求和法要求时间取样应选得使窗满足以下关系

$$\sum_{r=-\infty}^{\infty} w(rR-n) = \frac{1}{R} \cdot W(e^{j0}) \tag{4-54b}$$

式(4-54a)与式(4-54b)的对偶关系是明显的。

而当 $X_n(e^{j\omega})$ 发生变形时(例如传输过程中有噪声,相当于增加了一项 $E_n(e^{j\omega})$),滤波器组求和法将比较优越,因为它对噪声的敏感性较小。

4.5 语 谱 图

在数字信号处理技术发展起来以前很久,人们就使用一种特殊仪器 —— 语谱仪来分析和记录语音信号的短时谱,它是语音学研究的重要工具,是美国贝尔实验室在 20 世纪 40 年代发明的。

语音的时域分析和频域分析是语音分析的两种重要方法。但是这两种方法均有局限性:时域分析对语音信号的频率特性没有直观的了解;而频域特性中又没有语音信号随时间的变化关系。因此人们致力于研究语音的时间依赖于傅里叶分析的方法,时间依赖于傅里叶分析的显示图形称为语谱图。语谱图中显示了大量的与语音的语句特性有关的信息,它综合了频谱图和时域波形的优点,明显地显示出语音频谱随时间的变化情况。语谱图实际上是一种动态的频谱。用语谱图分析语音又称为语谱分析,记录语谱图的仪器就是语谱仪。

语谱图的纵轴为频率,横轴为时间。任一给定频率成分在给定时刻的强弱用点的黑白度来表示,频谱值大则记录得浓黑一些,反之则浅淡一些。

语谱仪实际上是使一个带通滤波器的中心频率发生连续变化,来进行语音的频率分析。带通滤波器有两种带宽:窄带为 45 Hz,宽带为 300 Hz。窄带语谱图有良好的频率分辨率及较差的时间分辨率;而宽带语谱图具有良好的时间分辨率及较差的频率分辨率。窄带语谱图中的时间座标方向表示的是基音及其各次谐波;而宽带语谱图给出语音的共振峰频率及清辅音的能量汇集区;这里,共振峰呈现为黑色的条纹。

图 4-9 给出了一个宽带语谱图,其对应的时域波形由图 2-7 所示。图中时间和频率轴在左下方相交,而语句的内容(“Ten above in the suburbs”)在图的下面用音标写出。由图可见所有元音的特征都是强度变化的规则的垂直条纹。条纹的起点相当于声门脉冲的起点,条纹之间的距离表示基音周期。条纹越密表示基音频率越高,例如“Ten”中的[ε]音;而基音周期在“the”字中[ə]音时达到最大。声道的共振峰表示基音脉冲的某些频率成分被加强,这在语谱

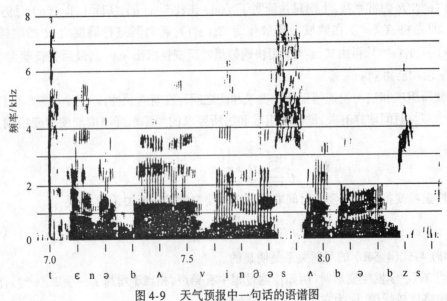

图 4-9　天气预报中一句话的语谱图

图上呈现为条纹区更宽更黑。摩擦音如[s]、[z]呈现不规则的条纹，主要在 2.5 kHz 以上；这些条纹表示存在宽带噪声。"suburbs" 开始的[s]音明显表示它有最大的能量和最高的频率成分，而结尾部分的[zs]的能量和频率仅次于[s]。

自从语谱仪发明以来，很多语音工作者利用语谱图进行语音的分析研究。可用测量语谱图的方法来确定语音参数，例如共振峰频率及基频。语谱图的实际应用是用于确认出说话人的本性。语谱图上不同的黑白程度形成不同的纹路，称之为"声纹"，它因人而异。不同讲话者的声纹是不同的，因而可利用声纹鉴别不同的讲话人。这与不同的人有不同的指纹，根据指纹可以区别不同的人是一个道理。虽然对采用语谱图的语音识别技术的可靠性还存在相当大的怀疑，但目前这一技术已在司法及法庭中得到某些认可及采用。

第 5 章 同态滤波及倒谱分析

5.1 概　　述

根据语音信号的产生模型,可以将其用一个线性非时变系统的输出表示,即看做是声门激励信号和声道冲激响应的卷积。在语音信号数字处理所涉及的各个领域中,根据语音信号求解声门激励和声道响应具有非常重要的意义。例如,为了求得语音信号的共振峰就要知道声道传递函数(共振峰就是声道传递函数的各对复共轭极点的频率)。又如,为了判断语音信号是清音还是浊音以及求得浊音情况下的基音频率,就应知道声门激励序列。在实现各种语音编码、合成、识别以及说话人识别时无不需要由语音信号来求得声门激励序列和声道冲激响应。

由卷积结果求得参与卷积的各个信号是数字信号处理各个领域普遍遇到的一项共同的任务,这一问题常称为"解卷",即将各卷积分量分开,有时也称作反卷积。解卷是一项十分重要的研究课题,对其深入研究还引入了许多重要的概念和参数,它们对于编码、合成、识别等许多研究工作和应用技术都是至关重要的。解卷算法分为两大类:第一类算法是"参数解卷",包括线性预测分析等。第二类为"非参数解卷",同态信号处理是其中最重要的一种。本章介绍语音的同态处理。

同态信号处理也称为同态滤波,它实现了将卷积关系变换为求和关系的分离处理。众所周知,为了分离加性组合信号,常采用线性滤波方法。而为了分离非加性组合(如乘积性或卷积性组合)信号,常采用同态滤波技术。同态滤波是一种非线性滤波,但它服从广义叠加原理。

对语音信号进行同态分析后将得到其倒谱参数,所以同态分析也称为倒谱分析。由于对语音信号分析是以帧为单位进行的,所以得到的是短时倒谱参数。无论是对于语音通信、语音合成还是语音识别,倒谱参数所含的信息比其他参数多,也就是说语音质量好、识别正确率高;其缺点是运算量较大。尽管如此,倒谱分析仍是一种有效的语音信号分析方法。

5.2 同态信号处理的基本原理

加性信号可以用线性系统来处理,这种系统满足叠加性。但是许多信号,其组成各分量不是按加法原则组合起来的。如语音信号、图像信号、地震信号、通信中的衰落信号、调制信号都不是加性信号,而是乘积性信号或卷积性信号。此时不能用线性系统,而必须用满足其相应组合原则的非线性系统来处理。而同态信号处理就是将非线性问题转化为线性问题来处理。按被处理的信号来分类,大体分为乘积同态处理和卷积同态处理两种。这里仅讨论卷积同态信号处理。

设有一卷积同态系统,如图 5-1 所示。图中 * 表示离散时间卷积运算,即该系统的输入输出都是卷积性运算。

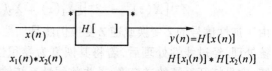

图 5-1　卷积同态系统的模型

同态处理理论的一个重要方面是任何同态系统都能表示为三个同态系统的级联,如图 5-2 所示。即同态系统可分解为两个特征系统(它们只取决于信号的组合规则)和一个线性系统(它仅取决于处理的要求)。第一个系统以若干信号的卷积组合作为其输入,并将它变换成对应输出的相加性组合。第二个系统是一个普通线性系统,它服从叠加原理。第三个系统是第一个系统的逆变换,即它将信号的相加性组合反变换为卷积组合。这种同态系统的重要性在于,可以使这种系统的设计简化为线性系统的设计问题。对于语音信号,其特征系统和逆特征系统的构成分别如图 5-3(a)、(b)所示。

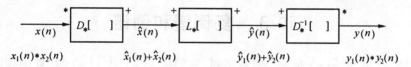

图 5-2　同态系统的组成

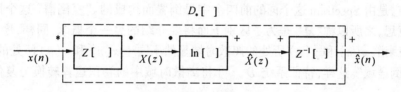

(a) 特征系统 $D_*[\ ]$

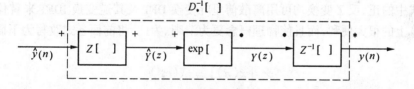

(b) 逆特征系统 $D_*^{-1}[\ ]$

图 5-3　特征系统和逆特征系统的构成

下面分析同态信号处理的基本原理。设输入信号

$$x(n) = x_1(n) * x_2(n) \tag{5-1}$$

其中 $x_1(n)$ 和 $x_2(n)$ 分别是声门激励和声道响应序列。特征系统 D^* 将卷积性信号转化为加性信号。它包括三部分,首先进行 Z 变换,将卷积性信号转变为乘积性信号

$$Z[x(n)] = X(z) = X_1(z) \cdot X_2(z) \tag{5-2}$$

然后进行对数运算,将乘积运算转变为加性运算

$$\ln X(z) = \ln X_1(z) + \ln X_2(z) = \hat{X}_1(z) + \hat{X}_2(z) = \hat{X}(z) \tag{5-3}$$

上面这个信号是加性的对数信号,使用起来不很方便,所以再将其转变为时域信号。因而最后要进行逆 Z 变换,即

$$Z^{-1}[\hat{X}(z)] = Z^{-1}[\hat{X}_1(z) + \hat{X}_2(z)] = \hat{x}_1(n) + \hat{x}_2(n) = \hat{x}(n) \tag{5-4}$$

由于加性信号的 Z 变换或逆 Z 变换仍然是加性信号,因而 $\hat{x}(n)$ 这种时域信号可以用线性系统处理。经过线性处理后,若将其恢复为卷积性信号,可以通过图 5-3(b) 所示的逆特征系统,它是特征系统的逆变换。首先将线性系统输出的加性信号

$$\hat{y}(n) = \hat{y}_1(n) + \hat{y}_2(n) \tag{5-5}$$

进行 Z 变换,得

$$Z[\hat{y}(n)] = \hat{Y}(z) = \hat{Y}_1(z) + \hat{Y}_2(z) \tag{5-6}$$

然后进行指数运算,得到的是乘积性信号

$$\exp\hat{Y}(z) = Y(z) = Y_1(z) \cdot Y_2(z) \tag{5-7}$$

最后进行逆 Z 变换,得到卷积性的语音恢复信号

$$y(n) = Z^{-1}[Y_1(z) \cdot Y_2(z)] = y_1(n) * y_2(n) \tag{5-8}$$

5.3　复倒谱和倒谱

由式(5-4)可知,$\hat{x}(n)$ 是一个时域序列,我们称 $\hat{x}(n)$ 是 $x(n)$ 的"复倒频谱",简称为"复倒谱",有时也称作对数复倒谱。其英文原文为"Complex Cepstrum",这里 Cepstrum 是一个新造的词,它是由 Spectrum 这个词的前四个字母倒置而构成的。"复倒谱"这个词包含了取复对数的意思,之所以称"复"是为了区别下面将要介绍的另一个概念。同样,序列 $\hat{y}(n)$ 是 $y(n)$ 的复倒谱。$\hat{x}(n)$ 和 $\hat{y}(n)$ 所处的离散时域显然不同于 $x(n)$ 和 $y(n)$ 所处的离散时域,称之为"复倒谱域"。这样,特征系统 $D_*[\ ]$ 将离散时域中的卷积运算转换为复倒谱域中的加性运算。

在绝大多数数字信号处理问题中,$X(z)$、$\hat{X}(z)$、$Y(z)$、$\hat{Y}(z)$ 的收敛域均包含单位圆,因而上面各式中的正、反 Z 变换均可用离散傅里叶变换 DFT 及其逆变换 IDFT 来替代。这不但带来了计算上的很大便利,而且使物理概念更为清晰。为此,将前面各式改写为下面的形式:
特征系统

$$\mathscr{F}[x(n)] = X(e^{j\omega}) \tag{5-9}$$

$$\hat{X}(e^{j\omega}) = \ln[X(e^{j\omega})] \tag{5-10}$$

$$\hat{x}(n) = \mathscr{F}^{-1}[\hat{X}(e^{j\omega})] \tag{5-11}$$

逆特征系统

$$\hat{Y}(e^{j\omega}) = \mathscr{F}[\hat{y}(n)] \tag{5-12}$$

$$Y(e^{j\omega}) = \exp[\hat{Y}(e^{j\omega})] \tag{5-13}$$

$$y(n) = \mathscr{F}^{-1}[Y(e^{j\omega})] \tag{5-14}$$

容易证明:当 $x(n)$ 为实序列时,其复倒谱 $\hat{x}(n)$ 也必然为实序列。

进行同态信号处理后,即可完成解卷的任务。若时域中有 $x(n) = x_1(n) * x_2(n)$,则复倒谱域中便有 $\hat{x}(n) = \hat{x}_1(n) + \hat{x}_2(n)$。假设 $\hat{x}_1(n)$ 和 $\hat{x}_2(n)$ 位于复倒谱域中不同的间隔内并且互不交替,那么适当地设计线性系统,便可将 $x_1(n)$ 或 $x_2(n)$ 分离出来。

设 $X(e^{j\omega}) = |X(e^{j\omega})|e^{j\arg[X(e^{j\omega})]}$,则式(5-10)可写为

$$\hat{X}(e^{j\omega}) = \ln|X(e^{j\omega})| + j\arg[X(e^{j\omega})] \tag{5-15}$$

即复数的对数包含实部和虚部两个部分。然而，由于虚部(即 $\arg[X(e^{j\omega})]$)是 $X(e^{j\omega})$ 的相位，将导致不一致性。

除了复倒谱分析外，还有另一种同态处理方法，即将式(5-10)和(5-11)改写为

$$c(n) = \mathscr{F}^{-1}[\ln|X(e^{j\omega})|] \tag{5-16}$$

上式表明：$c(n)$ 是序列 $x(n)$ 对数幅度谱的傅里叶逆变换。显然，对数幅度谱的傅里叶逆变换并没有使信号返回到时域，而是进入一个新域，这个新域称作倒谱域。用 $c(n)$ 表示"倒频谱"，简称为"倒谱"，有时也称"对数倒频谱"。之所以用 $c(n)$ 来表示，是为了和 $\hat{x}(n)$ 相区别。后面将会看到，$c(n)$ 即是 $\hat{x}(n)$ 中的偶对称分量。很明显，复倒谱涉及到复对数运算，而倒谱只进行实数的对数运算。倒谱对应的量纲是"quefrency"，也称为"倒频"，是一个新造的词，由"frequency"这个词转变而来。quefrency 的量纲是时间，因为它是从频率逆变换得到的。

尽管 $c(n)$ 中不包含信号的相位信息，即认为相位恒为 0，但仍用于语音信号的分析中。这是因为人的听觉对语音的感觉特征主要包含在幅度信息中，而相位信息不起主要作用。

与复倒谱类似，如果 $c_1(n)$ 和 $c_2(n)$ 分别是 $x_1(n)$ 和 $x_2(n)$ 的倒谱，并且 $x(n) = x_1(n) * x_2(n)$；那么 $x(n)$ 的倒谱为 $c(n) = c_1(n) + c_2(n)$。与复倒谱不同的是，在倒谱情况下一个序列经过正逆两个特征系统变换后，不能还原成自身；这是因为在计算倒谱的过程中将序列的相位信息丢失了。

5.4 两个卷积分量复倒谱的性质

语音信号可看做是声门激励信号和声道冲激响应序列的卷积，下面分别讨论这两个分量的复倒谱的性质。这里考虑一般的情况，即 Z 变换的形式。

5.4.1 声门激励信号

除了发清音时，声门激励是能量较小、频谱均匀分布的白噪声外，在发浊音时，声门激励是以基音周期为周期的冲激序列

$$x(n) = \sum_{r=0}^{M} \alpha_r \delta(n - rN_P) \tag{5-17}$$

式中，M 是正整数，且 $0 \le r \le M$；α_r 是幅度因子；N_P 是基音周期(用样点数表示的)。下面求 $x(n)$ 的复倒谱，首先对 $x(n)$ 进行 Z 变换

$$X(z) = \sum_{n=-\infty}^{\infty} \left[\sum_{r=0}^{M} \alpha_r \delta(n - rN_P) \right] z^{-n} = \sum_{r=0}^{M} \alpha_r z^{-rN_P} \tag{5-18}$$

将其展开

$$X(z) = \alpha_0 \left[1 + \frac{\alpha_1}{\alpha_0} z^{-N_P} + \frac{\alpha_2}{\alpha_0} z^{-2N_P} + \cdots + \frac{\alpha_M}{\alpha_0} z^{-MN_P} \right] = \alpha_0 \prod_{r=1}^{M} \left[1 - a_r (z^{N_P})^{-1} \right] \tag{5-19}$$

通常 $a_r < 1$，所以将上式取对数时可用泰勒公式展开

$$\hat{X}(z) = \ln X(z) = \ln\alpha_0 + \sum_{r=1}^{M} \ln[1 - a_r(z^{N_P})^{-1}] =$$

$$\ln\alpha_0 - \sum_{r=1}^{M} \sum_{k=1}^{\infty} \frac{a_r^k}{k} (z^{N_P})^{-k}, \quad (|z^{N_P}| > |a_r|) \tag{5-20}$$

对上式进行逆 Z 变换，即得到复倒谱

$$\hat{x}(n) = \ln\alpha_0\delta(n) - \sum_{r=1}^{M}\sum_{k=1}^{\infty}\frac{a_r^k}{k}\delta(n - kN_p) =$$

$$\ln\alpha_0\delta(n) - \sum_{k=1}^{\infty}\left[\frac{1}{k}\sum_{r=1}^{M}a_r^k\delta(n - kN_p)\right] \qquad (5\text{-}21)$$

或将上式改写为

$$\hat{x}(n) = \ln\alpha_0\delta(n) + \sum_{k=1}^{\infty}\beta_k\delta(n - kN_p) \qquad (5\text{-}22)$$

式中

$$\beta_k = -\frac{1}{k}\sum_{r=1}^{M}a_r^k \qquad (1 \leqslant k < \infty) \qquad (5\text{-}23)$$

也可写为另一种形式

$$\hat{x}(n) = \sum_{k=0}^{\infty}\beta_k\delta(n - kN_p) \qquad (5\text{-}24)$$

其中 $\beta_0 = \ln\alpha_0$。

由以上两式得出以下结论：一个周期冲激的有限长度序列，其复倒谱也是一个周期冲激序列，而且长度 N_p 不变，只是序列变为无限长度序列。同时其振幅随着 k 值的增大而衰减。周期冲激序列复倒谱的这种性质对语音信号分析是很有用的。这表明，除原点外，可以采用"高复倒谱窗"从语音信号的频谱中提取浊音激励信号的频谱(对于清音激励，也只损失了 $0 \leqslant n \leqslant N - 1$ 的一部分的激励信息)，从而可使用复倒谱提取基音。

5.4.2　声道冲激响应序列

如果用最严格(也是最普遍的)极零模型来描述声道冲激响应 $x(n)$，则其 Z 变换的形式为

$$X(z) = |A|\frac{\prod\limits_{k=1}^{m_i}(1 - a_kz^{-1})\prod\limits_{k=1}^{m_o}(1 - b_kz)}{\prod\limits_{k=1}^{p_i}(1 - c_kz^{-1})\prod\limits_{k=1}^{p_o}(1 - d_kz)} \qquad (5\text{-}25)$$

式中，$|A|$ 是归一化 $X(z)$ 后的一个实系数；$|a_k|$、$|b_k|$、$|c_k|$、$|d_k|$ 的值皆小于 1。这表明，$X(z)$ 有 m_i 个位于 z 平面单位圆内的零点、m_0 个位于 z 平面单位圆外的零点、p_i 个位于 z 平面单位圆内的极点、p_0 个位于 z 平面单位圆外的极点。将式(5-25)求对数可得

$$\hat{X}(z) = \ln X(z) = \ln|A| + \sum_{k=1}^{m_i}\ln(1 - a_kz^{-1}) + \sum_{k=1}^{m_o}\ln(1 - b_kz) -$$

$$\sum_{k=1}^{p_i}\ln(1 - c_kz^{-1}) - \sum_{k=1}^{p_o}\ln(1 - d_kz) \qquad (5\text{-}26)$$

由于 $|a_k|$、$|b_k|$、$|c_k|$、$|d_k|$ 皆小于 1，所以可用泰勒公式将上式后四项按下面形式展开

$$\ln(1 - mz^{-1}) = -\sum_{n=1}^{\infty}\frac{m^n}{n}z^{-n} \qquad (|mz^{-1}| < 1 \text{ 或 } |z| > |m|)$$

$$\ln(1 - mz) = -\sum_{n=1}^{\infty}\frac{m^n}{n}z^n \qquad (|mz| < 1 \text{ 或 } |z| < \frac{1}{|m|})$$

将上式代入式(5-26),有

$$\hat{X}(z) = \ln|A| - \sum_{k=1}^{m_i} \sum_{n=1}^{\infty} \frac{a_k^n}{n} z^{-n} - \sum_{k=1}^{m_o} \sum_{n=1}^{\infty} \frac{b_k^n}{n} z^n +$$

$$\sum_{k=1}^{p_i} \sum_{n=1}^{\infty} \frac{c_k^n}{n} z^{-n} + \sum_{k=1}^{p_o} \sum_{n=1}^{\infty} \frac{d_k^n}{n} z^n \tag{5-27}$$

上式中后四项收敛域分别为 $|z| > |a_k|$、$|z| < |1/b_k|$、$|z| > |c_k|$、$|z| < |1/d_k|$,逐项求上式的逆 Z 变换,即得复倒谱

$$\hat{x}(n) = \ln|A|\delta(n) - \sum_{k=1}^{m_i} \frac{a_k^n}{n} u(n-1) + \sum_{k=1}^{m_o} \frac{b_k^{-n}}{n} u(-n-1) +$$

$$\sum_{k=1}^{p_i} \frac{c_k^n}{n} u(n-1) - \sum_{k=1}^{p_o} \frac{d_k^{-n}}{n} u(-n-1) \tag{5-28}$$

上式可改写为

$$\hat{x}(n) = \begin{cases} \ln|A| & (n=0) \\[2ex] \sum_{k=1}^{p_i} \frac{c_k^n}{n} - \sum_{k=1}^{m_i} \frac{a_k^n}{n} & (n>0) \\[2ex] \sum_{k=1}^{m_o} \frac{b_k^{-n}}{n} - \sum_{k=1}^{p_o} \frac{d_k^{-n}}{n} & (n<0) \end{cases} \tag{5-29}$$

由以上两式可得声道冲激响应序列复倒谱的性质:

① $\hat{x}(n)$ 是双边序列,存在于 $-\infty < n < \infty$ 的范围内。

② 由于 $|a_k|$、$|b_k|$、$|c_k|$、$|d_k|$ 均小于 1,所以 $\hat{x}(n)$ 是衰减序列,即 $|\hat{x}(n)|$ 随 $|n|$ 的增大而减小。

③ $\hat{x}(n)$ 随 $|n|$ 增大而衰减的速度至少比 $1/|n|$ 快,因为 $|\hat{x}(n)| < c|\alpha^n/n|$($-\infty < n < \infty$)。这里 α 是 $|a_k|$、$|b_k|$、$|c_k|$、$|d_k|$ 中的最大值,c 是常数。因而 $\hat{x}(n)$ 比 $x(n)$ 更集中于原点附近,或者说 $\hat{x}(n)$ 更具有短时性。所以在复倒谱域用低倒谱窗提取声道冲激响应序列是很有效的。

④ 如果 $x(n)$ 是最小相位序列,即极零点均在 z 平面单位圆内,也就是 $b_k = 0$,$d_k = 0$,此时 $\hat{x}(n)$ 只在 $n \geqslant 0$ 时有值,即 $\hat{x}(n)$ 为因果序列。这就是说,最小相位信号序列的复倒谱是因果序列。

⑤ 如果 $x(n)$ 是最大相位序列,则极零点均在 Z 平面单位圆外,此时 $a_k = 0$、$c_k = 0$,则 $\hat{x}(n)$ 只在 $n \leqslant 0$ 时有值,为左边序列。因此,最大相位信号序列的复倒谱是左边序列。

5.5 避免相位卷绕的算法

在复倒谱分析中,Z 变换后得到的是复数,所以取对数时进行的是复对数运算。这时存在相位的多值性问题,称为"相位卷绕"。相位卷绕使后面求复倒谱、以及由复倒谱恢复语音等运算均存在不确定性而产生错误。下面以 Z 变换为最简单的傅里叶变换为例,说明相位卷绕是如何产生的。

设信号为

$$x(n) = x_1(n) * x_2(n) \tag{5-30}$$

其傅里叶变换为

$$X(e^{j\omega}) = X_1(e^{j\omega}) \cdot X_2(e^{j\omega}) \tag{5-31}$$

对上式取复对数为

$$\ln X(e^{j\omega}) = \ln X_1(e^{j\omega}) + \ln X_2(e^{j\omega}) \tag{5-32}$$

对数谱的幅度和相位分别为

$$\ln |X(e^{j\omega})| = \ln |X_1(e^{j\omega})| + \ln |X_2(e^{j\omega})| \tag{5-33}$$

$$\varphi(\omega) = \varphi_1(\omega) + \varphi_2(\omega) \tag{5-34}$$

式中,虽然 $\varphi_1(\omega)$ 和 $\varphi_2(\omega)$ 的范围均在 $(0,2\pi)$ 之内,但 $\varphi(\omega)$ 的值可能不在 $(0,2\pi)$ 之内。然而,用计算机处理时求得的总相位值只能是其主值 $\Phi(\omega)(0 < \Phi(\omega) < 2\pi)$ 来表示。所以有

$$\varphi(\omega) = \Phi(\omega) + 2k\pi \qquad (k \text{ 为整数}) \tag{5-35}$$

此时即产生了相位卷绕。

下面介绍几种避免相位卷绕求复倒谱的方法。

5.5.1 微分法

这种方法利用了傅里叶变换的微分特性。傅里叶变换的微分特性为

$$j\frac{d}{d\omega}X(e^{j\omega}) = \sum_{n=-\infty}^{\infty} nx(n)e^{-j\omega n} \tag{5-36}$$

上式表明,若 $x(n)$ 的傅里叶变换为 $X(e^{j\omega})$,则 $nx(n)$ 的傅里叶变换为 $jdX(e^{j\omega})/d\omega$。而 $x(n)$ 的复倒谱 $\hat{x}(n)$ 和其对数谱 $\hat{X}(e^{j\omega})$ 之间也满足这种关系

$$j\frac{d}{d\omega}\hat{X}(e^{j\omega}) = \sum_{n=-\infty}^{\infty} n\hat{x}(n)e^{-j\omega n} \tag{5-37}$$

上式可写为

$$j\frac{d}{d\omega}\hat{X}(e^{j\omega}) = j\frac{d}{d\omega}[\ln X(e^{j\omega})] = j\frac{\frac{d}{d\omega}[X(e^{j\omega})]}{X(e^{j\omega})} = \sum_{n=-\infty}^{\infty} n\hat{x}(n)e^{-j\omega n} \tag{5-38}$$

由式(5-36)和(5-38)可以画出避免相位卷绕求复倒谱的框图,如图5-4所示。

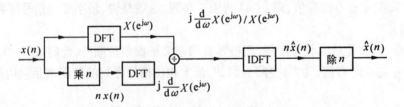

图 5-4　利用傅里叶变换的微分特性求复倒谱的框图

虽然,这种方法避免了求复对数的问题,但其缺点是会产生严重的频谱混叠。其原因是 $nx(n)$ 的频谱中的高频分量比 $x(n)$ 有所增加,所以仍使用 $x(n)$ 原来的取样率将引起混叠;混叠后求出的 $\hat{x}(n)$ 就不是 $x(n)$ 的复倒谱了。因而这不是一种理想的方法。

5.5.2 最小相位信号法

这是一种较好的避免产生相位卷绕的方法。但它有一个限制条件：信号 $x(n)$ 必须是最小相位信号。而实际上许多信号就是最小相位信号，或可以看做是最小相位信号。比如说，可以将语音信号的模型看做是极点均在 z 平面单位圆内的全极模型，或者极零点均在 z 平面单位圆内的极零模型。

最小相位信号法是由最小相位信号序列的复倒谱性质及 Hilbert 变换的性质推导出来的。设信号 $x(n)$ 的 Z 变换为 $X(z) = N(z)/D(z)$，则有

$$\hat{X}(z) = \ln X(z) = \ln \frac{N(z)}{D(z)} \tag{5-39}$$

根据 Z 变换的微分性质有

$$\sum_{n=-\infty}^{\infty} n\hat{x}(n)z^{-n} = -z\frac{\mathrm{d}}{\mathrm{d}z}\hat{X}(z) = -z\frac{\mathrm{d}}{\mathrm{d}z}\left[\ln\frac{N(z)}{D(z)}\right] =$$

$$\frac{-z\frac{\mathrm{d}}{\mathrm{d}z}\left[\frac{N(z)}{D(z)}\right]}{\frac{N(z)}{D(z)}} = -z\frac{\frac{D(z)N'(z) - N(z)D'(z)}{D^2(z)}}{\frac{N(z)}{D(z)}} =$$

$$-z\frac{D(z)N'(z) - N(z)D'(z)}{N(z)D(z)} \tag{5-40}$$

如果 $x(n)$ 是最小相位信号，则 $N(z) = 0$ 和 $D(z) = 0$ 的所有根均在 z 平面单位圆内；同时，由上式可知，此时 $n\hat{x}(n)$ 的 Z 变换的所有极点(即上式分母 $N(z) \cdot D(z)$ 的根)也均位于 z 平面单位圆内。这表明，若 $x(n)$ 是最小相位信号，则 $\hat{x}(n)$ 必然是稳定的因果序列。之所以是因果序列，是因为 $\hat{x}(n)$ 的极点在单位圆内，所以收敛域在单位圆外，因而必为因果序列(这与 5.4.2 中的结果是一致的)。

另一方面，由 Hilbert 变换的性质可知，任一因果的复倒谱序列 $\hat{x}(n)$(这里之所以用复倒谱是因为它具有时间的单位，同时也是为了后面的推导需要)都可以分解为偶对称分量 $\hat{x}_e(n)$ 和奇对称分量 $\hat{x}_o(n)$ 之和，即

$$\hat{x}(n) = \hat{x}_e(n) + \hat{x}_o(n) \tag{5-41}$$

而且，这两个分量的傅里叶变换分别为 $\hat{x}(n)$ 的傅里叶变换的实部和虚部。设

$$\hat{X}(e^{j\omega}) = \sum_{n=-\infty}^{\infty} \hat{x}(n)e^{-j\omega n} = \hat{X}_R(e^{j\omega}) + j\hat{X}_I(e^{j\omega})$$

则

$$\hat{X}_R(e^{j\omega}) = \sum_{n=-\infty}^{\infty} \hat{x}_e(n)e^{-j\omega n}$$

$$\tag{5-42}$$

$$\hat{X}_I(e^{j\omega}) = \sum_{n=-\infty}^{\infty} \hat{x}_o(n)e^{-j\omega n}$$

图 5-5 所示为因果的复倒谱序列 $\hat{x}(n)$ 被分解为 $\hat{x}_e(n)$ 和 $\hat{x}_o(n)$ 的情况。由图可见，它们可由 $\hat{x}(n)$ 和 $\hat{x}(-n)$ 求得

$$\hat{x}_e(n) = \frac{1}{2}[\hat{x}(n) + \hat{x}(-n)]$$

$$\tag{5-43}$$

$$\hat{x}_o(n) = \frac{1}{2}[\hat{x}(n) - \hat{x}(-n)]$$

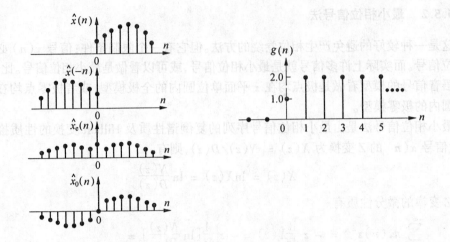

图 5-5　因果序列的分解和恢复

由此可得

$$\hat{x}(n) = \begin{cases} 0, & n < 0 \\ \hat{x}_e(n), & n = 0 \\ 2\hat{x}_e(n), & n > 0 \end{cases} \tag{5-44}$$

这表明，一个因果序列可由其偶对称分量来恢复。如果引入一个辅助因子 $g(n)$，上式可写作

$$\hat{x}(n) = g(n)\hat{x}_e(n) \tag{5-45}$$

其中

$$g(n) = \begin{cases} 0, & n < 0 \\ 1, & n = 0 \\ 2, & n > 0 \end{cases}$$

根据上述原理，可以画出最小相位信号法求复倒谱的原理框图，如图 5-6 所示。

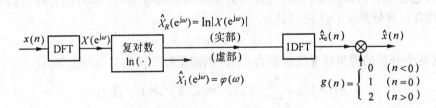

图 5-6　最小相位信号法求复倒谱

根据该图，并由倒谱 $c(n)$ 的定义，可以看出 $\hat{x}(n)$ 的偶对称分量 $\hat{x}_e(n)$ 即为 $c(n)$，即 $c(n) = \hat{x}_e(n)$。

5.5.3　递推法

这种方法也仅限于 $x(n)$ 是最小相位信号的情况。由

$$-z\frac{d}{dz}\hat{X}(z) = -z\frac{d}{dz}[\ln X(z)] = -z\frac{\dfrac{d}{dz}X(z)}{X(z)} \tag{5-46}$$

得

$$-zX(z)\frac{\mathrm{d}}{\mathrm{d}z}\hat{X}(z) = -z\frac{\mathrm{d}}{\mathrm{d}z}X(z) \tag{5-47}$$

对上式求逆 Z 变换,根据 Z 变换的微分性质及卷积定理,有

$$[n\hat{x}(n)] * x(n) = nx(n) \tag{5-48}$$

或写作

$$\sum_{k=-\infty}^{\infty}[k\hat{x}(k)]x(n-k) = nx(n) \tag{5-49}$$

所以

$$x(n) = \sum_{k=-\infty}^{\infty}\left(\frac{k}{n}\right)\hat{x}(k)x(n-k), \qquad n \neq 0 \tag{5-50}$$

设 $x(n)$ 是最小相位信号序列,而最小相位信号序列一定为因果序列,同时 $\hat{x}(n)$ 也为因果序列(如 5.4.2 和 5.5.2 所述),所以有

$$\begin{cases} x(n) = 0, & n < 0 \\ \hat{x}(n) = 0, & n < 0 \end{cases}$$

此时将式(5-50)写作

$$x(n) = \sum_{k=0}^{n}\left(\frac{k}{n}\right)\hat{x}(k)x(n-k) =$$

$$\sum_{k=0}^{n-1}\left(\frac{k}{n}\right)\hat{x}(k)x(n-k) + \hat{x}(n)x(0) \tag{5-51}$$

根据式(5-50),$\hat{x}(k) = 0(k < 0)$ 及 $x(n-k) = 0(k > n)$,所以求和上下限变为 0 至 n。由上式得递推公式

$$\hat{x}(n) = \frac{x(n)}{x(0)} - \sum_{k=0}^{n-1}\left(\frac{k}{n}\right)\hat{x}(k)\frac{x(n-k)}{x(0)}, \qquad n > 0 \tag{5-52}$$

因此,先求出 $\hat{x}(0)$,即可进行递推运算。由复倒谱定义

$$\hat{x}(n) = Z^{-1}\{\ln Z[x(n)]\} = Z^{-1}\{\ln[\sum_{n=-\infty}^{\infty}x(n)z^{-n}]\} \tag{5-53}$$

在 $n = 0$ 时

$$\hat{x}(0) = Z^{-1}[\ln x(0)] = \ln x(0)\delta(n)\Big|_{n=0} = \ln x(0)$$

如果 $x(n)$ 是最大相位序列,则式(5-45)变为

$$g(n) = \begin{cases} 0, & n > 0 \\ 1, & n = 0 \\ 2, & n < 0 \end{cases} \tag{5-54}$$

此时式(5-53)变为

$$\hat{x}(n) = \frac{x(n)}{x(0)} - \sum_{k=n+1}^{0}\left(\frac{k}{n}\right)\hat{x}(k)\frac{x(n-k)}{x(0)}, \quad n < 0 \tag{5-55}$$

其中

$$\hat{x}(0) = \ln x(0)$$

我们的研究表明,用递推法求复倒谱时存在一个问题:如果信号初值 $x(0)$ 过小,则按式 (5-52) 计算时将导致 $\hat{x}(n)$ 发散,可见这种方法存在一定的局限性。

5.6　语音信号复倒谱分析实例

对语音信号进行倒谱分析时需对其进行加窗处理。当窗函数为海明窗时,对于用倒谱法提取共振峰参数等应用,可以减少畸变,得到较好的分析效果。

图 5-7 给出了对一段浊音语音进行同态分析的实例,其中图(a) 是一段加窗语音的时域波形图,窗长为 15 ms,f_s = 10 kHz,因此共包括 150 个语音样点。这段语音用海明窗加权,基音周期为 N_p = 45;图(b) 所示为其对数幅度谱,其谐波分量是由输入信号的周期性所引起的;图(c) 显示出相位主值的不连续性,而图(d) 所示的避免了卷绕的相位谱就没有不连续性。图(b) 和图(d) 合在一起构成图(e) 所示复倒谱的傅里叶变换。注意图(e) 中正负两侧等于基音周期的时间点上出现的尖峰,迅速衰减的低复倒谱域分量表示声道、声门激励以及辐射的组合效应。图(f) 所示为倒谱,它只是对对数幅度谱进行傅里叶反变换(即设相位恒为零)。实际上倒谱也表现出和复倒谱相同的一般性质,这是因为倒谱是复倒谱的偶对称分量。由图(f) 可见,倒谱是一个偶函数;这是因为它是一个偶对称分量。

图 5-7 的一系列波形指出了在语音分析中如何利用同态滤波。可以看出由周期声门激励所产生的复倒谱部分可以由高复倒谱域成分分离出来。它表明进行语音同态滤波的系统应当如图 5-8 所示:先用窗 $w(n)$ 选择一个语音段,再计算复倒谱,然后将欲得到的复倒谱分量用一个"复倒谱窗"$l(n)$ 分离出来。所得到的窗选复倒谱用逆特征系统进行处理以恢复所需的卷积分量。

图 5-9 给出了经过同态滤波和逆特征系统处理后的结果。其中图(a) 和图(b) 为特征系统中得到的对数幅度谱及相位谱,经过低复倒谱窗 $l(n)$ 和 $D_*^{-1}[\ ]$ 之后的输出波形即声道冲激响应如图(c) 所示。图(d) 给出了声门激励信号。可以看出,声门激励波形近似于一个冲激串,其幅度随时间的变化关系保持了加权所用的海明窗形状。

图 5-10 给出了相同条件下一段加窗清语音的时域波形及其倒谱。其中图(a) 是一个海明窗乘过的清音语音段,图(b) 为这段语音的对数幅度谱,图(c) 为其倒谱。可见对数幅度谱的变化没有规律,没有体现出谐波分量,这是因为激励信号是随机的,因而语音的短时道中包含一个随机分量。此时,计算相位没有什么意义。由图(c) 可见,倒谱中没有出现在浊音情况下的那种尖峰,然而低倒谱域部分包含了关于声道冲激响应的信息。由图(c) 明显可见倒谱为偶函数。图(d) 表明了这一点,它表示对图(c) 的倒谱经低倒谱窗加权后得到的声道的对数幅频特性。

上面的举例表明能够用同态滤波得到某些基本参数的近似表示。实际上,在大多数语音分析的应用中没有必要对语音波形完全解卷,一般满足于估计如基音周期和共振峰频率等一些基本参数,因而可以从复杂的相位计算中解脱出来。例如,比较图 5-7(f) 和图 5-10(c) 可知,用倒谱可以区分清音和浊音;而且,倒谱中存在着浊音的基音周期。同时,共振峰频率在声道的对数幅频特性中清楚地显现出来。

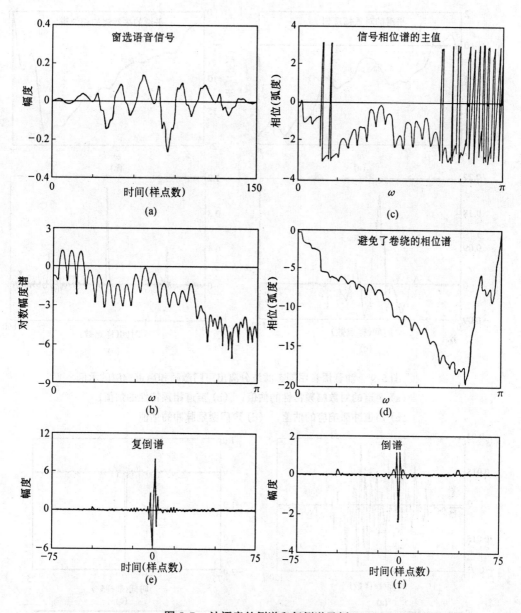

图 5-7　浊语音的倒谱和复倒谱示例

（a）窗选时域波形；　（b）对数幅度谱；　（c）相位的主值；

（d）避免了卷绕的相位；　（e）复倒谱；　（f）倒谱

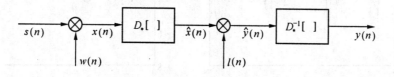

图 5-8　语音同态滤波系统的构成

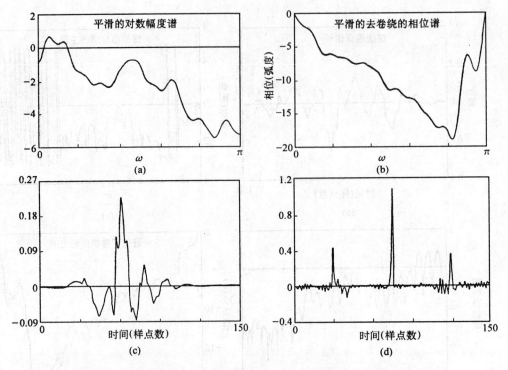

图 5-9　浊音语音用同态滤波分离出声门激励和声道响应的示例

(a) 声道的对数幅频特性的估值；　(b) 声道相频特性的估值；

(c) 声道冲激响应的估值；　(d) 声门激励脉冲的估值

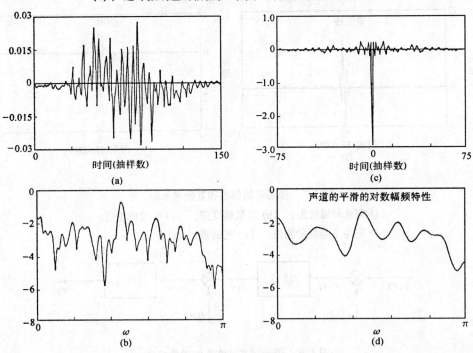

图 5-10　清音的同态分析

(a) 窗选时域波形；　(b) 语音的短时对数幅度谱；　(c) 倒谱；　(d) 声道幅频特性的估值

第6章 线性预测分析

6.1 概　　述

线性预测是维纳于 1947 年首次提出的,此后,线性预测应用于许多领域中。1967 年,日本学者板仓(Itakura)等人最先将线性预测技术直接应用到语音分析和合成中。

线性预测是语音处理中的核心技术,几乎普遍地应用于语音信号处理的各个方面,是最有效和应用最广泛的语音分析技术之一。在各种语音分析技术中,它第一个真正得到实际应用。线性预测技术产生至今,语音处理又有许多突破,但它仍然是最重要的分析技术。近 20 年中语音处理技术的飞速发展与以线性预测为中心的信号处理技术是分不开的,特别是在线性预测中提出多种参数形式,并在频谱特性度量方面发展了多种与人类听觉有密切联系的谱失真测度,对语音识别和语音编码研究的发展起了重要作用。

线性预测能够极为精确地估计语音参数,在估计基本的语音参数(例如共振峰、谱、声道面积函数),以及用低速率传输或储存语音等方面,线性预测是一种主要的技术。因为它可用很少的参数有效而又正确地表现语音波形及其频谱的性质,而且计算效率高,在应用上灵活方便。

线性预测分析的基本思想是,一个语音的抽样能够用过去若干个语音抽样的线性组合来逼近。通过使实际语音抽样和线性预测抽样之间差值的平方和(在一个有限间隔上)达到最小值,即进行最小均方误差的逼近,能够决定惟一的一组预测系数,而预测系数就是线性组合中所用的加权系数。

线性预测分析应用于语音信号处理,不仅具有预测功能,而且提供了一个非常好的声道模型。这种声道模型对理论研究和实际应用都是相当有用的。因此,线性预测的基本原理和语音信号数字模型密切相关。声道模型的优良性能意味着线性预测不仅是特别合适的语音编码方法,而且预测系数也是语音识别的非常重要的信息来源。LPC 技术用于语音编码时,利用模型参数可以有效地降低传输码率;应用于语音识别时,将 LPC 参数形成模板存储,可提高识别率和减少计算时间;LPC 技术还用于语音合成及语音分类、语音解混响等。在语音分析中,常希望将语音段的短时谱的包络与其细化结构区分开来,而线性预测是一种恰当而又简便的方法。

线性预测分析参数包括 LPC 参数、PARCOR 参数及 LSP 参数等多种。

6.2 线性预测分析的基本原理

6.2.1 基本原理

线性预测(Linear Prediction Coding,简写为 LPC)分析的基本原理是将被分析的信号用一个模型来表示，即将信号看做是某一个模型(即系统)的输出。这样，就可以用模型参数来描述信号。图 6-1 是信号 $s(n)$ 的模型化框图。图中 $u(n)$ 表示模型的输入，$s(n)$ 表示模型的输出。通常，我们所设定的模型中只包含有限个极点而没有有限值零点，此时系统函数表示为

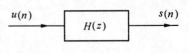

图 6-1　信号 $s(n)$ 的模型化

$$H(z) = \frac{G}{1 - \sum_{i=1}^{p} a_i z^{-i}}, \quad a_i \text{ 为实数} \qquad (6\text{-}1)$$

这种模型称为"全极点模型"或"AR 模型"。式中，各系数 a_i 和增益 G 就是模型参数。a_i 系数称为线性预测系数。此时信号就可以用有限数目的参数构成的信号模型来表示。线性预测分析就是根据已知的 $s(n)$ 对各参数 $\{\hat{a}_i\}$ 和 G 进行估计。由于语音信号的时变特性，预测系数的估值必须在一短段语音信号中即按帧进行。这里，线性预测的基本问题是由语音信号直接决定一组预测器系数 $\{\hat{a}_i\}$，使预测误差在某个准则下最小。如果采用最小均方误差 LMS 准则进行估计，就得到了著名的 LPC 算法。

线性预测模型之所以采用全极点模型，其原因是：

① 全极点模型最容易计算，对全极点模型作参数估计是对线性方程组的求解过程，相对来说比较容易。而若模型中含有有限个零点，则是解非线性方程组，实现起来非常困难。

② 有时无法知道输入序列，比如对一些地震应用、脑电图及解卷积等问题。

③ 如果不考虑鼻音和摩擦音，那么语音的声道传递函数就是一个全极点模型。

④ 人的听觉对于那种只能用零点来表现的频谱陡峭谷点是迟钝的。

对于鼻音和摩擦音，细致的声学理论表明，声道传输函数既有极点又有零点。如果模型的阶数 P 足够高，可以用全极点模型来近似表示极零点模型。因为一个零点可以用多个极点来近似，即

$$1 - az^{-1} = \frac{1}{1 + az^{-1} + a^2 z^{-2} + a^3 z^{-3} + \cdots} \qquad (6\text{-}2)$$

如果分母多项式收敛得足够快，只取其前几项就够了，所以全极点模型为实际应用提供了合理的近似。

语音 $s(n)$ 是声道冲激响应 $h(n)$ 和声门激励的卷积，而可以用线性预测分析的方法求出声道传递函数 $H(z)$，所以它实际上实现了解卷。用线性预测分析得出声道传递函数的过程由于需要求解参数，所以称为参数解卷。

6.2.2　语音信号的线性预测分析

根据前面介绍的模型化思想，可以对语音信号建立模型，如图 6-2 所示。该模型是图 2-12 语音产生模型的一种特殊形式，它将其中的声门激励、声道及辐射全部谱效应简化为一个时变的数字滤波器来等效，其系统函数为

$$H(z) = \frac{S(z)}{U(z)} = \frac{G}{1 - \sum_{i=1}^{p} a_i z^{-i}} \qquad (6\text{-}3)$$

这样就将 $s(n)$ 模型化为一个 P 阶的 AR 模型。因为该模型常用来产生合成语音，故滤波器 $H(z)$ 亦称作合成滤波器。这个模型的参数有：浊音／清音判决、浊音语音的基音周期、增益

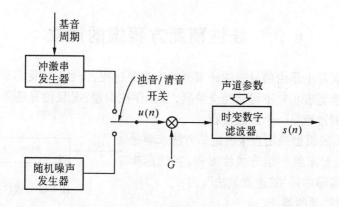

图 6-2　语音信号的模型

常数 G 及数字滤波器参数 $\{\hat{a}_i\}$ $(1 \leq i \leq P)$。当然,这些参数都随时间在缓慢变化。采用图 6-2 这种简化模型的优点在于能够用线性预测分析方法对滤波器系数 $\{\hat{a}_i\}$ 和增益常数 G 进行非常直接和高效的计算。

在图 6-2 的模型中,数字滤波器 $H(z)$ 的参数 $\{\hat{a}_i\}$ 即是前面定义的线性预测系数;因此,求解滤波器参数和 G 的过程称之为语音信号的线性预测分析,因为其基本问题就是从语音信号序列中直接决定一组线性预测系数 $\{a_i\}$ $(1 \leq i \leq P)$。鉴于语音信号的时变特性,预测系数的估计值必须在一段语音信号中进行,即按帧进行。

这种简化的全极点模型对于非鼻音浊音语音是一种合乎自然的描述,而对于鼻音和摩擦音,声学理论要求声道传递函数既要有极点也要有零点,即采用极零点模型。

对于语音信号,确定了各个线性预测系数后,根据 $H(z)$ 可得其频率响应的估值即 LPC 谱

$$H(\mathrm{e}^{\mathrm{j}\omega}) = \frac{G}{1 - \sum\limits_{i=1}^{p} a_i \mathrm{e}^{-\mathrm{j}\omega i}} \tag{6-4}$$

LPC 谱的特点是对于浊音信号谱在谐波成分处的匹配效果要远比谐波之间好得多,这是由 LMS 准则决定的。因而它反映的是谱包络。由于女声信号谱中谐波成分之间的间隔远大于男声信号,因而谐振特性不如男声谱尖锐,所以 LPC 谱逼近女声信号谱的共振特性时,误差必远大于男声信号,而对童声信号效果更差。

LPC 谱对其他谱的优点是可以很好地表示共振峰结构而不出现额外的峰起和起伏,这是因为可以通过选择阶数 P 而控制谐振峰起的个数(这一问题将在 6.6.1 中进行详细说明)。

应该指出,当信号受到噪声污染时,就不满足全极点模型的假设,同时 LPC 谱估计的质量也将下降。信噪比太低时(例如低于 5 ~ 10 dB)可引起 LPC 谱的严重畸变。LPC 谱的匹配作用是谱峰胜过谱谷,如果噪声是由周期函数所组成的(例如由机械旋转发出的噪声),则线性预测试图匹配与这些噪声分量相对应的谱峰。对这个问题没有非常有效的解决办法,一般是先对语音进行预处理以削弱噪声,即进行语音增强(如第 15 章所述)。

当对线性预测参数进行数字化的时候,应采取常用的抗混叠措施。数字语音在进行线性预测之前通常要进行差分运算,其目的一是为保证不出现直流分量,二是进行高频预加重。

6.3　线性预测方程组的建立

模型的建立实际上是由信号来估计模型的参数的过程。信号是实际客观存在的,用一个有限数目参数的模型表示它不可能完全精确,总会存在误差;况且信号还是时变的,因此求解线性预测系数的过程是一个逼近过程。

对图 6-1 所示的模型采用直接逼近的方法求解是不可取的,因为这要求解一组非线性方程,实现起来非常困难。所以,实际中采用"逆滤波法"。

为此,定义线性预测器 $F(z)$

$$F(z) = \sum_{i=1}^{P} a_i z^{-i} \tag{6-5}$$

如图 6-3 所示。图中输出 $\hat{s}(n)$ 表示 $s(n)$ 的预测值。设 n 时刻之前的 P 个样值 $s(n-1)$、$s(n-2)$、$\cdots$、$s(n-P)$ 已知,则可由它们的线性组合预测当前时刻的样值 $s(n)$

$$\hat{s}(n) = \sum_{i=1}^{P} \alpha_i s(n-i) \tag{6-6}$$

信号真实值 $s(n)$ 与预测值 $\hat{s}(n)$ 之间的误差称为线性预测误差,用 $e(n)$ 表示,即

$$e(n) = s(n) - \hat{s}(n) = s(n) - \sum_{i=1}^{P} \alpha_i s(n-i) \tag{6-7}$$

由该式可知,$e(n)$ 是输入为 $s(n)$、且具有如下形式传递函数的滤波器的输出

$$A(z) = 1 - F(z) = 1 - \sum_{i=1}^{P} \alpha_i z^{-i} \tag{6-8}$$

由于 $A(z) = \dfrac{1}{H(z)}$,因此 $A(z)$ 是 $H(z)$ 的逆,故称其为逆滤波器,如图 6-4 所示。逆滤波器中,由于输入为 $s(n)$、输出为 $e(n)$,故又称为"预测误差滤波器"。LPC

图 6-4　逆滤波器

一般是借助于预测误差滤波器来求解线性预测系数的。

线性预测的基本问题是语音信号直接决定一组预测器系数 $\{\alpha_i\}$,以使 $e(n)$ 在某个准则下最小。这个准则通常采用最小均方误差准则。

这里,$e(n)$ 是一个随机序列,可用其均方值 $\sigma_e^2 = E[e^2(n)]$ 衡量线性预测的质量。显然,σ_e^2 越接近于零,预确的准确度在均方误差的意义上就越佳。在实际运算时总是用时间平均近似代替集平均,这时可表示为 $\sigma_e^2 = \sum_n e^2(n)$。对于一个特定的语音序列,在 P 确定的情况下,σ_e^2 取决于最佳预测系数 $\{\hat{\alpha}_i\}$ 和 G。线性预测的过程就是找到一组预测系数,使 σ_e^2 最小。

下面推导线性预测方程。短时预测均方误差为

$$E_n = \sum_n e^2(n) = \sum_n [s(n) - \tilde{s}(n)]^2 = \sum_n [s(n) - \sum_{i=1}^{P} a_i s(n-i)]^2 \tag{6-9}$$

由于语音信号的时变特性,预测器系数的估值必须在一短段语音信号中进行,因而取和的间隔是有限的。另外,为了取平均,和式应该除以语音段的长度。然而这个常数和我们将要得到

的线性方程组的解无关,因而将其忽略。

在最小均方误差意义下,$\{\hat{a}_j\}(1 \leqslant j \leqslant P)$ 应满足

$$\frac{\partial E_n}{\partial a_j} = 0, \qquad 1 \leqslant j \leqslant P \tag{6-10}$$

考虑到式(6-8),有

$$\frac{\partial E_n}{\partial a_j} = 2\sum_n s(n)s(n-j) - 2\sum_{i=1}^{P} a_i \sum_n s(n-i)s(n-j) = 0 \tag{6-11}$$

即得到线性预测的标准方程组 —— 线性的方程组如下

$$\sum_n s(n)s(n-j) = \sum_{i=1}^{P} \alpha_i \sum_n s(n-i)s(n-j), \qquad 1 \leqslant j \leqslant P \tag{6-12}$$

式(6-12)是由 P 个方程组成的含有 P 个未知数的方程组,求解方程组可得各个预测器系数 $a_1 、 a_2 、 \cdots 、 a_P$。如果定义

$$\Phi(j,i) = \sum_n s(n-j)s(n-i), \qquad 1 \leqslant j \leqslant P, 1 \leqslant i \leqslant P \tag{6-13}$$

则式(6-12)可以更简洁地写

$$\sum_{i=1}^{P} \hat{\alpha}_i \Phi(j,i) = \Phi(j,0), \qquad 1 \leqslant j \leqslant P \tag{6-14}$$

上式为一个线性方程组,为 P 阶正定方程组,其中 $\Phi(j,i)$ 由输入语音序列决定,这样求解$\{\hat{a}_i\}$归结为求解线性联立方程组的问题。利用式(6-9) 和(6-12),可得最小均方预测误差

$$E_n = \sum_n s^2(n) - \sum_{i=1}^{P} \hat{\alpha}_i \sum_n s(n)s(n-i) \tag{6-15}$$

考虑式(6-14),也可表示为

$$E_n = \Phi(0,0) - \sum_{i=1}^{P} \hat{\alpha}_i \Phi(0,i) \tag{6-16}$$

因此最小均方误差的总量由一个固定分量和一个依赖于预测器系数的分量组成。

而线性预测增益为

$$G = \sqrt{E_n} \tag{6-17}$$

为求解最佳预测器系数,必须首先计算出 $\Phi(i,j)(1 \leqslant i \leqslant P, 1 \leqslant j \leqslant P)$,即可按式(6-14)求出 $\hat{a}_i$。因此从原理上看,线性预测分析是非常直接了当的。然而,$\Phi(i,j)$ 的计算及方程组的求解都是十分复杂的。

6.4 线性预测分析的解法(1)—— 自相关法和协方差法

为了有效地进行线性预测分析,有必要用一种高效率的方法来解线性方程组。虽然可以用各种各样的方法来解包含 P 个未知数的 P 个线性方程,但是系数矩阵的特殊性质使得解方程的效率比普通情况下所能达到的效率要高得多。

在式(6-12)所示的线性预测标准方程组中,n 的上下限取决于使误差最小的具体做法。当 n 的求和范围不同时,导致不同的线性预测解法。经典解法有两种:一种是自相关法,一种是协方差法。

6.4.1 自相关法

这种方法在整个时间范围内使误差最小,并设 $s(n)$ 间隔在 $0 \leqslant n \leqslant N - 1$ 以外等于 0,即经过窗处理。对加窗处理后的信号作自相关序列估计,显然会引进误差。为了减少窗作用于语音段时在两端引起的误差,一般不采用突变的矩形窗,而是使用两端具有平滑过渡特性的窗口,如海明窗等。

通常,$s(n)$ 的自相关函数定义为

$$R(j) = \sum_{n = -\infty}^{\infty} s(n)s(n - j), \qquad 0 \leqslant j \leqslant P \tag{6-18}$$

设 $s_w(n)$ 为加窗后的信号,加窗处理后,自相关函数表示为

$$R_n(k) = \sum_{j = 0}^{N - j - 1} s_w(n)s_w(n - j), \qquad 0 \leqslant j \leqslant P \tag{6-19}$$

式中 $R_n(k)$ 为短时自相关函数。

比较式(6-13)和(6-19)可知,式(6-13)中的 $\Phi(j, i)$ 即为 $R_n(j - i)$,即

$$\Phi(j, i) = R_n(j - i) \tag{6-20}$$

式(6-19)中,$R_n(j)$ 仍保留了信号 $s(n)$ 自相关函数的特性。如 ① $R_n(j)$ 为偶函数,即 $R_n(j) = R_n(-j)$。② $R_n(j - i)$ 只与 j 和 i 的相对大小有关,而与 j 和 i 的取值无关,所以

$$\Phi(j, i) = R_n(|j - i|), \qquad \begin{matrix} j = 1, 2, \cdots, P \\ i = 0, 1, 2, \cdots, P \end{matrix} \tag{6-21}$$

此时式(6-14)可表示为

$$\sum_{i = 1}^{P} \hat{a}_i R_n(|j - i|) = R_n(j), \qquad 1 \leqslant j \leqslant P \tag{6-22}$$

类似地,式(6-16)中最小均方预测误差可写为

$$E_n = R_n(0) - \sum_{i = 1}^{P} a_i R_n(i) \tag{6-23}$$

式(6-22)形式的方程组可以表示成如下的矩阵形式

$$\begin{bmatrix} R_n(0) & R_n(1) & R_n(2) & \cdots & R_n(P - 1) \\ R_n(1) & R_n(0) & R_n(1) & \cdots & R_n(P - 2) \\ R_n(2) & R_n(1) & R_n(0) & \cdots & R_n(P - 3) \\ \cdots & \cdots & \cdots & \cdots & \cdots \\ R_n(P - 1) & R_n(P - 2) & R_n(P - 3) & \cdots & R_n(0) \end{bmatrix} \begin{bmatrix} \hat{a}_1 \\ \hat{a}_2 \\ \hat{a}_3 \\ \cdots \\ \hat{a}_P \end{bmatrix} = \begin{bmatrix} R_n(1) \\ R_n(2) \\ R_n(3) \\ \cdots \\ R_n(P) \end{bmatrix} \tag{6-24}$$

这种方程称为 Yule - Walker 方程,其中系数矩阵即 $P \times P$ 阶的自相关函数矩阵(相关矩阵)称为托普利兹(Toeplitz)矩阵,它以对角线为对称,且主对角线以及和主对角线平行的任何一条斜线上所有的元素都相等。对于这种矩阵方程无需象求解一般矩阵方程那样进行大量的计算,利用托普利兹矩阵的性质可以得到高效的递推算法。即只要求出 $(n - 1)$ 阶方程组的解即 $(n - 1)$ 阶预测器的系数,就可以利用 $\{a_i^{(n-1)}\}$ 求出 n 阶方程组的解即 n 阶预测器的系数 $\{a_i^{(n)}\}$(这里括号中的上标表示预测器的阶数。$\{\hat{a}_i^{(n-1)}\}$ 的递推算法有若干种,这里采用莱文逊-杜宾(Levinson - Durbin)算法,这是一种最常用的算法,也是一种最佳算法。

其具体过程为：

(1) 对于 $i = 0$ 时，$E_0 = R_n(0)$

(2) 对于第 i 次递归：

①
$$k_i = \frac{1}{E_{i-1}} \sum_{j=0}^{i-1} a_j^{(i-1)} R_n(j - i), \qquad 1 \leqslant i \leqslant P \tag{6-25}$$

②
$$a_i^{(i)} = k_i \tag{6-26}$$

③ 对于 $j = 1$ 到 $i - 1$
$$a_j^{(i)} = a_j^{(i-1)} - k_i a_{i-j}^{(i-1)} \tag{6-27}$$

④
$$E_i = (1 - k_i^2) E_{i-1} \tag{6-28}$$

注意，上面各式中括号内的上标表示的是预测器的阶数。式(6-25)~(6-28)可对 $i = 1, 2, \cdots, P$ 进行递推解，而最终解为

$$\hat{a}_j = a_j^{(P)}, \qquad 1 \leqslant j \leqslant P \tag{6-29}$$

其中 $a_j^{(i)}$ 表示 i 阶预测器的第 j 个系数预测器。从上面的递推过程可见，对于一个阶数为 P 的预测器，在解预测器系数的过程中，可得到 $i = 1, 2, \cdots, P$ 各阶预测器的解，即阶数低于 P 的各阶预测器的系数也被求出。实际上，只需要 P 阶预测器的系数，但是为此必须先求出 $i < P$ 各阶的系数。

图 6-5 给出了这种自相关法的求解过程。由式(6-28)可得

$$E_p = r(0) \prod_{i=1}^{P} (1 - k_i^2) \tag{6-30}$$

可见 E_P 一定大于 0，且随着预测器阶数的增加而减小。因此每一步算出的预测误差总是小于前一步的预测误差。这表明，虽然预测器的精度会随着阶数的增加而提高，但误差永远不会消除。由式(6-30)可知，k_i 满足

$$|k_i| < 1 \qquad (1 \leqslant i \leqslant P) \tag{6-31}$$

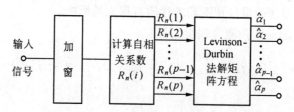

图 6-5　自相关法的求解

由式(6-25)~式(6-28)可见，每一步递归的关键显然在于 k_i。这个系数具有特殊的意义，称为线性预测反射系数。式(6-31)所示的关于参数 k_i 的这个条件非常重要，可以证明，它就是多项式 $A(z)$ 的根即 $H(z)$ 的极点在单位圆内的充分必要条件，因此可以保证系统 $H(z)$ 的稳定性。

k_i 与声道的无损声管网络模型之间也有密切的联系

$$k_i = \frac{A_{i+1} - A_i}{A_{i+1} + A_i} \tag{6-32}$$

式中 A_i 是第 i 节声管的面积函数。此式表明 k_i 为第 i 个节点处的反射系数。这一公式在2.4.2

中曾经出现过。k_i 根据语音模型被解释为反射系数,而根据统计特性被称为部分相关系数。

采用 Levinson-Durbin 递推算法,自相关矩阵的计算约需 NP 次乘法,而矩阵方程的解约需 P^2 次乘法。如前所述,系统稳定性在理论上可以保证。但是,在计算机存储或计算的条件下,不可避免地存在量化误差。如果自相关函数的计算精度不够,四舍五入的过程就会造成病态的自相关矩阵,此时稳定性就得不到保证。为尽量避免这个问题,最好是将频谱的动态范围即频谱的最大值与最小值之间的范围尽可能缩小;为此,按 6dB/倍频程或由适应频谱全部特性的均衡器对高频进行预加重,使信号的谱尽可能平滑,这可使这种有限字长的影响减至最小。这里预加重是一阶数字滤波器。预加重的另一好处是减少了时间信号的动态范围,这对于 LPC 分析的定点运算也是有利的。

6.4.2　协方差法

协方差法与自相关法的不同之处在于这种方法无需对语音信号加窗,即不规定信号 $s(n)$ 的长度范围。它可使信号的 N 个样点上误差最小,即把计算均方误差的间隔固定下来。假定计算 $R_n(j)$ 中变量 n 的范围为 $0 \leqslant n \leqslant N-1$,即 n 的求和范围为固定值 N,因而有

$$r(j) = \sum_{n=0}^{N-1} s(n)s(n-j), \qquad 0 \leqslant j \leqslant P \tag{6-33}$$

这样,为了对全部需要的 j 值估算 $R_n(j)$,所需要的 $s(n)$ 长度范围应该在 $-p \leqslant n \leqslant N-1$。即为了计算 $R_n(j)$,需要有 $N+P$ 个样本。有时为了方便起见,也可定义 $s(n)$ 的长度范围为 $0 \leqslant n \leqslant N-1$,但是计算 $R_n(j)$ 时,n 的范围为 $p \leqslant n \leqslant N-1$,这样误差便在 $[P, N-1]$ 范围内为最小。

式(6-33) 中 $r(j)$ 已不是真正的自相关序列,确切地说是两个相似却并不完全相同的,有限长度语音序列段之间的互相关序列。它非常类似于第三章中介绍的修正的自相关函数。虽然式(6-33) 和式(6-19) 只有微小差别,却导致了线性预测方程组性质的很大不同,这对求解的方法以及所得到的最佳预测器的性质有很大的影响。

重写式(6-22) 的线性预测方程组如下

$$R_n(j) - \sum_{i=1}^{P} a_i R_n(j-i) = 0, \qquad 1 \leqslant j \leqslant P \tag{6-34}$$

这里,可定义

$$R_n(j) = \sum_{n=0}^{N-1} s(n)s(n-j) \tag{6-35}$$

而

$$R_n(j-i) = \sum_{n=0}^{N-1} s(n-j)s(n-i)$$

不难看出,此时和自相关法中情况不同,$R_n(j)$ 虽仍满足偶对称特性 $R_n(j) = R_n(-j)$,但是 $R_n(j-i)$ 值不仅与 j、i 的相对值有关,而且也取决于 j、i 的绝对值大小。可以用 $c(j,i)$ 来表示 $R_n(j-i)$,即

$$c(j,i) = R_n(j-i) = \sum_{n=0}^{N-1} s(n-j)s(n-i) \tag{6-36}$$

一般将 $c(j,i)$ 称为 $s(n)$ 的协方差。虽然这个名称被广泛使用,但并不确切。由上式可见, $c(j,i)$ 并不是协方差,协方差是指信号去掉了均值以后的自相关。

引入 $c(j,i)$ 之后,式(6-34)所示的预测方程组变为如下形式

$$c(j,0) - \sum_{i=1}^{P} a_i c(j,i) = 0, \qquad 1 \leqslant j \leqslant p \tag{6-37}$$

写成矩阵形式,为

$$\begin{bmatrix} c(1,1) & c(1,2) & c(1,3) & \cdots & c(1,P) \\ c(2,1) & c(2,2) & c(2,3) & \cdots & c(2,P) \\ c(3,1) & c(3,2) & c(3,3) & \cdots & c(3,P) \\ \cdots & \cdots & \cdots & & \cdots \\ c(P,1) & c(P,2) & c(P,3) & \cdots & c(P,P) \end{bmatrix} \begin{bmatrix} \hat{a}_1 \\ \hat{a}_2 \\ \hat{a}_3 \\ \cdots \\ \hat{a}_p \end{bmatrix} = \begin{bmatrix} c(1,0) \\ c(2,0) \\ c(3,0) \\ \cdots \\ c(P,0) \end{bmatrix} \tag{6-38}$$

上面的矩阵有很多性质与协方差矩阵相似。显然, $c(j,i) = c(i,j)$,因此上式由 $c(j,i)$ 组成的 $P \times P$ 阶矩阵是对称的,但它并不是 *Toeplitz* 矩阵(因为 $c(j+k,i+k) \neq c(j,i)$)。求解矩阵方程(6-38)不能采用自相关法中的简便算法,而可以用矩阵分解的乔里斯基(Cholesky)法进行,这种方法是将协方差矩阵 C 进行 LU 分解,即 $C = LU$,其中 L 为下三角矩阵, U 为上三角矩阵。由此可得到一种有效的求解算法。

图 6-6 给出了协方差算法的图解表示。

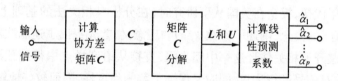

图 6-6   协方差算法的图解表示

6.4.3   自相关法和协方差法的比较

在求解 LPC 参数时,LPC 正定方程组的主要解法有自相关法和协方差法。方法的选择取决于经验和对 $s(n)$ 作出的假设。就信号特性而言,自相关法适用于平稳信号而协方差法适用于非平稳信号。在语音处理中,由经验可知自相关法对摩擦音来说可以给出比较好的结果,而协方差法对于周期性语音可以给出比较好的结果。

自相关法是采用对长语音序列加窗的方法求解预测系数,利用加窗信号的自相关函数代替原语音信号的自相关函数,此时 LPC 正定方程组的系数矩阵成为 Toeplitz 矩阵,利用这种矩阵的性质可以采用高效递推算法求解方程组。但由于引用了窗函数来截取,使加窗信号总是不同于原来的信号,这样用加窗信号的自相关函数来代替原信号的自相关函数,必然会引入误差。特别是短数据情况下,这一缺点较为严重。所以自相关法求得的预测系数精度是不高的,这是自相关法本质性的缺点。

而协方差法无需加窗,是直接从长语音序列中截取短序列求解预测系数,因此计算精度大大提高,所得到的协方差系数能更精确地代表语音信号。这种方法的特点是精确、参数精度很高。协方差法需要利用 Cholesky 法对矩阵进行 LU 分解,但没有快速算法。其主要缺点

是不具备自相关法中 $|k_i| < 1$ 的条件,可能会产生不稳定的逆滤波器,因此不能保证解的稳定性。因而有时不得不随时判定 $H(z)$ 的极点位置,不断加以修正,才能得到稳定的结果。

利用 Levinson-Durbin 的递归解法和 Cholesky 分解能够分别有效地求解自相关方程和协方差方程。利用自相关法略微简单一些,采用 Levinson-Durbin 解法,所需乘法与除法的次数分别为 P^2、P;而采用 Cholesky 分解法,所需乘法、除法、开平方的次数分别为 $(P^3 + 9P^2 + 2P)/6$、P、P。$P = 10$ 时,二者之间的计算量差 3 倍。

自相关法用定点运算有其优点,更适合于硬件实现;而协方差法的一个困难在于对中间量的比例运算。在语音处理的各种应用中,很多情况下都要求实时处理。通过选择窗函数,以及加大窗口的宽度,自相关法在精度上的劣势便不再明显,而高速性能仍然突出。因此在实用中大都采用自相关法。

6.5　线性预测分析的解法(2)—— 格型法

从上一节的讨论可以看出,不论是自相关法还是协方差法都分为两步:

① 计算相关值的矩阵;

② 解一组线性方程。

由于这两种方法的精度和稳定性之间均存在矛盾,所以导致了另一类算法的发展,这就是格型法。七十年代初,板仓在美国从事研究时,在分析自相关法的基础上,引入了"正向预测"和"反向预测"的概念,阐述了参数 k_i 的物理意义,首先提出了逆滤波器 $A(z)$ 的格型结构形式。格型法避开了相关估计这一中间步骤,直接从语音样点中得到预测器系数,因而不需要用窗口函数对信号进行加权,同时又保证了解的稳定性,因而较好地解决了精度和稳定性之间的矛盾。特别是,由于引入了正向预测和反向预测的概念,使均方误差最小逼近准则的运用增加了很大的灵活性,派生出了一系列基于格型结构的新的线性预测算法。

6.5.1　格型法基本原理

首先引入正向预测和反向预测的概念。在自相关法的 Levinson-Durbin 递推算法中,当递推进行到第 i 阶时,可得到 i 阶的预测系数 $a_j^{(i)}$,$(j = 1,2,\cdots,i)$。此时可以定义一个 i 阶线性预测的逆滤波器,它的传输函数 $A(z)$ 按式(6-8)为

$$A^{(i)}(z) = 1 - \sum_{j=1}^{i} a_j^{(i)} z^{-j} \tag{6-39}$$

这个滤波器的输入信号是 $s(n)$,输出信号为预测误差 $e^{(i)}(n)$,它们之间的关系为

$$e^{(i)}(n) = s(n) - \sum_{j=1}^{i} a_j^{(i)} s(n - j) \tag{6-40}$$

经过推导(推导过程从略),可知第 i 阶线性预测逆滤波器输出可分解为两个部分,第一部分是 $(i-1)$ 阶滤波器的输出 $e^{(i-1)}(n)$;第二部分是与 $(i-1)$ 阶有关的输出信号 $b^{(i-1)}(n)$,经过单位移序和 k_i 加权后的信号。下面讨论这两部分信号的物理意义。将这两部分信号定义为正向预测误差信号 $e^{(i)}(n)$ 和反向预测误差信号 $b^{(i)}(n)$

$$e^{(i)}(n) = s(n) - \sum_{j=1}^{i} a_j^{(i)} s(n-j) \tag{6-41}$$

$$b^{(i)}(n) = s(n-i) - \sum_{j=1}^{i} a_j^{(i)} s(n-i+j) \tag{6-42}$$

式(6-41)中的 $e^{(i)}(n)$ 即是通常的线性预测误差,它是用 i 个过去的样本值: $s(n-1)$、$s(n-2)$、$\cdots$、$s(n-i)$ 来预测 $s(n)$ 时的误差;而式(6-42)中的 $b^{(i)}(n)$ 可看成是用时间上延迟时刻的样本值 $s(n-i+1)$、$s(n-i+2)$、$\cdots$、$s(n)$ 预测 $s(n-i)$ 样本的误差,所以这个误差称为反向预测误差,这个预测过程则称为反向预测过程。图 6-7 表示了这两种预测情况。

在建立了正向预测和反向预测的概念后,就可以推出线性预测分析用的格型滤波器结构,它是根据预测误差递推公式得出的。

根据式(6-41)和(6-42),当 $i = 0$ 时,有

$$e^{(0)}(n) = b^{(0)}(n) = s(n) \tag{6-43}$$

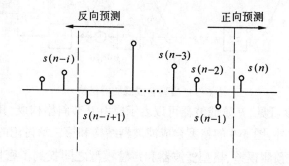

图 6-7　用 i 阶预测器作前向与后向预测的图解说明

而 $i = P$ 时

$$e^{(P)}(n) = e(n) \tag{6-44}$$

这里 $e(n)$ 是 P 阶线性预测逆滤波器所输出的预测误差信号。我们有如下递推形式(推导过程从略)

$$\left.\begin{aligned} e^{(i)}(n) &= e^{(i-1)}(n) - k_i b^{(i-1)}(n-1) \\ b^{(i)}(n) &= b^{(i-1)}(n-1) - k_i e^{(i-1)}(n) \\ e^{(0)}(n) &= b^{(0)}(n) = s(n) \end{aligned}\right\} \tag{6-45}$$

由此可得适合于线性预测分析的格型滤波器结构形式,如图 6-8 所示。

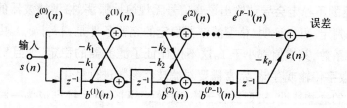

图 6-8　格型分析滤波器结构

这个滤波器输入为 $s(n)$,输出为正向预测误差 $e(n)$。另一方面,在图 6-2 所示语音信号

模型化的框图中,模型即合成滤波器的 $H(z)$ 亦可采用格型结构。如果将模型中的增益因子 G 考虑到输入信号中,则该滤波器输入是 $Gu(n)$,输出是合成的语音 $s(n)$,通过线性预测分析求得的 $A(z)$ 是 $H(z)$ 的逆滤波器,$Gu(n)$ 则由 $e(n)$ 来逼近,因此合成滤波器 $H(z)$ 的结构形式应该满足输入 $e(n)$ 时输出 $s(n)$。对式(6-45)整理,可得

$$\left.\begin{array}{l} e^{(i-1)}(n) = e^{(i)}(n) + k_i b^{(i-1)}(n-1) \\ b^{(i)}(n) = b^{(i-1)}(n-1) - k_i e^{(i-1)}(n) \end{array}\right\} \tag{6-46}$$

此时可得图 6-9 所示的格型合成滤波器结构。图 6-8 和图 6-9 表明,格型滤波器可用于语音分析—合成系统。图 6-9 所示的格型网络是采用反射系数实现声道滤波器的结构之一。由于反射系数 $\{k_i\}$ 具有良好的内插特性和量化特性以及较低的参数灵敏度,这种格型网络稳定性好,在语音合成和声码器中被广泛采用。

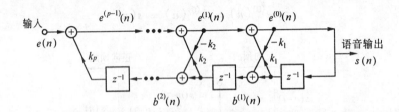

图 6-9　格型合成滤波器结构

由图 6-8 和图 6-9 可见,P 阶滤波器可以表示成由 P 节斜格构成,其中关键的参数就是 $k_i(i = 1,2,\cdots,P)$。此外,图 6-9 的格型合成滤波器结构和第二章讨论的声道声管模型有相同的形式,因而我们在预测误差、格型滤波器和声管模型之间找到了密切的关系,而这种格型滤波器正是声管模型的模拟。这样就找到了线性预测和语音之间的关系。在声管模型中,声道被模拟成一系列长度不同、截面积为 A_i 的声管的级联,k_i 规定了声波在各声管段边界处的反射量;而这里的每一个格型网络就相当于一个小声管段,k_i 反映了第 i 节格型网络处的反射,故称 $k_1 \sim k_P$ 为 P 级格型滤波器的反射系数。

反射系数是语音处理中至关重要的参数,它的计算是一个重要问题。在自相关法和协方差法中,用预测误差最小为条件求出线性预测系数。格型法的特点之一是能够在格型的每一级进行合适的本级反射系数计算。

显然,格型法的结构与前面讨论的自相关法和协方差法的结构之间存在若干差异。格型滤波器的优点为:

① 反射系数可被直接用于计算预测系数,格型滤波器的级数等于预测系数的个数。

② 滤波器的不稳定会导致输出语音信号无规律地振荡。格型滤波器的稳定性可由其反射系数的值来判定。可以证明,格型滤波器稳定的充要条件是:$|k_i| < 1$。由于格型滤波器参数是各阶反射系数,其横值都小于 1。这不仅保证了滤波器的稳定,而且对于量化也是有利的。为了进行数字传输或存储,常常需要对滤波器参数进行量化。

由于上述的这些特性,格型法对于构成线性预测分析系统已成为一种重要的极有生命力的方法。

6.5.2　格型法的求解

格型法的求解是指基于图 6-8 的格型滤波器结构形式,用线性预测分析的方法求出各反射系数 k_i,如果需要还可以进一步由递归公式(6-26)和(6-27)得出预测系数 a_i 来。由于格型滤波器中出现了正向预测误差 $e^{(i)}(n)$ 和反向预测误差 $b^{(i)}(n)$,因而可以设计几种最优准则来求解反射系数。根据格型滤波器的结构形式,定义三个均方误差

正向均方误差 $\qquad\qquad E^{(i)}(n) = E[(e^{(i)}(n))^2]$ $\qquad\qquad$ (6-47)

反向均方误差 $\qquad\qquad B^{(i)}(n) = E[(b^{(i)}(n))^2]$ $\qquad\qquad$ (6-48)

交叉均方误差 $\qquad\qquad C^{(i)}(n) = E[(e^{(i)}(n)b^{(i)}(n-1)]$ $\qquad\qquad$ (6-49)

由于有三种均方误差,所以派生出几种方法,下面介绍常用的几种。

1. 正向格型法

正向格型法的逼近准则是:使格型滤波器的第 i 节正向均方误差最小来求出 k_i 值,即令

$$\frac{\partial E^{(i)}(n)}{\partial k_i} = 0 \qquad\qquad (6\text{-}50)$$

经过推导可得

$$k_i^{\rm f} = \frac{C^{(i-1)}(n)}{B^{(i-1)}(n-1)} = \frac{E[e^{(i-1)}(n)b^{(i-1)}(n-1)]}{E[\{b^{(i-1)}(n-1)\}^2]} \qquad (6\text{-}51)$$

式中,$k_i^{\rm f}$ 的上标 f 表示这个反射系数是用正向(forward)误差最小准则求得的,它等于正反向预测误差的互相关和反向预测误差能量之比。在实际运算时总是用时间平均近似代替集平均。如果为了提高精度,像上一节协方差法中那样不限制信号 $s(n)$ 的长度范围,则上式变为

$$k_i^{\rm f} = \frac{\displaystyle\sum_{n=0}^{N-1} e^{(i-1)}(n)b^{(i-1)}(n-1)}{\displaystyle\sum_{n=0}^{N-1}[b^{(i-1)}(n-1)]^2}, \qquad i = 1,2,\cdots,P \qquad (6\text{-}52)$$

式中假定了 $e^{(i-1)}(n)$ 和 $b^{(i-1)}(n)$ 的长度范围为 $0 \le n \le N-1$。

2. 反向格型法

反向格型法的逼近准则是:使格型滤波器的第 i 节反向均方误差最小来求出 k_i 值,即令

$$\frac{\partial B^{(i)}(n)}{\partial k_i} = 0 \qquad\qquad (6\text{-}53)$$

由此可得

$$k_i^{\rm b} = \frac{C^{(i-1)}(n)}{E^{(i-1)}(n)} = \frac{E[e^{(i-1)}(n)b^{(i-1)}(n-1)]}{E[(e^{(i-1)}(n))^2]} \qquad (6\text{-}54)$$

上式中,k 的上标 b 表示这个反射系数是由反向(backward)误差最小准则求得的,它等于正反向预测误差的互相关和正向预测误差能量之比。注意到 $E^{(i)}(n)$ 和 $B^{(i)}(n)$ 的值都是非负的,因为它们分别是 $e^{(i)}(n)$ 和 $b^{(i)}(n)$ 平方的平均,所以 $k_i^{\rm f}$ 和 $k_i^{\rm b}$ 的符号总是相同的。

在上面两种方法中,由于不能保证 $|C^{(i-1)}(n)| < |E^{(i-1)}(n)|$ 和 $|C^{(i-1)}(n)| < |B^{(i-1)}(n)|$,所以它们都不能保证 $|k_i| < 1$,也就是说解的稳定性是不能保证的。

3. 几何平均格型法

在这种方法中不采用逼近准则。它定义 k_i 值是正向格型法和反向格型法中 k_i^f 和 k_i^b 的几何平均值,即

$$k_i^I = S\sqrt{k_i^f k_i^b} \tag{6-55}$$

式中,S 是 k_i^f 或 k_i^b 的符号,k_i^I 中的上标 I 表示是由 Itakura 推导出的。

将 k_i^f 和 k_i^b 代入式(6-55)可得

$$k_i^I = \frac{E[e^{(i-1)}(n)b^{(i-1)}(n-1)]}{\sqrt{E[\{e^{(i-1)}(n)\}^2]\cdot E[\{b^{(i-1)}(n-1)\}^2]}} \tag{6-56}$$

或者

$$k_i^I = \frac{\sum_{n=0}^{N-1} e^{(i-1)}(n)b^{(i-1)}(n-1)}{\sqrt{\sum_{n=0}^{N-1}[e^{(i-1)}(n)]^2 \cdot \sum_{n=0}^{N-1}[b^{(i-1)}(n-1)]^2}}, \qquad 1\leqslant i \leqslant P \tag{6-57}$$

这个表达式具有归一化互相关函数的形式,它表示了正向和反向预测误差之间的相关程度;参数 k_i^I 称为部分相关系数即 PARCOR 系数(Partial Correlation Coefficients),也称为偏相关系数。根据式(6-57)的定义,运用柯西-许瓦兹(Cauchy-Schwarz)不等式很容易证明 $|k_i^I| < 1$。由式(6-57)可知,k_i^I 是正向预测误差和反向预测误差之间的归一化自相关函数。因为是归一化函数,所以其值在 ± 1 的范围内。因而用这种方法确定的反射系数将保证合成系统是稳定的。

PARCOR 系数是语音处理中一个至关重要的系数。可以证明,式(6-57)与式(6-25)是完全等效的。实际上,PARCOR 系数的逐次计算方法与人们熟知的 Levinson-Durbin 递推解法相同。同时,只要给出 PARCOR 系数和 $\{\alpha_i\}$ 中的一种,通过反复运算,就能求出另一种。

4. 伯格(Burg) 法

伯格法的逼近准则是:使格型滤波器第 i 节正向和反向均方误差之和最小来求出 k_i,即令

$$\frac{\partial[E^{(i)}(n) + B^{(i)}(n)]}{\partial k_i} = 0$$

由此可得出下面的结论

$$k_i^B = \frac{2C^{(i-1)}(n)}{E^{(i-1)}(n) + B^{(i-1)}(n-1)} \tag{6-58}$$

或者

$$k_i^B = \frac{2\sum_{n=0}^{N-1}[e^{(i-1)}(n)b^{(i-1)}(n-1)]}{\sum_{n=0}^{N-1}[e^{(i-1)}(n)]^2 + \sum_{n=0}^{N-1}[b^{(i-1)}(n-1)]^2} \tag{6-59}$$

这里,k_i^B 的上标 B 表示此结果是按 Burg 法求出的。同样可以证明,$|k_i^B| < 1$(因为根据 Cauchy-Schwarz 不定式,$k_i = \frac{2ab}{|a|^2 + |b|^2} \leqslant 1$,因此 $|k_i| \leqslant 1$),所以用该结果也能保证稳

定。

从上面的几种求解方法可以看出,格型法因其结构上的特点,可以由语音样本直接求得反射系数 k_i,而无需计算自相关矩阵这一中间步骤,这正是格型法与自相关法和协方差法相区别的主要特点。

5. 协方差格型法

格型法在求解时,先计算 $e^{(i)}(n)$ 和 $b^{(i)}(n)$,然后才求得 $\{k_i\}$ 和 $\{\alpha_i\}$,在此过程中要多次调用相同的语音样本,所以运算量很大,大致为自相关法或协方差法的四倍以上。

协方差格型法就是为了减少运算量,在格型法基础上进行改进。这里的改进只是改写 E、B、C 的表达式,使它们成为协方差 $c(j,i)$ 的函数形式。其结果是 E、B、C 的运算量均减半。根据求得的 E、B、C,仍可选用前面所提出的不同准则求解 k_i,这样既保持了格型法的灵活性、解的稳定性和精确性,又使运算量恢复到了自相关法的水平上。因此,它是一种很有吸引力的线性预测算法。

6.6　线性预测分析应用——LPC 谱估计和 LPC 复倒谱

这一节介绍线性预测分析在语音信号处理中的部分应用。对于某些重要的应用,例如 LPC 声码器、LPC 参数在语音识别中的应用等,将在后面的有关章节中专门讨论。

6.6.1　LPC 谱估计

前面讨论的线性预测分析主要限于差分方程和相关函数,所用的是时域表示式。然而,6.2 节中指出,线性预测器的系数可以认为是一个全极点滤波器系统函数分母多项式的系数,而这个系统是声道响应、声门脉冲形状以及口鼻辐射的综合模拟。因此,当给定了一组预测器系数后,将 $z = e^{j\omega}$ 代入 $H(z)$,就得到语音产生模型中全极点线性滤波器的频率特性,即

$$H(e^{j\omega}) = \frac{G}{1 - \sum_{i=1}^{p} a_i e^{-j\omega i}} = \frac{G}{A(e^{j\omega})} \tag{6-60}$$

如果画出其频率响应特性,可以预料在共振峰频率上会出现峰值,这与 2.3 中讨论过的谱表示法相同。因此线性预测分析可以看做是一种短时谱估计法。

可以证明:如果信号 $s(n)$ 是一个 P 阶的 AR 模型,则

$$|H(e^{j\omega})|^2 = |S(e^{j\omega})|^2 \tag{6-61}$$

式中 $H(e^{j\omega})$ 是模型 $H(z)$ 的频率响应,可简称为 LPC 谱;$S(e^{j\omega})$ 是语音信号 $s(n)$ 的傅里叶变换,即信号谱,$|S(e^{j\omega})|^2$ 为功率谱。但是事实上,语音信号并非是 AR 模型,因此,$|H(e^{j\omega})|^2$ 只能理解成 $|S(e^{j\omega})|^2$ 的一个估计。而另一方面,一个零点可用无穷多个极点来逼近

$$1 - az^{-1} = \frac{1}{1 + \sum_{k=1}^{\infty} (az^{-1})^k} \tag{6-62}$$

这就是说,极零模型可以用无穷高阶的全极点模型来逼近。因此,尽管语音信号应看成是 ARMA 模型(Autoregressive Moving Average,自回归滑动平均模型) 即极零点模型,但只要全极点模型 $H(z)$ 的阶数 P 足够大,总能使全极点模型谱以任意小的误差逼近语音信号谱,即

有

$$\lim_{P \to \infty} |H(e^{j\omega})|^2 = |S(e^{j\omega})|^2 \tag{6-63}$$

上式表明,$P \to \infty$ 时 $|H(e^{j\omega})|^2 = |S(e^{j\omega})|^2$,但是不一定存在 $H(e^{j\omega}) = S(e^{j\omega})$。这是因为 $H(z)$ 的全部极点在单位圆内,而 $S(e^{j\omega})$ 却不一定满足这个条件。

上面的讨论提示我们,线性预测分析的阶数 P 能够有效地控制所得谱的平滑度。这可由图 6-10 来说明。该图给出了一段语音信号的 LPC 谱随预测阶数 P 增加而变化的实例。显然,当 P 增加时有更多的谱细节被保存下来。因为我们的目的只是要得到声门脉冲、声道以及辐射组合效应谱,因而 P 的选择应使共振峰谐振点以及一般的谱形状得以保持。通常,P 在 10 以上时短时谱的显著峰值部分基本上能反映出来。

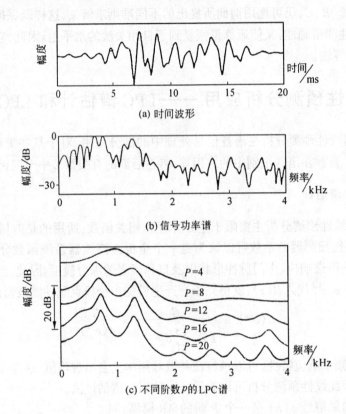

(a) 时间波形

(b) 信号功率谱

(c) 不同阶数 P 的 LPC 谱

图 6-10　以 8 kHz 取样的一段元音[a]的信号和功率谱

为了表明用 LPC 谱来进行语音信号谱估计的能力,在图 6-11 中,对 $20\lg|H(e^{j\omega})|$ 和 $20\lg|S(e^{j\omega})|$ 进行了比较。信号谱 $S(e^{j\omega})$ 由 FFT 分析得到,被分析的信号是一个经过海明窗加权的语音段,它来自元音[æ]。$H(e^{j\omega})$ 是用自相关法求得的 14 个极点的 LPC 谱。在图中可以清楚地看出信号的谐波结构,同时也可以发现 LPC 谱估计的一个特点:在信号能量较大的区域即接近谱的峰值处,LPC 谱和信号谱匹配得很好;而在信号能量较低的区域即接近谱的谷底处,则匹配得较差;并可进一步引申出,对于呈现谐波结构的浊音语音谱,在谐波成分处 LPC 谱匹配信号谱的效果要远比谐波之间好得多。LPC 谱估计的这一特点实际上来自均方误差最小准则,下面对此进行证明。

由于自相关与功率谱之间存在着相互依赖的关系,从而线性预测的表示也可在频域进行。根据帕斯瓦尔(Parseval)定理,均方预测误差 $E = E[e^2(n)]$ 可以表示为

$$E = \frac{1}{2\pi}\int_{-\pi}^{\pi}|E(e^{j\omega})|^2 d\omega \qquad (6\text{-}64)$$

其中 $E(e^{j\omega})$ 是 $e(n)$ 的傅里叶变换。根据线性预测分析原理有

$$E = \frac{1}{2\pi}\int_{-\pi}^{\pi}|S(e^{j\omega})|^2|A(e^{j\omega})|^2 d\omega$$
$$(6\text{-}65)$$

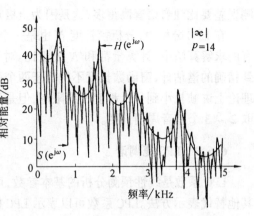

图 6-11 LPC 谱和实际谱的比较

而

$$H(e^{j\omega}) = \frac{G}{A(e^{j\omega})} \qquad (6\text{-}66)$$

所以

$$E = \frac{G^2}{2\pi}\int_{-\pi}^{\pi}\frac{|S(e^{j\omega})|^2}{|H(e^{j\omega})|^2} d\omega \qquad (6\text{-}67)$$

上式表明,时域均方误差最小准则在频域上的表现是:误差的贡献与 $|S(e^{j\omega})|/|H(e^{j\omega})|$ 有关。,$|S(e^{j\omega})| > |H(e^{j\omega})|$ 的区域在总误差中所起的作用比 $|S(e^{j\omega})| < |H(e^{j\omega})|$ 的区域大。这将使 $|H(e^{j\omega})|$ 逼近于 $|S(e^{j\omega})|$ 的峰值而不是逼近于 $|S(e^{j\omega})|$ 的谷值,事实上在共振峰附近 $|H(e^{j\omega})|$ 最接近于 $|S(e^{j\omega})|$。所以,LPC 谱逼近信号谱的效果在 $|S(e^{j\omega})| > |H(e^{j\omega})|$ 处要好。

下面结合谱估计,简单讨论一下预测器阶数 P 和分析帧长度 N 的选择问题。P 的选择应该从谱估计精度、计算量、存储量等多方面综合考虑,而与线性预测分析的求解方法无关。如果 P 选得很大,可以使 $|H(e^{j\omega})|$ 精确地匹配于 $|S(e^{j\omega})|$,但增加的计算量和存储量的代价太大。因此选择 P 的一般原则是:首先保证有足够的极点来模拟声道响应的谐振结构。根据对发声过程的机理分析,对于正常声道(声道长度为 17 cm)来说,语音频率平均每 kHz 带宽上有一个共振峰(实际上是每 $C/2L$ Hz 带宽上有一个共振峰,这里 C 是声速,L 是声道长度),一个共振峰需要一对复共轭极点,所以每个共振峰需要两个预测器系数,或者说每 kHz 带宽需要两个预测器系数,从而每 kHz 需要用二个极点来表征声道响应。这就是说,在取样频率为 10 kHz 时,为了反映声道响应需要 10 个极点。此外需要 3 ~ 4 个极点逼近频谱中可能出现的零点以及声门激励和辐射的组合效应。因此,在 10 kHz 取样率时,要求 P 值约为 12 ~ 14。研究表明,虽然 P 值增加预测误差是趋于下降的,但 P 值达到 12 ~ 14 后,若进一步增加则误差改善很小。如果进行谱估计的主要目的是得到声道的谐振特性,那么 P 取上述值是比较合适的,因为这时信号谱的谐振将性和一般形状能得到保持。

根据上面的分析,P 的选择取决于分析带宽,而带宽又取决于取样率。因此,P 值也可以按下列经验公式进行选择

$$P = \frac{f_s}{1\,000} + \gamma \qquad (6\text{-}68)$$

由于每 kHz 带宽需要两个预测器系数,而总带宽为 $f_s/2$,故在带宽范围内需要的阶数为 $f_s/1\,000$。式中 γ 是一待定常数,根据经验确定,典型值为 2 或 3。这些外加极点是考虑了声门激励等的影响,同时也使预测器的结构更加灵活。在相同 P 的条件下,显然,清音语音的预

测误差要比浊音语音高得多,这是因为全极点模型对清音来说远没有浊音语音精确。

在 LPC 分析中,分析帧长度 N 也是一个重要因素。N 尽可能小是有好处的,因为几乎所有的求解算法中,计算量都和 N 成正比。对于自相关法,由于加窗引入了谱的畸变;为了得到精确的谱估计,窗函数长度不得低于两个基音周期。对于协方差法和格型法,因无需加窗,理论上讲帧长小到什么程度没有限制,但是估计谱的精度随着 N 的增加而提高。通常,N 可取 2 ~ 3 个基音周期长度。

6.6.2 LPC 复倒谱

LPC 系数是线性预测分析的基本参数,可以把这些系数变换为其他参数,以得到语音的其他替代表示方法。LPC 系数可以表示 LPC 模型系统冲激响应的复倒谱。

设通过线性预测分析得到的声道模型系统函数为

$$H(z) = \frac{1}{1 + \sum_{k=1}^{p} a_k z^{-k}} \tag{6-69}$$

设其冲激响应为 $h(n)$,则

$$H(z) = \sum_{n=1}^{\infty} h(n) z^{-n} \tag{6-70}$$

下面求 $h(n)$ 的复倒谱 $\hat{h}(n)$。根据复倒谱定义,有

$$\hat{H}(z) = \ln H(z) = \sum_{n=1}^{\infty} \hat{h}(n) z^{-n} \tag{6-71}$$

将式(6-69)代入并将其两边对 z^{-1} 求导数,有

$$\frac{\partial}{\partial z^{-1}} \ln \left[\frac{1}{1 + \sum_{k=1}^{p} a_k z^{-k}} \right] = \frac{\partial}{\partial z^{-1}} \sum_{n=1}^{\infty} \hat{h}(n) z^{-n} \tag{6-72}$$

即

$$\frac{\sum_{k=1}^{p} k \cdot a_k \cdot z^{-k+1}}{1 + \sum_{k=1}^{p} a_k \cdot z^{-k}} = - \sum_{n=1}^{\infty} n \hat{h}(n) z^{-n+1} \tag{6-73}$$

所以

$$\left(1 + \sum_{k=1}^{p} a_k z^{-k} \right) \sum_{n=1}^{\infty} n \hat{h}(n) z^{-n+1} = - \sum_{k=1}^{p} k a_k z^{-k+1} \tag{6-74}$$

令上式左右两边的常数项和 z^{-1} 各次幂的系数分别相等,则可得到 $\hat{h}(n)$ 和 a_k 之间的递推关系,从而由 a_k 求出 $\hat{h}(n)$

$$\begin{cases} \hat{h}(0) = 0 \\ \hat{h}(1) = - a_1 \\ \hat{h}(n) = - a_n - \sum_{k=1}^{n-1} (1 - k/n) a_k \hat{h}(n - k), \quad 1 < n \leqslant P \\ \hat{h}(n) = - \sum_{k=1}^{p} (1 - k/n) a_k \hat{h}(n - k), \quad n > P \end{cases} \tag{6-75}$$

按上式可直接从预测系数 a_k 推得复倒谱 $\hat{h}(n)$。这个复倒谱是根据线性预测模型得到的,又称之为 LPC 复倒谱。LPC 复倒谱由于利用了线性预测中声道系统函数 $H(z)$ 的最小相位特性,避免了一般同态处理中求复对数的问题,而在求复对数时相位卷绕问题会带来很多麻烦。

前面已经证明,当 $P \rightarrow \infty$ 时,语音信号的短时谱 $S(e^{j\omega})$ 满足 $|S(e^{j\omega})| = |H(e^{j\omega})|$,因而可以认为 $\hat{h}(n)$ 包含了语音信号频谱包络信息,即可近似把 $\hat{h}(n)$ 当作 $s(n)$ 的短时复倒谱 $\hat{s}(n)$。通过对 $\hat{h}(n)$ 的分析,可以分别估计出语音短时谱包络和声门激励参数。

LPC 复倒谱分析的最大优点是运算量小,计算 LPC 复倒谱所需的时间仅是 5.5 节中介绍的利用 FFT 用最小相位信号法求复倒谱的一半;在实时语音识别中也经常采用 LPC 复倒谱作为特征矢量。

6.6.3　LPC 谱估计和其他谱分析方法的比较

下面将用线性预测获取谱的方法与其他获得语音短时谱的方法进行比较。

作为一个例子,图 6-12 给出了一段元音"a"的四种对数幅度谱(dB)。其中图(a)和图(b)是用短时傅里叶分析得到的谱。图(a)是对于包含 512 个抽样的语音段(51.2 ms)经过窗选,然后变换(512 点 FFT),给出相对窄带分析谱。由于窗的持续期很长,所以激励信号的各次谐

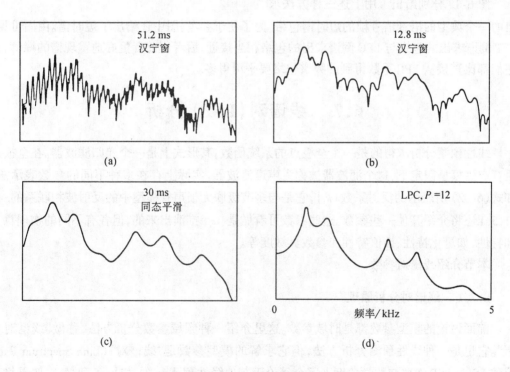

图 6-12　元音"a"的各种谱

波明显可见。对于图(b),分析持续期减少到 128 个抽样(12.8 ms),这导致宽带谱分析。现在激励源的各次谐波不能分辨,而整个谱包络却能够看出。虽然,在此谱中,共振峰频率显然可见,但是对它进行可靠的定位和确认却并不容易。图(c)中的谱是经同态处理后得到的。平滑前的谱是由 300 个抽样的语音段(30 ms)用上述的 FFT 算法得到的。可见,各个共振峰能够

很好地分辨且用一个峰值检测器可很容易地从平滑谱中将其提取出来。然而共振峰的宽度不易获得,这是因为用以获得最终谱的全部平滑过程所造成的。图(d) 的谱是线性预测分析的结果,$P = 12, N = 128$ 个取样(12.8 ms)。由线性预测谱和其他谱的比较表明,这种方法可以很好地表示共振峰结构而不出现额外的峰起和起伏。这是因为如果使用了正确的阶数 P,线性预测模型对于元音发声是极佳的。如果已知语音带宽,就能够正确地确定阶数,所以线性预测可以对声门脉冲、声道和辐射组合谱效应作极佳的估计。

为了估计语音信号的短时谱包络,已经有了三种方法:① 由 LPC 系数直接估计语音信号的谱包络;② 由 LPC 倒谱估计谱包络;③ 首先用最小相位信号法求复倒谱,即对信号进行 FFT、复对数变换,再求 $\ln|S(e^{j\omega})|$ 的 IFFT,并用辅助因子 $g(n)$ 得到 $\hat{s}(n)$,再用低复倒谱窗取出短时谱包络信息。第 ③ 种方法是用波形直接计算得到倒谱,为与 LPC 倒谱相区别,称之为 FFT 倒谱。

图 6-13 分别给出了用上述三种方法求

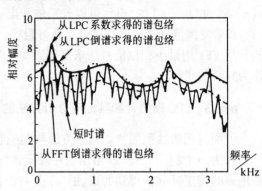

图 6-13 用不同方法求得的频谱包络的比较

出的一个典型的语音信号帧的短时谱包络。为了便于参考,图中还给出了短时谱。由图可见,FFT 倒谱求出的包络与 LPC 倒谱求出的包络相当接近,后者比前者更好地重现谱的峰值,且它们都比直接从 LPC 系数得到的频谱包络要平滑得多。

6.7　线谱对(LSP) 分析

线性预测分析求得的是一个全极点的系统函数,其形式上是一个递归滤波器。在全极点语音产生模型假定下,这个滤波器被称为声道滤波器。实际上存在多种不同的参数表示法。如式(6-32) 所表示的反射系数 $\{k_i\}$,它是与多节级联无损声管模型中的反射波相联系的;在 11.5.1 还将介绍其他一些参数。这些参数可看做是 $\{\alpha_i\}$ 推演出来的,但各有不同的物理意义和特性,如量化特性、插值特性和参数灵敏度等。

本节介绍线谱对参数。

6.7.1　线谱对分析原理

前面讨论的模型参数都是时域参数。这里介绍一种频域参数分析方法,称做"线谱对分析"。它也是一种线性预测分析方法,但它求解的模型参数是"线谱对"(Line Spectrum Pair,简称 LSP)。LSP 参数在数学角度上完全等价于其他线性预测参数,如 $\{\alpha_i\}$ 和 $\{k_i\}$。如果将声道等效为 $P+1$ 段声管级联而成,则 LSP 参数表示声门完全开启或完全闭合状态下声管的谐振频率。它是线性预测参数的另一种表示形式,同样可以用来估计语音的基本特性。由于它是频域参数,所以和语音信号谱包络的峰有更紧密的联系;同时它构成合成滤波器 $H(z)$ 时和 k_i 一样容易保证稳定性。格型分析-合成的数码率下限只有 2.4 kbit/s,继续下降则合成语音的可懂度和自然度迅速变差。而近年来声码器的研究实践表明,LSP 参数具有良好的量化特性和插值特性,因而已在 LPC 声码器中得到成功的应用。线谱对的量化特性和内插特性均优于 k_i(这是因为它是频率域参数,即使作粗糙取样、直线内插,失真也比 k_i 小),因而合成语音的数码率与格型法相比得以降低。

LSP 分析与格型法分析等相同,也是以全极点模型为基础的。设 P 阶线性预测误差滤波器传递函数为 $A(z)$,设 $A(z) = A^{(P)}(z)$ 后,由式(6-39)并利用递推公式(6-26),可得到如下的递推关系

$$A^{(i)}(z) = A^{(i-1)}(z) - k_i z^{-1} A^{(i-1)}(z^{-1}) \tag{6-76}$$

分别将 $k_{p+1} = -1$ 和 $k_{p+1} = 1$ 时的 $A^{(p+1)}(z)$ 用 $P(z)$ 和 $Q(z)$ 表示,可得

$$P(z) = A(z) + z^{-(p+1)} A(z^{-1}) \tag{6-77}$$

$$Q(z) = A(z) - z^{-(p+1)} A(z^{-1}) \tag{6-78}$$

上面两式均为 $P+1$ 阶多项式,由它们可直接得到

$$A(z) = \frac{1}{2}[P(z) + Q(z)] \tag{6-79}$$

它和合成滤波器 $H(z)$ 之间满足关系 $A(z) = 1/H(z)$。当 $A(z)$ 的零点在 z 平面单位圆内时,$P(z)$ 和 $Q(z)$ 的零点都在单位圆上,并且 $P(z)$ 和 $Q(z)$ 的零点沿着单位圆随 ω 的增加交替出现。若阶数 P 为偶数,设 $P(z)$ 的零点为 $e^{\pm j\omega_i}$,$Q(z)$ 的零点为 $e^{\pm j\theta_i}$,那么 $P(z)$ 和 $Q(z)$ 可写成下列因式分解形式

$$\begin{cases} P(z) = (1 + z^{-1}) \prod_{i=1}^{P/2} (1 - 2\cos\omega_i z^{-1} + z^{-2}) \\ Q(z) = (1 - z^{-1}) \prod_{i=1}^{P/2} (1 - 2\cos\theta_i z^{-1} + z^{-2}) \end{cases} \tag{6-80}$$

ω_i、θ_i 按下式关系排列

$$0 < \omega_1 < \theta_1 < \cdots < \omega_{P/2} < \theta_{P/2} < \pi \tag{6-81}$$

因式分解中的系数 ω_i、θ_i 成对出现,反映了谱的特性,称为"线谱对",它们就是线谱对分析所要求解的参数。可以证明,$P(z)$ 和 $Q(z)$ 的零点互相分离,是保证合成滤波器 $H(z) = 1/A(z)$ 稳定的充分必要条件。事实上它保证了在单位圆上,亦即在任意值下 $P(z)$ 和 $Q(z)$ 不可能同时为零。当 P 为奇数时,可以同样求得线谱对参数的表达式。

从上面的分析可以看到,线谱对分析的基本出发点是通过两个 Z 变换 $P(z)$ 和 $Q(z)$,将 $A(z)$ 的 P 个零点映射到单位圆上,这样使得这些零点可以直接用频率 ω 来反映,而 $P(z)$ 和 $Q(z)$ 各提供了 $P/2$ 个零点频率。从物理意义上说,按照第二章中介绍的声管模型,格型滤波器中的反射系数 k_{P+1} 的值表示了声门处边界条件不连续(随着声带的振动,重复开闭)引起的反射,如果声门全开或全闭,均对应着全反射的情况,即 $k_{P+1} = \pm 1$,这正是定义的 $P(z)$ 和 $Q(z)$ 的情况。从图 6-9 格型合成滤波器 $A(z)$ 的结构可以看出,那里口唇处假定是全开的,亦即处于全反射的情况,即 $k_0 = -1$,结果对于模拟声道的这样一个多级声管,其两端的反射系数绝对值均为 1,能量被封闭起来没有损耗。在这种理想条件下,声管内各个谐振点的 Q 值可近似认为无穷大,也就是说,对应声门这两个不同边界条件的 $P(z)$ 和 $Q(z)$ 多项式的根应该位于 z 平面的单位圆上,这就是线谱对分析的出发点。

线谱对参数和语音信号谱特性之间有密切的联系。按照线性预测分析原理,语音信号的谱特性可以由 LPC 模型谱来估计,利用式(6-79),LPC 谱可以写成

$$|H(e^{j\omega})|^2 = \frac{1}{|A(e^{j\omega})|^2} = 4|P(e^{j\omega}) + Q(e^{j\omega})|^{-2} =$$

$$2^{(1-P)}\left[\sin^2(\omega/2)\prod_{i=1}^{P/2}(\cos\omega - \cos\theta_i)^2 + \cos^2(\omega/2)\prod_{i=1}^{P/2}(\cos\omega - \cos\omega_i)^2\right]^{-2} \quad (6\text{-}82)$$

式中括号内的第一项,当 ω 接近0或 $\theta_i(i = 1,2,\cdots,P/2)$ 时接近于零;括号中第二项当 ω 接近 π 或 $\omega_i(i = 1,2,\cdots,P/2)$ 时接近于零。如果 θ_i 和 ω_i 很靠近,那么当 ω 接近这些频率时,$|A(e^{j\omega})|^2$ 变小,$|H(e^{j\omega})|^2$ 显示出强谐振特性,相应地语音信号谱包络在这些频率处出现峰值。因此可以说,LSP 分析是用 P 个离散频率 θ_i 和 ω_i 的分布密度来表示语音信号谱特性的一种方法。

在语音产生模型中,一般不直接利用 LSP 参数去构成声道模型参数,其主要原因一是用 LPC 系数构成声道模型参数比较容易,而 LSP 参数与声道模型的 Z 域表示是隐性关系,很难构成滤波器;二是 LPC 系数到 LSP 参数的转换是可逆的,即能从 LSP 参数准确计算出 LPC 系数。

为了表达语音的短时谱包络信息,LPC 参数已广泛应用于各种语音编码应用中。它对保证语音质量和压缩比特率起着直接作用。目前表达 LPC 参数的最有效方式为 LSP 参数,因为 LSP 参数有一些特别的性质,使得它比其他系数更有吸引力。例如,一个 LSP 参数的误差仅仅影响全极点模型中邻近这个参数对应频率处的语音谱,而不影响其他地方。因此,LSP 参数可以根据人的听觉特性来分配量化的比特数,对敏感频率段对应的 LSP 参数分配较多的比特数,对不敏感频率段对应的 LSP 参数分配较少的比特数。研究表明,在相对低的编码速率上,使用 LSP 参数能获得高质量的语音,主观性能也表明它能产生高质量的合成语音。

6.7.2　线谱对参数的求解

求解线谱对参数即求解多项式 $P(z)$ 和 $Q(z)$ 的关于 z 的根,也就是与 z^{-1} 有关的零点。当 $A(z)$ 的系数 $\{a_i\}$ 求出后,可以采用下面的方法求出 $P(z)$ 和 $Q(z)$ 的零点。

1. 代数方程式求根

因为

$$\prod_{j=1}^{m}(1 - 2z^{-1}\cos\omega_j + z^{-2}) = (2z^{-1})^m\prod_{j=1}^{m}\left(\frac{z + z^{-1}}{2} - \cos\omega_j\right) \quad (6\text{-}83)$$

所以通过变换 $(z + z^{-1})/2\big|_{z=e^{j\omega}} = \cos\omega = x$,可以得到 $P(z)/(1 + z^{-1}) = 0$ 和 $Q(z)/(1 - z^{-1}) = 0$ 是关于 x 的一对 $P/2$ 次代数方程组。这对代数方程可以采用牛顿迭代法求解方程的根,进而求得 $\{\omega_i,\theta_i\}$。

2. DFT 法

对 $P(z)$ 和 $Q(z)$ 的系数求 DFT,得到 $z_k = e^{-j\frac{k\pi}{N}}(k = 0,1,\cdots,N-1)$ 各点的值,根据两点间嵌入零点的内插,能够推定零点。利用式(6-81),可使查找零点的计算量大大减少。可以证实,N 值取 64 ~ 128 就能够满足要求。这种方法直接得到线谱对参数的编码,码长决定于 N 的取值。DFT 法是一种很实用的线谱对参数求解方法。

6.8 极零模型

采用全极点模型虽然有许多优点,但在许多情况下仍需用极零模型来分析。例如,发鼻音和摩擦音时其生成模型是具有共振峰和反谐振特性的极零型;在频谱中,声门激励模型也认为存在零点。虽然极零模型信号可以用多加极点的方法看做全极模型信号,但是采用零点可以较精确而又节省运算量。与全极点模型相比,极零模型的LPC分析需要求解非线性方程以找到最优参数。因此,它的解法困难,至今仍不成熟,对于这种模型迄今尚未找到一种高效的参数估计方法,而且它在语音信号处理中的应用一直很有限。下面介绍一种极零模型的分析方法,即同态预测法。

同态预测法是结合同态处理和全极点模型线性预测的方法。它利用同态处理的特点,将一个极零模型转变为全极模型,因而将极零模型的求解问题转化为全极模型的求解问题。如果信号 $s(n)$ 的 Z 变换具有有理分式形式

$$S(z) = \frac{N(z)}{D(z)} \tag{6-84}$$

则信号 $ns(n)$ 的 Z 变换为

$$- z \frac{\mathrm{d}}{\mathrm{d}z} S(z) = - z \frac{\mathrm{d}}{\mathrm{d}z} \Big[\frac{N(z)}{D(z)} \Big] \tag{6-85}$$

设 $\hat{s}(n)$ 为信号 $s(n)$ 的复倒谱,由同态分析原理,$n\hat{s}(n)$ 的 Z 变换为

$$- z \frac{\mathrm{d}}{\mathrm{d}z} \hat{S}(z) = - z \frac{\mathrm{d}}{\mathrm{d}z} \Big[\ln \frac{N(z)}{D(z)} \Big] = - z \frac{N'(z)D(z) - N(z)D'(z)}{D(z)N(z)} \tag{6-86}$$

式中,$N'(z)$、$D'(z)$ 分别是 $N(z)$ 和 $D(z)$ 对 z 的导数。

式(6-86)表明,信号 $n\hat{s}(n)$ 中的极点包含了信号 $s(n)$ 的极点和零点,也就是说,信号 $s(n)$ 的零点变换成极点形式了。利用信号 $s(n)$ 和 $n\hat{s}(n)$ 的这一关系,只要对信号 $n\hat{s}(n)$ 进行全极点模型的线性预测分析,所得模型的极点中就应包括了极零信号 $s(n)$ 模型中的全部极点和零点。然后再对信号 $s(n)$ 作全极模型的线性预测分析,得到相应于 $D(z)$ 的所有根,由此可推出 $N(z)$ 的根。也可采用极点留数符号法来判定所得的全部极点中,哪些是 $D(z)$ 的根,哪些是 $N(z)$ 的根。下面对极点留数符号法作简单的介绍。

首先,按极零点形式写出 $S(z)$ 和 $\hat{S}(z)$ 如下

$$S(z) = \frac{N(z)}{D(z)} = \frac{\prod\limits_{l=1}^{q} (1 - z_{ol} z^{-1})}{\prod\limits_{i=1}^{p} (1 - z_{pi} z^{-1})} \tag{6-87}$$

$$\hat{S}(z) = \ln S(z) = \sum_{l=1}^{q} \ln(1 - z_{ol} z^{-1}) - \sum_{i=1}^{p} \ln(1 - z_{pi} z^{-1}) \tag{6-88}$$

利用式(6-86),$n\hat{s}(n)$ 全极模型的 Z 变换为

$$- z \frac{\mathrm{d}}{\mathrm{d}z} \hat{S}(z) = - z \Big[\sum_{l=1}^{q} \frac{z_{0l} z^{-2}}{1 - z_{0l} z^{-1}} - \sum_{i=1}^{p} \frac{z_{pi} z^{-2}}{1 - z_{pi} z^{-1}} \Big] =$$

$$- \sum_{l=1}^{q} \frac{z_{0l}}{z - z_{0l}} + \sum_{i=1}^{p} \frac{z_{pi}}{z - z_{pi}} \tag{6-89}$$

注意，这里 z_{0l}、z_{pi} 都是 $\hat{ns}(n)$ 全极模型的极点。现在假设 $\hat{ns}(n)$ 有某一极点 z_{0l}，它对应于 $s(n)$ 的一个零点，则 $-z \cdot d\hat{S}(z)/dz$ 在该极点的留数是

$$\text{Res}\left[-z \frac{\mathrm{d}}{\mathrm{d}z}\hat{S}(z) \right]_{z=z_{0l}} = -z_{0l} \tag{6-90}$$

如果 $\hat{ns}(n)$ 信号的另一极点是 z_{pi}，它对应于 $s(n)$ 的一个极点，则 $-z \cdot d\hat{S}(z)/dz$ 在该点的留数为

$$\text{Res}\left[-z \cdot \frac{\mathrm{d}}{\mathrm{d}z}\hat{S}(z) \right]_{z=z_{pi}} = z_{pi} \tag{6-91}$$

可见，只要逐个地求 $\hat{ns}(n)$ 信号全极模型在所有极点的留数，比较这些留数和相应极点的符号，就可判断：凡是留数符号与极点符号相同的，该极点就是 $s(n)$ 模型的极点，反之，则判定为 $s(n)$ 模型的零点。由此求得极零模型的线性预测参数。

采用极零模型进行参量推测的解法，还有下列几种方法正得到研究：

① 使用逆滤波器的重复运算法。这种方法是将极零模型中的零点模型部分，通过长除法改写为全极模型，这样就将极零模型转变为两个全极模型的级联形式。然后，采用逐阶的交叉逆滤波和逆逼近技术，得出级联的两个全极模型的极点，从而得出极零模型信号的极点和零点的全部参数。

② 由倒谱确定极点和零点倒频的迭代算法。

③ Yule - Walker 方程式的扩张解析法(适用特征值分解法)。

④ 极零参数的最优推测法。

对极零模型如果直接利用最小均方误差准则进行求解，即使在最简单的场合，对于分子中包含的项，也要转变为非线性方程，这种方程的解必须采用迭代算法，这是因为不能保证收敛于最佳值。即使求出了极零点系数也不能保证它们是最优的解。极零点分析的另一个困难是如何确定模型的阶数，即究竟需要多少个极点和零点才合适，模型阶数选择的不恰当将导致不正确的极零点估计。在一般的线性系统中，输入与输出都是已知的。但对于语音波形，不能直接知道输入波形(声门激励)。因此，完全适宜于实际语音的极零模型的解法可能并不存在。

第7章 矢量量化

7.1 概　　述

矢量量化(VQ,即 Vector Quantization)是一种极其重要的信号压缩方法。VQ 在语音信号处理中占有十分重要的地位,广泛应用于语音编码、语音识别与语音合成等领域。在许多重要的研究课题中,特别是低速语音编码和语音识别的研究中,VQ 都起着非常重要的作用。采用矢量量化技术对信号波形或参数进行压缩处理,常常可以获得非常高的效益,它可以使存储要求、传输比特率需求或/和计算量需求大幅度降低。VQ 不仅可以压缩表示语音参数所需的数码率,而且在减少运算量方面也是非常高效的,它还能直接用于构成语音识别和说话人识别系统。

在第 10 章和第 11 章将要介绍,语音数字通信的两个关键问题是语音质量和传输数码率。但这两个参数是相互矛盾的:要获得较高的语音质量,就必须使用较高的传输码率;反之,为了实现高效地压缩传输数码率,就不能得到良好的语音质量。但是,矢量量化却是一种既能高效压缩数码率、又能保证语音质量的编码方法。

量化可以分为两大类:一类是标量量化,另一类是矢量量化。标量量化是将取样后的信号值逐个地进行量化,矢量量化是将若干个取样信号分成一组,即构成一个矢量,然后对此矢量一次进行量化。即各矢量中的元素是作为一个整体联合进行量化的。当然,矢量量化压缩数据的同时也有信息的损失,但这仅取决于量化精度的要求。可以说,凡是要用量化的地方都可以应用矢量量化。

矢量量化是由标量量化推广和发展而来的一种信源编码技术,可以说是仙农信息论在信源编码理论方面的新发展,其研究的基础是信息论的一个分支:"率－失真理论"。该理论指出:矢量量化总是优于标量量化,且矢量维数越大性能越优越。这是因为矢量量化有效地应用了矢量中各分量间的各种相互关联的性质。率失真理论指出在给定失真 D 条件下,所能够达到的最小速率 $R(D)$,或在给定速率 R 条件下,所能够达到的最小失真 $D(R)$。$D(R)$ 或 $R(D)$ 所给出的编码工作性能极限不仅适用于矢量量化,而且适用于所有信源编码方法。$D(R)$ 是在维数 $k \rightarrow \infty$ 时 $D_k(R)$ 的极限,即

$$D(R) = \lim_{k \to \infty} D_k(R)$$

也就是说,利用矢量量化,编码性能有可能任意接近率失真函数,其方法是增加 k。

率失真理论在编码实践中有重要的指导作用。在 VQ 编码中,可将实际方法与率失真函数相比较,看其性能还有可能提高多少。根据率失真理论可知,VQ 具有很大的优越性。这里必须指出,率失真理论是一个存在性定理,而并非是一个构造性定理,它未给出如何构造矢量量化器的方法。

矢量量化是实现数据压缩的一种有效方法,早在 20 世纪 50 年代就曾提出了矢量量化

方法,指出它能有效地提高编码效率,不过当时没有解决实现途径。矢量量化在 50 和 60 年代就被用于语音压缩编码,然而到 70 年代线性预测技术被引入语音编码后,矢量量化技术的研究开始大为活跃起来。特别是 80 年代初,一种码书设计算法——LBG 算法被提出,并成功地应用于 LPC 声码器,使这一理论变成强有力的实现技术,在语音处理、模式识别等许多领域发挥了巨大的作用。

矢量量化技术领域的研究进展是很快的。目前,矢量量化不仅在理论研究上,而且在系统结构、计算机模拟及硬件实现等方面都取得了成果。如采用矢量量化技术,已能将声码器的传输速率从 2.4 kbit/s 降低到 150 ~ 180 bit/s,而仍能保持较好的语音质量与可懂度。比如分段声码器,由于采用了矢量量化,可以使声码速率降低到 150 bit/s。在语音识别方面,提出了各种各样的矢量量化系统,用硬件实现矢量量化系统的方法已处于实际应用阶段。

近年来,用随机松弛和模拟退火方法解决 VQ 码本形成算法中,陷于局部最小的问题,VQ 与人工神经网络的结合问题(见 16.4.3 节),都已有所进展。

本章主要介绍矢量量化的一般原理,矢量量化器设计的有关问题,以及矢量量化技术在语音编码中的某些应用。

7.2　矢量量化的基本原理

标量量化是对信号的单个样本或单个参数的幅度进行量化;这里"标量"是指被量化的变量为一维变量。矢量量化的过程是:将语音信号波形的 K 个样点的每一帧,或有 K 个参数的每一参数帧,构成 K 维空间中的一个矢量,然后对这个矢量进行量化。通常所说的标量量化,也可以说就是 $K = 1$ 的一维矢量量化。矢量量化的过程与标量量化相似。在标量量化时,在一维的零至无穷大值之间设置若干个量化阶梯,当某输入信号的幅度值落在某相邻的两个量化阶梯之间时,就被量化为两阶梯的中心值。而在矢量量化时,则将 K 维无限空间划分为 M 个区域边界,然后将输入矢量与这些边界进行比较,并被量化为"距离"最小的区域边界的中心矢量值。

下面以 $K = 2$ 为例进行说明。当 $K = 2$ 时,所得到的是二维矢量。所有可能的二维矢量就形成了一个平面。如果记二维矢量为 (a_1, a_2),所有可能的 (a_1, a_2) 就是一个二维空间。如图 7-1(a) 所示,矢量量化就是先把这个平面划分成 M 块(相当于标量量化中的量化区间) S_1, $S_2, \cdots, S_i, \cdots, S_M$;然后从每一块中找出一个代表值 $Y_i (i = 1, 2, \cdots, M)$,这就构成了一个有 M 个区间的二维矢量量化器。图 7-1(b) 所示的是一个 7 区间的二维矢量量化器,即 $K = 2$, $M = 7$, 共有 $Y_1, Y_2, \cdots, Y_7$ 等 7 个代表值,通常将这些代表值 Y_i 称为量化矢量。

若要对一个矢量 X 进行量化,首先要选择一个合适的失真测度,然后用最小失真原理,分别计算用量化矢量 Y_i 替代 X 所带来的失真。其中最小失真值所对应的那个量化矢量,就是矢量 X 的重构矢量(或称恢复矢量)。通常把所有 M 个量化矢量(重构矢量或恢复矢量)构成的集合 $\{Y_i\}$ 称为码书或码本(Codebook),把码书中的每个量化矢量 $Y_i (i = 1, 2, \cdots, M)$ 称为码字或码矢。如图 7-1(b) 中所示的矢量量化的码书为 $\{Y_1, Y_2, \cdots, Y_7\}$,其中各量化矢量 Y_1、Y_2、$\cdots$、Y_7 为码字或码矢。不同的划分或不同的量化矢量选取就可以构成不同的矢量量化器。

如上所述,码书中的每个元素是一个矢量。根据仙农信息论,矢量越长越好。实际上,码

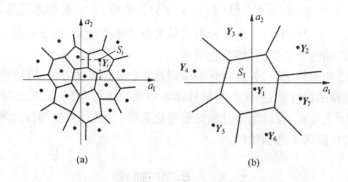

(a)　　　　　　　　　　(b)

图 7-1　矢量量化概念示意图

书一般是不完备的,即矢量的数量是有限的,而对任何一种实际应用来说,矢量的数量通常都应当是无限的。在许多应用中都可能遇到输入矢量与码书中的码字不完全匹配的情况,这种失真是允许的。

由上面的讨论可知,这里主要有两个问题:① 如何划分 M 个区域边界。这需要用大量的输入信号矢量,经过统计实验才能确定。这个过程称为"训练"或建立码书。方法是:将大量的欲处理的信号的矢量进行统计划分,进一步确定这些划分边界的中心矢量值来得到码书。② 如何确定两矢量在进行比较时的测度。这个测度就是两矢量之间的距离,或以其中某一矢量为基准时的失真度。它描述了当输入矢量用码书所对应的矢量来表征时所应付出的代价。

矢量量化系统的组成如图 7-2 所示。其简单工作过程是:在编码端,输入矢量 X_i 与码书中的每一个码字进行比较,分别计算出它们的失真。搜索到失真最小的码字 $Y_{j\min}$ 的序号

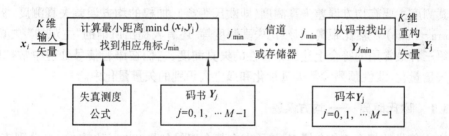

图 7-2　矢量量化器的原理框图

j(或该码字所在码书中的地址),这些序号就作为传输或存储的参数。在恢复时,根据此序号从恢复端的码书中找出相应的码字 $Y_{j\min}$。由于两个码书是完全一样的,此时失真最小,所以 $Y_{j\min}$ 就是输入矢量 X_i 的重构矢量。很明显,由于传输或存储的并不是矢量本身而是其序号,所以矢量量化兼有高度保密的优良性能。由图可见,收发两端即编码器和译码器两端都没有反馈回路,因此稳定性是没有问题的。由上面的分析可见,设计矢量量化器的关键是编码器的设计方法,而译码器的工作过程仅是一个简单的查表过程。

矢量量化可以实现对数据的聚类分析,如果所有的 K 维矢量都用有限的 M 个码字表示,并将所有码字编号,那么,所有的 K 维矢量都可以用这些码字的码号表示,从而可以有效地实现数据压缩。

矢量量化器的性能指标除了码书大小 M 以外,还有由于量化而产生的平均信噪比。它

定义为 $SNR(dB) = 10\lg[\underset{N}{E}(\|X\|^2) / \underset{N}{E}(d(X,Y))]$。式中，$\|\cdot\|$ 表示范数，N 为系统每秒输入的矢量个数。方括号中的分子是一秒内信号矢量的平均能量，而分母是一秒内输入信号矢量与码书矢量之间的平均失真(即量化噪声)。

在训练数据已知的情况下，矢量量化的准则是在给定码本大小 K 时使量化所造成的失真最小。矢量量化器的设计就是：从大量信号样本中训练出好的码书，从实际效果出发寻找到好的失真测度定义公式，设计出最佳的矢量量化系统，以便用最少的搜索和计算失真的运算量，来实现最大可能的平均信噪比。

7.3 失真测度

设计矢量量化器的关键是编码器的设计，而译码器的工作仅是一个简单的查表过程。在编码的过程中，需要引入失真测度的概念。前已指出，失真是将输入信号矢量用码书的重构矢量来表征时的误差或所付出的代价。而这种代价的统计平均值(平均失真)描述了矢量量化器的工作特性。

在矢量量化器的设计中，失真测度的选择是很重要的，它是矢量量化和模式识别中一个十分重要的问题。失真测度选用得合适与否，直接影响系统的性能。要使所选择的失真测度有实际意义，必须具备以下几个特性：

① 必须在主观评价上有意义，即小的失真应该对应于好的主观语音质量。

② 必须是易于处理的，即在数学上易于实现，这样可以用于实际的矢量量化器的设计。

③ 平均失真存在并且可以计算。

④ 易于硬件实现。

失真测度主要有均方误差失真测度(即欧氏距离)、加权的均方误差失真测度、板仓-斋藤(Itakura - Saito)似然比距离，似然比失真测度等，还有人提出所谓的"主观的"失真测度。下面介绍三种最常用的符合上述三个特性的失真测度，它们在语音信号处理中常被用于语音波形矢量量化、线性预测参数矢量量化和孤立词识别的矢量量化中。

7.3.1 欧氏距离 —— 均方误差

设输入信号的某个 K 维矢量 X，与码书中某个 K 维矢量 Y 进行比较，x_i、y_i 分别表示 X 和 Y 中的各元素($1 \leqslant i \leqslant K$)，则定义均方误差为欧氏距离，即有

$$d_2(X,Y) = \frac{1}{K}\sum_{i=1}^{K}(x_i - y_i)^2 = \frac{(X-Y)^{\mathrm{T}}(X-Y)}{K} \tag{7-1}$$

这里，$d_2(X,Y)$ 的下标 2 表示平方误差。

下面介绍几种其他常用的欧氏距离：

1. r 方平均误差。定义为

$$d_r(X,Y) = \frac{1}{K}\sum_{i=1}^{K}|x_i - y_i|^r \tag{7-2}$$

2. r 平均误差。定义为

$$d'_r(X,Y) = \left[\frac{1}{K}\sum_{i=1}^{K}|x_i - y_i|^r\right]^{\frac{1}{r}} \tag{7-3}$$

3. 绝对值平均误差。相当于 $r = 1$ 时的平均误差,定义为

$$d_1(\boldsymbol{X}, \boldsymbol{Y}) = \frac{1}{K} \sum_{i=1}^{K} |x_i - y_i| \qquad (7-4)$$

此失真测度的主要优点是计算简单、硬件容易实现。

4. 最大平均误差。相当于是 $r \to \infty$ 时的平均误差,定义为

$$d_M(\boldsymbol{X}, \boldsymbol{Y}) = \lim_{r \to \infty} [d_r(\boldsymbol{X}, \boldsymbol{Y})]^{\frac{1}{r}} = \max_{1 \le i \le K} |x_i - y_i| \qquad (7-5)$$

以上五种欧氏距离中,最常用的是式(7-1)所表示的失真测度。其优点是简单、易于处理和计算,并且在主观评价上有意义。

欧氏距离测度是人们很熟悉的一种失真测度,其应用十分广泛。但是,欧氏距离在某些场合下不是好的失真测度,甚至根本不能用来进行矢量量化。比如,对于线性预测系数构成的矢量,就不能采用欧氏距离测度。

7.3.2　线性预测失真测度

用全极模型表示的线性预测方法,广泛用于语音信号处理中。它在分析时得到的是模型的预测系数 $\{a_k\}$ ($a_0 = 1, 1 \le k \le P$)。为了比较用这种参数表征的矢量,如果直接使用欧氏距离,其意义不大。因为,仅由预测器系数的差值不能完全表征这两个语音信息的差别。此时应该直接用由这些系数所描述的信号模型的功率谱来进行比较,为此可采用下面介绍的 Itakura - Saito 距离。

当预测器的阶数 $P \to \infty$,信号与模型完全匹配时,信号功率谱为

$$f(\omega) = |X(e^{j\omega})|^2 = \frac{\sigma^2}{|A(e^{j\omega})|^2} \qquad (7-6)$$

这里,$|X(e^{j\omega})|^2$ 为信号的功率谱,σ^2 为预测误差能量,$A(e^{j\omega})$ 为预测逆滤波器的频率响应。相应地,如设码书中某重构矢量的功率谱为

$$f'(\omega) = |X'(e^{j\omega})|^2 = \frac{\sigma_p'^2}{|A'(e^{j\omega})|^2} \qquad (7-7)$$

则可定义 Itakura - Saito 距离如下

$$d_{IS}(f, f') = \frac{\boldsymbol{a}'^T \boldsymbol{R} \boldsymbol{a}'}{\alpha} - \ln \frac{\sigma^2}{\alpha} - 1 \qquad (7-8)$$

式中,$\boldsymbol{a}^T = (1, a_1, a_2, \cdots, a_P)$;$\boldsymbol{R}$ 是 $(P+1) \times (P+1)$ 阶的自相关矩阵,而

$$\boldsymbol{a}^T \boldsymbol{R} \boldsymbol{a} = r(0) r_a(0) + 2 \sum_{i=1}^{P} r(i) r_a(i)$$

这里

$$r(i) = \sum_{k=0}^{N-1-|i|} x(k) x(k + |i|)$$

$$r_a(i) = \sum_{k=0}^{P-i} a_k a_{k+i}, \qquad i = 0, \cdots, P$$

其中,N 为信号 $x(n)$ 的长度,$r(i)$ 为信号的自相关函数,$r_a(i)$ 为预测系数的自相关函数,而

$$\alpha = \sigma_p'^2 = \frac{1}{2\pi} \int_{-\pi}^{\pi} |A'(e^{j\omega})|^2 f'(\omega) \, d\omega$$

是码书重构矢量的预测误差功率,而

$$a'^{\mathrm{T}}Ra' = r(0)r'_a(0) + 2\sum_{i=1}^{P} r(i)r'_a(i)$$

这种失真测度由于是针对线性预测模型、用最大似然准则推导出来的,所以特别适用于 LPC 参数描述语音信号的情况,常用于 LPC 编码中。后来,又推导出两种线性预测的失真测度,它们比上述 d_{IS} 具有更好的性能,即

① 对数似然比失真测度

$$d_{\mathrm{LLR}}(f,f') = \ln\left(\frac{\sigma'^2_p}{\sigma^2}\right) = \ln\left(\frac{a'^{\mathrm{T}}Ra'}{a^{\mathrm{T}}Ra}\right) \tag{7-9}$$

② 模型失真测度

$$d_m(f,f') = \frac{\sigma'^2_p}{\sigma^2} - 1 = \frac{a'^{\mathrm{T}}Ra'}{a^{\mathrm{T}}Ra} - 1 \tag{7-10}$$

但是,这两种失真测度也有其局限性,它们都仅仅比较了两矢量的功率谱,而没有考虑其能量信息。

7.3.3 识别失真测度

将矢量量化技术用于语音识别时,对失真测度还应该有其他一些考虑。例如,对两矢量的功率谱的比较在使用 LPC 参数的似然比失真测度 d_{LLR} 时,还应该考虑到能量。

研究表明,频谱与能量都携带有语音信号的信息;如果仅仅依靠功率谱作为失真比较的参数,则识别的性能将不够理想。为此,可以采用如下定义的失真测度

$$d(f,E) = d_{\mathrm{LLR}}(f,f') + \alpha \cdot g(|E - E'|) \tag{7-11}$$

式中,E 及 E' 分别为输入信号矢量和码书重构矢量的归一化能量,$g(x)$ 可取为

$$g(x) = \begin{cases} 0, & x \leqslant x_d \\ x, & x_F \geqslant x > x_d \\ x_F, & x > x_F \end{cases} \tag{7-12}$$

$g(x)$ 的作用是:当两矢量的能量接近时(即 $|E - E'| \leqslant x_d$),忽略能量差异引起的影响;当两矢量的能量相差较大时,即进行线性加权;而当能量差超过门限 x_F 时,则为某固定值。式 (7-11) 中,α 为加权因子。这里,x_F、x_d、α 要经过实验来进行确定。

7.4 最佳矢量量化器和码本的设计

7.4.1 矢量量化器最佳设计的两个条件

选择了失真测度后,就可进行矢量量化器的最佳设计。所谓最佳设计,就是使失真最小。由于码书就是在这个设计过程中产生的,所以这也就是码书的设计过程。矢量量化器的最佳设计可以追溯到标量量化器的最佳设计。而标量量化器中应用了 Lloyd 提出的两个条件,后来这两个条件又推广到矢量量化器的最佳设计上。

在矢量量化器的最佳设计中,重要的问题是如何划分量化区间和确定量化矢量。这两个条件则回答了这两个问题,内容如下:

1. 最佳划分

对给定的码书 $\mathscr{Y}_M = \{Y_1, Y_2, \cdots, Y_M\}$($M$ 为码书尺寸),找出所有码书矢量的最佳的区域边界 $S_i(i = 1, 2, \cdots, M)$,以使平均失真最小,即寻找最佳划分。这一过程类似于标量量化中量化区间的划分。由于码书已给定,因此可以用最近邻近准则—NNR(Nearest Neighbor Rule)得到最佳划分。也就是:对于任意一个矢量 X,如果它与矢量 Y_i 的失真小于它和其他码字之间的失真,则 X 应属于某区域边界 S_i,S_i 就是最佳划分。图 7-3 给出了 $k = 2$ 的最佳划分示意图。

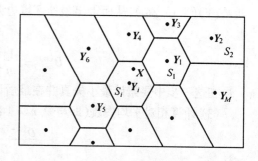

图 7-3　最佳划分示意图

这个条件实际上是叙述了最佳矢量量化器的设计。因为这表明输入信号矢量可以最佳地用矢量空间中某区域边界 S_i 来表示。由于给定码书共有 M 个码字,所以可以把矢量空间分成 M 个区间 $S_i(i = 1, 2, \cdots, M)$。这些 S_i 称为 Voronoi 胞腔(Cell),下面简称为胞腔。

2. 最佳码书

对于给定的区域边界 S_i,找出最佳码书矢量,使码书的平均失真最小,也就是得到码书 $\mathscr{Y}_M$。这里,使平均失真最小,码字 Y_i 必须为给定的 $S_i(i = 1, 2, \cdots, M)$ 的形心。形心就是该区域空间的几何中心。这些形心就组成了最佳码书中的码字。这个条件实际上叙述了码书的设计方法。

7.4.2　LBG 算法

由上面的条件可以得到一个矢量量化器的设计方法。这个算法是由 Linde,Buzo 和 Gray 在 1980 年首次提出的,常称为 LBG 算法,它是标量量化器中 Lloyd 算法的多维推广。在矢量量化中,LBG 是一个基本算法。整个算法实际上就是上述两个寻找最佳码书的必要条件的反复迭代过程,即由初始码书使码书逐步优化,寻找最佳码书的迭代过程。它由对初始码书进行迭代优化开始,一直到系统性能满足要求或不再有明显的改进为止。

这种算法既可以用于已知信号源概率分布的场合,也可以用于未知信号源概率分布的场合,但此时要知道它的一列输出值(称为训练序列)。对于实际信源,如语音,很难准确地得到多维概率分布。语音信号的概率分布随着各种应用场合的不同,不可能事先统计过,因而无法知道它的概率分布。所以目前多用训练序列来设计码书和矢量量化器。所谓训练矢量集,就是从所给信源产生的矢量中事先选出的一批典型的矢量。用这些矢量为参数,设计一个尽可能好的 VQ 码本,使得这个码本被用来对训练矢量进行 VQ 编码时的平均量化失真最小。

下面介绍仅仅知道训练序列时来最佳地设计矢量量化器和码书的迭代算法的具体步骤:

(1) 已知码本尺寸 M,给定设计的失真阈值即停止门限 $\varepsilon(0 < \varepsilon < 1)$,给定一个初始码书 $\mathscr{Y}_M^{(0)}$。已知一个训练序列 $[X_j, j = 0, 1, \cdots, m-1]$。先取 $n = 0$(n 为迭代次数),并设初始平均失值 $D^{(-1)} \to \infty$。

(2) 用给定的码本 $\mathscr{Y}_M$,求出平均失真最小条件下的所有区域边界 $S_i(i = 1, 2, \cdots, M)$。

即根据最佳划分准则把训练序列划分为 M 个胞腔。应该用训练序列 $X_j \in S_i$ 使 $d(X_j, Y_i) < d(X_j, Y)(Y \in \mathscr{Y}_M)$，从而得出最佳区域边界 $S_i^{(n)}$。然后，计算在该区域下训练序列的平均失真

$$D^{(n)} = \frac{1}{m} \sum_{j=0}^{m-1} \min_{Y \in \mathscr{Y}_M} d(X_j, Y) \tag{7-13}$$

在这一步中要累计最小失真并在最后计算平均失真。

(3) 计算相对平均失真（即与第 $n-1$ 次迭代的失真相对而言），如果它小于阈值，即

$$\frac{D^{(n-1)} - D^{(n)}}{D^{(n)}} \leqslant \varepsilon \tag{7-14}$$

则认为满足设计要求，此时停止计算，并且 $\mathscr{Y}_M$ 就是所设计的码书，$S_i^{(n)}$ 就是所设计的区域边界。如果式(7-14)的条件不满足则进行第 4 步。

(4) 按前面给出的最佳码书设计方法，计算这时划分的各胞腔的形心，由这 M 个新形心构成 $(n+1)$ 次迭代的新码本 $\mathscr{Y}_M^{(n+1)}$。置 $n = n+1$，返回到第 2 步再进行计算，直到满足式(7-14)，得到所要求的码书为止。

7.4.3 初始码书的生成

在上面的设计过程中，有一个问题需要解决：如何选取初始码书，这对于最佳码书的设计有很大影响。很自然的要求是码书在开始时对要编码的数据来说应当有相当的代表性。达到这一要求的方法之一是直接取输入信号矢量作为码字。由于相邻的语音信号是高度相关的，在语音波形量化时，应使样本之间的间隔足够大，这样才能忽略样本之间的互相关。

下面介绍几种初始码书的生成方法。

1. 随机选取法

最简单的方法是从训练序列中随机地选取 M 个矢量作为初始码字，从而构成初始码书。这就是随机选取法。此方法的优点是不用初始化计算，从而可大大减少计算时间；另外初始码字选自训练序列，无空胞腔问题。它的缺点是可能会选到一些非典型的矢量作为码字，即被选中的码字在训练序列中的分布不均匀。另外会造成在某些空间将胞腔分得过细，而有些空间分得太大。这两个缺点都会导致码字没有代表性，导致码书中有限个码字得不到充分利用，使矢量量化器的性能变差。

2. 分裂法

先认为码书尺寸为 $M = 1$，即初始码书中只包含一个码字。计算所有训练序列的形心，将此形心作为第一个码字 $Y_M^{(1)}(i = 0)$。然后，将它分裂为 $Y_M^{(2)} = Y_M^{(1)} \pm \varepsilon$，即将一个码字各加上或减去一个很小的扰动，形字两个新码字；此时码书中包含有两个码字，一个是 $i = 0$，另一个是 $i = 1$；并按 $M = 2$ 用训练序列对它设计出 $M = 2$ 的码书。接着，再分别将此码书的两个码字一分为二，这时码书中就有了 4 个码字。这个过程重复下去，逐步扩大码书，经过 $\log_2 M$ 次设计，就得到所要求的有 M 个码字的初始码书。

用分裂法形成的初始码书性能较好，当然以此码书设计的矢量量化器性能也较好。但是随着码书中码字的增加，计算量也迅速增加。

3. 乘积码书法

这种码书初始化的方法，是用若干个低维数的码书作为乘积码，求得所需的高维数的码

书。比如说,要设计一个高维数的码书,可简单地用2个低维数的码书作乘积来获得。即维数为 K_1,大小为 M_1 的码书乘以维数为 $K - K_1$,大小为 M_2 的码书,得到一个 K 维码书,其大小为 $M = M_1 \cdot M_2$。

例如,要设计一个维数 $K = 8$,尺寸 $M = 256$ 的初始码书,可以由2个小码书相乘得到。其中一个维数为6,码书大小为16;另一个维数为2,码书大小为16。

从这一节的分析可知,矢量量化过程是将输入信号矢量与存储在码书中的量化矢量(码字)分别进行比较,按某种准则找到一个最相似的量化矢量。很明显,这个过程与模式识别相似。广义上讲,模式识别也是一种信源编码方法。因此,矢量量化与模式识别的关系很密切。

矢量量化中码书设计的问题也可以等效为模式识别中的聚类问题,比如,LBG算法就是一种特殊形式的聚类算法。矢量量化码书设计中,根据训练序列中各个矢量之间的相似性或距离自动地分类,这种分类方法就是聚类分析。但聚类分析与LBG算法在概念上并不相同,在形式上也有差别。聚类算法中的K均值算法与LBG算法的区别是:LBG算法是以失真小于事先给定的限度来作为终止计算的条件,而K均值算法是以分类不再变化作为算法的终止条件。但是二者有许多相似之处,可用一些成熟的聚类分析方法来研究码书设计问题。

7.5 降低复杂度的矢量量化系统

本章前面讨论的矢量量化器称为全搜索矢量量化器,它将输入矢量与码本中的每一个码字进行比较,根据所选择的失真测度寻找失真最小的码字,以其作为重构矢量。在后面讨论的各种矢量量化特性时,主要以全搜索矢量量化器为标准进行比较。

矢量量化系统主要由编码器和译码器组成。编码器主要由码书搜索算法和码书构成,而译码器由查表方法和码书构成。因此,在研究矢量量化系统时,通常从码书生成和搜索算法着手,获得一个计算复杂度和存储复杂度较小而又保证一定质量的矢量量化系统。

矢量量化器的研究主要是围绕着降低速率、减少失真和降低复杂度展开的。速率、失真和复杂度是矢量量化的三个关键问题。降低复杂度一般有两条途径,一是寻找好的快速算法,二是使码书结构化,以达到减少搜索量和存储量的目的。

在低比特率,特别是对于有很强的非线性相关性的信号源,矢量量化在性能上比标量量化有许多优点,但是以很大的计算量和存贮量为代价得到的。VQ的一个很大的缺点是在编码过程中即在设计码本时,需要很大的计算量。从前面的讨论中知道,全搜索矢量量化方法的运算量和存贮量都与维数和每维比特数成指数增长关系。随着比特数增加,运算量和存贮量将会大得无法容忍。于是,在过去一二十年的时间里人们研究并提出了许多减少全搜索矢量量化的运算量和存贮量的方法。减少运算量的大多数算法都是以欧几里德空间的几何概念为基础的,它们要求对码本进行预处理,而且往往是用"比较运算"和用增加存贮量的方法来换取乘法次数的减少,乘法次数可以减少一个数量级(原来与 B 成指数增长关系,现在成线性增长关系),但是性能也有某些下降。而如果减少存贮量,将会使性能有较大的下降。

人们研究了多种降低复杂度的设计方法,大致上分为两类:一类是无记忆的矢量量化器,另一类是有记忆的矢量量化器。

7.5.1 无记忆的矢量量化系统

无记忆矢量量化是指量化每一个矢量时都不依赖于此矢量前面的其他矢量,即每一个矢量都是独立量化的。

1. 树形搜索的矢量量化系统

树形搜索是减少矢量量化计算量的一种重要方法,其优点是可以减少算法复杂度,缺点是存储器容量增大,且性能会有所下降。它又分为二叉树和多叉树两种,但原理相同。下面以最简单的二叉树为例进行说明。

这种方法中,码字不象普通 VQ 码本中的码字那样随意放置,而是排列在一棵树的节点上。图 7-4 所示为码本尺寸 $M = 8$ 的二叉树,它的码本中共包含有 14 个码字。输入信号矢量为 X,先与 Y_0 与 Y_1 比较,计算出失真 $d(X, Y_0)$ 和 $d(X, Y_1)$。如果后者较小,则走下面支路,同时送"1"输出。类似地,如果最后到达 Y_{101},则送出的输出角标就是 101。这个过程也就是矢量量化的过程。

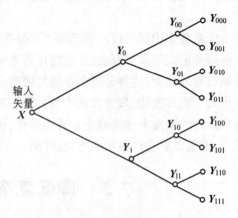

图中各层次的矢量,可以用下面的方法求得。例如,已知码书 $\mathcal{Y}_M$ 的 8 个码字,则按最邻近的原则配对,得 $[Y_{000}, Y_{001}]$,$[Y_{010}, Y_{011}]$,$[Y_{100},$

图 7-4　二叉树搜索示意图

$Y_{101}]$,$[Y_{110}, Y_{111}]$ 四对。求各列的形心,得到 Y_{00},Y_{01},Y_{10},Y_{11}。再求上面这两对的形心,就可以得到 Y_0 和 Y_1 了。

由这个例子可以对全搜索和二叉树搜索进行对比。在二叉树法中,每层都需计算失真两次,比较一次。在 $M = 8$ 的上例中,需做 $2 \log_2 8 = 6$ 次失真和 $\log_2 8 = 3$ 次比较。所以,运算量从全搜索的 M 次失真计算和 M 次比较,减少到二叉树的 $2\log_2 M$ 次失真计算和 $\log_2 M$ 次比较。但对存储量来讲,全搜索时只需要存储 M 个码字,而二叉树时则要增至 $2(M-1)$ 个码字。表 7-1 给出了二叉树搜索与全搜索的比较。

表 7-1　二叉树法与全搜索法的比较

	失真运算量	比较运算量	存储容量	最佳程度
全搜索	$M = 8$	$M = 8$	$M = 8$	全体
二叉树	$2\log_2 M = 6$	$\log_2 M = 3$	$2(M-1) = 14$	局部

相对于全搜索来说,二叉树搜索的主要优点是计算量有很大减少而性能下降并不多。但是二叉树搜索矢量量化的存贮量却没有减少,反而增加一倍。由于树形搜索并不是从全部码本矢量中找出最小失真的输出矢量,所以这种量化显然不是最佳的。

2. 多级矢量量化系统

多级矢量量化器由若干级矢量量化器级联而成,因而又称为级联矢量量化器。顾名思义,这种 VQ 是分级实现的。多级矢量量化器不仅可减少计算量,而且还能够减少存贮量。

多级矢量量化器由若干个小码书构成。两级矢量量化器是多级矢量量化器中最简单的一种,因其相对简单,性能又接近于全搜索 VQ,因此,在应用场合中使用的最多。图 7-5(a)为两级矢量量化的过程,而图 7-5(b) 是设计两级码书的框图。

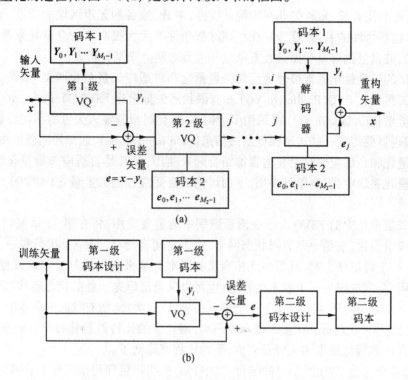

(a) 两级矢量量化系统框图　(b) 码书的训练过程

图 7-5　两级矢量量化系统工作框图及码书训练

其工作原理是:先采用一个小的码书,其长度为 M_1,用它来大致逼近输入信号矢量;然后再用第二个小码书,其长度为 M_2,用它来对第一次的误差进行编码;输入矢量与第一级匹配,得到其地址编号 i,然后在第二级码书中搜索与这个误差矢量最佳匹配的矢量,得到其地址编号 j,将 i 和 j 同时发送出去,在接收端根据 i 和 j 来恢复原来的矢量。由于每级码本的体积很小,故一般采用全搜索方法对每级码本搜索。

虽然,两级矢量量化只具有 M_1 和 M_2 尺寸的码书,但却相当于含有 $M_1 \cdot M_2$ 尺寸的一级矢量量化的码书的效果。因此,与一级矢量量化系统相比,失真和比较的运算量及码书的存储容量,都分别从 $M_1 \cdot M_2$ 减少到 $M_1 + M_2$。这种方法的缺点是级数增多时,性能的改进迅速趋于饱和。

多级矢量量化和前面讨论的树形搜索矢量量化虽然都是分级进行的,但它们的工作原理是不同的。树形搜索矢量量化是用分类的方法对空间进行搜索,目的是要找到所希望的码字,搜索每前进一层,就越来越接近所希望的码字,而中间矢量只起指引搜索路线的作用。而多级矢量量化的每一级都要对矢量空间进行完整的矢量量化搜索,得到的是码字的分量,输入矢量的最终量化结果等于各级码字分量之和,而每级的输入是前级输入和前级分码字之差。

7.5.2　有记忆的矢量量化系统

有记忆的矢量量化与无记忆的矢量量化不同,它在量化每一个输入矢量时,不仅与此矢量本身有关,而且也与其前面的矢量有关。在量化时,通过"记忆",利用了过去输入矢量的信息,利用了矢量与矢量之间的相关性,从而提高了矢量量化的性能。尤其在语音编码中,引入记忆后,还可利用音长、短时的非平稳统计特性,清音、浊音和无声区域的特性,短时频谱特性等信息。这些特性的利用,意味着在相同维数条件下大大提高了矢量量化系统的性能。引入有记忆的矢量量化可以看做是在复杂度和失真之间寻求某种折衷。

有记忆的矢量量化通常可分为反馈矢量量化和自适应矢量量化两类。反馈矢量量化主要有预测矢量量化 PVQ(Predictive VQ) 和有限状态矢量量化 FSVQ(Finite - State VQ) 等。而自适应矢量量化(Adaptive VQ) 是采用多个码书,量化时根据输入矢量的不同特征采用不同的码书。编码器要传送一些速率很低的边信息(Side information),通知译码器使用哪个码书。反馈矢量量化和自适应矢量量化通常都结合起来使用,尤其是自适应矢量量化经常被用于各种矢量量化系统中,很少单独使用。下面讨论的自适应预测矢量量化(APVQ) 就是典型的例子。

反馈矢量量化中的 FSVQ 由于在语音识别中的重要应用,将在第 13 章加以介绍。FSVQ 属于反馈矢量量化,它是一个有限状态网络,状态之间有转移,每一个状态和一个码本相联系。当处在一个特定状态时,就用与此相联系的码本矢量来量化这时的输入矢量。根据所使用的那个码字,完成向另一个状态的转移(也可以向自己原先所处的状态转移)。现在使用转移后的状态所对应的码本来量化下一个输入矢量,以此类推。所有状态的码本联起来通常是很大的。将大码本分为每个状态的较小的码本,用较少的比特数量化每个输入矢量的结果,相对于用大码本量化每个输入矢量来说,平均比特率降低了。

APVQ 实际上是 PVQ 和 AVQ 的结合。其中 PVQ 是将标量预测推广到矢量得到的,它已应用于语音波形中速率编码。从语音波形编码的观点来说,APVQ 就是 ADPCM 的矢量推广。图 7-6 所示的是 APVQ 系统的方框图。

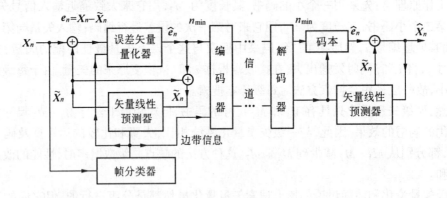

图 7-6　APVQ 系统框图

在输入端,将输入语音信号序列分帧,构成矢量序列,对某一输入矢量 X_n,用线性预测方法产生一个预测矢量 $\tilde{X}_n$,相减之后得到误差矢量 $e_n = X_n - \tilde{X}_n$,将 e_n 进行矢量量化,得到 e_n 的量化矢量 $\hat{e}_n$,并将该重构误差码字的角标送给信道。另一方面,这里还采用了自适应技术。这是指根据语音流各段不同的统计特性,将输入矢量划分为不同类型,而后确定使用多个码书和预测器中的哪一对,由帧分类器输出边带信息,决定用哪一个码书进行误差矢量的量化和用哪一个预测器来得到预测矢量。同时这个信息也由信道送到接收端。在译码端,根据收到的边带信息,确定使用接收端的哪一对码书与预测器。再由接收的误差码字角标在码书中找到量化矢量 $\hat{e}_n$。

由于 APVQ 使用了自适应和线性预测技术,所以既去掉了矢量与矢量之间的编码冗余度,又利用了语音信号的局部特性。尽管复杂度比普通的矢量量化系统增加了,但实践表明,用于语音编码时,其信噪比可比一般全搜索矢量量化器提高 7 dB 以上。所以这是一种比较优良的数据压缩方案。

对语音波形的压缩编码,过去大多采用标量量化的方法。但是为了达到较高的语音质量,需要很高的传输码率。因此人们研究用矢量量化对语音波形进行编码的方法,这里介绍的 APVQ 就是一个例子。矢量量化是一种低速率语音信号的编码手段,它与波形编码的其他技术相比,能在同样的失真度要求下获得更低的数码率。

将矢量量化用于语音波形编码是一个较新的研究课题,并引起了较大的注意。由于其他低比特率编码技术要求的计算量太大,得不到广泛应用,因而某些波形矢量量化技术现在已经开始在实际中应用,特别是用于 16 kbit/s 的语音编码。经过努力,将会越来越清楚地显示出矢量量化在语音编码中的作用。可以肯定,在 8 kbit/s 以下的低数码率上,得到长途电话质量的语音是没有任何困难的。

7.6 语音参数的矢量量化

除了对语音波形进行矢量量化外,另一方面,可以将语音信号经过分析,得到各种参数,然后再将这些按帧分析所得的参数组成矢量,进行矢量量化。这种方法称为语音参数的矢量量化。对语音谱参数的矢量量化的研究实际上走在语音波形矢量量化研究的前面。目前,对谱参数进行矢量量化的甚低比特率语音编码器已经能够用硬件加以实时实现。由于线性预测参数是目前最常用的一种参数(它在语音质量和运算量之间取折衷的考虑),所以它的矢量量化是人们最关心的研究问题。这里介绍一个例子,即用于线性预测编码的矢量量化器(VQ LPC)声码器。

这种 VQ LPC 声码器是在原来 2.4 kbit/s 的十阶线性预测声码器的基础上进行的。图 7-7 所示的是该方案的框图。

矢量量化前,每秒 44.4 帧,用 54 bit 量化(其中,十个线性预测系数用 41 bit,基音周期用 6 bit,增益参数 5 bit,清 / 浊音判决用 1 bit,同步用 1 bit)。

而在 VQ LPC 声码器中,线性预测系数是 $\{\alpha_i\}$,基音周期是 $\{N_{P_i}\}$,增益参数 $\{G_i\}$ 和浊 / 清音识别参数 $\{V_i\}$。它的主要特点是对线性预测系数采用了矢量量化,而其余参数均采用差值标量量化。这样,VQ LPC 声码器的编码速率明显地比原来的 LPC 声码器低。码位分配对 VQ LPC 声码器来说是很重要的,显然它的帧速率仍为 44.4 帧 / 秒,但是它用 54 bit 的码位对三帧的 LPC 参数统一进行编码(平均每帧为 18 bit),即每三个连续帧为一组矢量,只对该组线性预测系数进行矢量量化。具体分配如下:线性预测系数的编码用 30 bit(平均每帧 10 bit);基音周期和清音 / 浊音判别用 12 bit;增益参数用 11 bit;同步用 1 bit。为了清楚地对比这两种声码器的码位分配情况,列出表 7-2。

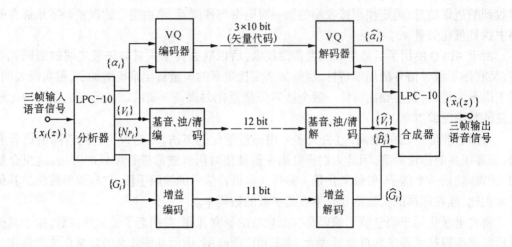

图 7-7　800 bit/s 的 VQ LPC 声码器框图

表 7-2　LPC 声码器与 VQ LPC 声码器码位分配

参　数　　类　　型	LPC 声码器	VQ LPC 声码器
帧速率/(帧·s^{-1})	44.4	44.4
线性预测系数(bit·帧$^{-1}$)	41	10
增益参数,基音周期,(bit·帧$^{-1}$) 清音／浊音,同步	13	8
平均值(bit·帧$^{-1}$)	54	18

　　语音编码的目的是力求用尽可能低的编码速率,以传输尽可能高的语音质量(尽可能地减小重建信号与原始信号之间的失真),而希望设备简单,成本尽可能低。根据这些原则,VQ LPC 声码器的设计方法为:

　　① 采用与能量和增益无关的对数似然比失真测度作为 VQ 的距离测度。由于采用似然比失真测度。因而可将增益和 LPC 系数分别进行量化,使增益不包含在码本内;因此可减小码本尺寸,同时使声码器性能不受讲话人声音高低和模拟输入设备增益大小的影响。

　　② 码书尺寸为 1 024,即用 10 bit 来表示其角标。码书的产生是用 10 个人(其中 7 人为男子,3 人为女子) 的大约 30 分钟的随机对话的声音来进行训练产生的。并将训练序列分为浊音和清音两类。因此,对应的码书也分为浊音码书和清音码书两类,都用 LBG 算法训练。通常,在码书大小相同的条件下,清音码书比浊音码书具有较低的失真。所以,在要求失真相同的条件下,清音码书的尺寸可以用得小些。

　　由于采用了矢量量化,所以 VQ LPC 声码器编码速率明显降低了。在这种声码器中,仅对线性预测系数采用了矢量量化,对其他参数均采用差值标量量化。这种混合编码方式是解决矢量量化系统复杂度过高的一个方法。

第8章 隐马尔可夫模型(HMM)

8.1 概　　述

隐马尔可夫模型(HMM,即 Hidden Markov Model)是一种统计信号模型,是用参数表示的、用于描述随机过程统计特性的概率模型,它是由 Markov 链演变而来的。这里所说的随机过程,在语音识别领域,一般都是有限长的随机序列。它可能是一维的观察值序列或编码符号序列,也可以是多维的矢量序列。例如一个语音段(如词、音素或短语)可以用一串特征矢量表示,这就是一个观察矢量序列,如果将这一串矢量逐个地进行矢量量化,每一个矢量用一个编码符号代表,就变为观察符号序列了。HMM 是一种既能描述语音信号特征的动态变化,又能很好地描述语音特征统计分布的统计模型,是准平稳时变语音信号分析和识别的有力工具。

大约 90 年前,人们就已经知道 Markov 链了,有关 HMM 的基本理论在 20 世纪 60 年代末 70 年代初提出并加以研究;它在语音处理中的应用和实现的研究工作,在 70 年代中开展起来;然而,对它的理论的广泛和深入的了解,它在语音处理中得到成功应用,还是最近一二十年的事。将此模型用来描述语音信号的产生是 80 年代语音信号数字处理技术的一项重大进展,用此解决语音识别问题已取得了很大的成果。其基本理论和各种实用算法是现代语音识别的重要基石。

假设有一个实际的物理过程,产生了一个可观察的序列。在这种情况下,建立一个模型来描述这个序列的特征是非重常要的。因为,如果能用一个模型描述该信号,那么也就有可能去识别它。如果在分析的区间内,信号是非时变或平稳的,那么使用人们所熟知的线性模型描述就可以了。例如,语音信号在短时(10 ~ 30 ms)内被认为是平稳的,因而可以用一个全极点模型或极零点模型来模拟它,这就是线性预测模型。此外,还有短时谱、倒谱等也都属于线性模型,这些都是人们研究得相当透彻的模型技术。

如果在分析的区间内信号是时变的,显然上述线性模型的参数也是时变的。所以,最简单的方法是:在极短的时间内用线性模型参数来表示;然后,再将许多线性模型在时间上串接起来。这就是 Markov 链。但是,除非已经知道信号的时变规律,否则,就存在一个问题:如何确定多长的时间模型就必须变换?显然,不可能准确地确定这个时长,或者不可能做到模型的变化与信号的变化同步,所以 Markov 链虽然可以描述时变信号,但不是最佳和最有效的。

Morkov 既解决了用短时模型描述平稳段的信号,又解决了每一个短时平稳段是如何转变到下一短时平稳段的问题。它利用概率及统计学理论成功地解决了如何辨识具有不同参数的短时平稳的信号段以及如何跟踪它们之间的转化等问题。语言的结构信息是多层次的,除了语音特性外,还牵涉到音长、音调、能量等超音段信息以及语法、句法等高层次语言结构的信息。而 HMM 既可以描述瞬变的(随机过程),又可描述动态的(随机过程的转移)

特性,所以它能够利用这些超音段和语言结构的信息。

HMM 是一种随机过程,它用概率统计的方法来描述语音信号的变化过程。HMM 与通常的 Markov 链的不同之处在于其观察结果不是与状态有确定的对应关系,而是系统所处状态的概率函数,所以模型本身是隐藏的,它与观察结果之间还有一层随机的关系。HMM 是对语音信号的时间序列结构建立统计模型,将之看做一个数学上的双重随机过程:一个是用具有有限状态的 Markov 链来模拟语音信号统计特性变化的隐含随机过程,另一个是与 Markov 链的每一个状态相关联的观测序列的随机过程。前者通过后者表现出来,但前者的具体参数是不可测的。人的言语过程实际上就是一个双重随机过程,语音信号本身是一个可观测的时变序列,是由大脑根据语法知识和言语需要(不可观测的状态)发出的音素的参数流。可见,HMM 合理地模仿了这一过程,很好地描述了语音信号的整体平稳性和局部平稳性,是较为理想的一种语音模型。

采用 HMM 来描述语音过程的成功原因在于:

(1) 各状态驻留的时间是可变的,这样就很好地解决了语音时变问题。

(2) 模型参数是通过大量的训练数据进行统计运算而得到的,因此不仅可以用于特定人识别,而且可用于非特定人识别,这时,只要将大量不同人的多次发音用作训练数据即可。

在 HMM 中,观察序列的统计特性由一组随机函数来描述,按照随机函数的特点,HMM 分为离散 HMM(DHMM,Discrete HMM),采用离散概率密度函数;连续 HMM(CHMM,Continuous HMM),采用连续概率密度函数;及半连续 HMM(SCHMM,SEMI-CHMM),综合了 DHMM 和 CHMM 的特点。一般情况下,训练数据足够大时,CHMM 优于 DHMM 和 SCHMM。

HMM 的训练和识别都已研究出有效的算法,并不断完善,以增强 HMM 的鲁棒性。

对 HMM 的研究已经相当深入,从离散模型到连续模型,用一重高斯分布到多重高斯分布来描述概率统计分布,状态驻留时间的统计独立成为一个附加模型。另外,对于语音参数还进行了扩展,加进导出参数。所有这些改进都是为了提高识别率。

目前绝大多数比较成功的语音识别系统都是基于 HMM 的,特别是在连续语音识别领域,HMM 是声学部分的主流方法。

8.2　隐马尔可夫模型的引入

信号是一种物理过程,可以是离散的:如有限字母表中的字母、码书中的码字等;也可以是连续的,如语音的取样、音乐等。信号可以是平稳的,即统计特性不随时间变化;也可以是非平稳的,即信号的性质随时间而变化。

利用信号模型来描述实际信号是一个很基本很重要的问题。因为:① 信号模型是从理论上描述信号处理系统的基础;② 根据信号模型,能够不需要有信号源而了解信号源的许多性质;③ 利用信号模型可以实现许多重要系统,如预测系统、识别系统等。

信号模型可以粗略地分为确定模型和统计模型两类。确定模型要利用信号的特定性质,例如已知信号是正弦函数等。此时,信号模型的确定较简单,即估计信号模型参数的数值,如正弦波的振幅、频率和相位等。而统计模型描述的是信号的统计特性,如高斯过程、隐 Markov 过程及 Markov 过程等。统计模型的基本假定是:信号可以用一个参数随机过程很好地加以描述,而且其参数可用精确的很好定义的方法加以确定或估计。语音信号是准平稳的随机信号,可以用确定性的模型描述,也可以用统计模型描述。

HMM 使用 Markov 链来模拟信号的统计特性的变化,而这种变化又是间接地通过观察序列来描述的。因此,它是一个双重的随机过程。语音信号本身是一个可观察的序列;它是由大脑中的(不可观察的)、根据言语需要和语法知识(状态选择)所发出的音素(词、句)的参数流,所以语音信号的精确模型必须用 HMM 来描述。

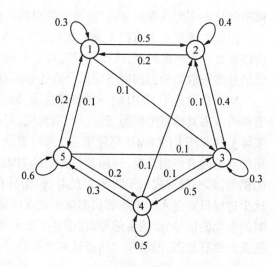

图 8-1 马尔可夫过程状态图。箭头表示状态之间允许转移,箭头的数字表示转移概率

语音信号是随时间变化的,这表明语音信号的不确定性。为描述语音信号随时间变化的特性,采用"状态"的概念,语音特征的变化表现为从一个状态到另一个状态的转移。采用 HMM 技术,要以一个只具有有限不同状态的系统作为语音生成模型。每个状态皆可产生有限个输出。在生成一个单词时,系统不断地由一个状态转移到另一个状态,每一个状态都产生一个输出,直至整个单词输出完毕,这种模型的一个例子示于图 8-1 中,其中每一个状态都用一个圆圈表示,而状态之间的转移用箭头表示。由图可见,HMM 由许多状态和状态之间的转移弧组成。状态之间的转移是随机的,每一状态下的输出也是随机的。由于允许随机转移和随机输出,使模型能适应发音的各种变化。

采用这种模型的目的不像其他语音处理技术那样明显。如声道的结构、发音器官的不同部位以及与每一个发音部位相应的语音输出等,都是容易理解的。而 HMM 并不要求这种对应关系,也不企图确定发音器官姿态与模型状态之间有什么对应关系。

假设由一个状态向另一个状态的转移是在离散的时刻发生的,并且每次从状态 S_i 向状态 S_j 转移的概率只与状态 S_i 有关。在图 8-1 中,这种转移概率已经标在箭头旁边。假设一共有 L 个状态,可以用一个 $L \times L$ 的矩阵 A 表示转移概率,其中 a_{ij} 为 S_i 转移到 S_j 的概率。例如,图 8-1 的转移概率矩阵可表示为

$$A = \begin{bmatrix} 0.3 & 0.5 & 0.1 & 0 & 0.1 \\ 0.2 & 0.4 & 0.4 & 0 & 0 \\ 0 & 0.1 & 0.3 & 0.5 & 0.1 \\ 0 & 0.1 & 0.1 & 0.5 & 0.3 \\ 0.2 & 0 & 0 & 0.2 & 0.6 \end{bmatrix}$$

由于任一状态的转移概率都必须为 1,所以 A 矩阵的每一行相加都等于 1。规定转移是不确定的,使之能够处理状态的删除或重复等问题。模型的这种性质是必要的,因为每个单词的发音变化都很大。最后,允许系统不只有一个初始状态。

如果可能输出的 M 个集合(或字母)为 $\{y_i\}$,则对应每一个状态都有一个 M 维矢量 b_i,其中 $b_i = P_r[\text{输出} = y_i / \text{状态} = S_i]$。所有的状态输出可用 $L \times M$ 的矩阵 B 表示,其中第 i 行的矢量是 b_i^T。由于每个状态输出的概率之和为 1,故矩阵每一行之和也必须为 1。

此系统在任何时刻所处的状态 S_j 隐藏在系统内部,不为外界所见,外界可能得到的是模型在该状态下的输出 Y。每一个单词可由这样的模型表示。由于模型本身是看不见的,即

模型的状态不为外界所见,只能根据获得的数据推导出来,所以称为隐马尔可夫模型。

因假定模型具有有限个离散输出,即 y_i 只能取有限多个离散分布的矢量中的某一个,所以在每一个离散时刻,该模型只能处于有限多种状态中的某一种状态。因此对语音这种连续信号要采取某种方法以便选择合适的输出 $\{y_i\}$。

前面只讨论了 HMM 的一种特殊情况,即遍成性的或全连接的 HMM。这种模型的每个状态都可以由其他每个状态,到达(严格地说,可以经过有限步,但前面讨论的模型只有一步)。实际上并非所有的 HMM 都像图 8-1 那样复杂,模型越简单越便于估计和应用。对于某些应用特别是语音识别来说,采用其他类型的 HMM 效果会更好。一种最常见的模型是从左至右的模型,其一般形式示于图 8-2。此时,模型只有惟一的一个初始状态和一个终止状态,并且这个过程只要进入一个新的状态就不能返回到以前的状态。这种模型很适合于其性质随着时间变化的信号,如语音信号。在图 8-2 所示的模型中,前向转移受到进一步的约束:模型只能重复原有状态、前进一个状态或两个状态。

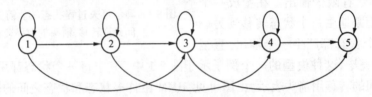

图 8-2   由左至右的 HMM。初始状态是 1,终止状态是 5。

为理解模型是如何工作的,下面具体研究一下其工作过程。假设产生某一单词时,图 8-2 的模型依次经过 1,2,2,3,4,4 和 5 各状态。可以将该过程用图 8-3(a) 表示。图中表示的时间是从左向右进行的,并且假定每一状态都各有不同的输出。由于输出不是确知的,任何一个具体输出与任何一个具体状态之间不存在一一对应的关系。图 8-3(a) 中给出的输出是为了说明这一点。

实际上,我们并不知道是由哪一个过程得到的输出。为了把各种可能性都表示出来,重新表示图(a)的经历过程并将其画在表示所有可能过程的格形图中。模型经过 7 步由状态 1 转移到状态 5,如图 8-3(b) 所示。格形图中的任何一条路径都是模型的可能路径,其中粗线表示的是图(a)所示的路径。

马尔可夫模型在每一个离散时刻,只能处于有限个状态中的某一个状态。当 A、B 已知后图 8-2 所示的模型可表示某个音节。由于 A、B 已确定且模型有确切的结构,因此它已表示为确定的数学模型。若难于使该字的音节数与其 HMM 的状态数相同,则 A、B 中各元素与物理量(音节)的对应意义会模糊不清。有些情况下为了计算量小和方法的统一,常将各个字音的模型的状态数设为相同,就会产生这种情况。这是 HMM 的一个缺点。

8.3   隐马尔可夫模型的定义

设有一个有限状态的过程,在每一个离散时刻 n,它只能处于有限个多种状态下的某一种状态。假设允许出现的状态有 L 种,记之为 $S_j, j = 1 \sim L$。若该过程在时刻 n 所处的状态用 x_n 表示,那么 x_n 只能等于 $S_1 \sim S_L$ 中的某一个,这可表示为 $x_n \in \{S_1 \sim S_L\}$,对于任意的 n,

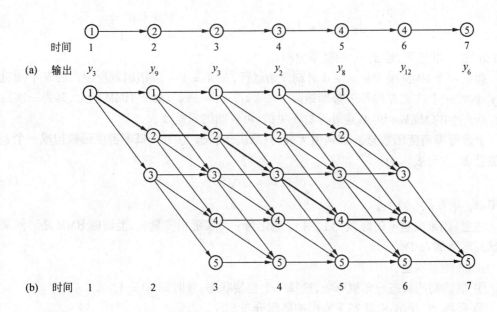

图 8-3　(a) 产生一个假想单词的状态过程

(b) 格形图,表示从状态 1 到状态 5 的各种可能的 7 状态路径,粗线相当于图

(a) 中的过程

如果该过程运行的时间起点设定为 $n = 1$,那么在以后每一时刻 n 它所处的状态以概率方式取决于初始状态概率矢量 $\boldsymbol{\pi}$ 和状态转移矩阵 $\boldsymbol{A}$。这里 $\boldsymbol{\pi}$ 是一个 L 维行矢量,即

$$\boldsymbol{\pi} = [\pi_1, \cdots, \pi_L] \tag{8-1}$$

它的每一个分量 π_l 表示初始状态为 S_j 的概率,即

$$\pi_l = P_r[x_1 = S_j], \qquad j = 1 \sim L \tag{8-2}$$

矩阵 $\boldsymbol{A}$ 是一个 $L \times L$ 维方阵,它的每一个元素用 a_{ij} 表示,它是由状态 S_i 转移到状态 S_j 的概率,是状态转移的概率分布。这是一个条件概率,可表示如下

$$a_{ij} = P_r[x_{n+1} = S_j / x_n = S_i], \qquad \begin{matrix} n \geqslant 1 \\ i, j = 1 \sim L \end{matrix} \tag{8-3}$$

即为已知相邻时刻中前一时刻的状态 S_i 的条件下后一时刻状态为 S_j 的概率。显然,$\sum\limits_{j=1}^{L} a_{ij} = 1$,对于任意的 i。状态转移矩阵可表示为

$$A = [a_{ij}] \tag{8-4}$$

可以看到,对于任意时刻 $n(n \geqslant 1)$,该过程的状态 x_n 取 $S_1 \sim S_L$ 中哪一种的概率只取决于前一时刻 $(n - 1)$ 所处的状态,而与更前的任何时刻所处的状态无关。这样,由此产生的状态序列 $x_1, x_2, x_3 \cdots$ 是一条一阶 Markov 链。如果每个运行过程只完成 $N - 1$ 次状态转移,那么产生的是一条有限长度 Markov 链 $x_1, x_2, \cdots, x_N$,这可用一个行矢量表示为 $\boldsymbol{X} = [x_1, x_2, \cdots, x_N]$。对于任何一个特定 $\boldsymbol{X}$,其出现的概率 $P_r[\boldsymbol{X}/\boldsymbol{\pi}, \boldsymbol{A}]$ 可用下式计算

$$P_r[\boldsymbol{X}/\boldsymbol{\pi}, \boldsymbol{A}] = \pi_{x_1} a_{x_1 x_2} a_{x_2 x_3} \cdots a_{x_{N-1} x_N} \tag{8-5}$$

如果 y_n 具有离散分布,它的概率分布只取决于 x_n,可表示为

$$P_{x_n = S_j}[y_n] = P_r[y_n/x_n = S_j], \qquad \begin{matrix} n \geqslant 1 \\ j = 1 \sim L \end{matrix} \qquad (8\text{-}6)$$

它表示在 S_j 状态下,输出 y_n 的概率分布。

假设一个 HMM 模型从 $n = 1$ 时刻开始运行,在 $n = 1 \sim N$ 诸时刻所给出的 N 个随机矢量 y_n 构成一个广义 N 维行矢量即矩阵 $Y = [y_1, y_2, \cdots, y_N]$。对于 HMM 模型,其每一次运行过程所产生的 Markov 链 X 是外界看不见的,可观测的只是 Y。

上述概率密度函数与 n 取何值无关,只取决于状态 S_j。L 个概率密度函数构成一个 L 维行矢量 B,它可表示为

$$B = [b_{ij}] \qquad (8\text{-}7)$$

其中,b_{ij} 即为 $P_{x_n = S_j}[y_i]$。

注意,如果矢量 y 的维数为1,则 y_n 退化为一个实随机变量 y_n。上面的 HMM 是时间离散和状态离散的 HMM。

HMM 的过程是:

① 根据初始状态分布概率 π,选择一个初始状态。置时刻 $n = 1$。

② 根据 B,得出 S_i 状态下输出的概率分布 b_{mi}。

③ 根据 A,由 n 时刻的 S_i 状态转移到 $n = n + 1$ 时为 S_j 状态的转移概率分布确定下一个状态,并置 $n = n + 1 = 2$。

④ 如果 $n < N$,则回到第 ② 步,否则结束。

为此,可以用下式来说明这个过程。即 HMM 可定义为

$$\lambda = f(A, B, \pi) \qquad (8\text{-}8)$$

在 A、B、π 这三个模型参数中,π(初始概率分布) 最不重要,B(某状态下系统输出的概率分布) 最为重要,因为它就是外界观察到的系统输出的概率。而 A(状态转移概率分布) 的重要性要差一些。它对某些问题很重要,而对另一些问题(如第 13 章将要介绍的孤立词语音识别) 却不大重要。

8.4　隐马尔可夫模型三项问题的求解

HMM 用于进行语音识别时,有三个基本问题必须解决:

① 已知模型输出 Y(即给定观察序列) 及模型 $\lambda = f(A, B, \pi)$,怎样计算产生 Y 的概率 $P_r[Y/\lambda]$。

这一问题是评估问题。也可以看做是一个评分问题,即已知一个模型和一个观测序列后,怎样来评估这个模型,或者说怎样给模型打分(它与给定观测序列匹配得如何)?这一点是非常有用的。例如,假设有几个可供选择的模型,此问题的求解可使我们能够选择出与给定观测序列最匹配的模型。

② 已知模型输出 Y 及模型 $\lambda = f(A, B, \pi)$,怎样估计模型产生此 Y 时最可能经历的状态 X,即选择相应的最佳观察序列。这是一个识别问题,即对于给出的输出 Y 计算出所有模型输出它的概率,而以输出概率最大者判定为对应于 Y 的模型。

这一问题力图揭示出模型中隐藏的部分,即找出"正确的" 状态序列。实际中常常采用一个最佳判据来求解这一问题。而最佳判据有若干种,主要取决于状态序列的使用目的。如

状态序列的一种典型应用是了解模型的结构,另一种应用是找出连续语音识别的最佳状态序列,或者是求取各状态的平均统计特性等。

③ 如何根据模型的若干输出 Y 来不断修正模型参数,优化模型参数 $\lambda = f(A, B, \pi)$,使最后得到的模型参数对模型输出的吻合概率最大,即使 $P_r[Y/\lambda]$ 达到最大。这是一个学习(训练)问题,其中用于调整模型参数使之最优化的观测序列 Y 称为学习样本或训练序列。可以按照最大似然准则用这些学习样本求出 π、A、B。也就是说,所求的这些模型参数将使 HMM 模型产生的各个样本的概率的平均值达到最大。对于大多数应用来说,训练问题是 HMM 的一个关键问题。

这三类问题在语音识别中都要遇到。以孤立词识别为例,设有 W 个单词要识别,我们可预先得到这 W 个单词的标准样本,第一步是要为每个单词建立一个模型,这就要用到问题③(给定观察下求模型参数)。为了理解模型状态的物理意义,可利用问题② 将每一个单词的训练序列分割为一些状态,再研究导致与每一状态相应的观察结果的那些特征。最后,识别未知单词就要利用问题①,即对给定观察结果找出一个最合适的模型(此处对应一个单词),以使 $P_r[Y/\lambda]$ 达到最大。

下面,分别讨论这三个问题。

8.4.1　概率 $P_r[Y/\lambda]$ 的计算

可分为四个步骤:

① 首先,在 $n = 1, 2, \cdots, N$ 的时间内,求出每个状态序列 $X = x_1, x_1, \cdots, x_N$ 下 Y 的出现概率:

$$P_r[Y/X, \lambda] = b_{x_1}[y_1] b_{x_2}[y_2] \cdots b_{x_N}[y_N] \tag{8-9}$$

这里,$b_{x_n}[y_n]$ 是在时刻 n 时状态 x 出现 y_n 的概率。

② 计算 HMM 模型 λ 的出现 X 状态转移概率 $P_r[X/\lambda]$

$$P_r[X/\lambda] = \pi_{x_1} a_{x_1 x_2} a_{x_2 x_3} \cdots a_{x_{N-1} x_N} \tag{8-10}$$

③ 状态 X 和输出 Y 同时出现的联合概率,是上面两个概率的乘积

$$P_r[Y, X/\lambda] = P_r[Y/X, \lambda] \cdot P_r[X/\lambda] \tag{8-11}$$

④ 因此,产生任意一个 Y 的概率,就是上式对所有可能出现的 X 求和

$$P_r[Y/\lambda] = \sum_{\text{全部} X} P_r[Y/X, \lambda] \cdot P_r[X/\lambda] =$$
$$\sum_{x_1, x_1, \cdots, x_N} \pi_{x_1} b_{x_1}[y_1] a_{x_1 x_2} b_{x_2}[y_2] \cdots a_{x_{N-1} x_N} b_{x_N}[y_N] \tag{8-12}$$

式(8-12) 的运算量相当大,大约为 $(2L)^N$,具体地说,有 $(2N - 1)L^N$ 次乘法运算和 $L^N - 1$ 次加法运算。为此,提出了一种"向前-向后" 法,其运算量大大减少,为 $L(L + 1)(N - 1) + L$ 次乘法和 $L(L - 1)(N - 1)$ 次加法。

8.4.2　HMM 的识别

HMM 的识别是指在给定输出 Y 的条件下,在一组 HMM 中作出判决,判定出哪一个具有输出 Y 的最大可能性。这里,最佳状态序列的寻找是揭示 HMM 的"隐藏" 部分,找出所有状态序列中与输出序列相吻合的"正确" 序列。反映的正是识别过程,因而识别的过程就是寻

找最佳隐层结构。

一种可能的最佳准则是，选择状态 x_n，使它们在各个 n 时刻均是最为可能的状态，即在 $n = 1$ 时最可能状态为 x_1，在 $n = 2$ 时刻为 x_2 等等。为此，先求

$$r_n[i] = P_r[x_i = S_i / Y, \lambda] \tag{8-13}$$

它是在给定输出 Y 和模型 λ 后，在 n 时刻出现 S_i 状态的概率。由此，可得 n 时刻的最可能状态 x_n 为

$$x_n = \arg \max_{1 \leqslant i \leqslant L} [r_n(i)], \qquad 1 \leqslant n \leqslant N \tag{8-14}$$

这里，存在一个问题：有时会出现不允许转移的情况，即 $a_{ij} = 0$。此时，对于这些 i 和 j，所得到的状态序列就是不可能的状态序列。也就是说，上式得到的解，只是在每个时刻决定一个最可能的状态，而没有考虑整体结构、相邻时间的状态和观察序列的长度等问题。为此，研究出了一种在最佳状态序列基础上的整体约束的最佳准则，并用此准则找出一条最好的状态序列。这就是 Viterbi 算法。

8.4.3　HMM 的训练

在 HMM 中，模型的训练是指在给定初始模型参数后，用模型输出对其进行校正，来优化模型参数。由于 HMM 的随机性，最初的模型不可能是最佳的。参数优化的过程表明 HMM 的模型参数可根据语音的变化不断调整，而线性模型级联的方法是选择合适的失真测度进行参数匹配，它对语音动态特性的利用远不如 HMM。HMM 的训练是三个问题中最困难的一个，目前尚无求解这个问题的解析方法。所以，只能用迭代法（如 Baum - Welch 法）或最佳梯度法。下面，简单介绍 Baum - Welch 法。

设已知输出 Y 和初始模型 λ，则定义 n 时刻状态为 S_i，$n + 1$ 时刻状态为 S_j 的概率为

$$\zeta'_n(i,j) = P_r[x_n = S_i, x_{n+1} = S_j / Y, \lambda] \tag{8-15}$$

这个概率的归一化值为

$$\zeta_n(i,j) = \frac{\alpha_n(i) \cdot a_{ij} b_j(y_{n+1}) \cdot \beta_{n+1}(j)}{P_r[Y, \lambda]} \tag{8-16}$$

式中，$\alpha_n(i)$ 为 n 时刻通路终止于状态 S_i 的概率；$a_{ij} b_j(y_{n+1})$ 为从状态 S_i 转移到 S_j 并出现 y_{n+1} 的概率；$\beta_{n+1}(j)$ 为 $n + 1$ 时刻状态 S_j 至输出结束都不受通路约束的概率；$P_r[Y/\lambda]$ 为归一化因子。

由于 $r_n(i)$ 为已知 Y 及 λ 的条件下，n 时刻出现状态为 S_i 的概率(式(8-13))，因此有

$$r_n(i) = \sum_{j=1}^{L} \zeta_n(i,j) \tag{8-17}$$

而 $\sum\limits_{n=1}^{N} r_n(i)$ 就是出现状态 S_i 次数的均值。或者说，$\sum\limits_{n=1}^{N-1} r_n(i)$ 就是从状态 S_i 开始的状态转移次数的统计均值。与此类似，从状态 S_i 到状态 S_j 的状态转移次数的均值为 $\sum\limits_{n=1}^{N-1} \zeta_n(i,j)$。

Baum - Welch 法的目的是用迭代法使 $P_r[Y/\lambda]$ 值达到某极限，最后的模型就是最佳的。模型参数的重估计公式如下：

① $\overline{\pi_i} = r_1(i)(1 \leqslant i \leqslant L)$，就是 $n = 1$ 时状态为 S_i 的概率。

② $\bar{a}_{ij} = \sum_{n=1}^{N-1} \zeta_n(i,j) \Big/ \sum_{n=1}^{N-1} r_n(i)$。这里,分子是上述的由状态 S_i 向 S_j 转移次数的均值;分母就是上述的由状态 S_i 开始转移次数的均值。

③ $\bar{b}_{mj} = \sum_{\substack{n=1 \\ y_n = m}}^{N} r_n(j) \Big/ \sum_{n=1}^{N} r_n(j)$。这里,分子为从状态 S_j 得到输出 y_m 的次数的均值;分母为出现状态 S_j 的次数的均值。

可以证明,用这些重估计公式得到的参数 $\bar{\pi}_i$、$\bar{a}_{ij}$、$\bar{b}_{mj}$ 来构成 λ,一定有 $P_r[Y/\bar{\lambda}] > P_r[Y/\lambda]$,即重新估计模型 $\bar{\lambda}$ 可使得到 Y 的概率大于用模型 λ 得到 Y 的概率。因此,在得到 $\lambda = f(A, B, \pi)$ 的估值 $\bar{\lambda} = f(\bar{A}, \bar{B}, \bar{\pi})$ 后,又令 $\lambda = \bar{\lambda}$ 重新估计模型参数得到新的 λ,如此逐步优化递推,直到 λ 几乎不变为止。此时参数达到最佳的某个极限,这样对已给出的那个训练序列训练完毕。迭代初始的 a_{ij} 等值原则上可任选,一种适宜的方法是均匀选取。

8.5 HMM 的一些实际问题

本节讨论 HMM 应用中的几个问题。

8.5.1 HMM 的类型选择

最主要的分类是状态的转移是吸收的,还是不吸收的。在图 8-1 所示的 HMM 中,允许模型从任一状态向所有状态过渡,因此状态转移概率矩阵 A 中的每一个元素都可能为非零。它的起始和终止状态也是可以任选的,这种类型称为不吸收型。

但是对语音信号来说,最感兴趣的还是吸收型的,因为这比较符合语音的实际情况。图 8-2 所示即为吸收型的 HMM。在该模型中限定状态 1 为起始状态,每个状态只能向下标等于或大于当前下标的那种状态转移,而且下标小的状态将优先于下标大的状态。这种状态转移称为"左 → 右"吸收转移模型。图 8-2 是一个五状态的"左 → 右"吸收型的例子。

这种模型的矩阵 A 是一个上三角矩阵,而相当于终止状态的最后一行除了最后一个元素外全为零,因为再也不能从终止状态转移出去。因为 A 比较稀疏,所以大大减少了模型参数估值的计算量;由于初始状态只有一个,所以 $\pi = [1, 0, 0, \cdots, 0]$。

8.5.2 B 矩阵参数的选择

B 参数描述在某状态时模型输出的概率分布。前面的分析中假定它是离散的,现将其推广到连续的情况。此时不能用矩阵表示,而应改用概率密度函数来表示。即将 $b_j(k)$ 用 $b_j(x)(1 \le j \le L)$ 来代替。其中 $b_j(x)$ 表示在 x 和 $x + \mathrm{d}x$ 之间输出 Y 的概率。下面介绍一种应用于语音处理的概率密度函数,称之为高斯 M 元混合密度。

这种概率密度的形式为

$$b_j(x) = \sum_{k=1}^{M} c_{jk} \tilde{N}(x, m_{jk}, u_{jk}), \qquad 1 \le j \le L \tag{8-18}$$

式中,$\tilde{N}$ 表示多维正态概率密度;因为它比较容易处理,故常用作 $b_j(x)$ 的基础函数。所以,这里 $b_j(x)$ 表示为多个正态函数之和,每个正态函数称为基正态函数,而 $b_j(x)$ 称为混合正态函数。式(8-18)中的 c_{jk}、m_{jk}、u_{jk} 分别为在第 j 个状态下,第 k 个基正态函数的增益(混合加权系数)、均值矢量和协方差矩阵。

因此,在建立此类模型时,需设计下列参数:① L:模型状态数;② M:基正态函数个数;③ 矩阵 A;④ $\overline{C} = [c_{jk}]$:各基函数的增益阵;⑤ $\overline{M} = [m_{jk}]$:各基函数的均值阵;⑥ $\overline{U} = [u_{jk}]$:各基函数的协方差阵。

除了"高斯 M 元混合密度外",概率密度的形式还有"高斯自回归 M 元混合密度"、"椭球对称"的概率密度和"对数凹对称和／或椭球对称"的概率密度等。由于它们的概率分布是连续的,所以比离散的情况能更好地描述信号的时变特性。

第9章 语音检测分析

语音检测分析主要涉及语音特征参数的提取和分析。本章主要讨论基音检测和共振峰参数的估值问题。基音频率的检测和共振峰参数的估值在语音编码、语音合成和语音识别中有着广泛的应用。由语音波形测定这些参数,是语音研究的一个重要阶段。

9.1 基音检测

基音是语音信号的一个重要参数,在语音产生的数字模型中它也是激励源的一个重要参数。基音是指发浊音时声带振动所引起的周期性,而基音周期是指声带振动频率的倒数。基音的提取和估计是语音信号处理中一个十分重要的问题,尤其是对汉语更是如此;因为汉语是一种有调语言,基音的变化模式称为声调,它携带着非常重要的具有辨意作用的信息,有区别意义的功能。准确地检测语音信号的基音周期对于高质量的语音分析与合成、语音压缩编码、语音识别和说话人确认等具有重要的意义。在低速率语音编码中,准确的基音检测是非常关键的,它直接影响到整个系统的性能。

自从研究语音分析以来,基音检测一直是一个研究的课题,为此提出了很多方法,然而这些方法都有局限性;迄今为止尚未找到一个完善的方法可以适用于不同的讲话者、要求和环境。不同方法具有不同的适用范围。比如,对于低基音语音来说频域方法较好,因为这类语音在分析范围内提供了丰富的谐波;而对于高基音语音来说时域方法较好,因为这类语音在时窗范围内产生了许多个基音周期。

基音提取有许多困难。人们认为基音检测是语音处理中最困难的工作之一,而且是最具挑战性的任务之一。基音检测的复杂性是由语音信号的多变性和不规则性引起的。基音检测的主要困难反映在:① 声门激励信号并不是一个完全周期的序列,在语音的头、尾部并不具有声带振动那样的周期性,有些清音和浊音的过渡帧是很难准确地判断是周期性还是非周期性的。②在许多情况下,清音语音和低电平浊音语音段之间的过渡段是非常细微的,确认它是极其困难的。③ 从语音信号中去除声道影响,直接取出仅和声带振动有关的激励信号的信息并不容易,例如声道的共振峰有时会严重影响激励信号的谐波结构。这种影响在发音器官快速动作而共振峰也快速改变时,对基音检测是最具危害性的。④ 语音信号包含有十分丰富的谐波分量,基音频率最低可达 80 Hz 左右,最高可达 500 Hz 左右,但基音频率处在 100~200 Hz 的情况占多数。因此,浊音信号可能包含有三四十次谐波分量,而其基波分量往往不是最强的分量。因为语音的第一共振峰通常在 300~1 000 Hz 范围内,这就是说,2~8 次谐波成分常常比基波分量还强。丰富的谐波成分使语音信号的波形变得非常复杂,经常发生基频估计结果为实际值的二、三次倍频或二次分频的情况。⑤ 在浊音段很难精确地确定每个基音周期的开始和结束位置,这不仅因为语音信号本身是准周期性的(即音调是有变化的),还由于波形的峰或过零受共振峰的结构、噪声等的影响。⑥ 在实际应用中,背景噪声强烈影响基音检测的性能,这对于移动通信环境尤为重要,因为经常会出现高电平噪声。⑦ 基音频率变化范围大,从老年男性的 80 Hz 到儿童女性的 500 Hz,接近三个倍频程,给基音检测带来了一定的困难。

着眼于基音的检测方法,开展了下述三个方面的研究:① 稳定并提取准周期性信号的周期性方法;② 因周期混乱,采取基音提取误差补偿的方法;③ 消除声道(共振峰)影响的方法。在基音提取时,容易错误地提取真正基频两倍的频率(倍基音)和基频一半的频率(半基音),至于产生哪种错误随抽取方法而变化。

基音检测的方法大致可分为三类:① 波形估计法。直接由语音波形来估计,分析出波形上的周期峰值。其特点除了比较简单、硬件实现容易外,还可定出峰值点的位置,这在一些处理中是很有用的。这一类方法包括并行处理法(PPROC)、数据减少法(DARD)等。② 相关处理法。在时域中,周期信号的最明显特征就是波形的类似性,因而可以通过比较原始信号和它位移后的信号之间的相似性来确定基音周期。如果移位距离等于基音周期,那么,两个信号具有最大类似性(相关性最强)。大多数现存的基音检测法都基于这一概念,最具代表性的是自相关函数法。这种方法在语音信号处理中被广泛使用,这是因为相关处理法抗波形的相位失真强,另外它在硬件处理上结构简单。包括波形自相关法(MAUTO)、AMDF、SIFT 法等。③ 变换法。将语音信号变换到频域或倒谱域来估计。比如倒谱法(CEP),采用倒谱分析提取基音,其原理如 5.6 中所述。虽然倒谱分析算法比较复杂,但基音估计效果较好。上述方法中的一些已针对不同系统得到了应用。基音检测除了上面介绍的方法外,还有新兴的子波分析法等。近年来,还利用子波变换积取基音,取得了一些好的结果。

表 9-1 列出了典型的基音检测方法及特性。

表 9-1　典型的基音检测方法及特征

分类	基音提取法	特　　　征
波形估计法	并行处理法	由多种简单的波形峰值检测器决定提取的多数基音周期
	数据减少法	根据各种理论操作,从波形去掉修正基音脉冲以外的数据
	过零数法	关于波形的过零数,着眼于重复图形
相关处理法	自相关法及其改进	语音波形的自相关函数,根据中心削波,平坦处理频谱,采用峰值削波可以简化运算
	SIFT 法	语音波形降低取样后,进行 LPC 分析,用逆滤波器平坦处理频谱,通过预测误差的自相关函数,恢复时间精度
	AMDF 法	采用 AMDF 检测周期性,根据线性预测误差信号的 AMDF 也可以进行提取
变换法	倒谱法	根据对数功率谱的傅里叶逆变换,分离频谱包络和微细结构
	循环直方图	在频谱上,求出基频高次谐波成分的直方图,根据高次谐波的公约数决定基音

在基音检测的同时,应进行清/浊音判断,即在浊音段应能正确检测出基音周期,而在清音段给出可靠的是否具有周期性的判断。一般采用与基音检测相同的方法决定浊音/清音。由于可将浊音/清音特征看做与周期/非周期性相同的特征,所以可以简化问题,浊/清音往

往按自相关函数和预测误差的自相关函数的峰值来决定。但是在无周期性的有声区内,这种方法不能起到有效的作用,所以常采用其他参数作为辅助参量,以提高精度。辅助参量主要有:① 语音信号能量;② 过零数;③ 自相关函数;④ 线性预测系数。

下面介绍常用的几种基音检测方法。

9.1.1 自相关法

由 3.5 节的分析可知,浊音信号的自相关函数在基音周期的整数倍位置上出现峰值,而清音的自相关函数没有明显的峰值出现;因此检测是否有峰值就可判断是清音或浊音,检测峰值的位置就可提取基音周期值。

在很多情况下,基音检测是利用电话语音进行的。话音级电话信道的频率响应在 300 Hz 以下衰减很快,因此许多男子语音在通过电话传输后,基音频率不是缺失就是很弱,以至湮没在系统噪声之中。在基音频率缺失的情况下,通常通过对自相关函数的考察得出其中的周期性。而实际上将自相关函数应用于基音检测时存在若干问题,影响从短时自相关函数中提取基音的正确性,其中最主要的是声道响应部分。短时自相关函数中保留的语音信号的幅度太多,它有许多峰值,而其中许多都起因于声道响应的阻尼振荡。当基音的周期性和共峰峰的周期性混叠在一起时,被检测出来的峰值就会偏离原来峰值的真实位置。主要问题是第一共振峰可能对基音造成干扰:在某些浊音中,第一共振峰频率可能会等于或低于基频;如果其幅度很高,就可能在自相关函数中产生一个峰值,而该峰值又可以同基频的峰

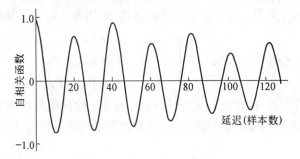

图 9-1　一个女子发[ə]音的自相关函数,语音信号以8 kHz 取样

值相比拟。图 9-1 所示为一个女子发"the"中的[ə]音的自相关函数,其中有 3 个明显的峰值。通过自相关波形,可以确定位于第 40 个样本时延处的峰值相应于基频,为 200 Hz;而位于第 20 个样本处的峰值与相应于基频时的峰值差不多一样大,因而可能将其误认为基音。

因此必须对语音信号进行预处理以去除声道响应的影响及其他带来扰乱的特征,方法之一是采用非线性处理。语音信号的低幅度部分包含大量的共振峰信息,而高幅度部分包含大量的基音信息。因此,任何削减或者抑制语音低幅度部分的非线性处理都会使自相关函数的性能得到改善。非线性处理的优势是在采用硬件时可在时域低成本地实现。

中心削波即是一种非线性处理,用以削除语音信号的低幅度部分,即

$$y(n) = C[x(n)] \tag{9-1}$$

其削波特性及工作过程如图 9-2 所示。

图 9-2 中,削波电平由语音信号的峰值幅度来确定,它等于语音段最大幅度 A_{max} 的一个固定百分数。这个门限的选择是重要的,一般在不损失基音信息的情况下应尽可能选得高

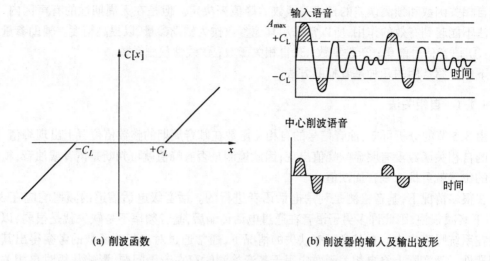

(a) 削波函数   (b) 削波器的输入及输出波形

图9-2 中心削波

些,以达到较好的效果。经过中心削波后只保留了超过削波电平的部分,其结果是削去了许多和声道响应有关的波动。中心削波后的语音通过一个自相关器,这样在基音周期位置呈现大而尖的峰值,而其余的次要峰值幅度都很小。使用这种方法,对电话带宽的语音在信噪比低至 18 dB 的情况下获得了良好的性能。

计算自相关函数的运算量是很大的,其原因是计算机进行乘法运算非常费时。为此可对中心削波函数进行修正,采用三电平中心削波的方法,如图 9-3 所示。其输入输出函数为

$$y(n) = C'[x(n)] = \begin{cases} 1, & x(n) > C_L \\ 0, & |x(n)| \leqslant C_L \\ -1, & x(n) < -C_L \end{cases} \qquad (9\text{-}2)$$

即削波器的输出在 $x(n) > C_L$ 时为 1,$x(n) < -C_L$ 时为 -1,除此以外均为零。虽然这一处理会增加刚刚超过削波电平的峰的重要性,但大多数次要的峰被滤除掉了,而只保留了明显显示周期性的峰。

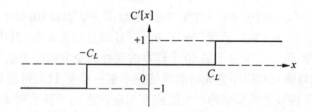

图9-3 三电平中心削波函数

三电平中心削波的自相关函数的计算很简单,设 $y(n)$ 表示削波器的输出,则由自相关函数直接计算的公式

$$R_n(k) = \sum_{m=0}^{N-1-k} [y(n+m)w'(m)][y(n+m+k)w'(m+k)] \qquad (9\text{-}3)$$

如果窗口为直角窗,则上式变为

$$R_n(k) = \sum_{m=0}^{N-1-k} y(n+m)y(n+m+k) \qquad (9\text{-}4)$$

上式中 $y(n+m)y(n+m+k)$ 的取值只有 -1、0、1 三种情况,因而不需作乘法运算而只需要简单的组合逻辑即可以。

图 9-4 中给出了不削波、中心削波和三电平削波的信号波形及其自相关函数举例。通过对中心削波和三电平削波两种削波器的详细比较,其性能方面只有微小的差别。

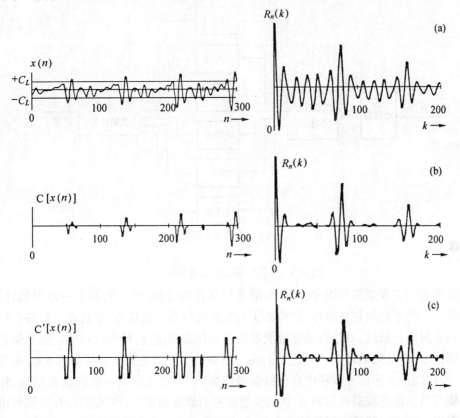

(a) 不削波　(b) 中心削波　(c) 三电平削波　　$[R_n(k)$ 均归一化$]$

图 9-4　信号波形及其自相关函数的举例

除削波处理外,还有一种非线性处理方法,即幅度立方运算。它外语音波形进行 $y(n)=x^3(n)$ 的处理,从而削弱其低幅度部分。这种方法的一个优点是不需要使用门限。

除了非线性处理外,还可采用频谱平坦化的方法消除第一共振峰可能对基音检测造成的干扰,以使所有谐波基本上具有相同幅度,就象激冲激串的情况那样。这一技术又被称作谱平滑。

为此可采用自适应滤波。将语音送入一个高通滤波器组,每个滤波器所覆盖的频率范围约为 100 Hz,并且具有各自的自动增益控制保持其输出为常数。于是复合的滤波器输出将具有平坦的频谱,然后再对这些输出进行自相关计算以进行基音估值。

9.1.2　并行处理法

这是一种时域方法,在很多应用中是成功的。这种检测器找出语音波形的六个测度,而这六个测度应用于六个独立的基音检测器。由六个检测器驱动"服从多数"的逻辑电路而进行最终的基音判决。用到的波形属性是正负峰值的幅度和位置,后峰至前峰的测度以及峰值至谷值的测度。语音最初经截止频率为 900 Hz 的低通滤波,如果需要的话还附加高通滤波去除 60 Hz 的交流声。用这种方法找出的基音测度与经过检验确定的基音测度相当吻合,而且处理过程具有抗噪声能力。

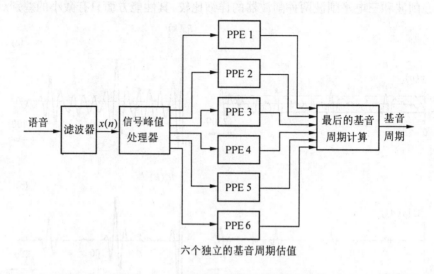

六个独立的基音周期估值

图 9-5　并行处理法基音检测框图

并行处理法的实现框图如图 9-5 所示。语音信号在经过预处理后,形成一系列脉冲,这一串脉冲保留了信号的周期性特性,而略去了与基音检测无关的信息,然后由一些并行的检测器估计基音周期。最后,对这些基音检测器的输出作逻辑组合,得出估计值。如果语音信号的取样率为 10 kHz,则估计精度可达 0.1 ms。图中的滤波器是截止为频率为 900 Hz 的低通滤波器,其作用是去除信号频谱中高阶共振峰的影响,同时又保留足够的谐波结构,使峰值检测更加容易。该滤波器既可在 A/D 变换前由模拟滤波器实现,也可在 A/D 变换后由数字滤波器实现。在滤波器后由峰值处理器找出峰点和谷点,再根据其位置和幅度产生 6 个脉冲序列。

音调周期估计器(PPE)用于估计这 6 个脉冲序列,得出 6 个基音周期的估值。基音周期计算是将这 6 个估值与每一个基音周期估计器的最新的两个估值相结合,比较这些估值,出现次数最多的值就是该时刻的基音周期。这种方法对浊音周期可以作出很好的估计;如果是清音,各个估值不一致,因而可判断为清音。通常,可按 10 ms 一帧来估计基音周期,同时得到"浊音/清音"判决。

时域估计方法的优点是运算简单、硬件实现容易。此外,不仅能估计出基音周期,而且还可以确定峰点位置。

9.1.3　倒谱法

浊音语音的复倒谱中存在峰值,其出现时间等于基音周期;而清音语音段的复倒谱则不出现这种峰值。利用这一性质可以进行清/浊音判断并估计浊音的基音周期。

这种方法的要点是计算出复倒谱后,进行解卷,提取出声门激励信息,在预期的基音周期附近寻找峰值。如果峰值超过了预先设定的门限,则语音段定为浊音,而峰的位置就是基音周期的估值。如果不存在超出门限的峰值,则语音段定为清音。如果计算的是依赖于时间的复倒谱,则可估计出激励源模型及基音周期随时间的变化。

对于语音信号 $s(n)$,设其频谱为 $S(e^{j\omega})$,用 $U(e^{j\omega})$ 表示声门激励频谱,$H(e^{j\omega})$ 表示声道频率响应,则有

$$S(e^{j\omega}) = U(e^{j\omega})H(e^{j\omega}) \tag{9-5}$$

则 $s(n)$ 的复倒谱为

$$\hat{s}(n) = \mathscr{F}^{-1}[\ln S(e^{j\omega})] = \mathscr{F}^{-1}[\ln U(e^{j\omega})] + \mathscr{F}^{-1}[\ln H(e^{j\omega})] \tag{9-6}$$

式中 $\mathscr{F}^{-1}[\ln U(e^{j\omega})]$ 为声门激励的复倒谱,$\mathscr{F}^{-1}[\ln H(e^{j\omega})]$ 为声道冲激响应的复倒谱。

声道模型复倒谱都集中在低复倒谱域即 $n = 0$ 附近。根据上式,声门激励和声道响应的复倒谱是加性组合;如果它们在复倒谱域中不混叠,则可进行倒滤波,即用一个高倒谱窗滤除声道响应的影响。对于清音,其复倒谱中没有明显的峰起点,且分布范围很宽,从低复倒谱域到高复倒谱域,因而倒滤波后也只损失了 $0 \leqslant n \leqslant N-1$ 部分的激励信息(这里 N 为窗口宽度)。

倒谱和复倒谱表现出相同的性质,而我们的目的是估计基音周期,因而没有必要对语音波形完全解卷,所以用倒谱 $c(n)$ 就完全可以,这样可以从复杂的相位计算中解脱出来。由于人耳对语音信号的相位不很敏感,因而可以假定输入语音信号是最小相位序列,这样可由最小相位信号法计算 $c(n)$。

图 9-6(a) 为 $\ln|X(e^{j\omega})|$ 的示意图,它包括两个分量:相应于频谱包络的慢变分量(如虚线所示),以及相应于基音谐波峰值的快变分量(如实线所示)。通过滤波或再取一次傅里叶反变换,即可将慢变分量与快变分量分离开。图 9-6(b) 为 $c(n)$ 的示意图,其中靠近原点的低倒频部分是频谱包络的变换,而位于 t_0 处的窄峰为谐波峰值的变换,表示基音周期。如果基音峰值的变换与频谱包络变换之间的间隔足够大,则可很容易地提取基音信息。

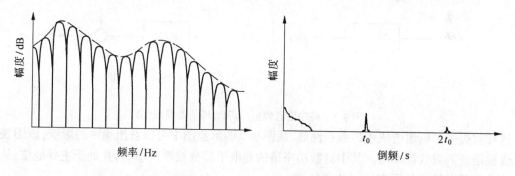

(a) 信号的对数幅度谱;　　　　(b) 理想化的对数功率谱的傅里叶反变换

图 9-6　倒谱示意图

下面举一个倒谱提取基音的实例,如图 9-7 所示。其工作原理简要说明如下:① 取样率为 10 kHz,帧长 51.2 ms,然后求出 $c(n)$。这里窗口很少采用矩形窗,因为由其得到的谱估计质量较差。所采用的海明窗的长度及窗相对于语音信号的位置这两个因素都对倒谱峰的高度有相当大的影响。为使倒谱具有明显的周期性,窗口选择的语音段应至少包含有两个明显的周期。比如对基音频率低的男性,要求窗口长度为 40 ms;而对基音频率高的语音,窗的长度可以成比例地缩短。② 求出倒谱峰值 I_{PK} 和其位置 I_{POS},如果峰值未超过某门限值,

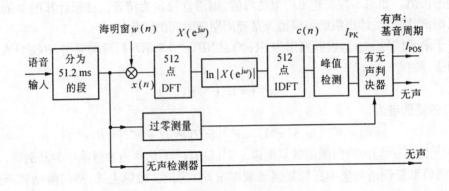

图 9-7　基音检测的倒谱法

则进行过零计算;若过零数超过某门限值,则为无声语音帧。反之,则为有声,且基音周期仍等于该峰值的位置。③ 图中的无声检测器是时域信号的峰值检测器;若低于某门限值,则认为是无声,勿须进行上述由倒谱检测基音的计算。

　　对于语音窗(通常为海明窗)的长度,为表示出明显的周期性至少应为两个基音周期。考虑到窗的逐渐弱化效应,窗宽至少应包含两个周期。当然,窗应尽可能短,使得分析间隔中的语音参数变化减至最小。这是短时处理的要求。而窗越长,由始到终的变化就越大,因而与模型之间的偏差就越大。

　　当采用无噪语音时,用倒谱法进行基音检测是很理想的,以其性能为标准可对其他基音检测方法进行评价。然而当存在加性噪声时,其性能将急剧恶化。图 9-8 所示为带有加性噪声的语音模型。此时,待分析的信号不再是 $U(e^{j\omega})H(e^{j\omega})$,而是 $U(e^{j\omega})H(e^{j\omega}) + N(e^{j\omega})$,

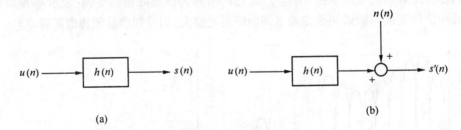

图 9-8　纯净语音模型(a)和含噪语音模型(b)

这样就失去了倒谱所依赖的乘积性。从图 9-9 的示意图中可以看出噪声的影响,该图表示含噪语音的对数功率谱。其中对数功率谱的低电平部分被噪声填满,并处于主导地位,从而掩盖了基音谐波的周期性。这意味着倒谱的输入不再是纯净的周期性成分,而倒谱中的基音峰值将会展宽并受到噪声的污染。随着噪声电平的增加,对数功率谱的有用部分将会变得越来越小,从而使倒谱的灵敏度也随之下降。

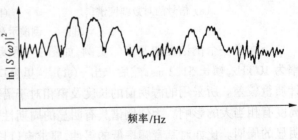

图 9-9　含噪语音的对数功率谱示意图

9.1.4 简化逆滤波法

简化逆滤波跟踪算法是相关处理法进行基音提取的一种现代化的版本,是检测基音周期的一种比较有效的方法。这种方法先对语音波形降低取样率,进行 LPC 分析,抽取声道模型参数,然后利用这些参数用线性预测逆滤波器对原信号进行逆滤波,从预测误差中得到音源序列,再用自相关法求得基音周期。之所以用逆滤波,是因为它是将频谱包络逐渐平坦下去的过程。得到的线性预测误差信号只包含有激励的信息,而去除了声道影响,所以它提供了一个简化的(廉价的)频谱平滑器。声门在求出预测误差信号的自相关函数后,就可提取声门激励参数。通过与门限的比较可以确定浊音,通过其他一些辅助信息还可减少误差。

由图 6-1 可知 $H(z) = S(z)/V(z)$,根据式(6-1),并考虑到式(6-7),可得线性预测误差

$$e(n) = s(n) - \sum_{i=1}^{P} a_i s(n-i) = Gu(n) \tag{9-7}$$

也就是说,激励信号正比于预测误差信号,其比例常数等于增益常数 G。这里,式(9-7)只是近似的,这取决于理想的和实际的预测器数相一致的程度。如果线性预测模型与产生实际语音信号的系统越接近,则 $e(n)$ 就越接近激励 $s(n)$ 信号。对于浊音,可以预料在每一基音周期的起始处预测误差较大。图 9-10 是浊音"啊"的波形 $s(n)$ 和预测误差信号波形 $e(n)$。这里 P = 14,语音段长度为 20 ms,这段语音大约包含 5 个基音周期。该图所示波形是用协方差方法计算得到的。检测 $e(n)$ 信号相邻两最大脉冲之间的距离即可对基音周期作出估计。

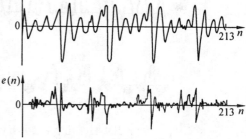

图 9-10　浊音段"啊"的波形及预测误差波形

用 LPC 误差信号提取基音的优点是 $e(n)$ 的频谱较平(其梳齿效应是由基音的周期性造成的,因为周期信号的频谱是离散的),因而共振峰的影响已被去除。图 9-11 是另外几个简单元音的波形和相应的预测误差信号,可见从后者检测基音更为可靠。

简化逆滤波器的原理框图如图 9-12 所示。其工作过程为:① 语音信号经过 10 kHz 取样后,通过 0～900 Hz 的数字低通滤波器(LPF),其目的是滤除声道谱中声道响应部分的影响,使峰值检测更加容易。然后降低取样率 5 倍,经 5 次分频降低到 2 kHz(因为声门激励序列的宽度小于 1 kHz,所以用 2 kHz 取样就足够了);当然,为此后面要进行内插。② 提取 LPC 参数。这里 LPC 滤波器的阶数 P = 4,因为,四阶滤波器完全可作为 0～1 kHz 频率范围内信号谱的模型,因为此范围内通常只有 1～2 个共振峰。然后进行逆滤波,得到接近平坦的谱。③ 进行短时自相关运算,检测出峰值及其位置,得到基音周期值。④ 为提高基音周期值的分辨率,可以对最大峰值所处范围的自相关函数进行内插。⑤ 最后进行有/无声判决。此处与倒谱法类似,有一个无声检测器,以减少运算量。

虽然用线性预测误差信号进行基音检测比较理想,但对某些谐波结构不很丰富的浊音,如 r、l,还有鼻音,如 m、n,误差信号的峰起不是非常丰富和分明。

另外,这种方法是进行谱平滑以便去除声道特性进行基音检测,所以谱平滑越成功则效

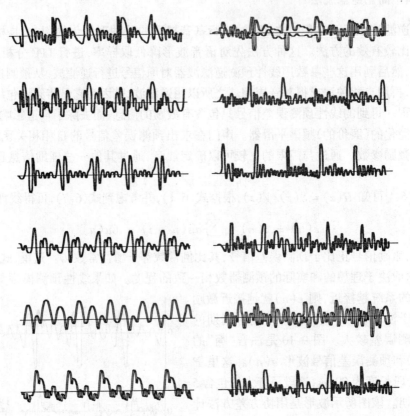

图 9-11　几个主要元音(i,e,a,o,u,y)的波形和预测误差

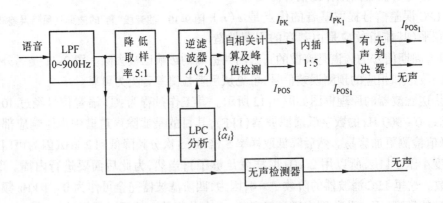

图 9-12　基音检测的简化逆滤波法

果越好。然而,对于高基频的说话人(如儿童),谱平坦化往往不成功,在 0 ~ 900 Hz 范围内缺乏一个以上的基音谐波(对于由电话线输入的信号尤其如此)。对于这类说话人及传输条件,应考虑其他方案。预测误差信号的自相关函数比语音波形的自相关函数好。因为语音波形中包含有声道响应即共振峰的作用,而预测误差信号代表了声门激励,所以它去除了共振峰的作用。

图 9-13 是用 SIFT 方法估计一段语音得到的基音变化轮廓。

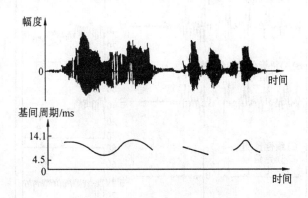

图 9-13　SIFT 方法基音检测实例

在基音提取中,广泛采用语音波形或误差信号波形的低通滤波,因为这种低通滤波对提高基音提取精度有良好的效果。低通滤波在除去高阶共振峰影响的同时,还可以补充自相关函数的时间分辨率的不足。特别是后者的作用在使用了线性预测误差的自相关函数的基音提取中尤其重要。

图 9-14 给出了男性的"a"、女性的"o"的语音波形、预测误差信号波形以及将它们通过低通滤波器所得信号的自相关函数和频谱。由图可见,将语音波形的自相关函数和预测误差的自相关函数相比较,后者为佳。采用前者时,基音的谐波成分与共振峰频率相近时,在相关函数上,共振峰成分变得显著,因而在选择最大值时往往发生错误。但在采用后者时,只在基波及整数倍位置上存在波峰,而不存在共振峰的影响。另外,从女性"o"的线性预测误差的自相关函数来看,不经过低通滤波时,由于时间分辨率的不足,整数倍周期的峰值与相应于基音周期的峰值比要大,因而会产生将两倍基音周期作为基音周期的错误。但是采用了低通滤波后,可以看出能够避免这个错误。

基音检测有很多方法,大多是基于低通滤波和自相关法的。其主要缺点是:① 准确性不够高;② 一般只能求出分析帧的平均基音周期值,难以对每个基音周期进行准确的定位和标记,而这在许多场合却是很重要的。而采用子波分析技术进行基音检测能得到比较好的效果。

9.2　共振峰估值

共振峰是反映声道谐振特性的重要特征,它代表了发音信息的最直接的来源。改变共振峰可以产生出所有元音和某些辅音,在共振峰中也包含着其他辅音的重要信息。人在语音感知中也利用了共振峰信息。所以共振峰已经广泛地用作语音识别的主要特征和语音编码传输的基本信息。

共振峰信息包含在语音信号的频谱包络之中,谱包络的峰值基本上对应于共振峰频率。因此一切共振峰估计都是直接或间接地对频谱包络进行考察,关键是估计语音频谱包络,并认为谱包络中的最大值就是共振峰。与基音提取类似,共振峰估计也是表面上看很容易但实际上又为许多问题所困扰,包括:

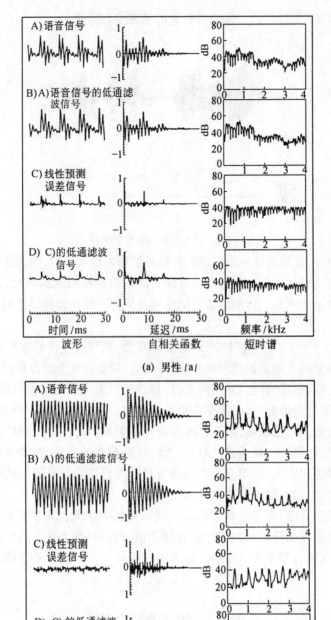

A) 语音信号

B) A)语音信号的低通滤波信号

C) 线性预测误差信号

D) C)的低通滤波信号

时间 /ms   延迟 /ms   频率 /kHz

波形   自相关函数   短时谱

(a) 男性 /a/

A) 语音信号

B) A)的低通滤波信号

C) 线性预测误差信号

D) C)的低通滤波信号

时间 /ms   延迟 /ms   频率 /kHz

波形   自相关函数   短时谱

(b) 女性 /o/

图 9-14 语音波形及其低通滤波信号和预测误差信号及其低通滤波信号(自上而下)与自相关函数及短时谱(时间窗:30 ms 海明窗, $P = 2$)

(1)虚假峰值。在正常情况下,频谱包络中的最大值完全是由共振峰引起的。但在线性预测分析方法出现之前的频谱包络估值器中,出现虚假峰值是相当普遍的现象。甚至在采用线性预测方法时,也并非没有虚假峰值:为了增加灵活性,给预测器增加二至三个额外的极点(如6.6.1所述),而这些极点会引起虚假谱峰产生。

(2)共振峰合并。相邻共振峰的频率可能会靠得太近难以分辨。此时,不是认为共振峰额外地多了而是认为共振峰明显地少了,而探讨一种理想的能对共振峰合并进行识别的共振峰提取算法中有不少实际困难。

(3)高基音语音。传统的频谱包络估值方法是利用由谐波峰值提供的样点。而高基音语音(如女声和童声)的谐波间隔比较宽,因而为频谱包络估值所提供的样点比较少,所以谱包络本身的估计就不够精确。即使采用线性预测方法,所得到的谱包络的峰值仍然比较接近谐波峰值而常常偏离真正的共振峰位置。

以上三个问题,对于传统的频谱包络估计方法(主要是以 FFT 为基础)来说特别严重。虽然线性预测存在某些缺点,但对于大多数实际应用来说,由这些极点可计算出共振峰的频率和带宽。

提取共振峰特性最简便的手段是使用语谱仪。语谱仪在语音学中占有独特的地位,它用滤波器的输出来研究语音信号的频谱特性,这种滤波器是模拟滤波器。随着数字信号处理技术的发展,用数字滤波器组可以得到与模拟语谱图相近的功能。提取共振峰还有倒谱法、LPC 分析法等更为有效、准确的方法。由于共振峰表现为语音信号谱包络的峰值或声道模型幅度谱的峰值,因此,可以从不同的角度出发,得到不同的方法。下面讨论常用的几种。

9.2.1 带通滤波器组法

这种方法类似于语谱仪,但由于使用了计算机,使滤波器特性的选取更具灵活性。它是最早提取共振峰的方法。与线性预测法相比,滤波器组法有些逊色,但一方面目前语音识别中仍使用滤波器组,而另一方面,通过滤波器组的设计可以使估计的共振峰频率同人耳的灵敏相匹配,其匹配程度比线性预测法要好。

滤波器的中心频率有两种分布方法:一种是等间距地分布在分析频段上,则所有带通滤波器的带宽可设计成相同,从而保证了各通道的群延时相同。另一种是非均匀地分布,例如为了获得类似于人耳的频率分辨特性,在低频端间距小,高频端间距大,带宽也随之增加。这时滤波器的阶数必须设计成与带宽成正比,使得它们输出的群延时相同,不会产生波形失真。

为了使频率分辨率提高,滤波器的阶数应取足够大的值,使得带通滤波器具有良好的截止特性,但同时也意味着每个滤波器均有较长的冲激响应。由于语音信号具有时变特性,显然较长的冲激响应会模糊这种特性,所以频率分辨率与时间分辨率总是相互矛盾的。

这种方法的缺点是:由于滤波器组中滤波器数目的限制,估计的共振峰频率不可避免地存在误差;而且对共振峰带宽不易确定;由于无法去除声门激励的影响,可能会造成虚假峰值。

图 9-15 给出了一种利用滤波器组进行共振峰估值的系统结构示意图。滤波器的中心频率从 150 Hz 到 7 kHz,分析带宽从 100 Hz 到 1 kHz,频率按对数规律递增。滤波器输出经全波整流而用于提供频谱包络估值。辨识逻辑用于对适当频率范围内的峰值进行辨识而获

得前三个共振峰。频谱峰值被依次指定,每一峰值都被约束在其已知的频率范围之内并且高于前边共振峰的频率。

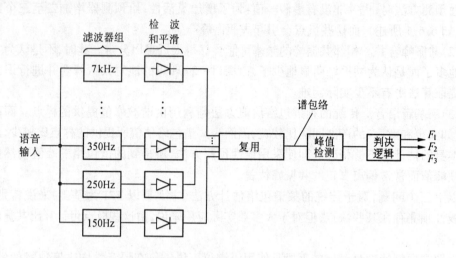

图 9-15　带通滤波器组法提取共振峰

9.2.2　离散傅里叶变换(DFT)

DFT 是频谱分析的有效手段,显然可以用来提取语音信号的共振峰参数。对一帧短时语音信号 $s(n)$ 进行 DFT 可得其离散谱。因为 $s(n) = u(n) * h(n)$,所以在频域中有

$$S(e^{j\omega}) = U(e^{j\omega}) H(e^{j\omega}) \tag{9-8}$$

这个谱是声门激励和声道共同作用的结果,即频谱包络和频谱细微结构以乘积的方式混合在一起。可以对其进行 FFT 处理。

1. 浊音时

这时声门激励为周期脉冲序列,因而语音信号具有明显的周期性,所以信号谱中出现多个谐波频率,其值为 nf_p(这里 f_p 为基频,n 为正整数)。

由于进行 DFT 得到的频谱受基频谐波的影响,最大值只能出现在谐波频率上,因此共振峰测定误差较大。为减少误差,可由谐波频率 nf_p 及上、下两个次极值频率 $(n-1)f_p$、$(n+1)f_p$ 的插值求得共振峰频率,如图 9-16 所示。图中用 F 表示共振峰频率。

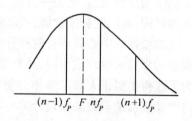

图 9-16　谐波插值求共振峰

2. 清音时

此时信号具有随机噪声的特点,其频谱不具有离散谐波特性,但其包络基本上反映了声道的特性。对其频谱进行线性平滑而得到谱包络,并用一个峰值搜索算法来确定峰值,并标记为共振峰参数。

图 9-17(a)、(b)分别给出了一段经预加重和凯塞窗加权后的 25.6 ms 长的元音段(取样率为 12 kHz)所对应的由 DFT 求出的谱和由线性预测分析求出的谱包络。

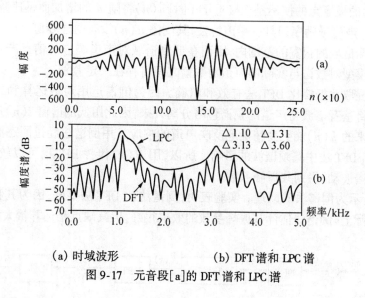

（a）时域波形　　　　　（b）DFT 谱和 LPC 谱

图 9-17　元音段［a］的 DFT 谱和 LPC 谱

9.2.3　倒谱法

前面已经介绍过可以利用倒谱将基音谐波同声道响应信息分离开。在 9.1.3 中介绍用倒谱法进行基音检测时是寻找基音谐波，显然，另一方面，可以用倒谱得到声道信息。

在式（9-5）中，$S(e^{j\omega})$ 为信号的短时谱，$U(e^{j\omega})$ 相应于频谱微细结构，而 $H(e^{j\omega})$ 相应于谱包络。发浊音时，$S(e^{j\omega})$ 为间隔频率为基音频率的离散线状谱，图 2-6 给出了此时语音谱、声门激励谱及声道响应的对应关系。图中，虚线为慢变的谱包络，表示频率变化所产生的平缓图形；而实线为迅速变化的谐波峰值的谱，即比较精细的周期图形。

根据式（9-5），与式（9-6）类似，可得信号的倒谱

$$c(n) = \mathscr{F}^{-1}\big[\ln|S(e^{j\omega})|\big] = \mathscr{F}^{-1}\big[\ln|U(e^{j\omega})|\big] + \mathscr{F}^{-1}\big[\ln|H(e^{j\omega})|\big] \tag{9-9}$$

在利用 IDFT 求 $c(n)$ 时，与时域取样类似，为避免发生混叠，需要将 N 取得足够大

$$c(n) = \frac{1}{N}\sum_{k=0}^{N-1}\ln|S(k)|e^{\frac{2\pi}{N}kn}, \qquad 0 \leqslant n \leqslant N-1 \tag{9-10}$$

式（9-9）右边两项在倒谱域中存在着较大的差别：第一项为声门激励序列的倒谱，它是以基音周期为周期的冲激序列；而第二项为声道冲激响应序列的倒谱，它集中在 $n=0$ 附近的低倒谱域。其理想情况如图 9-6（b）所示。因而可在倒谱域用一个滤波器滤除声门激励的影响。这个滤波器称为倒滤波器，其形式为

$$l(n) = \begin{cases} 1, & |n| < n_0 \\ 0, & |n| \geqslant n_0 \end{cases} \tag{9-11}$$

其中 n_0 值应选得比基音周期 N_P 小，这样可将声道冲激响应的倒谱提取出来。再对倒谱进行 DFT 就得到声道模型的对数谱 $\ln|H(k)|$，而所求得的频谱包络的平滑程度根据使用倒滤波器的不同成分而发生变化。

对于浊音和清音，倒谱法的检测效果不同：

① 浊音时，若频谱包络的变换和基音峰值的变换在倒谱域中的间隔足够大，则前者很容易识别。而声道冲激响应 $h(n)$ 的倒谱 $\hat{h}(n)$ 的特性取决于声道传递函数 $H(z)$ 的极零点

分布。当 $H(z)$ 的极零点的模不是很接近于 1 时，$\hat{h}(n)$ 将随 n 的增加而迅速减小。

② 清音时，声门激励序列具有噪声特性，其倒谱 $\hat{u}(n)$ 没有明显峰值，且 $\hat{u}(n)$ 分布于从低倒谱域到高倒谱域的很宽的范围内，因而在低倒谱域对声道响应的信息产生了影响。因而求得的声道模型对数谱与实际的声道对数谱之间将存在一定差别。

用倒谱法提取共振峰比 DFT 法有效和精确。因为倒谱运用对数运算和二次时域和频域之间的变换将基音谐波与声道的频谱包络分离开来，因此用低倒谱窗 $l(n)$ 从语音信号倒谱中所截取出来的 $h(n)$ 能更为精确地反映声道的响应。用倒谱法经过同态滤波后得到平滑的谱，消除了 DFT 法中基频谐波的影响。所以，用 $\hat{H}(k)$ 代替 DFT 谱可以较精确地(去除了激励引起的谱波动)得到共振峰参数。

图 9-18 所示为倒谱法的原理。实验表明，倒谱法比 DFT 法要好，因为其频谱曲线的波动比较小。实际上，倒谱法估计共振峰参数的效果很好，但其缺点是运算量太大。

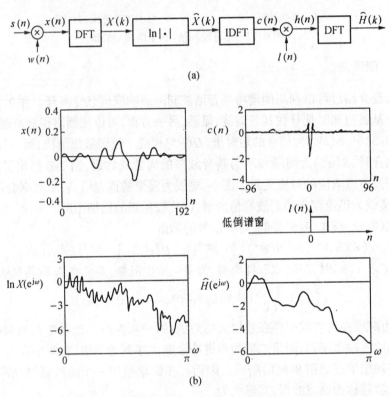

(a) 倒谱法的原理框图　　　(b) 倒谱法与 DFT 法的比较

图 9-18　用倒谱法估计共振峰及与 DFT 法的比较

同时倒谱法有两个问题难以解决：① 并不是所有的谱峰都为共振峰；② 带宽的计算。当两个共振峰很靠近时，发生谱重叠，很难从频谱曲线计算共振峰的带宽。而且峰值检测器认为此处只存在一个共振峰，当将峰值同共振峰序号相对应时会引起混乱。

语音的倒谱可以逐帧进行计算，从而得到基音频率和共振峰频率随时间变化的轨迹。基音周期和共振峰频率轨迹曲线有很多应用。图 9-19 是一段英语语音"We were away a year ago"的基音周期和共振峰频率轨迹曲线。在该图中，语音帧是相继衔接的，帧长为 512 点，取样率为 10 kHz,因而分析时帧速率大约等于 20 Hz。图中画出了长为 2s 的轨迹曲线。如果使相邻帧有部分重叠,则可提高帧速率(例如提高到 50 ~ 100 Hz),这样可以得到更为平滑的轨迹曲线。

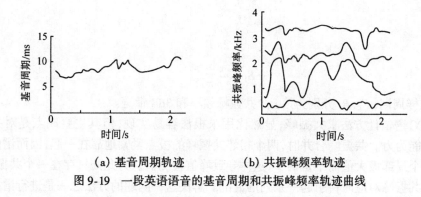

(a) 基音周期轨迹 　　　　(b) 共振峰频率轨迹

图 9-19　一段英语语音的基音周期和共振峰频率轨迹曲线

9.2.4　LPC 法

LPC 法可对语音信号进行参数解卷,它所提供的谱包络恢复方法快速、准确并且在理论上完全得到了证明。LPC 法的不足是其频率灵敏度和人耳不相匹配,但它仍然是一种最廉价、最优良的行之有效的方法。这是因为线性预测方法提供了一个优良的声道模型(条件是语音基本上不含噪声)。

用线性预测可对语音信号进行解卷:即将声门激励分量归入到预测误差中,而得到声道响应的全极模型 $H(z)$ 的分量,从而得到的 $\{\hat{a}_i\}$ 参数。尽管其精度由于存在一定的逼近误差而有所降低,但毕竟去除了声门激励的影响。

用 LPC 进行共振峰估计有两种方案。最直接的方法是对全极模型的分母多项式 $A(z)$ 进行因式分解,即用任何一种标准的求取复根的程序确定 $A(z)$ 的根,根据求得的根来确定共振峰。这种方法称为求根法。另一种方法是进行 LPC 谱估计。LPC 谱的特点是在信号的峰值处和信号谱匹配得很好,因此能够准确地求得共振峰参数;即求出语音谱包络后,搜索包络上的局部极大值,用峰值检测器确定共振峰。

下面介绍求根法,其优点在于通过对预测多项式系数的分解可以精确地决定共振峰的中心频率和带宽。找出多项式复根的过程通常采用牛顿-拉夫逊(Newton - Raphson)搜索算法。其方法是一开始先猜测一个根值并就此猜测值计算多项式及其导数的值,然后利用结果再找出一个改进的猜测值。当前后两个猜测值之差小于某门限时结束猜测过程。由上述过程可知,重复运算找出复根的计算量相当可观。然而,假设每一帧的最初猜测值与前一帧的根的位置重合,那么根的帧到帧的移动足够小,经过较少的重复运算后,可使新的根的值会聚在一起。当求根过程初始时,第一帧的猜测值可以在单位圆上等间隔设置。

假设预先选定线性预测器的阶数为 P(偶数),则可得到 $P/2$ 对共轭复根

$$z_i = r_i e^{j\theta_i} \quad z_i^* = r_i e^{-j\theta_i}, \qquad i = 1, 2, \cdots, P/2 \tag{9-12}$$

根 z_i 和 z_i^* 的组合对应于一个二阶谐振器,其中心频率 F_i 和带宽 B_i 与根的近似关系为

$$2\pi TF_i = \theta_i$$
$$e^{-B_i\pi T} = r_i \tag{9-13}$$

所以

$$F_i = \frac{\theta_i}{2\pi T}$$
$$B_i = -\frac{\ln r_i}{\pi T} \tag{9-14}$$

式中 T 为取样周期，F_i、B_i 分别为第 i 个共振峰频率和 3dB 带宽。

若用 LPC 谱估计方法求共振峰，显然比用求根法容易实现，但其主要缺点是对共振峰合并现象无能为力。共振峰合并时，两个相邻共振峰的极点紧紧地靠在一起，因而谱的包络只呈现出一个局部极大值而不是两个，这样导致峰值检测器认为此处只存在一个共振峰，因而将峰值同共振峰对应时将引起一系列的混乱。解决这一问题的方法之一是进行谱的预加重，这可使互相靠近的共振峰被合并的可能减至最小。

LPC 法所固有的一个独特优点在于：通过对预测多项式的分解能够精确地决定共振峰的频率和带宽。因为预测器阶数 P 是事先确定的，所以共轭复根对的数量最多为 $P/2$，因而对于判断哪些极点属于哪个共振峰的问题就不太复杂。它比用倒谱法获得的谱峰的个数少，因为它最多只能有 $P/2$ 个谐振峰起，而对于同态平滑谱则不存在这种限制。LPC 谱和其他谱的比较表明，它可以很好地表示共振峰结构而不出现额外的峰起和起伏。此外，在 LPC 分析中，额外的极点一般容易排除掉，因为它们的带宽比典型语音共振峰的带宽通常要大得多。

同态处理提取谱包络原理与 LPC 分析很不相同，它不依赖于模型假定，而通过倒谱窗在倒谱域进行平滑，因此得到的共振峰带宽较宽。而 LPC 法常常可以得到比较尖锐的共振峰估计，比实际的共振峰可能还要窄。

LPC 法的缺点是用一个全极点模型逼近语音谱，对于含有零点的某些音来说，$A(z)$ 的根反映了极零点的复合效应，因而无法区分这些根是相应于零点还是极点，或完全与声道的谐振极点有关。

第3篇 语音信号处理技术与应用

第10章 语音编码(1)—波形编码

10.1 概 述

语音通信是最基本、最重要的通信方式之一。语音通信在现代通信中占有重要地位,它研究的是语音信号的高效、高质量传输的问题,包括语音编码、语音加密等内容。虽然语音通信仅研究对语音信号进行压缩传输等内容,而不涉及到神经系统的机制,但是这一领域仍然存在许多需要解决的问题,而且这项技术仍处于不断发展之中。

在用模拟方式进行通信时可应用有线或无线的电话、广播等;由于对音质要求的提高以及计算机技术的迅速发展,数字通信得以产生并得到了广泛应用。语音编码是将模拟语音数字化的手段。语音信号数字化后,可以作为数字数据来传输、存储或处理,因而具有一般数字信号的优点。它有以下优点:① 数字语音信号经过信道传输时,信道引入的噪声和失真可以用整形的方法基本消除;特别是经过多次转发时,各段信道引入的噪声和失真不会积累,也可以获得高的传输质量。② 数字语音信号可以用数字加密的方法获得极高的保密性,这在保密电话通信方面是极有价值的。③ 语音信号数字化后,便于存储和选取以及进行各种处理(例如滤波、变换)。④ 数字语音信号在一些数字通信网中便于和其他各种数字信号一起传输、交换和处理。另外人们常常需要存储录制的语音,以便在一定时间内自动放音,例如电话留言系统。数字化语音的放音要比模拟磁带录音的放音灵活且易于控制,并且由于低价存储器的出现,采用数字化语音更为经济。数字语音通信是目前电信网络中最重要和最普通的业务,而且,在未来的 ISDN(综合业务数字通信网)、卫星通信、移动通信和信息高速公路等系统中都将采用数字化语音传输和存储。

从通信的角度来说,编码就是对信号进行处理,使它变换为适合于信道传输的形式。因此,在数字通信中,语音编码往往和语音信号数字化密切相关。编码一般分为信源编码和信道编码两类。语音信号可以看做是一种信源,因而对语音编码是一种信源编码。而信道编码是为了提高传输的可靠性而作的处理,因而又称可靠性编码。我们这是只讨论语音编码。

语音编码的目的是在保持可以接受的失真的情况下采用尽可能少的比特数表示语音。如果对语音直接采用 A/D 变换技术编码,则传输或存储语音的数据量太大。为了降低传输或存储的费用,就必须对其进行压缩。各种编码技术的目的就是为了减少传输码率或存储量,以提高传输或存储的效率。这里,传输码率是指传输每秒钟语音信号所需要的比特数,也称为数码率。经过这样的编码之后,同样的信道容量能传输更多路的信号,如用于存储则只需要较小容量的存储器,因而这类编码又称为压缩编码。实际上,压缩编码需要在保持可懂度与音质、降低数码率和降低编码过程的计算代价三方面折衷。语音编码的发展,一直只在用尽可能低的数码率获得尽可能好的合成语音质量的矛盾中发展的。数码率实质上反映的是频带宽度,降低数码率实质上是压缩频带宽度。

语音编码也是数据压缩技术的重要应用领域之一。数据压缩和信源编码是同一种技术,仅是名称不同而已。经过语音的压缩编码后,可以得到低数码率的语音。低数码率的数字语音具有以下优点:① 它可以在窄带信道(例如 3 kHz 模拟电话线路和高频无线电信道)上传输。采用低数码率的语音编码技术,有效地适应了信号电缆带宽窄的特点。② 更能克服信道失真,这意味着可以采用比较简单的调制解调器。③ 在大多数信道中,当误码率给定时,低数码率比高数码率所需要的发射功率更小。④ 给定容量的复接电路或复按网络允许通过更多的信道。⑤ 为了存贮一定的语音所需要的存贮器容量将更少。⑥ 当和差错纠正与扩频技术结合使用时,将具有更大的抗噪声与抗干扰能力。

随着信息社会和通信技术的高速发展,频率资源变得愈加宝贵。因此,降低语音信号的数码率一直是人们追求的目标,语音编码在实现这一目标的过程中具有重要作用。尽管通信网络容量在不断增加,但语音压缩编码一直在应用中受到关注,这是因为它有着广泛的应用前景。这些应用体现为以下两类:

(1)语音信号的数字传输。主要有数字通信系统、移动无线电、蜂窝电话和保密话音系统。这类应用又称为数字电话通信系统和保密话音系统。它与模拟语音通信系统相比具有抗干扰性强、保密性好、易于集成化等优点。它要求能够实时编解码,要有高的抗信道误码能力,能传输带内数据、单频和多频等非语音信号,并具有多次音频转接能力。信道条件、延时和数据速率是这类应用中重要的考虑对象。

(2)语音信号的数字存储。该类应用主要有呼叫服务、数字回答机和声音响应系统,如数字录音电话、语音信箱、电子留言簿、发声字典、多媒体查询系统等。这类应用又称为数字语音录放系统,它与模拟语音录放系统相比具有灵活性高、可控性强和寿命长等优点。这类应用对编码器的实时性要求不高,即不一定要求实时编码,但希望有较高的压缩效率,以降低所需的存储器容量。对解码器而言,则要求算法尽量简单,成本要低,并能够实时解码。在这类应用中,人们最关心的是语音质量和存储需求。

语音编码的发展依赖于编码理论,听觉特性以及数字信号处理的协同工作。在 60 年的时间里,语音编码已取得了迅速的发展,这是数字通信系统和电信网络飞速发展的需要。最早的标准化语音编码系统是速率为 64 kbit/s 的 PCM 波形编码器。经过对语音信号近 30 年的研究,提出了许多语音数字压缩方法,到 90 年代中期,速率为 4 ~ 8 kbit/s 的波形与参数混合编码器,在语音质量上已接近前者的水平,且已达到实用化阶段。尤其是近 10 年来,语音编码技术取得了突飞猛进的发展,在国际标准化工作中可称为是最活跃的研究领域;已具备比较完善的理论和技术体系,并进入实用阶段。

随着研究的深入,语音编码要求引入新的分析技术,如非线性预测、多分辨率时频分析(包括子波分析)、高阶统计分析技术等。预计这些技术更能挖掘人耳的听觉掩蔽和感知机理,更能以类似人耳的特性作语音的分析与合成,使语音编码系统以更接近人类听觉器官的处理方式工作,从而在低速率语音编码的研究中取得突破。根据信息论的观点,语音编码的数码率可以达到 60～150 bit/s。也就是说,语音编码的工作空间还很大。

　　语音编码大致可分为两类。一类是波形编码,即针对语音波形进行编码,而尽量保持输入波形不变,即恢复的语音信号基本上与输入语音信号波形相同。这类编码方法将语音信号作为一般的波形信号处理,具有适应能力强、语音质量好等优点,但所需要的编码速率高。它们在 16～64 kbit/s 的数码率上能给出高的编码质量,当数码率进一步降低时,其性能下降较快。第二类方法是先对语音信号进行分析,提取出其参数,对参数进行编码,在解码后由这些参数重新合成出重构的语音信号,使得到的信号听起来与输入语音相同;而不是对语音信号的波形直接处理,因而恢复信号与原信号不必保持波形相同。这种编码称做“声码器技术”。自从 30 年代末提出脉冲编码调制原理以及声码器的概念后,语音信号编码一直沿着这两个方向发展。本章介绍波形编码,下一章介绍声码器技术与混合编码。

　　值得指出的是,波形编码技术被广泛应用在许多(非语音信号的)领域,它们的基本原理大同小异。

10.2　语音信号的压缩编码原理

10.2.1　语音压缩的基本原理

　　在数字通信中,语音信号被编码为二进制数字序列,通过信道传输或存储,再经过解码后恢复为可懂的语音,如图 10-1 所示。10.1 节已经介绍过,将语音信号编码为二进制数字序列后再经传输或存储有其独特的优点。例如,可以摆脱传输或存储中噪声的干扰。模拟传输信道的噪声总要使语音信号发生畸变,而数字通信只要有足够的通信站,就能排除所有噪声的影响。另一方面,磁带录音机存储模拟语音信号时要受磁带噪声和其他噪声的影响,而采用计算机存储数字语音信号时,惟一的失真来自模数转换前的低通滤波。另外,数字编码的信号还便于处理和加密、再生与转发,也可与其他信号复用一个信道,设备便于集成等。

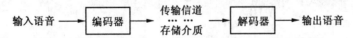

图 10-1　数字语音通信框图

　　最简单的语音编码方法是对其直接进行模/数变换;只要取样率足够高,量化每个样本的比特数足够多,则可以保证解码恢复的语音信号有很好的音质,不会丢失有用信息。然而对语音信号直接数字化所需的数码率太高,例如,普通的电话通信中采用 8 kHz 取样率,如用 12 bit 进行量化,则数码率为 96 kbit/s,这样大的数码率即使对很大容量的传输信道也是难以承受的。而语音信号用 PCM 编码后,数码率为 64 kbit/s,不进行压缩很难用调制解调器(Modem)在电话线路上传输,因而必须进行压缩编码。

　　对语音进行压缩编码的基本依据有两个。一个是从产生语音的物理机理和语言结构的性质来看,语音信号中存在较大的冗余度。从信息保持的角度讲,只有当信源本身具有冗余度,才能对其进行压缩。语音压缩实质上就是识别语音中的冗余度并设法去掉它们。冗余度最主要部分可以分别从时域或频域来考虑,归纳起来有以下几个方面:① 语音信号样本间的相关性很强,即其短时谱不平坦。② 浊音语音段具有准周期性。③ 声道的形状及其变化比较缓慢。④ 传输码值的概率分布是非均匀的。

上面所提到的冗余可以看做是客观冗余,其中前三种冗余度由语音信号的产生机理所决定,最后一种冗余度与所采用的编码方法有关。第①种冗余度可通过滤波来去除,使频谱变得平坦以降低冗余度,大多数波形编码都是利用这种原理。第③种冗余度是语音信号分帧处理的基础,它允许声道滤波器参数按帧处理,然后以较低的速率,比如每隔 10 ~ 30 ms 一帧一帧传输。而概率编码方法利用第④种冗余度进行压缩。

语音编码的第二个依据是利用人类听觉的某些特性。人耳听不到或感知不灵敏的语音分量可视为冗余(这种冗余可以看做是主观冗余),因而可以利用人耳感知模型,去除那些听觉不敏感的语音分量,而重建后的语音质量不明显下降。从听觉器官的物理机理来看,人所能听到声音的动态范围和带宽受到限制。比如,① 人的听觉生理—心理特性对于语音感知的影响存在听觉"掩蔽"现象,即一个强的音能够抑制另一个同时存在的弱的音。比如,在嘈杂环境中听不到耳语声,如工厂机器噪音会淹没人的谈话声音。掩蔽效应可分为时域掩蔽和频域掩蔽。利用这一性质可压缩语音信号。一方面,可将会被掩蔽的信号分量在传输前就去除;另一方面,可以忽略将会被掩蔽的量化噪声。比如,通过给不同频率处的信号分量分配以不同的量化比特数的方法来控制量化噪声,使得噪声能量低于掩蔽阈值,人耳就感觉不到量化噪声的存在。如图 10-2 所示,噪声和失真在比与频谱包络相关的噪声阈值小时,即使混淆于语音中,也感觉不出来。语音编码,特别是中、低速率语音编码可以利用听觉掩蔽效应改善重建语音的质量,从而达到提高语音编码主观质量的目的。② 人的听觉对低频端比较敏感(因为浊音的周期和共振峰集中在这里),而对高频端不太敏感;即高的低频音能妨碍同时存在的高频音。③ 人耳对语音信号的相位变化不敏感,而线性预测声码器正是利用人耳对相位失真不敏感的特性,没有传送语音谱的相位信息,使数码率能够压缩到 2.4

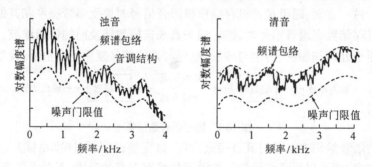

图 10-2　频谱包络与由听觉掩蔽特性决定的噪声阈值间的关系

kbit/s,甚至更低,而仍能保持很高的可懂度。④ 人耳听觉特性对语音幅度分辨率是有限的,这也应用在语音编码中。语音样点在幅度上是连续的,它的精确表示需要无穷多比特,但实际上并不需要这样做。因为人耳对语音幅度的分辨能力是有限的,对于人耳不能分辨的过多信息通过量化可以去除,以节省比特数。通常均匀量化中每样点取 12 ~ 14 bit 已听不出失真;若采用非均匀量化,每样点取 8 bit 已能获得令人满意的效果;如果采用自适应量化,所需的比特数还可以进一步压缩。

总之,利用冗余度或者语音听觉上的制约,可以压缩表示语音信号的必要信息,从而可以降低传输速率或存储容量。

10.2.2 语音通信中的语音质量

语音压缩编码考虑的因素有:① 输入语音信号的特点。② 传输比特率的限制。③ 对输出重构语音的音质要求。但是比特率的限制和重构语音的音质要求是相互矛盾的,重构语音的质量要随着比特率的降低而下降。在语音通信中,将语音质量分为以下四等:① 广播质量:宽带,带宽为 0～7 200 Hz,语音质量高,感觉不出噪声存在。② 长途电话质量:指通过电话网传输后得到的语音质量,带宽为 200～3 200 Hz,信噪比大于 30 dB,谐波失真小于 2%～3%。③ 通信质量:可以听懂,但和长途电话质量相比,明显有较大的失真。④ 合成质量:80%～90%可懂度,音质较差,听起来像机器说话,失去了讲话者的个人特征。

在语音通信中,为达到广播质量的要求,至少需要 64 kbit/s 的数码率;而达到长途电话的质量,需要 10～64 kbit/s 的数码率;要达到通信质量的要求,数码率可降低到 4.8 kbit/s;而合成质量的数码率在 4.8 kbit/s 以下。一般对公众的服务(包括卫星通信),至少要求达到长途电话的质量。

10.2.3 两种压缩编码方式

在波形编码中,要求重构的语音信号 $\hat{s}(n)$ 的各个样本尽可能接近原始语音 $s(n)$ 的样值。令

$$e(n) = \hat{s}(n) - s(n) \tag{10-1}$$

表示重构误差。波形编码的目的是在给定传输比特率下,使 $e(n)$ 最小,因而在这种方法中信噪比是评定标准。而声码器中解码后合成的语音信号与原始语音信号之间没有一一对应的关系,因而音质的好坏要由主观进行评价,而缺乏客观标准。此外,波形编码的语音质量好,因为这种方法保留了信号原始样本的细节变化,从而保留了信号的各种过渡特征,所以解码语音质量一般较高;但这种方法降低比特率困难。而声码器语音的自然度、可懂度差,较少地保留讲话人的特征,受噪声和误码的影响大,算法复杂。

10.3　脉冲编码调制(PCM)及其自适应

10.3.1 均匀 PCM

波形编码方式的最简单形式是脉冲编码调制(Pulse Code Modulation,简称 PCM),自从 1937 年提出 PCM 以来,开创了语音数字通信的历程。直到今日,64 kbit/s 的标准 PCM 系统仍占有统治地位。PCM 是用同等的量化级数进行量化的,即采用均匀量化。均匀量化是基本的量化方式,作为 A/D 与通常的 A/D 变换是相同的。这种方式完全没有利用语音的性质,所以信号没有得到压缩。这种方式将语音变换成与其幅度成正比的二进制序列,由于二进制数值往往用脉冲表示,并用脉冲对采样幅度进行编码,故称为脉冲编码调制。根据取样定理,只要取样率高于信号最高频率的 2 倍,就可以由被编码后的信号无失真地恢复出原始语音。

PCM 编码过程如图 10-3 所示。首先用一个反混叠失真滤波器将模拟语音信号的频谱限制在适当的范围内;然后以等于或高于奈奎斯特取样率的频率对带限语音信号进行等间隔取样,并对取样值进行量化;然后用一组二进制码脉冲序列表示各量化后的取样值,于是便

用数字编码脉冲序列表示了原来的语音信号波形。在实际编码设备中,取样和量化是由 A/D 转换器完成的。

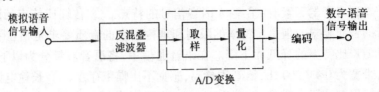

图 10-3   PCM 编码原理图

只要取样率足够高,量化字长足够大,使用 PCM 可使解码后恢复的语音信号有很好的质量。但是这种对语音信号直接量化的方法需要很高的数码率。第 3.2 节中曾指出,假设量化误差 $e(n)$ 在各个量化间隔 Δ 的区间里均匀分布,则量化信噪比可近似写为

$$\text{SNR(dB)} = 6.02 \, B - 7.2 \qquad\qquad (10\text{-}2)$$

其中 B 为量化字长。由上式知,信噪比取决于量化字长。当要求 60 dB 的 SNR 时,B 至少应取 11。此时,对于带宽为 4 kHz 的电话语音信号,若采样率为 8 kHz,则 PCM 要求的速率为 8 k × 11 = 88 kbit/s。这样高的比特率是不能接受的,因而必须采用具有更高性能的编码方法。

10.3.2   非均匀 PCM

均匀量化有一个缺点,在信号动态范围较大而方差较小时,其信噪比将下降;这由式 (3-2) 中可以看出。在第 2.3.3 中曾指出,从观测到的语音信号概率密度可知,语音信号大量集中在低幅度上。因而,可以利用非均匀量化,这种量化在低电平上量化阶梯最密集。非均匀量化也可看做是将信号进行非线性变换后再作均匀量化,而非线性变换后的信号应具有均匀的(矩形)概率密度分布。

非均匀量化的基本思想是对大幅度的样本使用大的 Δ,对小幅度的样本使用小的 Δ;在接收端按此还原。图 10-4 给出了均匀量化和非均匀量化的特性。最常见的非均匀量化形式是从 60 年代起应用于电话网上的语音编码的对数压扩特性,这种技术也称为对数压缩-扩张技术。采用对数压扩的主要原因是语音中低幅度值信号可能是非常重要的,因而应尽可能精确量化,同时避免大幅度的信号过载。通常被电话系统采用的 PCM,利用语音信号幅度的统计特性,对幅度按对数变换压缩,将压缩后的信号作 PCM,因此称为对数 PCM。当然在译

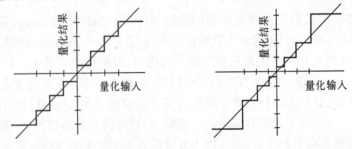

(a) 均匀量化特性   (b) 非均匀量化特性

图 10-4   均匀与非均匀量化特性

码时,需要按指数进行扩展。对数 PCM 是波形编码在语音中最直接的应用,因为语音信号的幅度近似为指数分布,因此进行对数变换之后,在各量化间隔内出现的概率相同,这样可以得到最大的信噪比。

国际上采用两种非均匀量化方法:A 律和 μ 律,这两种方式差别很小,μ 律压缩是最常用的一种。在美国,7 位 μ 律 PCM 一般已被接受为长途电话质量的标准。设 $x(n)$ 为语音波形的取样值,则 μ 律压缩的定义为

$$F_{\mu}[x(n)] = X_{\max} \frac{\ln\left[1 + \mu \dfrac{|x(n)|}{X_{\max}}\right]}{\ln(1 + \mu)} \mathrm{sgn}[x(n)] \tag{10-3}$$

式中,$X_{\max}$ 是 $x(n)$ 的最大幅值,μ 是表示压缩程度的参量,$\mu = 0$ 表示没有压缩,μ 越大其压缩率越高,故称之为 μ 律压缩。通常 μ 在 $100 \sim 500$ 之间取值。取 $\mu = 255$,可以对电话质量语音进行编码,其音质与 12 位均匀量化器的音质相当。图 10-5 给出了 μ 律压缩特性及量化系统框图。在图 10-5(b) 中,$c(n)$ 表示编码后的语音信号,$c'(n)$ 表示接收端得到的编码信号,$\hat{x}(n)$ 表示解码后的恢复信号。

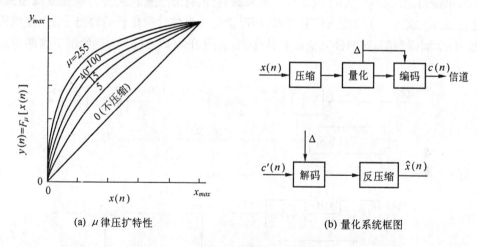

(a) μ 律压扩特性   (b) 量化系统框图

图 10-5 μ 律压扩特性及量化系统框图

我国则采用 A 律压缩,其压缩公式为

$$F_{A}[x(n)] = \begin{cases} \dfrac{A|x(n)|/X_{\max}}{1 + \ln A} \mathrm{sgn}[x(n)] & \left(0 \leqslant \dfrac{|x(n)|}{X_{\max}} < \dfrac{1}{A}\right) \\[4mm] X_{\max} \dfrac{1 + \ln[A|x(n)|/X_{\max}]}{1 + \ln A} \mathrm{sgn}[x(n)] & \left(\dfrac{1}{A} \leqslant \dfrac{|x(n)|}{X_{\max}} \leqslant 1\right) \end{cases}$$

$$\tag{10-4}$$

目前有标准的 A 律 PCM 编码芯片(如 2911)。

10.3.3   自适应 PCM(APCM)

PCM 在量化间隔上存在矛盾:为适应大的幅值要用大的 Δ,但为了提高信噪比又希望用

小的 Δ。为解决此问题,除了前面介绍的非均匀量化外,还有一种是采用自适应方法,称为自适应 PCM(Adaptive PCM,简称 APCM)。它是使量器的特性自适应于输入信号的幅值变化,也就是 Δ 匹配于输入信号的方差值,或使量化器的增益 G 随着幅值而变化从而使量化前信号的能量为恒定值。图 10-6 给出了这两种自适应方法的原理图。

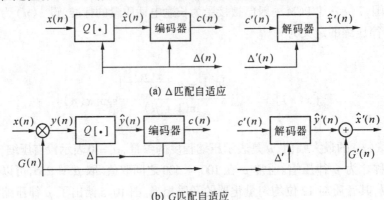

(a) Δ匹配自适应

(b) G匹配自适应

图 10-6　两种自适应量化的框图

如果按自适应参数 $\Delta(n)$ 或 $G(n)$ 的来源划分,自适应量化又分为前馈或反馈两种。前馈是指 $\Delta(n)$ 或 $G(n)$ 由输入信号获取,而反馈是指由估计量化器的输出 $\hat{x}(n)$ 或编码器的输出 $c(n)$ 而得到的。这两种方法各有其优缺点。图 10-7 以 $\Delta(n)$ 为例给出了这两种系统框图。

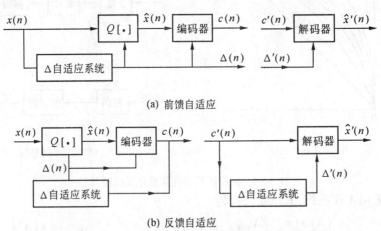

(a) 前馈自适应

(b) 反馈自适应

图 10-7　Δ匹配的前馈和反馈自适应系统框图

前馈自适应是计算信号有效值并决定最合适的量化间隔,用此量化间隔控制量化器 $Q[\cdot]$,并将量化间隔信息发送给接收端;而反馈自适应是由编码器输出 $c(n)$ 来决定量化间隔 $\Delta(n)$,而在接收端由量化传来的幅度信息自动生成量化间隔。显然,反馈与前馈相比的优点是勿须将 Δ 传送到信道中去,但对误差的灵敏度较高。通常,采用了自适应技术之后可得到约 4 ~ 6 dB 的编码增益。

不论前馈还是反馈自适应,其参数 $\Delta(n)$ 或 $G(n)$ 均由下式产生

$$\Delta(n) = \Delta_0 \cdot \sigma(n)$$
$$G(n) = G_0/\sigma(n) \qquad (10-5)$$

即 $\Delta(n)$ 正比于方差 $\sigma(n)$，而 $G(n)$ 反比于 $\sigma(n)$。同时，$\sigma(n)$ 正比于信号的短时能量，即

$$\sigma^2(n) = \sum_{m=-\infty}^{\infty} x^2(m)h(n-m) \qquad (10-6)$$

或

$$\sigma^2(n) = \sum_{m=-\infty}^{\infty} c^2(m)h(n-m)$$

式中，$h(n)$ 就是短时能量定义中的低通滤波器的单位函数响应。

10.4　预测编码及其自适应 APC

10.4.1　预测编码及自适应预测编码(APC)原理

第 6 章中曾详细讨论了线性预测分析原理。它是从过去的一些取样值的线性组合来预测和推断现在的语音值。线性预测也常用来压缩语音，即用预测误差和线性预测系数进行编码。因为预测误差 $e(n)$ 的动态范围和平均能量均比信号 $x(n)$ 小，所以可以实现压缩，减少量化 bit 数。在接收端，只要使用与发送端相同的预测器，就可恢复原信号 $x(n)$。基于这种原理的编码方式称为预测编码(Predictive Coding，简称 PC)，它是波形编码的一个重要分支，包括差分脉冲编码调制和增量调制。当预测系数是自适应随语音信号变化时，预测编码被称为自适应预测编码(Adaptive PC，简称 APC)。图 10-8 给出了一个基本的 APC 系统。

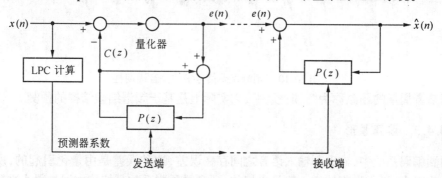

图 10-8　自适应预测编码 APC 系统框图

语音数据流一般分为 10 ~ 20 ms 相继的帧，而预测器系数(或其等效参数) 则与预测误差一起传输。在接收端，用由预测器系数控制的逆滤波器再现语音。采用自适应技术后，预测器 $P(z)$ 要自适应变化，以便与信号匹配。

下面说明预测编码能够改善信噪比的原因。根据信号量化噪声比的定义，有

$$\mathrm{SNR} = \frac{E[s^2(n)]}{E[q^2(n)]} = \frac{E[s^2(n)]}{E[e^2(n)]} \cdot \frac{E[e^2(n)]}{E[q^2(n)]} \qquad (10-7)$$

其中，$E[s^2(n)]$、$E[e^2(n)]$ 和 $E[q^2(n)]$ 分别为信号、预测误差和量化噪声的平均能量。很明显，式中的 $E[e^2(n)]/E[q^2(n)]$ 是由量化器决定的信噪比，而 $G_p = E[s^2(n)]/E[e^2(n)]$ 反映

了线性预测带来的增益,称为预测增益。由式(10-7)可知,由于引入了线性预测,SNR将得到改善。图10-9给出了固定预测和自适应预测两种情况下 G_p 和预测器阶数 P 的关系(说话人为女性)。由图可见,固定预测时,预测增益约为10 dB;而自适应预测时,预测增益约为14 dB。

10.4.2 短时预测和长时预测

因为浊音信号具有准周期性,所以相邻周期的样本之间具有很大的相关性。因而在进行相邻样本之间的预测之后,预测误差序列仍然保持这种准周期性,如图10-10所示,这是"əbove"中[ə]音部分的预测误差(10阶协方差线性预测;预测前对语音进行差分运算)。可见预测误差是脉冲串,显示出明显的周期性,它相当于基音周期。为此,可以通过再次预测的方法来压缩比特率,即根据前面预测误差中的脉冲消除基音的周期性;将这种预测称为基于基音周期的预测。由于10.4.1中介绍的预测利用了比较相邻的样本值(例如用8 kHz取样,利用4 ~ 20个样本),所以称为"短时预测",它实际上是频谱包络的预测;而为了区别于短时预测,

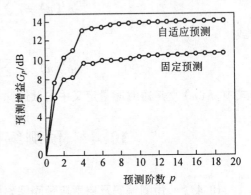

图 10-9 语音信号的预测增益与预测阶数的关系

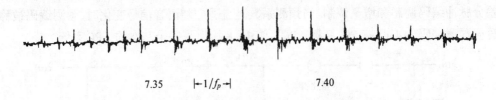

7.35 |← $1/f_p$ →| 7.40

图 10-10 预测误差信号中的基音周期性

将基于基音周期的预测称为"长时预测",它实际上是基于频谱细微结构的预测。

10.4.3 噪声整形

预测编码系统中,输出和输入语音之间存在误差,这种误差是由量化引起的,所以也被称为量化噪声。量化噪声的谱一般是平坦的。预测器预测系数是按均方误差最小准则来确定的,但均方误差最小并不等于人耳感觉到的噪声最小。由于听觉的掩蔽效应,对噪声主观上的感觉,还取决于噪声的频谱包络形状。我们可以对噪声频谱整形使其变得不易被察觉:如果能使噪声谱随语音频谱的包络变化,则语音共振峰的频率成分就必然会掩盖量化噪声,如10.2.1中所述。这种技术称为噪声整形。

考察图10-11,这里采用了一个简单的控制量化噪声谱的方法,是加入了一个噪声反馈滤波器 $F(z)$。这样从量化器输出减去量化器输入而分离出量化噪声。因而,在恢复的语音中,

$$Y(z) = X(z) + N_q(z)\frac{1 - F(z)}{1 - P(z)} \tag{10-8}$$

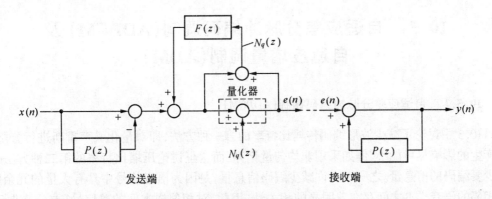

发送端   接收端

图 10-11   带有噪声谱整形的 APC 系统

而噪声谱由两个滤波器函数之比来整形。如果对 $F(z)$ 进行如下设计,使 $1 - F(z)$ 的根相当于 $1 - P(z)$ 的根且接近原点,则为不完全对消,且恢复语音上的噪声频谱跟随语音本身的频谱变化。如果

$$P(z) = \sum_{i=1}^{p} a_i z^{-i}$$

则可通过将每个 a_i 乘以因数 r^i 的方法,使所有 $1 - P(z)$ 的根接近或远离原点。因而可由 $P(z)$ 构成 $F(z)$ 如下

$$F(z) = \sum_{i=1}^{p} r^i a_i z^{-i} \tag{10-9}$$

式中,r 为控制参数,其取值范围为 $0 < r < 1$。当 r 趋近于 0 时,量化噪声的谱线接近于原始语音的谱线;当 r 趋近于 1 时,量化噪声的谱线变得平坦起来。实际的 r 要根据听觉实验选择最佳值。当 $r = 0.73$ 时产生满意的结果,图 10-12 内的曲线就是由这个因数得到的。

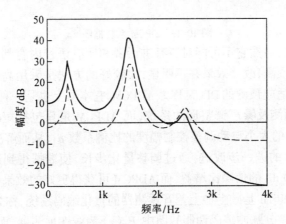

图 10-12   噪声整形。实线为由线性预测估计的频谱
包络;虚线为噪声整形滤波器的频谱

由于进行噪声抑制,使系统稍微变得复杂。然而,实验表明,SNR 能得到 12 dB 的改善($r = 0.8$ 时);若进一步加上基音周期预测、自适应量化等手段,APC 系统在 16 kbit/s 时可得到与 7 bit 的对数 PCM 同等的话音质量(35 dB 信噪比)。

10.5 自适应差分脉冲编码调制(ADPCM)及自适应增量调制(ADM)

10.5.1 自适应差分脉冲编码调制(ADPCM)

10.3 中讨论了减少波形编码传输比特率的第一种方法,即对量化噪声重新进行分配使之产生的影响尽可能小,例如采用非均匀量化等。而这里讨论压缩比特率的第二种方法,即减少要编码的信息量。之所以允许减少编码信息量,是因为语音信号中具有大量的冗余度。在相邻的语音样本之间存在着明显的相关性,因此,对相邻样本间的差信号(差分)进行编码,便可谋求信息量的压缩,因为差分信号比原语音信号的动态范围和平均能量都小。这种编码称为差分脉冲编码调制(Differential PCM,简称 DPCM)。

DPCM 实质上是预测编码 APC 的一种特殊情况,即最简单的一阶线性预测,即

$$A(z) = 1 - a_1 z^{-1} \tag{10-10}$$

当 $a_1 = 1$ 时,被量化的编码是 $e(n) = x(n) - x(n-1)$,其系统框图如图 10-13 所示。图中 P 为线性预测器,$Q[\cdot]$ 为量化器。

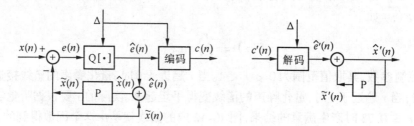

图 10-13 DPCM 系统框图

由于 a_1 是固定的,显然它不可能对所有讲话者和所有语音内容都是最佳的,如果采用高阶($P > 1$)的固定预测,改善效果并不明显;比较好的方法是采用高阶自适应预测。采用自适应量化及高阶自适应预测的 DPCM 称为 ADPCM,它本质上也是一种 APC。但通常 APC 指包括短时预测、长时预测及噪声谱整形的系统,而 ADPCM 是只包括短时预测的编码系统。ADPCM 可以按照信号的大小自动调整控制幅度的比例系数 a_1,从而解决了 DPCM 的适应问题。该方法是对 DPCM 的进一步改进,通过调整量化步长,使数据得到进一步压缩。实践表明,DPCM 可获得约 10 dB 的信噪比增益,而 ADPCM 可获得更好的效果(14 dB)。

图 10-14 是在 ADPCM 基础上加上基音预测器的量化编码系统,称为 APPDPCM(带有自适应基音周期预测的差分脉冲编码调制)。图中 $P_A(z)$ 为线性预测器,而 $P_B(z)$ 是基音周期预测器。

CCITT 在 1984 年提出的 32 kbit/s 编码器建议(G.721),就是采用 ADPCM 作为长途传输中的一种新的国际通用语音编码方案。这种 ADPCM 可达到标准 64 kbit/s PCM 的语音传输质量,并具有很好的抗误码性能。

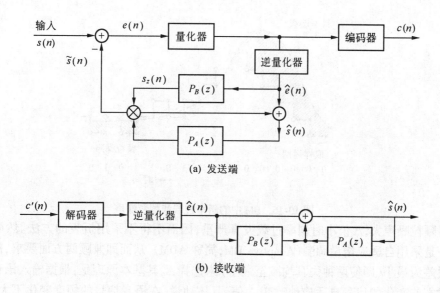

(a) 发送端

(b) 接收端

图 10-14   带有基音预测的 ADPCM 系统

10.5.2   增量调制(DM) 及自适应增量调制(ADM)

1. 增量调制

增量调制(Delta Modulation,简称 DM 或 ΔM) 是一种特殊简化的 DPCM,是一种极限情况,只用 1 bit 的量化器。对于相关信号,随着取样率的提高,邻近样本间的相关性变强,预测误差减小,根据差分结构,由于预测增益很高,所以也能够允许粗糙的量化,这就是 DM 的原理。其最大特点是简单、易于实现。

DM 的基本方案示于图 10-15 中。如果差值为正,则量化器输出 1;如果差值为负,则量化器输出为 0。在接收端,用接收的脉冲串控制,信号就可以用上升下降的阶梯波形来逼近。

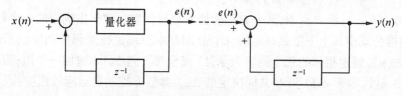

图 10-15   增量调制系统框图

在 DM 中,与量化阶梯 Δ 相比,当语音波形幅度发生急剧变化时,译码波形不能充分跟踪这种急剧的变化而必然产生失真,这称为斜率过载。相反地,在没有输入语音的无声状态时,或者是信号幅度为固定值时,量化输出都将呈现 0、1 交替的序列,而译码后的波形只是 Δ 的重复增减。这种噪声称为颗粒噪声,它给人以粗糙的噪声感觉。图 10-16 给出了这两种噪声的形式。

DM 和 DPCM 都是预测编码,而且是第一个广泛使用的预测编码。在 DM 中,对于电话频带的语音波形,为了确保高质量,取样率要求在 200 kHz 以上。同时,由于使用固定的增量单元 Δ,不能适应信号的快慢变化,大约只有 6 dB 的增益。

2. 自适应增量调制

DM 中只有 Δ 和 -Δ 两个量化电平,幅值 Δ 是固定的。在如何选择 Δ 的问题上有矛盾,Δ

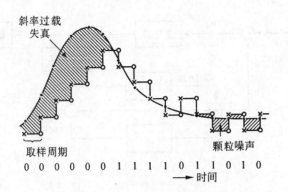

图 10-16　DM 中的斜率过载和颗粒噪声

值大时颗粒噪声大,Δ值小时斜率过载失真严重,因而不得不采用折衷的方法。然而最理想的方法是采用自适应增量调制(Adaptive DM,简称 ADM)。从而即兼顾两方面要求,需按均方量化误差为最小(即使两种失真均减至最小)来选择Δ。其基本原理是:根据输入语音信号的幅度或方差变化的信息自适应地改变Δ值。具体地说,在语音信号的幅度变化不大的时候,取较小的Δ值以减小颗粒噪声;而在语音信号幅度变化大的时候,取较大的Δ值以减小斜率过载失真。引入自适应技术后,ADM 大约可增多 10 dB 的增益。实验表明,取样率为 56 kHz 时ADM 具有与取样率为 8 kHz 时的 7 bit 对数 PCM 相同的语音质量。DM 的优点是因采用 1 位码,因此,收发不要求码字同步。但其量化噪声过大。一阶线性预测也不及高阶线性预测精确。改善 DM 性能的一般方法是采用自适应量化和高阶线性预测。

3. 连续可变斜率增量调制(CVSD)

连续可变斜率增量调制(Continuously Variable Slop Delta Modulation,简称 CVSD)是一种常用的 ADM,其自适应规则是

$$\Delta(n) = \begin{cases} k\Delta(n-1) + P, & e(n) = e(n-1) = e(n-2) \\ k\Delta(n-1) + Q, & \text{其他} \end{cases} \tag{10-11}$$

这里 $0 < k < 1$,而 $P > Q$,其中 P 是能使系统对斜率过载作出响应的一个较大的常数。$\Delta(n)$ 的递推公式中其上下限是确定的。CVSD 的基本原理是按照码序列中表示斜率过载的情况改变 $\Delta(n)$。假定相邻的三个码字为全"1"或全"0",则 $\Delta(n)$ 增加一个值;否则,$\Delta(n)$ 一直递减到由 k(因为 $k < 1$)和 Q 共同决定的 Δ_{min}。参数 k 控制自适应的速度:若 k 接近于 1,则 $\Delta(n)$ 增加或减小的速率变慢;若 k 很小,则自适应速度加快。

CVSD 编码器在低于 24 kbit/s 时,语音质量优于 ADM;主要是颗粒噪声低,听起来比较清晰。但在 16 kbit/s 时,其语音质量低于同数码率的 APC,而在 40 kbit/s 以上时,可有优等长话的语音质量。

10.6　子带编码(SBC)

前面介绍的各种编码均是时域编码方法,本节和下一节介绍频域编码。频域编码属于变换域编码。频域编码方法是当前的一个研究热点。实现频域编码主要依据以下两个基本原则:① 通过合适的滤波或变换,可以在频域上得到数目较少、相关性较小的分量,从而提高编码效率。② 按收者所感知的失真信息用来提高语音编码的性能。

语音信号对人耳的听觉贡献与信号频率有关,比如人耳对 1 kHz 频率成分尤其敏感。与人耳听觉特性在频率上分布的不均匀性相对应,人所发出的语音信号的频谱也是不平坦的。多数人的语音信号能量主要集中在 500 Hz ~ 1 kHz 左右,并随着频率升高衰减很快。因而,可将语音信号用某种方法划分为不同频段上的子信号,根据各子信号的特性分别编码。比如,对其中能量较大、对听觉有重要影响的部分(500 ~ 800 Hz 内的信号) 分配较多的 bit 数,次要信号(如电话语音中 3 kHz 以上信号) 则分配较少的 bit 数。在接收端对各子信号分别编码后的 bit 被分别解码,然后合成为重构的语音信号。

子带编码(Sub - Band Coding,简称 SBC) 也称为频带分割编码。它与 10.7 中将要介绍的自适应变换编码一样,也是在频域上寻求语音压缩的途径。但与后者不同的是,它不对信号直接变换,而是首先使用带通滤波器组(也称为分析子带滤波器组) 将语音信号分割成若干个频段,也称为子带。然后用调制的方法对滤波后的信号进行频谱平移变成低通信号(即基带信号),以利于降低取样率进行抽取(即进行欠采样);再利用奈奎斯特速率对其进行取样,最后再进行编码处理。在接收端,信号通过内插恢复原始的取样率,通过调制恢复到原来的频带,这样各个频带的分量相合成以得到重构的语音信号。

SBC 的优点是对应于人的听觉特性,可以比较容易地考虑噪声的抑制:即各子带可以选用不同的量化参数以分别控制其信噪比,满足主观听觉的要求。例如,由于语音能量的不平衡,对于含有基音频率和第一共振峰的低频部分,对语音清晰度等主观品质影响较大,应分配比较多的信息,量化细些;反之,高频部分的量化就可粗些。这样,可以减少量化噪声对听觉的妨害程度,整体上也能降低比特数。另外,量化噪声只能出现在各被分割的频带内,对其他频带没有任何影响,所以可以较容易地控制噪声谱。

一般 SBC 使用 4 ~ 8 个子带,各带内使用 APCM 编码。SBC 中各带通滤波器中各子带的频率和带宽应考虑到对主观听觉贡献相等的原则作分配,即按清晰度指数贡献相等来划分,但这将使频率变换变得很复杂。实际中往往采用"整数带"取样方法。该方法有利于硬件实现,因为它不需要调制器来平移各子带的频谱成分,因而可避免由频率转换而引起调制工作。之所以称为整数带是因为一个子带的最低频率与其带宽之比为一整数。有关子带编码器的整数带原理如图 10-17(a) 所示;图 10-17(b) 中,语音信号经带通滤波器 BP_1 至 BP_N 分为 N 个子带,各子带间允许有小的间隙。

图 10-18 给出了子带信号的取样、编码和解码过程:在发送端,各个滤波器的输出按 $2f_i$ 速率再取样(f_i 是第 i 个子带的带宽),重新取样后的子信号经编码和多路器后送入数字信道。在接收端,分路器和解码器恢复出各子带信号,它们经过补零、再增加取样,和原始信号 $s(n)$ 相同;再通过和发送端相同的一组带通滤波器,最后对各滤波器输出求和便产生出重构的语音信号。

子带编码中,重构语音的质量受带通滤波器组的性能影响很大。理想情况下,各子带之和可以覆盖全部信号带宽而不重叠。但实际的数字滤波器的阻带和通带总存在波动,难以得到这种理想情况。如果子带滤波后的各频带重叠太多,将会需要更大的数码率;原来各独立子带的误差也会影响相邻的子带,造成混叠现象。早期的解决方法是相邻子带间留有间隙,尽管采取了这一措施,这些间隙仍会引起输出结果的回声现象。为此可采用正交镜像滤波器(Quadrature mirror filter,简称 QMF) 技术,它大大降低了解决这一问题的难度,其处理既简单又能消除频谱混叠。正交镜像滤波器允许编码器分解滤波中的混叠现象,尽管这可能会导致

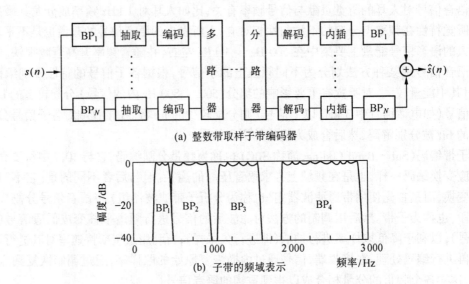

(a) 整数带取样子带编码器

(b) 子带的频域表示

图 10-17 整数带取样子带编码器

信号混淆,但可以通过选择重构滤波器来准确无误地消除混叠。因而实现 SBC 时往往用 QMF。这种方法首先将整个语音带分成两个相等部分而形成子带的,然后这些子带被同样分割以形成四个子带。这个过程可按需要重复,以产生任何 2^k 个子带。

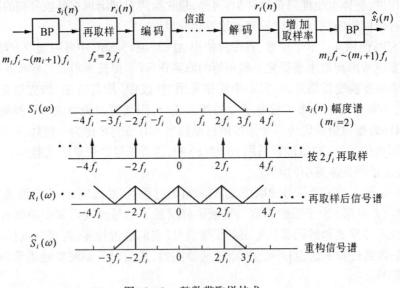

图 10-18 整数带取样技术

正交镜像滤波法的原理如图 10-19 所示。图中,H_1 是低通滤波器,其通带为 $x(n)$ 的下半带;而 H_2 是上半带,是相应于 H_1 的镜像滤波器。这种滤波器所具有的性质是:上子带滤波器的频率响应是下子带滤波器频率响应的镜像,即

$$\left| H_1(e^{j\omega T}) \right| = \left| H_2(e^{j(\frac{\omega_s}{2}-\omega)T}) \right| \tag{10-12}$$

式中,$\omega_s = 2\pi f_s$ 是 $x(n)$ 的取样角频率。这样一对滤波器可用有限冲激响应(FIR)数字滤波器实现,H_2 是将 H_1 冲激响应每隔一个样本的符号反号由 H_1 得到的。子带每分隔一次,采样

率就随着降低1倍。在接收端,输入样本通过内插进行过采样,并采用与发送端滤波器相匹配的数字滤波器进行带通滤波。

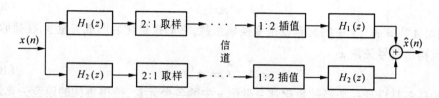

图 10-19   正交镜像滤波法原理

如果 H_1 和 H_2 滤波器的阶数为偶数时,这一过程使输入信号完全恢复,只是具有一定的时间延迟。但是正交镜像滤波法只能完成频带的对分,这就限制了子带带宽的选择。

根据实验,采用 16 kbit/s 的信息量时,SNR 是 11.2 dB,几乎与 16 kbit/s 的 ADPCM 相同;而在听觉主观评价方面,SBC 大体与 22 kbit/s 的 ADPCM 相当。

除了基本的正交镜像滤波法外,人们还采用了一些附加方法,如在子带编码中加入基音预测、自适应量化和自适应比特分配等。

10.7   自适应变换编码(ATC)

变换编码是一种优秀的高质量的语音压缩编码方法。它将时域的语音信号变换到频域,变换后的数值表示信号中不同频率分量的强度;然后将这些变换系数按照比特分配的结果进行量化编码。变换编码可以获得比较高的频率分辨率和压缩效率。

自适应变换编码(Adaptive Transform Coding:ATC) 就是一种变换编码。它与 SBC 一样,也是在频域上寻求语音压缩的途径,是在频域上分割信号的编码方式,但比 SBC 增加了相当大的自由度。它是在 8 ~ 16 kbit/s 数码率范围内对语音波形进行编码的著名方法之一。

这种方法是对信号进行正交变换以降低信号相邻样本间的冗余度。它利用正交变换,将

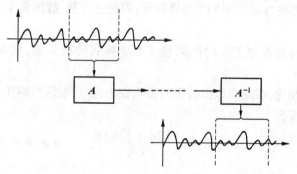

图 10-20   自适应变换编码的一般方案

信号从时域变换到另一个域。正交变换可起去相关的作用,使变换域系数集中在一个较小范围内。一般方案示于图 10-20 中,将语音数据串分成相邻的帧,每帧由运算 A 进行变换,并对变换值进行编码和传输。在接收端由反变换 A^{-1} 来恢复原来语音。

设一帧语音信号 $s(n),0 \leqslant n \leqslant N-1$,可以形成一个矢量

$$x = [s(0), s(1), \cdots s(N-1)]^{\mathrm{T}} \qquad (10\text{-}13)$$

这里 T 表示转置。该矢量通过一个正交变换矩阵 A,进行一个线性变换

$$y = Ax \qquad (10\text{-}14)$$

式中,A 满足 $A^{-1} = A^{\mathrm{T}}$,y 中的元素就是变换域系数,它们被量化后形成矢量 $\hat{y}$,在接收端通过逆变换重构出信号矢量 $\hat{x}$

$$\hat{x} = A^{-1}\hat{y} = A^{\mathrm{T}}\hat{y} \qquad (10\text{-}15)$$

ATC 的任务是设计一个最佳量化器去量化 y 中的各个元素,使得重构的语音失真最小;或者说,使信号量化噪声比最大。可以证明,ATC 的增益是变换域系数方差的算术平均与几何平均之比

$$I_{\mathrm{ATC}} = \left[\frac{1}{N} \sum_{i=0}^{N-1} \sigma_i^2 \right] \Big/ \left[\prod_{i=0}^{N-1} \sigma_i^2 \right]^{\frac{1}{N}} \qquad (10\text{-}16)$$

这个值反映了变换域系数的能量集中程度,当变换域系数方差均相等、即能量均匀分布时,$I_{\mathrm{ATC}} = 1$,即相对于 PCM 没有信噪比增益。一般说来,变换域系数能量并不均匀分布,所以其几何平均值总是小于算术平均值,即 I_{ATC} 总是大于 1 的。

这里,关键是要提供一种合适的正交变换。主要的选择有 DFT、沃尔什-哈达马变换(WHT 变换,Walsh - Hadamard Transform。它是从方波衍生出来,幅度是 ±1,也称为 Walsh 函数)、离散余弦变换 DCT(Discrete Cosine Transform)、KLT 变换(Karhunen - Loeve Transform。如果要用最少的系数表示最大的能量,最好的方法是 KLT 变换)。目前,正交变换都采用 DCT,并往往将这种方式称为 ATC。这种变换虽然不是最佳的,但对于语音来说,已经证明仍能得到很好的结果。采用 DCT 的原因是:

① DCT 与 KLT 相比,频域变换明确,且与人的听觉频率分析机理相对应,因此容易控制量化噪声的频率范围。

② DCT 提供的性能一般在 KLT 的 1 ~ 2 dB 之内,其他变换则相当差。而 KLT 的计算量太大,需要计算协方差矩阵的特征值和特征向量。

③ 由于 DCT 只需在每帧采用 FFT 运算即可,因此运算量、数据量少,也不需要传输特征矢量。

④ 由于 DCT 统计地近似于长时间最佳正交变换和特征矢量,所以统计地看,DCT 比DFT 变换效率高。

⑤ DCT 与 DFT 相比,在端点取出波形的影响较小,在频域区的畸变小。

N 点 DCT 定义如下

$$X_c(k) = \sum_{n=0}^{N-1} x(n) c(k) \cos\left[\frac{(2n+1)k\pi}{2N} \right], \qquad 0 \leqslant k \leqslant N-1 \qquad (10\text{-}17)$$

其反变换为

$$x(n) = \frac{1}{N} \sum_{k=0}^{N-1} X_c(k) c(k) \cos\left[\frac{(2n+1)k\pi}{2N} \right], \qquad 0 \leqslant n \leqslant N-1 \qquad (10\text{-}18)$$

式中

$$c(k) = \begin{cases} 1, & k = 0 \\ \sqrt{2}, & 1 \leqslant k \leqslant N-1 \end{cases}$$

可以证明,DCT 与用 N 个零点填充 $x(n)$ 而得到的 $2N$ 点函数的 DFT 有关。令 $y(n)$ 为

$x(n)$ 的填充形式,则 $y(n)$ 的 DFT 为

$$Y(k) = \sum_{n=0}^{N-1} y(n) W^{nk}$$

式中,$W = \exp(-j2\pi/2N)$,由于填零的原因,求和计算到 $N-1$ 为止。上式还可写作

$$Y(k) = W^{-k/2} \sum_{n=0}^{N-1} y(n) W^{(n+1/2)k}$$

对实数 y 来说,和的实数部分为

$$\sum_{n=0}^{N-1} y(n) \cos\frac{(2n+1)k\pi}{2N}$$

因此 x 的 DCT 为

$$X_c(k) = c(k) \text{Re}[W^{k/2} Y(k)] \tag{10-19}$$

上式表明,利用这个关系可获得计算 DCT 的快速算法。同时,频谱包络的信息可以从 DCT 得到。

图 10-21 给出了 ATC 系统的原理框图。按每一帧作 DCT 变换,把 DCT 系数划分为 20 个

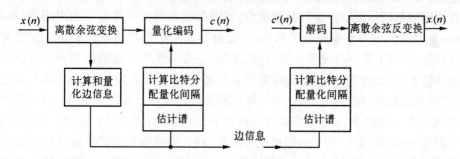

图 10-21 ATC 原理框图

左右的频带,求各频带的平均功率,作为边带信息传送。这样,编码器输出的信号为表示频谱包络的辅助信息以及被量化过的 DCT 系数。传输边带信息需要 2 kbit/s 的数据量。

在非自适应情况下,码位分配和量化间隔均根据语音信号长时间统计特性来确定,是固定不变的。而自适应情况下,需要估计每帧变换谱的包络,使用估计的谱值代替方差,再计算出码位的分配。表征估计谱的参数作为边带信息传送到接收端,接收端使用和发送端相同的步骤计算比特分配,以便解码变换域参数。这样做能够最恰当地(使波形失真为最小)分配各 DCT 系数的量化 bit 数,同时自适应地控制量化级幅度。波形失真为最小的分配原则,就是设法使频谱的各系数失真的平方和为最小,且在频率轴上产生均一的量化失真。

ATC 的优势取决于自适应的效果,也就是估计谱对语音信号短时谱的逼近程度,所以估计谱应能正确反映变换域系数的能量分布。但是估计谱要作为边带信息传送,它所占的 bit 数要受到限制,可见边带信息的提取和处理也是 ATC 的重要问题之一。谱估计可采用线性预测分析,也可采用线性滤波器组的方法等等。

据报道,ATC 在 16 ~ 32 kbit/s 的范围内,与对数 PCM 相比,SNR 可得到 17 ~ 23 dB 的改善。

第11章 语音编码(2)——声码器技术及混合编码

11.1 概 述

与波形编码不同,语音参数编码通过对语音信号的参数进行提取及编码,力图使重建语音信号具有尽可能高的可懂度,即保持原语音的语意。它只要求得到的信号听起来与输入语音完全一样,而不必与输入波形相同,而重建信号的波形同原语音信号的波形可能会有相当大的差别。这类编码的优点是编码率低,例如可以低到 2.4 kbit/s 甚至 2.4 kbit/s 以下。

参数编码的基础是语音产生的数学模型,实现参数编码的器件又称为声码器(Vocoder: Voice coder 的简称),即声音编码器的简称,它是最早成功应用的语音编码器。它将分析与合成结合起来,实际上是一种语音分析-合成系统,主要用于窄带信道的语音通信。提取语音的某些特征参量(如频谱分量、共振峰频率和宽度、线性预测系数、基音频率等),对这些参量编码,在恢复语音时,用合成法从这些特征参量合成为语音。其优点是因为所传送的是参数,比较简单,节省信道,此外还可将参数码改变为保密系统,大大提高信道的使用价值,在国防和工商业中都很重要。为了达到很低的传输码率,声码器只能提取和传送那些携带听觉上最重要部分的信息的参数,同时必须进行高效的编码。声码器的主要问题是合成的语音质量差,特别是自然度较低(不一定能听出说话人是谁)。

为了充分发挥声码器的性能,以下三个因素是重要的:① 去掉语音波形中的冗余部分,提取对于听觉所需的重要参数。② 对参数进行有效的编码。③ 根据编码的参数,尽可能忠实地将语音(包括自然度和可懂度)还原出来。

通道声码器、共振峰声码器以及目前广泛使用的线性预测(LPC)声码器都是典型的声码器。在现代通信系统中,LPC 声码器和通道声码器并列为研究最深入,使用最广泛的声码器。比较有实用价值的是 LPC 声码器,因为它较好地解决了传输数码率与所得到的语音质量间的矛盾。早期曾使用过的相位声码器,由于其语音质量不如 LPC 声码器而逐渐被淘汰。而同态声码器,虽然其语音质量比 LPC 声码器好,但始终无法降低其数码率(需传送 32个左右的倒谱参数,才能有高的音质)。

20 世纪 70 年代中期,特别是 80 年代以来,语音编码技术有了突破性进展,提出了一些非常有效的处理方法,产生了新一代的参数编码算法,也就是混合编码,构成了新一代的语音编码器。这些算法克服了原有波形编码和声码器的弱点,结合了其各自的长处,在 4 ~ 16 kbit/s 的速率上能够得到高质量的合成语音,本质上也具有波形编码的优点。多脉冲码激励线性预测编码(MPLPC)、码激励线性预测编码(CELP)及规则脉冲激励线性预测编码(RPELPC)等都属于这类声码器。

11.2 声码器的基本结构

参数编码即声码器与波形编码的出发点不同:后者尽量保持原始语音的波形不变。但是,人耳的听觉对语音信号中的一部分特征敏感,而对另一部分特征不敏感。如对语音中包含的频率位置及各频率分量的大小比较敏感,而对信号在各频率点上的相位不敏感,即对其难以分辨。因此从语音的最终收听者是人耳这一点而言,完全保持语音信号的波形不变没有十分必要的意义。所以声码器主要追求与原始语音具有相同或相近的听觉效果,而不是波形的一致。

声码器是以语音的数字模型(参看图 2-18)为基础的。该模型中的参数值随时间的变化是很缓慢的(变化速率约为 25 Hz 或以下),因而这些参数可以约 50 Hz 的取样率来更新。声道滤波器参数一般有 10 ~ 20 个就足够了,每个参数以 2 ~ 5 bit 量化。这样,比特率可降至 1 ~ 3 kbit/s 的数量级。

图 11-1 是声码器的基本结构,它包括分析与合成两部分。语音信号经过分析得到谱包络和基音以及清浊音判别,编码后送入信道传输(或存贮在存贮器中);在接收端(或在需要时),压缩后的语音由合成器加以恢复。合成器是以语音数字模型为基础的,其中声道滤波器的形式与分析部分的谱包络分析器的形式相对应,它们的不同形式决定了声码器的不同类型。

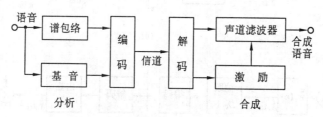

图 11-1 声码器的基本结构

这种结构的声码器输出语音的局限是:

① 由于声道滤波器阶数有限,因而合成的语音的频谱精度受到一定限制。

② 浊音激励是规则的准周期脉冲,因而含成语音中将会出现人为的规则的特性。

③ 采用了清浊音二元判决,或者产生纯粹的清音,或者产生纯粹的浊音;显然,这与实际的语音是有区别的。但是,要在语音分析时得到对清浊音的多元判决是很困难的。

④ 语音合成模型中参数更新的速率(即帧率)受到限制。然而,实际语音中常会出现爆破音或阻塞音那样的快速变化的情况。

⑤ 语音合成器中激励源只有两个,每次只能产生一个音。而实际语音是复杂的,除了主要的声音外,还可能有背景噪声和额外的音。语音分析时,这些额外的声音或背景噪声将转化为主要声音的一种失真(而不是简单的线性叠加关系)。

虽然有以上的局限性,但还没有严重到使声码器不能应用的程度。特别是在军事通信中,获得低数码率往往比获得高质量的语音更为重要。

目前常用的声码器有三种,即通道声码器、共振峰声码器和 LPC 声码器,它们的区别主要在于声道滤波器、谱包络分析器的形式以及它们的参数。

11.3　相位声码器和通道声码器

相位声码器和通道声码器都是基于短时傅里叶变换的语音"分析-合成"系统,它们利用滤波器组把语音的频率成分划分为一组相邻的频带,然后传输各频带中的语音成分。这两种声码器的差别在于这些频带或通道内的编码保真度不同。最简单的是通道声码器,它仅保持普通频谱包络形状。

11.3.1　相位声码器

相位声码器有点类似于 10.6 节中介绍的子带编码,输入语音先由一组带通滤波器组产生子带信号,然后再分别对各子带信号进行量化和编码。不同的是相位声码器中通道数一般很大,大约每隔 100 Hz 一个,因此每个通道内只有一个谐波成分。另外,它不像子带编码那样使用 APC 方法对子带信号进行编码,而是对通带内的幅度和相位导数编码。

根据第 4 章中介绍的短时傅里叶变换的原理,语音信号可以准确地用一组带通滤波器的输出 $X_n(e^{j\omega_k})$ 来表示并可由它准确地恢复原信号。图 11-2(a) 是一个通道的原理框图。

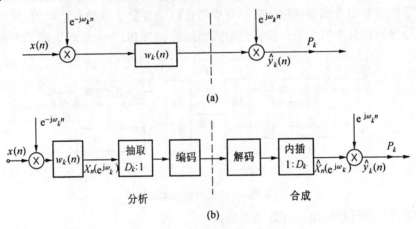

图 11-2　一个通道的原理框图

如果滤波器组有 L 个通道,适当选择各通道滤波器的中心频率 ω_k 和分析窗 $w_k(n)$ 以覆盖所要求的频带,那么对各个通道的输出求和可获得合成信号

$$y(n) = \sum_{k=1}^{L} p_k \hat{y}_k(n) \tag{11-1}$$

式中,$p_k = |p_k| e^{j\varphi(k)}$ 为复常数,其选择应使全部通道的总响应有尽可能平坦的幅度响应和线性相位特性,而分析窗 $w_k(n)$ 相应于低通滤波器的冲激响应。$X_n(e^{j\omega_k})$ 可能用比输入小得多的取样率,图 11-2(b) 是可大大降低频域取样率的原理框图。

为使图 11-2 所示系统能够实用,需要作进一步的简化,令

$$X_n(e^{j\omega_k}) = |X_n(e^{j\omega_k})| e^{j\theta_n(\omega_k)} = a_n(\omega_k) - j b_n(\omega_k)$$

则有

$$|X_n(e^{j\omega_k})| = [a_n^2(\omega_k) + b_n^2(\omega_k)]^{1/2}$$
$$\theta_n(\omega_k) = -\text{tg}^{-1}[b_n(\omega_k)/a_n(\omega_k)] \tag{11-2}$$

其次,使用相位导数 $\dot{\theta}_n(\omega_k)$

$$\dot{\theta}_n(\omega_k) = \frac{b_n(\omega_k)\dot{a}_n(\omega_k) - a_n(\omega_k)\dot{b}_n(\omega_k)}{a_n^2(\omega_k) + b_n^2(\omega_k)} \tag{11-3}$$

它是第 k 个通道输出相对于中心频率 ω_k 的瞬时频率偏移。

采用相位导数而不是相位本身的主要原因在于:当声道和音调都缓慢变化时,$X_n(e^{j\omega_k})$ 的幅度和相位也都在缓慢变化。但相位值是无界的,不适宜于量化;而相位导数是频率偏移,是有界的。另外,由于相位声码器中通道数很大,其基音周期在一帧内是一个常数,那么只有一个谐波落在一个通道的频带内。所以 $|X_n(e^{j\omega_k})|$ 反映了声道在 ω_k 频率上缓慢变化的幅度响应,而相位导数是该通道内谐波分量对中心频率 ω_k 的偏离,将是个常数。因而,相位声码器中只要用很少的比特数来量化这二个参数,从而使传输码率得以降低。图 11-3 给出了其实现框图。而由 $a_n(\omega_k)$ 和 $b_n(\omega_k)$ 求 $|X_n(e^{j\omega_k})|$ 和 $\dot{\theta}_n(\omega_k)$ 以及涤 $|X_n(e^{j\omega_k})|$ 和 $\dot{\theta}_n(\omega_k)$ 求 $a_n(\omega_k)$ 和 $b_n(\omega_k)$ 的框图如图 11-4 所示。

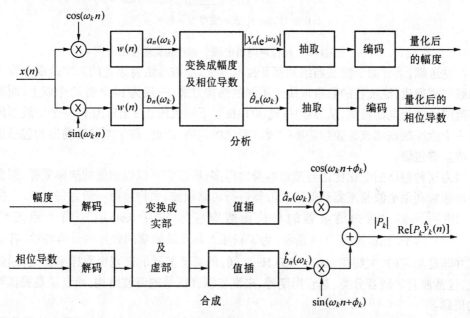

图 11-3　相位声码器中完整的单通道框图

11.3.2　通道声码器

通道声码器是语音技术最早和最重要的一种应用,是广泛应用的早期声码器形式。发送端对输入语音进行粗略的频谱分析,而接收端产生一信号,使频谱与发端规定的频谱相匹配。

通道声码器与相位声码器类似,但更简单。它仅传输各通道谱幅的均值和基音周期值,而不传输相位导数。这虽然损失了谐波之间的相位关系,但由此可大大降低传输码率;只是由于它在分析及合成系统中引入了较多的语音模型特性,增加了基音检测器,从而使声码器的复杂度增加了。

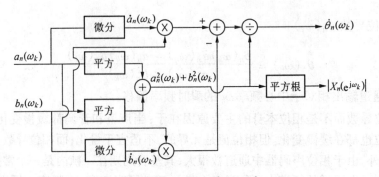

(a) 将 a 及 b 变换为 $\dot{\theta}$ 及 $|X_n(e^{j\omega})|$

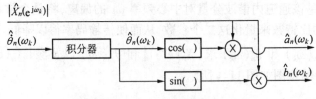

(b) 将 $|X_n(e^{j\omega})|$ 及 $\dot{\theta}$ 变换为 a 及 b

图 11-4   相位声码器中两个变换的实现框图

在发送端,语音加于滤波器组和基音提取器上。滤波器组将语音的频率范围分成许多相邻的频带或通道,滤波器的数目取决于不同的结构方式,一般为 14 个到 20 个以上,而覆盖的频率范围通常为电话带宽,从 300 Hz 或 300 Hz 以下到大约 3.3 kHz。任何一个滤波器的输出都是一个能反映该滤波器频带功率的瞬时变化的包络,因此,整个滤波器输出的包络近似于语音的频谱包络。

因为这种包络的变化比语音波形本身慢得多,所以它可以以很低的速率采样,因此滤波器输出通常利用全波整流器和低通滤波器进行包络检波,采样速率一般为每秒 50 个样本。

通道声码器中带通滤波器的单位函数响应为 $w(n)\cos(\omega_k n)$,每个通道输出是 $|X_n(e^{j\omega_k})|$ 的平均值,如图 11-5 所示。为了利用人耳在低频端的较好的分辨特性,各通道的带宽并非是均匀的,大约在 100 ~ 400 Hz 之间。低通滤波器的带宽由取样率决定。通过边带信息,包括浊音／清音分类、基音周期等,来恢复语音信号的谐波结构,或者说是提供声门激励的信息。

通道声码器的主要缺点是需要检测基音周期和作清/浊音判断,而精确地提取基音周期是相当困难的,而基音估计的误差对合成语音的质量影响却很大。这是通道声码器系统本身的弱点。其次,由于通道数目有限,可能几个谐波分量落入同一个通道,在合成时它们将被赋予相同的幅度,结果导致频谱畸变。

下面对通道声码器的数码率作一估计:如果每秒 50 帧,有 14 个通道,幅度值各用 3 bit 量化,基音周期用 6 bit 量化,那么传输码率为 $50 \times (14 \times 3 + 6) = 2\,400$ bit/s,这和前面讨论的波形编码相比,数码率的压缩是非常可观的。

在当时研究声码器的硬件条件下,通道声码器是编码问题一个比较好的解决办法。在评价其性能时,应该区别语音质量与可懂度。音质是一相对主观属性,通常表示语音听起来是否悦耳和听多长时间不致感到疲劳。可懂度为一相对客观量度,它表示听者听到的语音准确性如何。通道声码器的输出语音的音质较差,听起来"电气"味很重,例如明显混有正弦声、

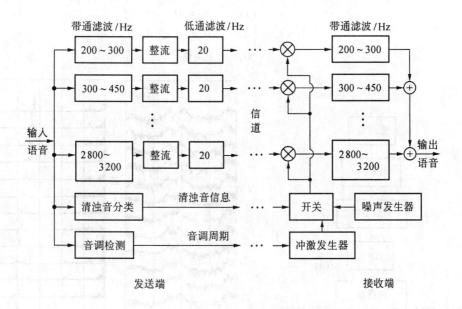

图 11-5　通道声码器方框图

混响声、哨声、蜂音等。但可懂度可做得很好，而且通常抗背景噪声能力也强。

11.4　同态声码器

同态声码器的基础是建立在语音信号的产生模型上，即语音是由声门激励和声道响应序列的卷积所产生，因此采用了同态解卷方法来进行处理。依赖于时间的同态处理将基本的语音参数清楚地表现出来并且是互相分开的，即激励信息位于高倒谱域而声道信息位于低倒谱域。

11.4.1　基于倒谱的分析与合成

对语音信号进行解卷的原理在第五章中已经讨论过，声道冲激响应序列和激励序列的倒谱成分是加性组合，且又存在于不同区域，因而很容易用一个倒谱窗将其区分开来。

另一方面，人耳对语音信号的相位不敏感，因而可假定语音信号是最小相位序列。在 5.5.3 中介绍的最小相位信号法求倒谱只需计算 $\ln|X(e^{j\omega})|$。虽然语音信号并非是最小相位的，但这样求得的倒谱保留了其频谱幅度信息。

在同态声码器的分析部分，由倒谱 $c(n)$ 分离出包含声道频谱包络信息的低时部分，同时由高倒谱域部分判断清浊音分类并提取基音周期值。图 11-6 给出了 $c(n)$ 的分析程序框图，图 11-7 是按该程序求倒谱的一个实例。

在合成阶段，从 $c(n)$ 恢复声道响应序列，并产生声门激励信号，二者进行卷积，即得到合成的语音。因为 $c(n)$ 是 $\ln|X(e^{j\omega})|$ 的傅里叶逆变换，这相当于 $X(e^{j\omega})$ 的相位恒等于零，因此如果将 $c(n)$ 经离散傅里叶变换后求对数，再求逆傅里叶变换，将得到零相位冲激响应。在合成部分，也可人为使 $c(n)$ 相应于一个最小相位信号，再去计算冲激响应。这只需要在分析部分取倒谱窗 $l(n)$

$$l(n) = \begin{cases} 1, & n = 0 \\ 2, & 0 < n \leqslant n_0 \\ 0, & \text{其他} \end{cases} \tag{11-4}$$

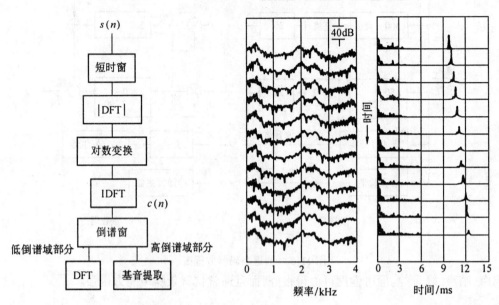

图 11-6　倒谱分析流图　　　　图 11-7　一段男声的对数谱和倒谱

这样处理后的 $c(n)$，经合成阶段变换后，将得到最小相位冲激响应。同样，也可将冲激响应重建为最大相位，这时应取下面形式的倒谱窗

$$l(n) = \begin{cases} 1, & n = 0 \\ 2, & -n_0 \leqslant n < 0 \\ 0, & \text{其他} \end{cases} \tag{11-5}$$

图 11-8 给出了从一帧典型浊音的倒谱 $c(n)$ 计算出来的各种冲激响应。对这三种相位的冲激响应所作的主观测听表明，最小相位合成的语音质量最佳。这也证明了以往认为语音信号接近最小相位的假设是合理的。

11.4.2　同态声码器

根据 11.4.1 所述原理建立的同态声码器框图如图 11-9 所示。

在同态声码器中，每 10～20 ms 计算一次倒谱，从每一帧的倒谱高时部分估计基音周期和浊/清音信息；它们和倒谱的低时部分一起，经过量化和编码，送去传输和存储。在接收端合成部分，传输过来的声门激励参数生成声门激励序列；从量化的低时段倒谱计算出近似的声道冲激响应，令二者直接卷积得到合成的语音信号。

据报道，同态滤波器用 26 个倒谱值，每个值用 6 bit 量化，再加上与声门激励有关的边带信息，在帧取样率 50 次 /s 的情况下，可产生质量相当高的自然语音。研究表明，在量化前对倒谱值作某些处理，例如只传输 $c(n)$ 的差分值，可将进一步压缩数码率。另外，求声门激励和声道模型参数时，使用不同长度的时窗，以及使窗长自适应于语音波形的特征也将使编码

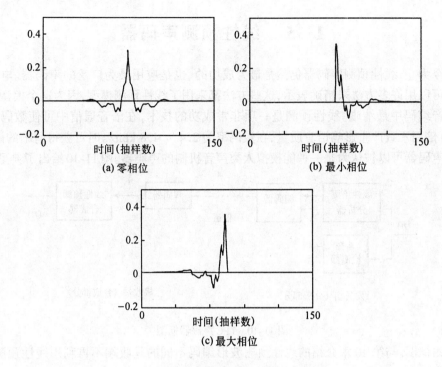

(a) 零相位

(b) 最小相位

(c) 最大相位

图 11-8　由倒谱求出的冲激响应

效率得到提高。事实上,如果使用复倒谱(保留相位信息),同态声码器输出的语音质量还将进一步得到改善。

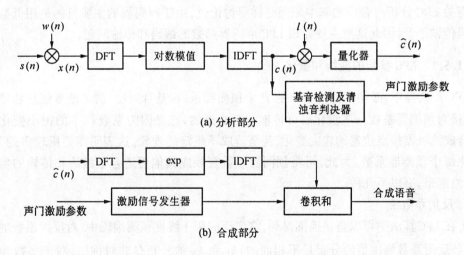

(a) 分析部分

(b) 合成部分

图 11-9　同态声码器框图

同态声码器的运算量较大,从图 11-9 中可以看出,发送端和接收端都需要作二次 DFT。但这种声码器具有一个优点,就是占去大部分计算量的倒谱既可用来估计激励参数,又可用来估计声道参数。如果已经有了一个计算 DFT 的设备,这种方案是很有吸引力的。

11.5　线性预测声码器

迄今为止,线性预测声码器仍然是最为成功的、也是应用最为广泛的声码器。电话频带的语音可以用许多方法来精确表示,这些方法都采用了线性预测模型,因为这个模型结构在各种语音编码中最清晰。线性预测是一项非常成功的技术,在语音通信中可使数码率降低 20～30 倍而不致严重影响语音质量,在数码率为 2.4～4.8 kbit/s 时可获得清晰的语音。线性预测声码器可以被认为是一种能模拟人类声音机制的声码器。图 11-10 给出了典型的 LPC

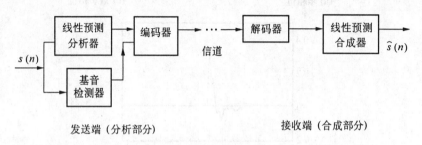

发送端（分析部分）　　　　　　　　接收端（合成部分）

图 11-10　LPC 声码器框图

声码器的框图。与第 10 章介绍的线性预测波形编码不同的是收端不再利用线性预测误差。接收端直接合成传输语音,而不具体恢复输入语音的波形。这样得到的语音有明显的人工语言的特点。在第 6 章介绍线性预测时曾指出,LPC 有作为预测器和作为模型的双重作用。波形编码器的主要作用是用作预测器,声码器的主要作用是建立模型。

有关 LPC 分析与合成的基本原理已详尽讨论过,由于声码器的主要目的是用低数码率来编码传输语音,因此这里主要介绍 LPC 声码器参数的编码和传输问题。

11.5.1　LPC 参数的变换和量化

LPC 声码器中,必须传输的参数是 P 个预测器系数、基音周期、清／浊音信息和增益参数。直接对预测器系数 $\{a_i\}$ 量化后再传输是不合适的,这是因为系数 $\{a_i\}$ 的很小变化都将导致合成滤波器极点位置的较大变化,甚至造成不稳定的现象。这表明需要用较多的 bit 数去量化每个预测器系数。为此,可将预测器系数变换成其他更适合于编码和传输的参数形式。归纳起来,有以下几种。

1. 反射系数 k_i

k_i 在 LPC 算法中可以直接递推得到,它广泛应用于线性预测编码中。对反射系数的研究表明,各反射系数幅度值的分布是不相同的:k_1 和 k_2 的分布是非对称的,对于多数浊音信号,k_1 接近于 -1,k_2 则接近于 +1;而较高阶次的反射系数 k_3、k_4 等趋向于均值为零的高斯分布。此外,反射系数的谱灵敏度也是非均匀的,其值越接近于 1 时,谱的灵敏度越高,即此时反射系数很小的变化将导致信号频谱的较大偏移。

上面的分析表明,对反射系数的值在(-1, +1)区间作线性量化是低效的,一般都是进行非线性量化。比特数也不应均匀分配,k_1、k_2 量化的比特数应多些,通常用 5 至 6 bit;而 k_3、k_4 等量化的 bit 数逐渐减小。

2. 对数面积比

根据 k_i 系数的特点,在大量研究的基础上发现,最有效的编码是针对对数面积比

$$g_i = \ln\left[\frac{1-k_i}{1+k_i}\right] = \ln\left[\frac{A_{i+1}}{A_i}\right] \qquad (1 \leqslant i \leqslant P) \tag{11-6}$$

式中,A_i 是用无损声管表示声道时的面积函数。上式将域 $-1 \leqslant k_i \leqslant +1$ 映射到 $-\infty \leqslant g_i \leqslant +\infty$,这一变换的结果使 g_i 呈现相当均匀的幅度分布,为此可以采用均匀量化。g_i 参数特别适宜于量化,因为 g_i 相对于谱的变化的灵敏度比较平缓。此外,参数之间的相关性很低,经过内插产生的滤波器必定是稳定的,所以对数面积比也很适合于数字编码和传输。每个对数面积比参数平均只需要 5 至 6 bit 量化,就可使参数量化的影响完全忽略。

3. 预测多项式的根

对预测多项式进行分解,有

$$A(z) = 1 - \sum_{i=1}^{P} a_i z^{-i} = \prod_{i=1}^{P}(1 - z_i z^{-1}) \tag{11-7}$$

这里,参数 $z_i(i = 1, 2, \cdots, P)$ 是 $A(z)$ 的一种等效表示,对预测多项式的根进行量化,很容易保证合成滤波器的稳定性,因为只要确信根在单位圆内即可。平均来说,每个根用 5 bit 量化就能精确表示 $A(z)$ 中包含的频谱信息。然而,求根将使运算量增加,所以采用这种参数不如采用第 1、2 种参数效率高。

通常,一帧典型的 LPC 数据包括 1 bit 清浊音信息、大约 5 bit 增益常数、6 bit 基音周期、平均 5 ~ 6 bit 量化每个反射系数或对数面积比(共有 8 ~ 12 个),所以每帧约需 60 bit。如果一帧 25 ms,则声码器的数码率为 2.4 kbit/s 左右。

11.5.2　变帧率 LPC 声码器

虽然进一步降低 LPC 声码器的数码率是可能的,但必须以再降低语音质量为代价。尽管如此,在这方面还是进行了一些尝试。变帧率 LPC 声码器就是一种,它充分利用了语音信号在时间域上的冗余度,尤其是元音和擦音在发音过程中都有缓变的区间,描述这部分区间的语音不必像一些快变语音那样用很多 bit 的信息量。语音信号是非平稳的时变信号,波形变化随时间而不同。例如,清音至浊音的过渡段,语音特性的变化剧烈,理论上应用较短的分析帧,要求 LPC 声码器至少每隔 10 ms 就发送一帧新的 LPC 参数;而对于浊音部分,在发音过程中有缓变的区间,语音信号的谱特性变化很小,分析帧就可取长些;在语音活动停顿情况下更是如此。因而,可以采用变帧速率的编码技术来降低声码器的平均传输码率。

实际上,帧长可保持恒定,只是勿须将每一帧 LPC 参数都去编码和传送,这时合成部分所需的参数可以通过重复使用前帧参数或内插方法获得,这样每秒传输的帧数是在变化的,平均的传输码率将大大降低。如果采用 LPC 方式存储信号,变帧速率编码将起到减少存储容量的作用。

在这种声码器中,关键问题是如何确定哪一帧 LPC 参数是否需要传送,因而需要一种度量方法以确定当前帧参数和上一次发出的那帧参数间的差异(即距离)。如果距离超过了某一门限,表明发生了足够大的变化,此时必须传送新的一帧 LPC 参数。

如果分别用 P_n、P_l 表示第 n 帧和第 l 帧 LPC 参数构成的列矢量,那么度量这两帧参数变化的最简单的方法是求欧氏距离 $(P_n - P_l)^{\mathrm{T}}(P_n - P_l)$,或求更一般的欧氏距离 $(P_n -$

$P_l)^T W^{-1}(P_n - P_l)$。其中 W^{-1} 是一个正定加权矩阵 W 的逆矩阵，W 的引入使得起主要作用的参数给予较重的权。W 应由语音信号的统计特性决定，而且对于不同的语音段和讲话人都应该有不同的选择。

有人曾研究出一个系统，该系统中只有传输的数值发生很大变化时才传输一个新的反射系数矢量，采用的距离测度与对数似然比测度相类似。

变帧速率编码技术简称 VFR(Variable Frame Rate)，它在某些语音通信系统中，如信道复用、话音插空、数据和话音复用等场合都有一定的应用价值。变帧速率 LPC 声码器的传输数码率一般能降低 50% 而不产生明显的音质变坏，其代价是编码和解码变得复杂以及出现某些时延。

11.6　混合编码

数字语音通信中存在的基本矛盾是语音质量与传输码率之间的矛盾。第 10 章中介绍的各种波形编码技术，在传输码率为 32 ~ 64 kbit/s 时可获得优等的语音质量。但当传输码率下降到 9.6 kbit/s 以下时，语音质量将急剧下降。而本章前几节所讨论的几种声码器，虽然其传输码率可降低至 2.4 kbit/s 左右，但语音质量为中下水平；即使提高数码率，语音质量也很难提高。另外，声码器对讲话环境噪声较敏感，需要安静的讲话环境才能给出较高的可懂度。因此，到目前为止，声码器只能应用于中下水平的通信业务中。所以，当前语音数字通信的发展方向有两个：一个是在 9.6 kbit/s 左右中等传输码率的条件下，设法得到优等的语音质量；另一个是在极低传输码率(200 bit/s 以下) 的条件时，设法得到中等以上的语音质量。

研究表明，声码器语音质量差的问题基本不在于声道模型参数，而在于激励信号。多年来一直广泛使用的准周期性脉冲或白噪声作为激励源的方法是进一步提高语音质量的障碍。新一代语音编码器的出路在于使用新的激励方法，即在保留原有声码器技术的基础上，利用高质量的波形编码准则来优化激励信号。这实际上是向混合编码方向发展。

混合编码结合了波形编码和声码器的优点：既利用了语音产生模型，通过对模型中的参数(主要是声道参数) 进行编码，减少了波形编码中被编码对象的动态范围或数目；又使编码的过程产生接近原始语音波形的合成语音，以保留说话人的各种自然特征，提高了合成语音质量。

由于声码器语音质量差的原因是激励形式过于简单，因而，提高语音质量的方法，是改变激励信号的选择原则，使其激励于合成系统的输出即合成语音，尽可能接近原始语音。即先分析输入语音，提取声道模型参数，然后选择激励信号去激励声道模型产生合成语音，通过比较合成语音与原始语音的差别，选择最佳激励，以得到最佳逼近原始语音的效果。所以，编码是一个分析加合成的过程，因而称为分析-合成编码。

目前较为成功的混合编码方案有：多脉冲线性预测编码(Multi-Pulse LPC，简称 MPLPC)和码激励线性预测编码(Code-Excited LPC，简称 CELP)。前者使用一个数目有限、幅度和位置可调整的脉冲序列作为激励源；后者则使用一个波形码矢量作激励源，它通常从高斯白噪声序列构成的码本中选取。在这两种方案中，均采用了灵活的语音合成模型。尽管由于激励序列的引入需要增加几倍的传输码率，但却可以明显地提高合成语音的质量。

11.6.1 MPLPC

前面介绍的线性预测声码器在非常低的比特率产生了可懂语音,但它们的重建语音有时听起来是机械的或蜂鸣的,倾向于重击声和音调噪声。80 年代后,人们在 LPC 编码的基础上,对 16 kbit/s 以下的高质量语音编码技术进行了广泛深入的研究。在这个速率范围中,能用于对线性预测误差信号编码的比特数是有限的。若对预测误差信号进行粗糙的量化会带来非白色噪色,并且预测误差信号与它的量化模型之间的误差最小,不再能保证原始语音与重建语音之间误差最小。如何有效、准确地表示预测误差信号,是这类编码方案的关键。大量的实践表明,用感知加权均方误差最小的判决准则,配合分析-合成法的自适应预测编码,可以在这个速率上得到比较满意的语音质量。

MPLPC 具有 LPC 和 ADPCM 的预测编码结构,但它采用感知加权进行设定。MPLPC 通过改进激励模型提高 LPC 的性能,但不是象 ADPCM 和其他一些波形编码那样直接量化、传送预测误差。它采用几个脉冲作为一个语音帧的激励信号;脉冲数量事先选好,但需考虑复杂性和语音音质。

这种方法能够压缩数码率是基于下面的原因:语音模型中的激励信号,可以从分析分析-合成编码系统产生的预测误差获得。这个预测误差序列可由大约只占其个数十分之一的另一组脉冲序列来替代,由新脉冲序列激励声道模型产生的合成语音,仍具有较好的听觉质量。即这个预测误差序列激励合成滤波器得到的语音与另一组绝大部分位置上都是零的脉冲序列激励同样的合成滤波器所得到的合成语音,具有类似的听觉效果。由于后者形成的激励信号序列中,不为零的脉冲个数占序列总长的极小部分,所以编码时,仅处理和传输不为零的激励脉冲的位置与幅度参数,因而可大大压缩数码率。

多脉冲激励模型的工作原理如图 11-11 所示。

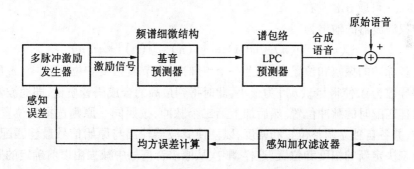

图 11-11　多脉冲激励模型的工作原理

Atal 等人最先提出多脉冲激励模型线性预测声码器的原理和算法。这里,无论是有声还是无声,无论是合成清音还是浊音,激励信号都呈现多脉冲的形式。这种方法的关键是如何最佳地确定激励序列中各脉冲的幅度和时间位置。实际上,它们是根据原始语音和合成语音之间听觉加权均方误差最小原则逐个加以确定的,其原理如图 11-12 所示。

首先用自相关法求出 LPC 参数以构成一个合成滤波器。用激励脉冲序列 $u(n)$ 进行激励,得到合成语音 $\hat{s}(n)$,它与原始语音 $s(n)$ 之间存在误差 $e(n)$,经过听觉加权滤波器后被加权为 $e_w(n)$,因而实际最小化所依据的误差信号是按照人的听觉知识加权过的。听觉加权

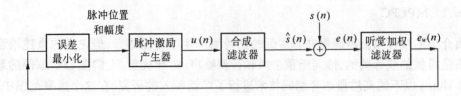

图 11-12 Atal 算法确定多脉冲的振幅和位置

的原理是利用人耳听觉的掩蔽效应,提高合成语音的听觉质量。即在语音频谱分量很强的地方如共振峰区域内语音能量可掩蔽该区域内的量化噪声,而不对听觉产生明显影响。因此在共振峰区域内的噪声相对于共振峰区域外的噪声可允许较大些。听觉加权滤波器的特性 $W(z)$ 可表示为

$$W(z) = \frac{1 - \sum_{i=1}^{P} a_i z^{-i}}{1 - \sum_{i=1}^{P} a_i r^i z^{-i}} \tag{11-8}$$

与 APC 中的噪声整形类似,式中,a_i 为按经验选择的 LPC 合成滤波器的线性预测系数,P 为预测器的阶数,r 为听觉加权系数,取值范围为 $0 < r < 1$。若 $r = 1$,则 $W(z) = 1$,表示未加权;若 $r = 0$,则 $W(z) = 1 - \sum_{i=1}^{P} a_i z^{-i}$,表示对误差进行逆滤波,此时 $W(z)$ 与语音信号的幅度谱包络正好相反。但实际上不取 $r = 0$,这是因为尽管共振峰处能量大,可以容忍较大的量化噪声而不被人耳感知;但相对来说,共振峰部分的语音对听觉更重要,人耳在此处是听觉的敏感区。所以,尽管可以容忍大一些的量化噪声,但人耳对此处的信噪比要求仍是高于其他频段的,因而误差谱的调节也不应过大。r 的最佳值要通过主观测听来确定,在取样率为 8 kHz 时,r 可取 0.8 左右。

听觉加权滤波器的输出为

$$e_w(n) = e(n) * w(n) = [s(n) - \hat{s}(n)] * w(n) \tag{11-9}$$

为决定各脉冲的振幅和位置,先加上一个单脉冲,调节其幅度和位置。即令 $e_w(n)$ 对脉冲幅度的偏导数为 0,使得 $|e_w(n)|$ 为最小,此时得到最高的合成语音质量,即滤波器响应与原始信号最佳匹配时的脉冲位置。然后加上第二个脉冲,按照同一原则选择其位置和幅度。继续加脉冲,并各自独立调整位置和幅度,以便使滤波器输出与原始信号最佳匹配,即使均方误差最小来决定新的幅度和位置。这样,顺次从原语音信号中减去由以前确定的脉冲所合成的语音,然后增加新的脉冲。重复下去,直到满足某种失真判决标准或安排好最大容许脉冲数为止。

很容易看出这是一个典型的优化过程,通过迭代得出其最优解。整个算法包括:误差计算、最佳脉冲的位置搜索、解线性方程组求出脉冲幅度等,运算量很大。

在图 11-12 中,首先将语音信号分帧,帧长可取 10 ~ 20 ms。根据线性预测分析方法推定短时频谱包络,即求出 LPC 系数。然后在本帧范围内每 5 ~ 10 ms 一次,按递推算法得到多脉冲序列。

实现这一优化过程的算法很多,下面简单介绍较常用的"最大互相关函数搜索法"。此时,为了依次决定脉冲的振幅和位置,能够采用合成滤波器的冲激响应的自相关函数以及该

冲激响应与原始语音信号的互相关函数。设 K 个脉冲合成的合成信号与原始语音信号的误差功率为 E_K,合成滤波器的冲激响应为 $h(n)$,则有

$$E_K = \sum_{n=1}^{N}\left[s(n) - \sum_{i=1}^{K} g_i h(n) - m_i\right]^2 \tag{11-10}$$

式中,N 表示帧长,g_i、m_i 分别表示帧内第 i 个脉冲的幅度与位置。为简单起见,该式中省略了加权处理,不采用 $s(n)$、$h(n)$,而是分别采用对加权滤波器的冲激响应进行卷积的表达式。对式中的 g_i 求偏微分,并令其为 0,可求出使下式为最大值的点,即可给出使式(11-10)为最小的脉冲幅度与位置:

$$g_K = \max_{1 \leqslant m \leqslant N}\left|\frac{R_{hs}(m) - \sum_{i=1}^{K-1} g_i R_{hh}(|m_i - m|)}{R_{hh}(0)}\right| \tag{11-11}$$

式中,R_{hh} 表示合成滤波器冲激响应的自相关函数,R_{hs} 表示原始语音信号与冲激响应的互相关函数。

上面过程的实现实际分为两步:① 第一步比较简单,通过 LPC 分析得到线性预测系数,然后由构成的 $H(z)$ 通过逆 Z 变换得到单位函数响应 $h(n)$。② 根据均方误差最小准则,用互相关法顺序地求出脉冲的位置和幅度。

对每 10 ms 语音采用 8 个脉冲时,根据实验,合成出的声音只有很少失真。图 11-13 给出了原始语音、合成语音、多脉冲以及误差信号在 100 ms 区间的各种波形。这里 $P = 16$,帧长

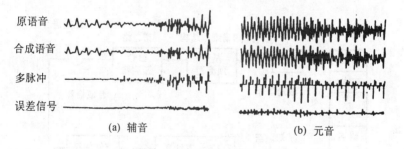

(a) 辅音　　　　　　　　　(b) 元音

图 11-13　多脉冲激励线性预测声码器中的各种波形

20 ms,每隔 5 ms 确定多脉冲。由图可见,甚至语音的有声/无声的过渡区间也能准确地再现。MPLPC 可以在 9.6 ~ 16 kbit/s 范围内获得较好的合成语音质量。根据主观评价,当数码率 9.6 kbit/s 左右时(每 20 ms 16 个脉冲)所获得的语音品质与 64 kbit/s 的对数 PCM 相当;如果再降低编码速率,则语音质量很差。

与 MPLPC 相类似,但是更实用的编码方法是规则脉冲激励语音编码(Regular - Pulse Excitation Coding,简称 RPELPC),它是 MPLPC 的进一步发展。在 RPELPC 中,加权滤波器的作用和结构与 MPLPC 完全相同,但激励脉冲序列的求法与 MPLPC 不同。它利用一组间距一定的非规则脉冲,该脉冲序列第一个非零脉冲出现的位置和每个非零脉冲的幅度可以按照与 MPLPC 同样的方法进行优化。在 RPELPC 的激励脉冲序列中,因为各个非零脉冲的相互位置是固定的,所以其计算量和编码速率与 MPLPC 相比要小得多。

11.6.2　CELP

CELP 的目的是将 MPLPC 中使用的混合编码方法扩展到低比特范围,它是中低速率编

码中最成功的一种方案。它以高质量的合成语音及优良的抗噪声和多次转接性能,在 9.6 kbit/s 以下速率中得到了广泛应用。

CELP 采用最佳码矢量作为激励信号可以使线性预测声码器在 8 kbit/s 传输码率时具有较高的语音质量,并有可能使码率下降到 4.8 kbit/s。这使得用无线电窄带信道和用电话线实现点对点的数字通信成为可能。

CELP 和 MPLPC 是有区别的。MPLPC 方法为提高合成语音质量,将传统的清/浊音激励模型进行了改进。然而为降低数码率,多个脉冲激励也只仅是以约为原始取样十分之一的脉冲样值作为激励信号,其余的十分之九以零脉冲(这样对它们不必传输编码)代替。大大增加激励脉冲达到和波形编码一样的个数,但又不增加数码率的最好方法,是在激励部分采用矢量脉冲激励,即用有限数量的存储序列来代替多脉冲序列,这个序列称为码本。而对应的激励信号的量化编码采用矢量量化。CELP 就是这样一种编码方法,它是从矢量激励码本中选择激励信号,然后激励合成系统产生最优合成声音。而 MPLPC 是通过一个迭代算法,在给定脉冲总数情况下,寻找能产生最优合成语音的脉冲位置和幅度。

CELP 不对预测误差序列作任何限制,认为必须将全部误差序列编码传输以获得高质量的合成语音。为压缩数码率,对误差序列的编码采用了大压缩比的矢量量化技术,即不是一个一个将误差序列分别量化,而是将一段误差序列作为一个矢量进行整体量化。由于误差序列对应着语音生成模型的激励部分,现在用码字代替,故称为码激励。因而这种声码器称为码激励声码器。

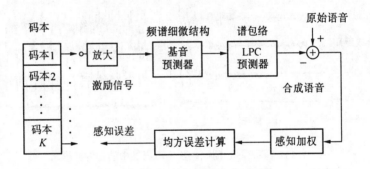

图 11-14 CELP 基本工作原理

图 11-14 给出了这种方法的工作原理。图中每帧所需的激励序列选自某个固定码本中的一个波形样本码矢量,当用这个码矢量去激励合成滤波器时,产生的合成语音和原始语音之间的感知误差最小。

产生码本中 K 个码矢量的一种方法是用 VQ 从大量线性预测残差序列中用聚类的方法产生,但运算量太大。因为在确定码矢量时,还必须计算每个预测残差序列所产生的合成语音。另一种方法是用高斯白噪声序列随机地生成,其根据是语音信号经线性预测(包括长时预测)后的残差信号接近高斯分布。采用后一种方法时又称为随机激励编码器,其优点是码矢量可以在发送端和接收端同步地即时产生,从而节省大量的存储空间。

码本矢量确定后,编码就是在码本中寻找最优激励矢量,其过程与 MPLPC 是完全类似的。CELP 与 MPLPC 的区别只是激励部分不同。在 CELP 中,当寻找到最优激励矢量后,须将它在码本中的位置(即下标)传送给接收端,因为接收端也有同样的一个码本。

听觉感知加权是混合编码方法如 MPLPC 和 CELP 成功的主要原因,在混合编码中若采用不加权的方差之和搜索最佳激励则不能产生良好音质的语音。

CELP 计算复杂度高,但是还是可以用指令周期小于 100 ns 的 32 位高速信号处理机单片实时实现。CELP 是分析-合成 LPC 中最重要的形式,至今仍是研究的热点。近年来,研究重点是寻找较好的码本激励序列、较简单的实现过程、模拟长时间隔激励的新方法,以及对短时系数的高效编码技术。未来的工作可能是在新的建模方法和听觉感知加权方面。

11.7 各种语音编码方法的比较及语音编码研究方向

本节对第 10 章和本章介绍的各种波形编码方法和声码器技术进行一下总结。

11.7.1 波形编码的信号压缩技术

图 11-15 表示各种波形编码的信号压缩技术以及以该技术为背景的语音信号特征。

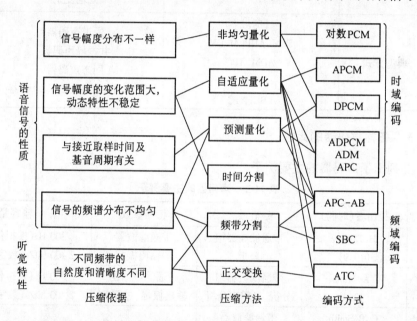

图 11-15 用于波形编码的压缩方法及相应的语音信号、听觉的特征

11.7.2 波形编码和声码器的比较

在波形编码中,利用语音振幅的分布特性对波形作 PCM 量化处理,当数码率为 64 kbit/s 时能获得高质量的语音。利用波形相关性及频谱特性,可将数码率压缩到 24 ~ 32 kbit/s。进一步利用音调结构的同时,若进行噪声整形,可以压缩到 9.6 kbit/s 左右。如果数码率继续降低,则语音质量将急剧恶化。

对于声码器,数码率可降低到 2.4 kbit/s。虽然信息量很多,但由于在性能方面存在着本质上的极限,所以合成语音的质量远不如波形编码。在 4.8 ~ 9.6 kbit/s 的范围内,将波形编码和声码器的优点结合起来,可以得到 MPLPC 等。如要使数码率降低到 1 kbit/s 以下,则必须利用语音中的语言性质。

表 11-1 给出了波形编码和声码器二者的特征。

表 11-1 波形编码和声码器的比较

	波形编码	声码器
编码信息	波 形	短时谱包络 音源信息(音调、幅度、浊／清音)
数码率 /kbit/s	9.6 ~ 64(中、宽带)	2.4 ~ 4.8(窄带)
适用的对象	任何声音	人讲话的语音
编码质量的 客观评价	SNR(信噪比)	频谱失真
存在问题	由于受量化噪声的限制, 降低数码率困难	环境噪声使合成语音质量下降, 误码使合成语音质量下降, 提高语音质量困难 处理复杂
典型方式	[时域] PCM、ADPCM、DM ADM、APC [频域] SBC、ATC	通道声码器 共振峰声码器 同态声码器 LPC(PARCOR、LSP)声码器

11.7.3 各种声码器的比较

表 11-2 列出了声码器的主要例子。

表 11-2 声码器的主要例子

种类	提出者(时间)	分析方法	特征参数	传输容量
通道声码器	H. Dudley (1939)	带通滤波器组 分析	带通滤波器 的输出振幅	300 Hz(模拟传输) 2 400 bit/s(数字传输)
共振峰 声码器	W. A. Munson (1950)	带通滤波器组 分析、过零率分析	带通滤波器的 输出振幅、过零数	300 Hz(模拟传输) 2 400 bit/s(数字传输)
图谱匹配 声码器	C. P. Smith (1957)	带通滤波器 组分析	音韵的频谱图型	900 bit/s
相关 声码器	M. R. Schroeder	短时自相关分析	自相关函数 $R_n(\ )$	400 Hz
相位 声码器	J. L. Flanagan (1966)	带通滤波器组 分析	带通滤波输出振幅、 带通信号的相位	1 500 Hz 7 200 ~ 9 600 bit/s
同态 声码器	A. V. Oppenheim (1969)	倒谱分析	倒谱 $c(n)$	7 800 bit/s
PARCOR 声码器	板仓、斋藤 (1969)	自相关分析	PARCOR 系数 k_i	2 400 ~ 9 600 bit/s
线性预测 声码器	B. S. Atal (1971)	协方差法	线性预测系数	3 600 bit/s

对于通道声码器,曾设想增加通道的数量来改善因质,但语音的自然度仍然受到限制。而共振峰声码器存在的困难是要准确地提取共振峰频率比较困难。相关声码器的问题是频谱的准确复原困难。图谱匹配声码器根据带通滤波输出的时间-频率图形,识别输入音韵,并设法传输音韵符号。如果这种方法得以实现,将获得最高的压缩率,但目前还有许多有待解决的问题,如从连续语音中切取音韵的问题、与标准图形的匹配以及从音韵符号系列产生自然语音的合成方法等问题。而按线性预测分析方法所构成的声码器(线性预测声码器、*PARCOR* 声码器、*LSP* 声码器)则具有很多优势。

11.7.4 语音编码研究方向

近 20 年来,语音编码的研究主要集中于以 CELP 为核心的分析-合成编码方面,在一定速率和相当复杂的条件下获得高质量的重建语音输出,并有多种实用系统和技术标准出现。随着 DSP 芯片技术的迅速发展,CELP 还具有一定的潜力。然而当转向 2.4 kbit/s 速率以下时,CELP 算法即使应用更高效的量化技术也无法达到预期指标。而余弦声码器(包括 MBE 编码器及改进形式)技术更符合低速率编码的需要。随着研究的深入,语音编码的研究也要求引入新的分析技术,如非线性预测、多精度时频分析(包括子波分析)、高阶统计分析等技术。这些技术可能更能挖掘人耳的听觉掩蔽等感知机理,更能以类似人耳的特性作语音的分析与合成,使语音编码器以更接近于人类听觉器官的处理方式工作,从而在低速率语音编码的研究中取得突破。

11.8 语音编码的性能指标和质量评价

11.8.1 语音编码的性能指标

评价一种语音编码器或语音编码算法的性能好坏,需要多种性能指标。在语音通信系统中,主要包括编码速率、语音质量、顽健性、编解码时延、误码容限、计算复杂度和算法可扩展性等。下面主要介绍编码速率和顽健性。

1. 编码速率

编码速率又称为比特率(Bit rate),是指一个编码器的信息速率。在语音通信系统中,它决定编码器工作时占用的信道带宽。一般数字电话的速率为 64 kbit/s,蜂窝系统速率为 6.7 ~ 13 kbit/s,保密电话速率为 2.4 ~ 4.8kbit/s。为了提高信道利用效率,有些通信系统采用了一些特殊技术,例如语音插空技术,它利用语音信号之间的自然停顿传送另一路语音或数据。另外,在码分多址(CDMA)数字蜂窝系统中,还采用了可变速率语音编码技术,即在有语音期间编码器工作在最大速率,而在无语音期间工作在最小速率。

2. 顽健性

编码器的顽健性是通过取多种不同来源的语音信号进行编码解码,并对输出语音质量进行比较测试得到的一种指标。如取不同类型的发音人的语音、各种背景噪声下的语音、用各种麦克风或不同频响的放大器录制的语音、非语音声音等。编码器应用于通信系统,因此必须能适应各种各样的情况。

11.8.2 编码器的质量评价

为了确定语音编码器的性能,必须对产生的语音质量进行评价。尽管有许多语音编码器的客观评价准则,如信噪比和谱失真测度,这些在最初的评价上很有用,但语音编码器质量的最终判决还是采用主观评价方法,即通过人的感觉器官来测试。

语音编码后,其再生语音质量包括可懂度(又称清晰度)与自然度。可懂度是衡量语音中的字、单词和句的可懂程度,反映了对语音输出内容的识别程度,而自然度是指语音听起来有多自然,是对说话人的辩识水平。一个编码器有可能生成可懂度高的语音但自然度很差,听起来象是机器发出的,不能辨认出说话人是谁。同时,一个不可懂的语音是不可能具有高音质的。

在测试汉语时,可采用1984年颁布并实行的中华人民共和国电子工业部部颁标准SJ2467—84:通信设备汉语清晰度测试方法。它是汉语清晰度的测试标准,是专为评定语言通信设备和其他语言传输系统的话音清晰度而制定的。

在美国也有类似的测试标准。经过大量的实验研究,对电话带宽的语音编码器,找到了一些有效的性能评价方法。用得最广泛的一种语音编码性能衡量方法就是平均评价测试法(MOS)。这是一种音质评价方法。一种编码器的MOS值可以从1~5,这是听众在听到编码器的声音样本之后根据主观感受到的失真,对声音品质进行的评价,分值标准是:优(5分),即察觉不到失真;良(4分),即能稍微觉察到失真但无不舒适感;中(3分),即能察觉到失真且有不舒适感;差(2分),即有不舒适感但还能忍受;劣(1分),即很不舒适且无法忍受。MOS值基本上可以反映语音压缩编码算法的优劣。

另一种用于评价语音编码性能的方法是押韵测试(DRT,Diagnostic Rhyme Test),这个测试为可懂度测试,用于测定语音的可辨认程度,请一些受过训练的听众评价几组被编了码的单词发音,每组中单词的开头或结尾的辅音不同。DRT是衡量通信系统可懂度的国际标准之一,它主要用于低速率语音编码的质量测试,因为此时可懂度已成为主要问题。一个好的语音编码器的DRT分值一般在85~90之间。还有一种对音质的评价方法为可接受程度测试(DAM,Diagnostic Acceptability Measure Text),这是一个多方位的测试,用于评价中等质量或高质量的语音。它是一种评价语音通信系统和通信连接的主观语音质量和满意度的评测方法。DAM分值虽然有用,但不如DRT和MOS那样在语音编码评估中被广泛接受。MOS、DRT和DAM中,对普通语音编码评价的典型分值如表11-3所示。

表11-3　常用语音编码的DRT、DAM和MOS分值

编码器	DRT	DAM	MOS
64 kbit/s　PCM	95	73	4.2
32 kbit/s　ADPCM	94	68	4.0
4.8 kbit/s　CELP	91	65	3.2
2.4 kbit/s　LPC声码器	87	54	2.2

应该指出,虽然通过各种主观评价方法能够评价语音质量的好坏,然而主观评价要花费大量的人力和时间,而且很难管理。另外,有时由于人对某些结果的反映的非重复性,使评价结果受到怀疑,而且评价结果也往往不能给受评价系统的改进提供一些有益方向,因此需要进行语音质量的客观评价。最理想的客观评价方法应能反映人的主观评价的初步结果,这不仅能对通信系统进行初步评价,而且可为设计最佳通信系统提供最佳准则。目前,国内外都致力于语音质量客观评价方法的研究。

第12章 语音合成

12.1 概　　述

18世纪人们就开始研究"会说话的机器",现代电子技术产生以后,"会说话的机器"这一术语也被"语音合成"(Speech Synthesis)所替代。由人工制作出语音称为语音合成,就是由机器产生出声音,它是人机语声通信的重要组成部分。用语音合成来传递语言具有下面的优点:

① 不用特别注意和专门训练,任何人都可以理解。

② 可以直接使用电话网和电话机。

③ 无须消耗纸张等资源。

语音合成就是用专用的硬件设备或计算机再现人能够听得懂的语音信号,即根据输入的语音符号产生出具有一定音质和可懂度的语音来。

语音合成技术有两个关键性能:一是正确,一是自然。正确是指文字的读音要正确,实现这一点的难度在于一个字常常有几个读音,使用哪个读音需要根据词组甚至前后文来判断。另一方面,合成的语音还必须有较高的自然度;即读出来的文章韵律和节奏要比较准确,为此常需要对句子进行分析和理解。

语音合成的目的是产生与人通信有关的语音,所以可懂度是很重要的。同时,语音的质量与自然度这些主观因素对语音合成的实用性也有很大的影响。

第十章讨论的语音编码是研究怎样才能较为真实地恢复输入语音波形的问题。语音合成与语音编码的关系密切,在某些应用中,例如在语声应答系统中,两者的区别只是将收发间的信道换成存储器而已。语音合成系统与上一章所讨论的声码器接收端的合成部分是有区别的:声码器的合成部分的输入是某组参数(如共振峰参数、线性预测参数及谱包络参数等,还包括基音、增益等许多必要的参数,这些参数都是通过对实际语音进行分析得到的一经过编码后,还要传输或存贮);而语音合成系统的输入,一般是语音的发音符号,甚至可以是书面文字,或者是关键词以及发音的特征。

语声应答系统是一种比较简单的语音合成系统。在这种系统中,词汇量是事先确定好并存贮起来的,存贮时要进行语音压缩。因此,对于前面讨论的语音编码系统,如果将传输信道改为存贮器,那么就变为一个语声应答系统中的合成部分。语声应答系统实际上由语音合成、语音识别两部分组成,而语音合成部分只是一个语音存储(包括压缩)和重放的器件。

语声应答系统用语声进行通信,它用口语的形式输出信息。语声应答系统可作为计算机的一个外设,它将计算机存储的信息转换成语声形式输出。这在许多由计算机进行查询和检索的场合中是十分有意义的。例如邮电部门使用的微机响应系统,机场、车站的问讯系统,以及信息检索系统如股票行情系统等。在股票行情系统中,用户通过按键输入某一代码去询问某股票的价格,系统通过按键进行译码以确定股票的市价,同时用语声进行输出。

语音合成技术是非常重要的智能接口技术,特别是通过文—语转换技术可以使计算机朗读文章,因而受到很大重视。文-语转换系统是语音合成的最高形式,文-语转换系统是以语音合成和自然语言处理技术为基础的智能系统,它的功能是仿照自然语言的发音、韵律和节奏,朗读信息系统中存储的文本文件。即输入的是书面文字,而输出的是可懂的有较高质量的语言。它是语音合成技术的重要应用,也是语音合成技术研究的前沿。

语音合成系统是一个单向系统,即由计算机到人。而如果将语声合成系统和语音识别系统结合起来,可以构成由计算机到人及由人到计算机的双向系统,而且还将发展出很多崭新的研究领域。

在语音合成和语音识别这两个问题中,合成是比较容易的。人们还没有弄清关于大脑是如何识别语音和识别说话人的一般理论,即使有这样的理论也不能保证简单地在计算机上模仿即可得到最佳的处理方法,更不能保证方法是可行的。但根据第二章所述,人们已经掌握了语音生成的声学特性。用现代数字信号处理技术,特别是用格型结构的线性预测滤波器很容易复制发音机理。目前还不清楚音位转化语音的心理过程,但语音合成已经取得了巨大的成功。

语音合成已经在许多方面被推向了实际应用。由于计算机和集成电路技术的发展,推动了语音信号处理的实用化,已开发出了很多产品。现在有很多专用语音处理芯片,这些芯片和微型计算机或微处理器相结合可以组成各种复杂的语音处理系统。其中语音合成在技术上比较成熟,在语音处理中影响也最大。目前语音合成的应用领域十分广泛,从办公信息处理、工业自动化、交通运输到文化教育以至日常生活用品等无所不在。

汉语有许多不同于拉丁语的特点。常用的汉字有 6 000 多个(二级字库),每一个汉字的发音对应于一个单音节,考虑到汉语中有许多同音字,全部汉字的发音只有 1 281 个。汉语是有调语言,这些单音节是四种声调中的一种,如不考虑声调的变化,真正独立的汉语无调单音节字只有 412 个。很明显,在汉语中以单音节字作为规则合成的基本单元是一种最佳选择。当然这些被合成的单元不但要有准确清晰的发音,它们的发音特征,如强弱、持续时间、音调等也应该可以由规则来控制。

汉语语音合成的研究 20 世纪 70 年代以后发展比较快。80 年代,采用 ADM 和 ADPCM 等波形编码技术,开发了一些汉语普通话语音的编辑合成系统,并被实际应用到公共汽车报站、自动电话报时、查号台自动报号等场合。

90 年代初,我国开始在语音合成中采用 LPC 技术和专用语音板,开发了一些性能更高的系统,出现了能够合成国际一级和二级全部 6763 个汉字的语音合成系统。这些系统可以被看做是初级的文语转换系统,被应用于文本校对、计算机辅助教学等方面。目前汉语的规则合成技术也取得了进展,包括汉语普通话所有音节的合成系统已经开发成功,目前开发的重点是连续话语的合成。

12.2　语音合成原理

12.2.1　语音合成的方法

人类的发声能力是一种非常普通的能力;但语音的产生机理是一个非常复杂的过程。语音合成的基础是语音特性的分析和发音模型的建立。语音合成就是根据不同的激励源和声道参数来合成语音的。语音合成可以分为下面三种类型。

1. 波形合成法

这是一种相对简单的语音合成技术。它把人发音的语音波形直接存储或者进行波形编码后存储,根据需要编辑组合输出。这种系统中语音合成器只是语音存储和重放的器件。其中最简单的就是直接进行 A/D 变换和 D/A 反变换,或称为 PCM 波形合成法。显然,用这种方法合成出语音,词汇量不可能做到很大,因为所需的存储容量太大了(大约使机器讲一秒钟的语音,就需要 64 kbit 以上的存储量)。当然,可以使用波形编码技术(如 ADPCM,APC 等)压缩一些存储量,为此在合成时要进行译码处理。如果使用大的语音单元作为基本存储单元,例如词组或句子,能够合成出高质量的语句,但需要很大的存储空间。这种方法在自动报时、报号、报站及报警中应用较多。

2. 参数合成法

进行压缩存储的进一步发展是参数合成形式。参数合成法也称为分析-合成法,它采用声码器技术,是一种比较复杂的方法。为了节约存储容量,必须先对语音信号进行分析,提取出语音的参数,以压缩存储量。最常用的方法是提取 PARCOR 系数和 LPC、LSP 系数,而由人工控制这些参数的合成。实现合成的方法,则因线性预测系数、共振峰参数等而各不相同。当然,这种方法在以高效的编码来减少存储空间,抽取参数或编码过程中难免存在逼近误差,但这是以牺牲音质为代价的,使合成语音的音质欠佳。所以合成语音质量(清晰度等)也就比波形合成法要差。

这种语音合成方法又称为"终端模拟合成",因为它只是在谱特性的基础上来模拟声道的输出语音,而不考虑内部发音器官是如何运动的。

3. 规则合成法

这是一种高级的合成方法,它通过语音学规则产生语音。合成的词汇表不事先确定,系统中存储的是最小的语音单位(如音素或音节)的声学参数,以及由音素组成音节、由音节组成词、由词组成句子以及控制音调、轻重等韵律的各种规则。给出待合成的字母或文字后,合成系统利用规则自动地将它们转换成连续的语音声波。这种方法可以合成无限词汇的语句,存储量比参数合成法更小,但音质也更难得到保证。这种以最小单位进行合成的方法是极其复杂的研究课题。

上述三种方法中,波形合成法与参数合成法都进入了实用阶段。表 12-1 列出了这三种方法的特征比较。

这一节所介绍的语音合成方法实质上并未解决机器说话的问题,因为其本质上只是一个声音还原过程。语音合成的最终目的是使机器像人一样说话,或者说计算机模仿人类说话。真正的语音合成应该是根据第二章中介绍的语音产生过程,首先在机器中首先形成讲话内容,它一般以表示信息的字符代码形式存在;然后按照复杂的语言规则,将信息的字符代码的形式,转换成由发音单元组成的序列,同时检查内容的上下文,决定声调、重音、必要的停顿以及陈述、命令、疑问等语气,并给出相应的符号代码表示。根据这些符号代码,按照发音规则生成一组随时间变化的参数序列,去控制语音合成器发出声音,犹如人脑中形成的神经命令,以脉冲形式向发音器官出指令,使舌、唇、声带、肺等部分的肌肉协调动作发出声音一样。

表 12-1 三种语音合成方式特征比较

		波形合成法	参数合成法	规则合成法
基本信息		波 形	特征参数	语言的符号组合
语音质量	可懂度	高	高	中
	自然度	高	中	低
词汇量		小(500字以下)	大(数千字)	无限
合成方式		PCM、ADPCM、APC	LPC、LSP、共振峰	LPC、LSP、共振峰
数码率		9.6～64 kbit/s	2.4～9.6 kbit/s	50～75 bit/s
1 Mbit 可合成的语音长度		15～100 s	100s～7 分钟	无限
合成单元		音节,词组,句子	音节,词组,句子	音素、音节
装置		简单	比较复杂	复杂
硬件主体		存储器	存储器和微处理器	微处理器

12.2.2 语音合成系统的特性

在语音合成系统中,合成单元、合成参数和合成音质是系统的重要特性。

1. 合成单元

合成单元是系统处理的最小语音单位。按由小到大的顺序,合成单元可以分为音素、双音素、半音节(声韵母)、音节、词、短语和句子。一般情况下,合成单元越大,合成音质越容易提高,但合成语音的数据量也越大。在波形合成法中,合成单元多为词、短语或句子;在参数合成法或规则合成法中,英语或日语多采用音素、辅音加元音组和元音加辅音组作为合成单元,而汉语多采用音节或声韵母作为合成单元。

音节是语音中最自然的结构单位。汉语有许多不同于西方语言的特点。在汉语中,一个音节就是汉语中一个字的音,再由音节构成词,最后由词构成句子,所以由音节作为基元构成的语句也是无限多的。汉语中只有 412 个无调音节字,以这些基元组成的语音库并不庞大,却具有合成音质好、控制简单灵活等优点,所以采用音节作为基元是汉语合成中一种很好的方案。

2. 合成参数

合成参数是指在参数合成法和规则合成法中,控制语音合成器所需要的参数。合成参数分为音色参数和韵律参数。常用的音色参数有共振峰频率、LPC 参数、LSP 参数和生理发音参数。常用的韵律参数有控制音强的幅度参数、控制音高的基频参数和控制音长的时间参数。在参数合成法中,每个合成单元的每帧合成参数直接从该合成单元实际录音中提取;而在规则合成法中,是在分析大量语音材料的基础上,经反复调试选择出来的。

3. 合成音质

合成音质是指语音合成系统所输出的语音的质量。主要用清晰度(或可懂度)、自然度、连贯性等主观指标进行评价。这里清晰度是最重要的指标,直接体现合成的语音被听懂的概率。自然度用来评价合成语音是否接近自然语音的音色和韵律;若自然度低下,也会使合成语音难以被听懂。连贯性用来评价合成语音是否流畅。

12.3 共振峰合成

语音合成器是将合成参数转变为语音波形的部件(一般为软硬件结合)。语音合成器通常是按照语音产生模型构成的,它模拟了语音产生的 3 个过程:声门激励、声道共振和口鼻辐射。语音合成器的关键部分是模拟声道共振特性的数字滤波器。根据控制音色的合成参数和数字滤波器构造的不同,终端模拟合成器通常有两种形式:一种是共振峰合成,一种是LPC 合成。本节介绍共振峰合成方法。

12.3.1 共振峰合成原理

决定语音感知的基本因素是共振峰,音色各异的语音有不同的共振峰模式。以每个共振峰及其带宽为参数,可以构成一个共振峰滤波器。将多个这种滤波器组合起来模拟声道的传输特性,对激励声源发生的信号进行调制,经过辐射即可得到合成语音。这便是共振峰语音合成器的构成原理。若共振峰合成器的结构和参数能被正确指定的话,这种方法能够合成出高音质、高可懂度的语音。长期以来,共振峰合成器一直处于主流的地位。

共振峰合成的主要工作是综合一个时变的数字滤波器,该滤波器参数受共振峰参数控制。由于语音信号的共振峰变化缓慢,因此可用较低的速率编码。

与 LPC 合成法相同的是,共振峰合成法也是对源—声道模型的模拟,但它侧重对声道谐振特性的模拟。它将人的声道视为一个谐振腔,腔体的谐振特性决定所发出信号的频谱特性,即共振峰特性。这种谐振腔的特性容易用数字滤波器来模拟,改变滤波器的参数可以近似模拟出实际语音信号的共振峰特性。而激励源和辐射模型是和 LPC 合成中相一致的。显然,这种合成方法具有很强的韵律调整能力,无论时长、短时能量、基音轮廓线和共振峰轨迹都可以自由地修改,这是规则合成法中最希望具备的性能。

早期的共振峰滤波器是用模拟电路实现的,但现在使用数字电路。按照共振峰滤波器的组合方式,共振峰合成器分为级联和并联两种基本方式(见 2.4.2 节)。二者相比,对于合成激励源位于声道末端的语音,级联方式效果比较好;对于合成激励源位于声道中间的语音(清擦音和塞音),并联式的效果比较好。

共振峰合成器的音质主要取决于它的控制参数设置,它需要从自然语言中有效和准确地提取控制参数并将它合成规则。而归纳出能适应千变万化的自然语言的合成规则是主要困难所在。目前所使用的规则还太简单,不能令人满意地适应各种情况,常需要大量的人工处理才能产生满意的语音。

大多数共振峰合成器使用类似于图 12-1 所示的模型。这种模型的内部结构和发音过

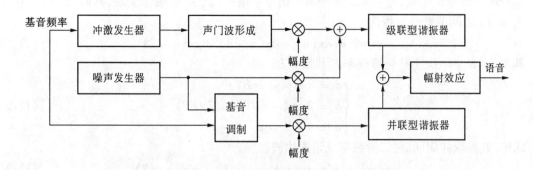

图 12-1　共振峰合成系统

程并不完全一致,但是在终端处,即语音输出上是等效的。图中,激励源有三种类型:合成浊音语音时用周期冲激序列,合成清音语音时用伪随机噪声,合成浊擦音时用周期冲激调制的噪声。

激励源对合成语音的自然度有明显的影响。发浊音时,最简单的是三角波脉冲,但这种模型不够精确,可以采用其他更为精确的形式。对于高质量的语音合成,激励源的脉冲形状是十分重要的。但是事实上,按规则语音合成中,合成参数不精确对语音音质的影响要远大于激励源脉冲的影响;因此,在按规则合成中也常采用三角波激励源。

合成清音时的激励源一般使用白噪声,实际上用伪随机数发生器来代替。清音激励源的频谱应该是平坦的,波形样本幅度服从高斯分布。而伪随机数发生器产生的序列具有平坦的频谱,但幅度为均匀分布。根据中心极限定理,互相独立具有相同分布的随机变量之和服从高斯分布。因此,将若干个(典型值为 16)的随机数叠加起来,可以得到近似高斯分布的激励源。

我们知道,简单地将激励分成浊音和清音两种类型是有缺陷的,因为对浊辅音,尤其是其中的浊擦音,声带振动产生的脉冲波和湍流同时存在,这时噪声的幅度被声带振动周期性地调制,因此应考虑这种情况。总之,为得到高质量的合成语音,激励源应具备多种选择,以适应不同的发音情况。

对于声道模型,声学理论表明,语音信号谱中的谐振特性(对应声道传输函数中的极点)完全由声道形状决定,和激励源的位置无关;而反谐振特性(对应于声道传输函数的零点)在发大多数辅音(如摩擦音)和鼻音(包括鼻化元音)时存在。因此对于鼻音和大多数的辅音,应采用极零模型。所以在图 12-1 中,使用了两种声道模型,一种是将其模型化为二阶数字谐振器的级联,另一种是将其模型化为并联形式。级联型结构可模拟声道谐振特性,能很好地逼近元音的频谱特性。这种形式结构简单,每个谐振器代表了一个共振峰特性,只需用一个参数来控制共振峰的幅度。采用二阶数字滤波器的原因是因为它对单个共振峰特性提供了良好的物理模型;同时在相同的频谱精度上,低阶的数字滤波器量化的 bit 数较小,所以在计算上也十分有效。而并联型结构能模拟谐振和反谐振特性,所以被用来合成辅音。事实上,并联型也可以模拟元音,但效果不如级联型好。并联型结构中每个谐振器的幅度必须单独控制,因此,它有可能产生合适的零点。

合成鼻音的声道模型,一般要比合成元音多一个谐振器,这是由于鼻腔参与共振后,声

道的等效长度增加;在同样语音信号带宽范围内,谐振峰的个数要增加。鼻音的零点可通过二阶反谐振器来逼近,它与第二章中所述的数字谐振器正好呈镜像关系,其输出 $y(n)$ 和输入 $x(n)$ 之间的差分方程为

$$y(n) = ax(n) + by(n-1) + cy(n-2) \tag{12-1}$$

其中,a、b、c 取决于共振峰频率 F 和带宽 B

$$\begin{cases} c = -\exp(-2\pi BT) \\ b = 2\exp(-\pi BT)\cos(2\pi FT) \\ a = 1 - b - c \end{cases} \tag{12-2}$$

式中,T 为取样周期。对二阶数字反谐振滤波器,有

$$y(n) = a'x(n) + b'x(n-1) + c'x(n-2) \tag{12-3}$$

式中,a'、b'、c' 由 a、b、c 转换得到

$$a' = \frac{1}{a}, b' = -ba, c' = -ca \tag{12-4}$$

图 12-1 中辐射模型比较简单,可用一阶差分来逼近,这在第二章中已经介绍过。

由于发声时声道中器官运动导致谐振特性变化,因此声道模型应该是时变的。高级的共振峰合成器要求前四个共振峰频率以及前三个共振峰带宽都随时间变化;再高频率的共振峰参数变化可以忽略。对于要求简单的场合,则只改变共振峰频率 F_1、F_2、F_3,而带宽是固定的。例如,前三个共振峰的带宽保持在 60 Hz、100 Hz、120 Hz。固定的共振峰带宽会影响合成语音的音质,这在合成鼻音时显得更为突出。

采用更符合语音产生机理的语音生成模型,是提高合成音质的一个重要途径。目前采用的模型中,声源和声道间是相互独立的,不考虑它们之间的相互作用。然而,研究表明,在实际语音产生的过程中,声源的振动对声道里传播的声波有不可忽略的作用。

高级共振峰合成器可合成出高质量的语音,几乎和自然语音没有差别。但关键是如何得到合成所需的控制参数,如共振峰频率、带宽、幅度等。而且,求取的参数还必须逐帧修正,才能使合成语音与自然语音达到最佳匹配。这是因为由于合成模型过分简化,因而必须对从分析或者规则获取的参数进行调整。

在以音素为基元的共振峰合成中,可以存储每个音素的参数,然后根据连续发音时音素之间的影响,从这些参数内插得到控制参数轨迹。尽管共振峰参数理论上可以计算,但实验表明,这样产生的合成语音在自然度和可懂度方面均不令人满意。

理想的方法是从自然语音样本出发,通过调整共振峰合成参数,使合成出的语音和自然语音样本在频谱的共振峰特性上最佳地匹配,即误差最小,此时的参数作为控制参数,这就是分析-合成法。实验表明,如果合成语音的谱峰值和自然语音的频谱峰值差别能保持在几个分贝之内,且其基音和声强变化曲线也能较精确地吻合,则合成语音在自然度和可懂度方面均和自然语音没有什么差别。为了避免连读时邻近音素的影响,对于比较稳定的音素,如元音、摩擦音等,控制参数可以由孤立的发音来提取;而对于瞬态的音素,如塞音,其特性受前后音素影响很大,其参数值应对不同连接情况下的自然语句取平均。

根据语音产生的声学模型,直接从自然语音样本中精确地提取共振峰参数还依赖于对激励源信息的获取。假定浊音激励源的频谱以 −12 dB/倍频程变化,那么经过预加重的自然语音波形的谱特性就与声道的谱特性相当。虽然这时过分简化了激励源,但这种方法仍然是

最常用和最有效的。

12.3.2 共振峰合成实例

由美国 Votrax 公司最早推出的产品 Computalker,采用的是共振峰合成的原理。这是一种

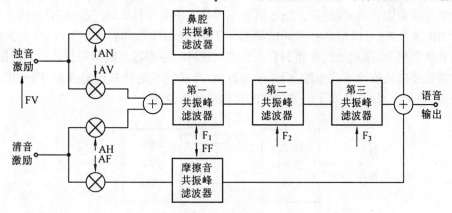

图 12-2　Computalker 共振峰语音合成原理框图

语音合成器,其原理框图如图 12-2 所示。下面结合图 12-2 对其说明如下:

(1) 中间的信号传输通道对应于口腔的发音,这是主要声道路径。元音和部分辅音通过此路径发音。口腔语音不用鼻腔,而鼻音用口腔和鼻腔发音。因此发鼻音时要附加一并联于口腔的鼻腔,图中以一个鼻腔共振峰滤波器来模拟。部分辅音如摩擦音的发音虽然也用口腔,但其共振峰不同,因此发这部分辅音时,用一摩擦音共振峰滤波器来模拟它。

(2)AN 和 AV 为浊音的幅值控制,其中 AN 为鼻腔的幅值控制,而 AV 为非鼻音的浊音幅度控制。AH 和 AF 为清音的幅值控制,其中 AH 是送气音的幅值控制,而 AF 为摩擦音的幅值控制。发送气音时($AH \neq 0$)$AV = 0$,$AN = 0$。因为在生理学上,发浊音和发送气音是不会同时发生的。

(3) 对于平均长度约为 17 cm 的声道(男性),在 3 kHz 范围内大致包含三个或四个共振峰,而在 5 kHz 范围内包含四个或五个共振峰。高于 5 kHz 的语音能量很小。语音合成的研究表明:表示浊音最主要的是前三个共振峰,只要用前三个时变共振峰频率就可以得到可懂度很好的合成浊音。根据上述结论,主声道用三个共振峰滤波器 F_1、F_2、F_3,频率在 3 kHz 以下。根据不同的浊音,调整 F_1、F_2、F_3 以改变三个共振峰频率。

发鼻音时,除用主声道(口腔)外,还附加(并联)一鼻音共振峰滤波器。对某一特定人来说,鼻腔的外形和大小是相对不变的(时不变),因此没有对它的频率控制。FF 为摩擦音的共振峰频率控制,可根据不同的摩擦音,调节 FF 得到不同的摩擦音共振峰频率。FV 为对激励的频率控制,可根据不同的讲话者,调节 FV 得到不同的激励的基频。

12.4　线性预测合成

线性预测是一种新的、也是目前比较简单和实用的语音合成方法。线性预测的广泛应用是由于首先除了基音周期外,它可提取语音信号的全部谱特性,如共振峰频率、带宽和振幅等。其次,它把具有音高和振幅的激励源和控制音素发音的声道滤波器分离开来,即把语音

的许多韵律特性从分段语音信息中分离出来。它提供了由单词连接产生声音所需的总音调轮廓,增强了语音存储的灵活性,也容易进行已存储语音的合成。图 12-3 为线性预测分析-合成系统的一般组成。

线性预测合成器的原理是以全极点数字滤波器模型来模拟声道,而全极点滤波器的参数通过线性预测方程求解。这种方法在语音编码技术中应用得更加广泛。LPC 全极点滤波器是一个 IIR 滤波器,可以用各种不同的结构来实现。线性预测合成器非常成功,大大压缩了合成语音的数据量。早期的线性预测合成器产生浊音时需要基音频率的脉冲序列激励,产生清音时需要伪随机噪声序列激励。后来的 MPLPC 合成器不论浊音还是清音,统一用一组脉冲去激励,简化了系统,提高了合成语音的自然度和顽健性。

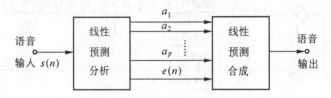

图 12-3　线性预测分析和合成系统

线性预测合成的形式有两种:一种是用预测器系数 a_i 直接构成的递归型合成滤波器,如图 12-4 所示。这种结构简单而直观,为了合成一个语音样本,需要进行 P 次乘法和 P 次加法。另一种是采用反射系数 k_i 构成的格型合成滤波器,如第 6.5 节中的图 6-9 所示。合成一个语音样本需要 $(2P - 1)$ 次乘法和 $(2P - 1)$ 次加法。无论选用哪一种滤波器结构形式,LPC 合成模型中所有的控制参数,都必须随时间不断修正。

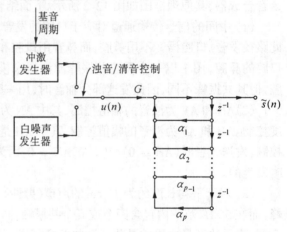

预测系数的直接形式滤波器结构的优点是简单、易于实现,所以曾广泛被采用;

图 12-4　LPC 系数构成的直接递归型合成滤波器

其缺点是合成语音样本需要很高的计算精度。这是因为这种递归结构对系数的变化非常敏感,其微小变化可导致滤波器极点位置的很大变化,甚至出现不稳定现象。

而采用反射系数 k_i 的格型合成滤波器结构,虽然运算量大于直接型结构,却具有一系列优点:具有 $|k_i| < 1$ 的性质,因而滤波器是稳定的;与直接结构形式相比,它对有限字长引起的量化效应灵敏度较低。图 12-5 是利用格型合成滤波器合成出的语音。由图可见,利用 k_i 的合成方式,语音可以被近似原样合成出来,因而 k_i 合成方式具有相当显著的优越性能。被公认为目前最好的合成方法,它已成功地应用于语音系统中,实用语音合成产品中绝大多数都采用格型滤波器结构。

图 12-6 为 P 级分析格型和 P 级合成格型波波器整体结构图。分析格型链上通道的末端与合成格型链上通道的始端相连接。两个格型链的下通道不相连,但分析链下的通道的输出信号等于合成链下通道的输出信号。两个格型链具有相同的反射系数 $k_1, k_2, \cdots, k_p$,但反射

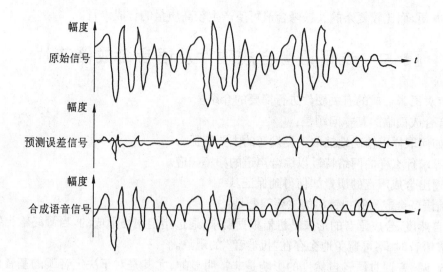

图 12-5　格型法合成波形示意图

系数排列的次序倒过来了,从中间向两边看,分析级和合成级成对出现。

采用这种实现结构的特点是:① 允许合成滤波器由反射系数直接实现;② 在准确度、乘因子数和复杂度之间没有强烈的制约关系,这一点是在合成技术的实现过程中非常重要的考虑因素。

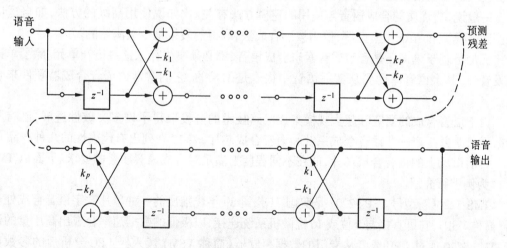

图 12-6　分析-合成格型滤波器整体结构

格型滤波器用于语音分析和合成的参量有:① 浊音、清音标志;② 音高;③ 总体振幅水平;④ 反射系数。前三个参量是关于激励源的,其中音高是关于格型滤波器的。而第三个参量是误差信号的平均振幅,就是总增益。第四个参量是关于格型滤波器的。线性预测系数不适于进行量化,每一对系数的量化至少需要 8 ~ 10bit。而 k_i 适于进行量化,每一系数需要 5 ~ 6 bit。而进行存储的反射系数的个数等于线性预测的阶数。10 阶常常只能得到低质量的语音,15 阶才能得到高质量的语音。

LPC 语音合成和共振峰语音合成是目前最为流行的两种语音合成技术。其中 LPC 分析具有简单、可自动进行系数分析的优点;其缺点是对合成语音的控制没有共振峰参数合成那样直观、方便。而比较复杂的共振峰合成可望产生较高质量的合成语音。

12.5　专用语音合成硬件及语音合成器芯片

本节对语音合成的有关硬件进行简要的介绍。

语音合成面临的基本问题是：

① 如何取样以精确地抽取人类发音的主要特征。

② 寻求什么样的网络特性以综合声道的频率响应。

③ 输出合成声音的质量如何得到保证。

目前语音合成研究中针对的主要问题是：

① 自然度。合成语音的形成是机器根据要求，通过指定网络形成的。当最终输出特定内容的合成语音时，不可避免地会存在"机器音"的现象。

② 音调。音调对语音自然度的影响是非常明显的，尤其是对于决定音调的基音的适当处理是一项困难的工作。"走调"，即基音周期不准，这在由机器输出合成语音过程时也是不可避免的。

③ 辅音。辅音的处理在合成语音时是比较困难和复杂的。

综上所述，合成语音有一定的难度，但事实并非如此。因为合成语音输出在很大程度上取决于人的听觉接受能力和人的理解能力。

一般说来，优质的合成语音与使用的建模方法有关。比如说使用高级的方法，如自适应格型网络模型和 ARMA 模型等，使用波形合成法，取得的效果是令人满意的。

无论是基于单词还是音节或音素来合成语音，都必须事先存贮这些语音单元。除了单词的发音外，其余语音单元要从实际语音中提取是困难的，它们常常由语音合成器硬件来合成。

由于语音合成的研究和超大规模集成电路技术的开发取得了许多突破性进展，已有不少公司研制并生产一些语音合成系统和语音合成芯片，表 12-2 列出有代表性的几种产品。

目前市场上的语音合成芯片，能在不同程度上满足对合成语音质量的要求。下面以 TMS 5220 为例进行介绍。

TMS 5220(新型号 TSP 5220) 是美国 TI 公司 80 年代推出的一种单片数字语音合成处理器(简称 VSP)，它可直接与 8 位或 16 位微机系统连接，以极低的数据速率合成出高质量的语音。TMS 5220 通过 CPU 或者从专门的数据存储器(简称 VSM) 读入经 LPC 分析后的参数数据，这些数据由 VSP 解码后送给一个模拟声道的时变数字滤波器，经周期冲激序列或随机噪声序列激励后，产生所需要的合成语音。

TMS 5220 作为一种采用线性预测分析的语音合成器，具有一定的典型性，代表着采用 LPC 方式的语音合成器的一种典型结构。它通过外接 CPU 或者某些专用语音合成存储器，再配置由一个扬声器、放大器组成的音频电路，就可以组成一个语音系统。由于它采用 LPC 方式，因此所需的数据存储器容量不大；然而由于线测预测法不直接记录和传送语音信号，而是存储一些预测系数和通过计算求出的残差信号，所以 TMS 5200 对 CPU 有很大的依赖性。

表 12-2　语音合成系统和芯片

公司名称	型　号	合成技术	词汇量	特　点
Covox 公司	Voice Master	波形处理和编码	64 个数目字或短语或其他音	
数字设备公司	DEC talk	声道数字模型	无限	可产生老年男性、女性、儿童的声音
通用仪器公司	VSM 2032	线性预测		
Hewlett Packard 公司	82967A	线性预测	1 500 个单词	
瑞典 Infovox 公司	SA101	共振峰合成	无限	英、法、西班牙、意大利、德、瑞典等语言
国家半导体公司	Digitalker Microtalker	波形处理和合成波形连接和处理	256 个单词或词组256 个单词	
NEC 美国分公司	AR-10	ADPCM 编码		
Oki 半导体公司	MSM6202 MSM6212	ADPCM	能选择贮存在 ROM 芯片上的 125 个词组	能贮存 12 ~ 40 s 长的语音
Silicon 系统公司	SSI 263	共振峰合成	无限	64 个音素,每个可以有 4 个不同持续时间
Speech Plus 公司	Prose 2000 Prose 2020 Text 5 000		无限无限	与 IBM PC 机兼容,具有电话音质
Street Electronics 公司	ECHO GP		无限	具有自己的微机可独立使用
Texas 仪器公司	TMS 5200	线性预测	无限	
Vynet 公司		由程序或数据库中预先规定的声音信息来控制计算机说话		作为 IBM PC 机的声音应答设备
Votrax 分公司（联邦 Screw Works 公司）	SC-01A VS-B	共振峰合成共振峰合成	无限无限	64 个音素加 3 个无声音64 个音素加 3 个无声音,法语和德语

　　TMS 5220 有二种用法:一种是由 CPU 将存储在 EPROM 或 ROM 等存储器中的语音数据送入 TMS 5220 中;另一种是 TMS 5220 直接使用专用存储器中所存储的语音数据。显然前者要灵活得多。CPU 可在二种方式下与 TMS 5220 协同工作:一种是监控器件状态的投票方式,另一种是由 TMS 5220 产生的中断服务请求的响应方式。

TMS 5220 的关键部分是一个模拟人的发音声道的十阶格型 LPC 数字滤波器。这个滤波器有一个阵列乘法器,协助进行这项工作。滤波器的参数和激励信号都按帧刷新。TMS 5220 设计成每秒 40 帧,每帧 50 bit,每一帧包括 13 个参数数据,其比特数分配如下:① 能量 4 bit;② 重复帧标识参数 1 bit;③ 10 个 k_i 系数,其中 k_1、k_2 各 5 bit,$k_3 \sim k_7$ 各 4 bit,$k_8 \sim k_{10}$ 各 3 bit,。

TMS 5220 的主要性能如下:

① 微机系统控制的高质量语音通信;　② 低数据率 LPC 编码;

③ 28 脚双列直插式 DIP 集成器件;　④ 低成本 PMOS 工艺;

⑤ + 5 V、– 5 V 电源;　⑥ 中断服务请求;

⑦ TTL 电平兼容。

图 12-7 是 TMS 5220 的内部结构框图。由图可见,其内部主要包括命令寄存器、状态寄存

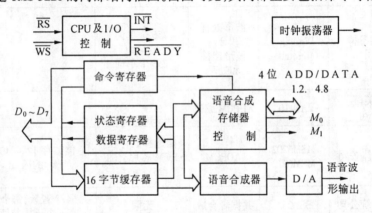

图 12-7　TMS 5220 的结构框图

器、数据寄存器、16 字节缓存器、CPU 接口与控制电路、语音合成存储器与控制器、语音合成器、D/A 转换器和定时振荡电路等。

图 12-8 是以 TMS 5220 为核心构成的一个简单的语音合成系统。图中,微处理器的任务是:① 根据外部任务要求,选择需要合成的词或短语;② 所需单词数据的起始地址的定位;③ 向 TMS 5220 的 VSP 发出外部讲话或内部讲话命令;④ 在发出命令同时,控制从 ROM 或

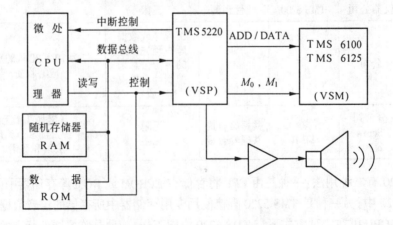

图 12-8　一个 TMS 5220 语音合成系统

VSM 取出所需的数据供 VSP 的语音合成器使用。

TMS 5220 由于结构紧凑、要求的存储容量小、相对语音质量高而得到广泛的应用。例如美国最早出现的"SPEAK AND SPELL"语音玩具就是以 TMS 5100(TMS 5220 的前期产品) 为核心的产品,它主要用来帮助学习英语。

第13章　语音识别

13.1　概　　述

语音识别是语音链中的一环,它是研究使机器能准确地听出人的语音内容的问题,即准确地识别所说的话。语音识别的最终目的是使计算机能够听懂任何人、任何内容的讲话。语音识别属于多维模式识别和智能计算机接口的范畴。语音识别技术是一项集声学、语音学、计算机、信息处理、人工智能等领域的综合技术,在计算机、信息处理、通信与电子系统、自动控制等领域中,在工业、军事、交通、医学、民用诸方面有着广泛的应用。语音识别是近二十几年发展起来的新兴学科,特别是近十年来国内外竞相研究的热点。科技、工业及国防部门投入大量人力和财力来研究语音识别的动力是信息产业迅速发展的迫切要求,其中包括计算机、办公自动化、通信、国防、机器人等。

语音识别的优点如下:

① 语音是人们最自然、最方便的交互工具,不需要作专门训练。

② 如果能输入声音,这与使用打字机和按钮等方法比较,操作简单,使用方便。计算机语音输入系统,用口述代替键盘操作,实现向计算机输入文字,这对于办公室自动化将带来革命性的变化。由于汉字输入的特殊性,汉语语音输入系统的重要性尤其突出。

③ 语音的反应速度特别快,可以达到毫秒量级。语音信息输入速度比打字机大约快3～4倍,比人工抄写文字大约快8～10倍。

④ 同时使用手、脚、眼、耳等器官,可以在进行其他工作的同时兼顾周围动作来输入信息。

⑤ 因在输入终端可使用麦克风、电话机等,所以非常经济,还可直接利用现有的电话网,并能遥控输入信息。

因此语音识别系统具有重要的应用价值,它是人机通信的自然媒介。语音识别和语音合成相结合,可构成"人－机通信系统"。随着语音识别技术的成熟,各类语音产品应运而生。语音识别产品在人机交互应用中,已经占到越来越大的比例。

语音识别较语音合成而言,技术上要复杂得多,但应用却更为广泛。语音是通信系统中最自然的通信媒介,语音识别技术的应用前景是无限的。

语音识别按不同的角度有下面几种分类方法:

① 从所要识别的单位来分,可以分为以下几类,其研究的难度依次增加:

　　a. 孤立单词语音识别。即识别的单词之间有停顿。

　　b. 选词语音识别。即在连续语音中识别出其中所包含的某个或某几个单词。

　　c. 连续语音识别。即识别的单词之间没有停顿。

　　d. 语音理解。即在语音识别的基础上,用语言学知识来推断语音的含义。

② 从识别的词汇量来分。每一个语音识别系统都有一个词汇表,系统只能识别词表中包含的词条。从词别的词汇量来分,有小词汇(10～50 个)、中词汇(50～200 个)、大词汇(200 个以上)等孤立词识别。在所有情况下,语音识别的识别率都随单词量的增加而下降。

大词汇量的连续语音识别是语音识别研究中最困难的课题,也是国外目前在语音识别研究方面投入最多的研究项目。

③ 以讲话人的范围来分。有单个特定讲话人、多讲话人(即有限的讲话人)和与讲话者无关(即无限的说话人,也就是无论是谁的声音都能识别)三种。其中第一种为特定人语音识别,后两种为非特定人语音识别。对于特定人语音识别来说,使用前必须由用户输入大量的发音数据,对其进行训练。而在非特定人语音识别中,用户无需事先输入大量的训练数据即可使用。由于语音信号的可变性很大,所以非特定人语音识别系统要能从大量的不同人的发音样本中学习到非特定人的发音速度、语音强度、发音方式等基本特征,并寻找归纳其相似性作为识别时的标准。因为这个学习和训练过程相当复杂,所用的语音样本要预先采集,并必须在系统生成之前完成。特定讲话人的语音识别比较简单,能得到较高的认别率,目前商品化的设备多属此种。后二种为非特定人识别系统,通用性好、应用面广,但难度也较大,不容易得到高的识别率。与讲话者无关的识别系统的实用化将会有很高的经济价值和深远的社会意义。

语音识别中,最简单的是特定人、孤立词和有限词汇的语音识别,最复杂、最难解决的是非特定人、连续和无限词汇的语音识别。

④ 从识别的方法分。有模板匹配法、随机模型法和概率语法分析法。这三种方法都属于统计模式识别方法。其识别过程大致如下:首先判定语音的特征作为识别参数的模板,然后用一可以衡量未知模式和参考模式(即模板)的似然度的测度函数,最后选用一种最佳准则及专家知识作为识别决策,对识别候选者作最后判决,得到最好的识别结果作为输出。

虽然,这三种方法都建立在最大似然决策 Bayes 判决的基础上,但具体做法不同,现简述如下:

a. 模式匹配法。就是将测试语音与模板的参数一一进行比较与匹配,判决的依据是失真测度最小准则。这里,除了参数分析的精度之外,选择何种失真测度至关重要。通常它要求对语音信息的各种变化具有鲁棒性(Robustness),而且可以使用局部加权技术,使测度更符合或更接近于最佳。

b. 随机模型法。这是一种使用 HMM 的概率参数来对似然函数进行估计与判决,从而得到识别结果的方法。由于 HMM 具有状态函数,所以这个方法可以利用语音频谱的内在变化(如讲话速度、不同讲话者特性等)和它们的相关性(记忆性)。这表明,该方法能较好地将语言结构的动态特性用到识别中来。

HMM 与模式匹配法相比完全不同。在模式匹配法中,参考样本是由事先存储起来的模式来充当的。而 HMM 则是将参考样本用一个数学模型来表示,然后将待识的语音与这一数学模型相比较。

第 8 章已经对 HMM 进行了介绍。采用 HMM 进行语音识别,实际是一种概率运算。Markov 过程各状态间的转移概率和每个状态下的输出都是随机的,因此更能适应语音发音的各种微妙变化,使用起来比模式匹配法灵活得多。除训练时运算量大之外,识别时的运算量仅为模式匹配法的几分之一。

c. 概率语法分析法。这种方法适用于大长度范围的连续语言的识别情况,也就是说它可以利用连续语言中的形式语法约束的知识来对似然函数进行估计和判决。这里,形式语法可以用参数形式来表示,也可以用概率估计的非参数形式来表示,甚至可以用二者结合的形式来表示。因此,这个方法可将 a 或 b 方法结合起来使用。

当今语音识别技术的主流算法,主要有基于参数模型的 HMM 方法和基于非参数模型的 VQ 方法。其中基于 HMM 的方法主要用于大词汇量的语音识别。除了上面三种外,其他识别方法还包括人工神经网络语音识别、应用模糊数学的语音识别及句法语音识别等。目前在语音识别中,如何充分借鉴和利用人在完成语音识别和理解时所利用的方法和原理是一大课题,因而将人工神经网络引入语音识别中引起了人们很大的兴趣。

⑤ 从识别环境分。有隔音室、计算机房或公共场合。

通常在实验室环境下工作良好的识别器在含有噪声的环境下性能会明显下降,因此必须明确一个系统的使用场合。当在有噪声的环境下工作时,必须采取一定的方法使识别器适应这种情况,如采用语音增强技术、选取对噪声不敏感的特征参数、模板在匹配阶段进行自适应等。

⑥ 从传输系统分。有高质量话筒、电话及近讲话筒等。

⑦ 从说话人的类型分。有男声、女声、儿童声等。

目前,语音识别得到了迅速发展。经过多年的研究,对识别过程所需的特征提取算法及概率模型等,已有多项重要的突破。进入 20 世纪 90 年代以后,语音识别的研究重点已经转移到大词汇量、非特定人、连续语音上来,并且已经取得了一些突破。典型的做法是:以 HMM 为统一框架,构筑识别系统模型。每个基本识别单位至少被建立一套 HMM 结构和参数。大词汇量、非特定人的连续语音识别系统可以用于人机对话、语音打字机以及两种语言之间的直接通信等一系列重要场合。

虽然语音识别的研究取得了很大进展,但还存在很多困难。语音识别属交叉边缘学科,要依赖于众多学科的研究成果,而语音信号属瞬时事件性信号,又是时变的非平稳随机过程,有内在的多种可变性,这使语音识别成为多维模式识别中一个很难的课题。众所周知,只有人才能很好地识别语音。因为人对语音有广泛的知识,人对要说的话有预见性和感知分析能力。目前世界上最先进的语音识别系统与人的听觉相比,仍然是望尘莫及。实用语音识别研究中存在的几个主要问题如下:

① 语音识别的一种重要应用是自然语言的识别和理解。这一工作要解决的问题首先是连续的讲话必须分解成单词、音节或音素单位,其次是要建立一个理解语义的规则或专家系统。

② 语音信息的变化很大。语音模式不仅对不同的讲话者是不同的,就是说找不到两个说话者的发音是完全相同的,而且对于同一个讲话者也是不同的。同一说话者在随意说话和认真说话时语音信息是不同的。同一说话者在相同方式(随意或认真)说话时,也受长期时间变化的影响,即今天及一个月后同一说话者说相同语词时,语音信息也不相同。这还没有考虑同一说话者发声系统的改变(如病变等)。

③ 语音的模糊性。说话者在讲话时,不同的语词可能听起来很相似。这一点不论在汉语还是英语中都是常见的现象。

④ 单个字母及单个词语发音时语音特性受上下文环境的影响,使相同字母有不同的语

音特性。单词或单词的一部分在发音过程中其音量、音调、重音和发音速度可能不同。

⑤ 环境的噪声和干扰对语音识别有严重影响。人类能够在信噪比很低甚至在有干扰声音存在的环境中正确识别语音。这种能力主要依靠人的双耳输入作用,其机理目前尚未完全研究清楚。语音库中的语音模板基本上是在无噪声和无混响的环境中采集、转换而成。大多数语音识别都是针对这种"纯净"的语音模板而设计的。而环境中存在干扰和噪声,有时甚至很强,它们使语音识别的性能降低。例如,噪声可使单词的端点检测造成困难,从而降低识别率。因此,对语音识别系统的一个要求是具有鲁棒性,即不受环境,使用者等因素的变化的影响,而保持较高的识别率。

语音识别系统产品化的困难主要是顽健性的提高,这是由于说话人、使用环境等许多不确定因素的影响造成的。

对于汉语语音识别,本质上与其他语言没有区别,也有其特点。主要是它宜于用音节作为基本研究对象,从而使特征的提取、字节的分割、动态时间匹配方法的选取等也具有特点。但是,由于中文同音字多,又有声调不明、界限不清、新词不断出现等诸多特点,汉语语音识别比其他语言难度更大。

汉字是世界上惟一的会意文字,汉语语音是一个科学的系统,它言简易赅,有利于计算机存储与处理。汉语词汇是在单音节词基础上层层合成构造起来的,构词能力极强。词在组合搭配中,既表现出了自己的意义,也限定了相关词的意义,有利于计算机进行识别与理解。

下面简单介绍一下语音理解。语音识别是模仿或代替人耳的听觉功能,语音理解则模仿人脑的思维功能,是语音处理的高级阶段。语音理解是以语音识别为基础的,但与传统的语音识别又有所不同。它们都是对输入语音进行处理,识别在于"听清"其语音学级的内容,而理解在于"明白"其语言学级的含义。语音信号中携带着不同类型的信息,如声信号、语义、语法结构、性别、说话人的身份、情绪等。语音理解是在识别语音底层的基础上,利用语言学、词法学、句法学、语义学、语用学、对话模型等知识,确定其语音信号的自然语音级在一定的语言环境下的意图信息。

语音识别与语言学及人工智能有很大关系。有人认为,语音识别的重大进展可能并不来自对信号的分析、自适应的模式匹配和计算机运算方面的进一步研究(虽然这些领域对语言研究提供了很有价值的技术);而是来自对语言感知、语言产生、语音学、语言学和心理学的研究。要使语音识别系统能够接近人的能力,必须更多地了解全部言语过程。

13.2　语音识别原理

语音识别是一种特殊的模式识别。模式识别是指计算机对事物的认识。这里模式是对被认知事物的概括,包括语音、文字、图像、机器的运行状态等。

模式识别的基本原理是将一个输入模式与保存在系统中的多个标准模式相比较,找出最近似的标准模式,将该标准模式所代表的类名作为输入模式的类名输出。根据比较输入模式与标准模式的方法不同,模式识别被分为模式匹配法、统计模式识别和句法模式识别。其中模式匹配法是将两个模式直接进行比较的方法,是最基本、最原理性的模式识别方法,也是在实际中应用最广泛的方法。

目前大多数语音识别系统都采用了模式匹配原理。根据这个原理,未知语音的模式要与已知语音的参考模式逐一进行比较,最佳匹配的参考模式被作为识别结果。

语音识别的步骤分为两步。第一步是根据识别系统的类型选择能够满足要求的一种识别方法,采用语音分析方法分析出这种识别方法所要求的语音特征参数,这些参数作为标准模式由机器存储起来,形成标准模式库,这个语音参数库称为模式或样本,这一过程称为学习或训练。第二步就是识别。

根据模式匹配原理构成的语音识别系统如图 13-1 所示。这里采用的是模板匹配法,它是统计模式识别中的一种。语音识别系统本质上是一种模式识别系统,因此它的基本结构与常规模式识别系统一样,包含有特征提取、模式匹配、参考模式库等三个基本单元。如图中,测度估计、判决和专家知识库三部分的功能是完成模式匹配。但是,由于语音识别系统所处理的信息是结构非常复杂、内容极其丰富的人类语言信息,因此,它的系统结构比通常的模式识别系统要复杂得多。

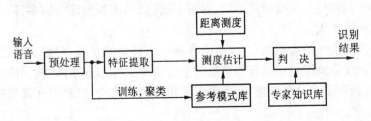

图 13-1　语音识别的原理框图

1. 预处理

包括反混叠滤波、模/数变换、自动增益控制、去除声门激励及口唇辐射的影响,这些内容在第 3 章中已经介绍过。以及去除个体发音差异和设备、环境引起的噪声影响等,并涉及到语音识别基元的选取和端点检测问题。

2. 特征提取

经过预处理后的语音信号,就要对其进行特征提取。特征提取即特征参数分析,是指从语音信号波形获得一组能够描述语音信号特征的参数的过程。特征提取的基本思想是将信号通过一次变换,去掉冗余部分,而将代表语音本质的特征参数抽取出来。与特征提取相关的内容则是特征间的距离测度。特征提取是模式识别的关键问题;在语音识别中,参数的提取是构成整个识别系统的重要一环。特征参数的好坏对语音识别精度有很大影响,特征参数应尽可能多地反映用于识别的信息,此后所有处理都是建立在特征参数之上,一旦特征参数不能很好地反映语音信号的本质,识别就不能成功。特征的选择对识别效果至关重要,选择的标准应体现对异音字特征间的距离应尽可能大,而各同音字间的距离应尽可能小。同时,还要考虑特征参数的计算量,应在保持高识别率的情况下,尽可能减少特征维数,以利于减少存储要求和实时实现。语音的特征分析有多方面的内容,这已在本书中第 3 章至第 9 章进行了介绍。

特征参数的选择着眼于能得到高的识别率。例如,选用那些能较好地表征语音特征、携带语音信息多的、较稳定的参数,并且最好几种参数并用。由于某些参数的提取较复杂,因而要折衷考虑选用哪些参数并确定采用哪种识别方法。

特征参数可以选择下面的某一种或几种:平均能量、过零数或平均过零数、频谱(包括

10~30个通道的滤波器组的平均谱、DFT 线谱、模仿人耳听觉频率特性的 MEL 谱等)、共振峰(包括频率、带宽、幅度)、倒谱、线性预测系数、PARCOR 系数、声道形状的尺寸函数(用于求取讲话者的个性特征)、随机模型(即 HMM)的概率函数、VQ 的矢量,神经网络模型的所有节点上各连接线的权,模糊逻辑的隶属函数和加权系数,以及音长、音调、声调等超音段信息函数。

汉语中存在着声调变化,声调信息是汉语发音中一个较为稳定的信息,应当加以利用以减少同音字的数量。所以,对于汉语语音识别来说,特征提取还应当包括声调提取。

3. 距离测度

用于语音识别的距离测度有多种,如欧氏距离及其变形的距离、似然比测度、加权了超音段信息的识别测度等,这些内容已在 7.3 节中介绍过。此外,还有 HMM 之间的距离测度、主观感知的距离测度等,也是人们感兴趣的测度。

继 1975 年成功提出了 Itakura – Sai to 似然比测度(见 7.3.2 节),又相继出现了适应辅音的 CEP(Cepstrum Distance)和适应元音的 WLR(Weighted Likelihood Distance)线性组合而成的 αcep + $(1 - \alpha)\beta$WLR 组合距离。为提高在噪声环境下语音识别的鲁棒性,又提出了 WCEP 距离(Weighed CEP)、RPS 距离(Root Power Sum Distance)、SGDS 距离(Smoothed Group Delay Sepstrum Distance)、WGD 距离(Weighed Group Delay Distance)等。

4. 参考模式库

它是用训练与聚类的方法,由单讲话或多讲话者的多次重复的语音参数,从原始语音样本中去除冗余信息,保留关键数据,经过长时间的训练,再按照一定规则对数据加以聚类得到的。

5. 训练与识别方法

语音训练和识别的方法很多,如 DTW、VQ、FSVQ、LVQ2、HMM、TDNN(该方法将在第 16 章中介绍)、模糊逻辑算法等,也可以混合使用上述各种方法。

测度估计是语音识别的核心。目前,已经研究过多种求取测试语音参数与模板之间的测度的方法。比较经典的方法有三种:① DTW 法:用输入的待识别语音模式和预存的参考模式进行模式匹配;② HMM 法:以统计方法为依据进行识别;③ VQ 方法:基于信息论中信源编码技术的识别。此外,还有一些混合的派生出来的方法,如 VQ/DTW 法、FSVQ/HMM 法等。

在语音的训练和识别方法中,DTW 适合于识别特定人的基元较小的场合,多用于孤立词的识别。DTW 算法在匹配过程中比较细,因此计算量大。其缺点是太依赖于发音人的原来发音;发音人身体不好或发音时情绪紧张,都会影响识别率。它不能对样本作动态训练,不适用于非特定人的语音识别。

而 HMM 法既解决了短时模型描述平稳段的信号问题,又解决了每个短时平稳段是如何转变到下一个短时平稳段的问题。它使用 Markov 链来模拟信号的统计特性变化。HMM 以大量训练为基础,通过测算待识别语音的概率大小来识别语音。其算法适合于语音本身易变的特点适用于非特定人的语音识别,也适用于特定人的语音识别。

HMM 的语音模型 $\lambda = f(A, B, \pi)$ 由 A、B、π 三个参数决定。π 揭示了 HMM 的拓扑结构,A 描述了语音信号随时间的变化情况,B 给出了观测序列的统计特性。

HMM 的基本原理在第 8 章中已经介绍过。HMM 语音识别的一般过程是:用前向-后向算法(Forward－Backward)通过递推计算已知模型的输出 Y 及模型产生的输出序列概率 $P(Y/\lambda)$，然后用 Baum－Welch 算法，其于最大似然准则(ML)对模型参数进行修正，最优参数 λ^* 的求解可表示为 $\lambda^* = \arg\max_{\lambda}\{P(Y/\lambda)\}$。最后用 Viterbi 算法求出产生输出序列的最佳状态转移序列 X。所谓最佳是以 X 的最大条件后验概率为准则，即 $X = \arg\max_{X}\{P(X/Y, \lambda)\}$。

HMM 原理较复杂，训练计算量较大，但识别计算量远小于 DTW，识别率达到与 DTW 相同的水平。与 HMM 相比，VQ 主要适用于小词汇量、孤立词的语音识别中。其过程是：将对欲处理的大量语音 K 维帧矢量通过统计实验进行统计划分，即将 K 维无限空间聚类划分为 M 个区域边界，每个区域边界对应一个码字，所有 M 个码字构成码本。识别时，将输入语音的 K 维帧矢量与已有的码本中 M 个区域边界比较，按失真测度最小准则找到与该输入矢量距离最小的码字标号来代替此输入的 K 维矢量，这个对应的码字即为识别结果，再对它进行 K 维重建就得到被识别的信号。

与模式匹配法相比，HMM 是一种完全不同的概念。在模式匹配法中，参考样本由事先存储起来的模式充任，而 HMM 是将这一参考样本用一个数学模型来表示，这就从概念上深化了一步。

采用 HMM 进行语音识别，实质上是一种概率运算。由于 HMM 中各状态间的转移概率和每个状态下的输出都是随机的，所以这种模型能适应语音发音的各种微妙变化，使用起来比模式匹配法灵活得多。除训练时运算量较大外，识别时的运算量只有模式匹配法的几分之一。

基于 VQ 的语音识别技术是 20 世纪 80 年代发展起来的，它可代替 DTW 完成动态匹配，而其存储量和计算量都比较小。FSVQ 是一种有记忆的多码本的 VQ 技术。它不仅计算量小，而且适用于与上下文有关的语音识别。适合于特定人或非特定人、孤立词或连续语音识别。其具体过程将在 13.4 中介绍。

LVQ(Learning VQ)即学习矢量量化，是由神经网络的并行分布来实现普通 VQ 的串行搜索，其运行速度远高于 VQ。LVQ 是通过有监督的学习来改进网络对输入矢量分类的正确率。

LVQ2 是对 LVQ 的改进，因为 LVQ 在某些情况下对模式识别的分类效果不够稳定。LVQ2 是带学习功能的矢量量化法，它在训练时采用适应性法，在满足一定条件的情况下，将错误的参考矢量移至离输入矢量更远些，而将正确的参考矢量移至离输入矢量更近些，以此来提高识别率。

在语音识别的研究过程中，始终对时域处理给予足够的重视。上述比较成功的几项技术都能处理好语音的非线性时域变化这个问题。

6. 专家知识库

用来存储各种语言学知识。知识库中要有词汇、语法、句法、语义和常用词语搭配等知识，如汉语声调变调规则、音长分布规则、同音字判别规则、构词规则、语法规则、语义规则等。知识库中的知识要便于修改和扩充。对于不同的语言有不同的语言学专家知识库，对于汉语也有其特有的专家知识库。

7. 判决

对于输入信号计算而得的测度,根据若干准则及专家知识,判决选出可能的结果中最好的那个,由识别系统输出,这一过程就是判决。在语音识别中,一般都采用 K 平均最邻近(K-NN)准则来进行决策。因此,选择适当的各种距离测度的门限值成了主要问题。这些门限值与语种有密切的关系。判决的结果-识别率是检验门限值选择正确与否的惟一标准;往往需要调整这些门限值才能得到满意的识别结果。

13.3　动态时间规整

模式匹配法是多维模式识别中最常用的一种相似度计算即测度估计方法。在训练过程中,经过特征提取和特征维数的压缩,并采用聚类方法和其他方法,针对一个或几个模式,识别阶段将待识别模式的特征向量与各模板进行相似度计算,然后判别它属于哪个类。

语音识别虽然可以用模式匹配法进行相似度计算,但它在特征维数方面存在一个时间对准问题,存在通常模式识别匹配计算时所不具备的一些特殊情况。以孤立词识别为例,每个类是一个词,每个词由一个或多个音素或类音素构成。在训练或识别的过程中,每次说同一个词时,不仅其持续时间长度会随机地改变,而且各个词的各音素或各类音素的相对时长也是随机变化的。

而端点检测也会带来类似的问题。端点检测是语音识别中一个基础的步骤,它是特征训练和识别的基础。端点检测是指找出语音信号中的各种段落(如音素、音节、词素、词等)的始点和终点的位置,从语音信号中排除无声段。在汉语中,主要是找出两个字的端点。为了提高识别率,首先要将端点检测出来。端点检测的精度高,对提高识别率有重要影响。没有良好的端点检测算法,就无法实现高精度的语音识别。应该指出,正确进行端点检测不仅可以提高语音识别的识别率,而且,端点检测也是语音自适应增强算法与语音编码系统的重要组成部分。

端点检测经常采用时域分析方法,进行检测的主要依据是能量、振幅和过零率。但是某些单词的端点检测却存在问题。如单词最后的声音带上一些拖音或一点呼吸音时,容易将拖音或呼吸音误认为是一个音位而造成错误。又如,若单词最后的音为清音爆破音时,由于爆破音的除阻时间延迟得较长,因而容易将除阻的发音漏掉而造成端点检测错误。实际上,检测声音的发端和终端的辅音及低电平的元音非常困难。另外,在有噪声的环境条件下,准确地检测出声音区间是很困难的。

在语音识别中,不能简单地将输入参数和相应的参考模板直接作比较,因为语音信号具有相当大的随机性,即使是同一个人在不同时刻说的同一句话、发的同一个音,也不可能具有完全相同的时间长度。在进行模板匹配时,这些变化会影响测度的估计,从而使识别率降低。

为此,一种简单的方法是采用对未知语音信号均匀地伸长或缩短直至它与参考模板的长度相一致,即在匹配时对特征向量序列进行线性时间规整。采用这种方法能达到的精度完全取决于端点检测的精度,而如前所述,端点检测本身也存在问题;这种方法产生的另外一个问题是音素或类音素可能对不准。因而这种仅仅利用压扩时间轴的方法不足以实现精确的对正。研究表明,这种简单方法在大部分识别系统中不能有效地提高识别率,因而需要采用某种非线性时间对准算法。

　　早期的语音识别系统是按照模式匹配原理工作的。在训练阶段,将词汇表中每个词的特征向量提取出来,作为标准模式存入模式库中。在识别阶段,将输入语音的特征向量依次与模式库中的各个标准模式进行比较,计算距离测度,将距离测度最小的标准模式所对应的词汇输出。显然,如果只是机械地将输入特征向量与标准特征向量的元素一一进行对比,说话人语速不一致的问题将会给正确识别带来困难。

　　语音识别的研究是从 20 世纪 50 年代开始的,但直到 60 年代中期才取得了实质性进展。其重要标志就是 Itakura 将动态规划算法用于解决语音识别中语速多变的难题,提出了著名的动态时间规整算法(DTW:Dynamic Time Warping),为解决这一问题提供了一条有效的途径。用 DTW 技术实现时间规整是一种非常有力的措施,当词汇表(所设计的识别词汇)较小,各个词条不易混淆时,DTW 取得了很大的成功。这种方法是效果最好的一种非线性时间规整模式匹配算法,对提高系统的识别精度十分有效。对语音识别产生了很大影响,成为不可缺少的技术之一。

　　在 DTW 中,未知单词的时间轴要不均匀地扭曲或弯折,以便使其特征与模板特征对正。在规整过程中,输入的是两个时间函数,典型的有幅度、共振峰或 LPC 系数。如图 13-2 所示,设 A、B 是要进行匹配的时间函数,B 为模板,A 为被测试的语音,它们表示在两个坐标轴上,弯曲的对角线表示它们之间的映射关系。

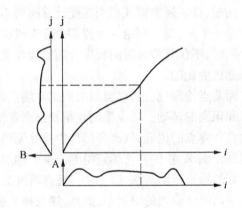

图 13-2　动态时间规整

　　动态时间规整是将时间规整和距离测度结合起来的一种非线性规整技术。如设测试语音参数共有 N 帧矢量,而参考模板共有 M 帧矢量,且 $N \neq M$,则动态时间规整就是寻找一个时间规整函数 $j = w(i)$,它将测试矢量的时间轴 i 非线性地映射到模板的时间轴 j 上,并使该函数 w 满足

$$D = \min_{w(i)} \sum_{i=1}^{M} \mathrm{d}[T(i), R(w(i))] \tag{13-1}$$

式中,$\mathrm{d}[T(i), R(w(i))]$ 是第 i 帧测试矢量 $T(i)$ 和第 j 帧模板矢量 $R(j)$ 之间的距离测度,D 则是处于最优时间规整情况下两矢量之间的匹配路径。

　　由于 DTW 不断地计算两矢量的距离以寻找最优的匹配路径,所以得到的是两矢量匹配时累积距离最小的规整函数,这就保证了它们之间存在最大的声学相似特性。

　　DTW 中,端点限制条件放松,所以不会象线性时间归一化那样受到端点检测的影响。因此,语音的分段要更简单,精确决定单词起始和终止点位置的工作将留给 DTW 来完成。

　　实际中,DTW 是采用动态规划技术(Dynamic Programming,简称 DP)来加以具体实现的。动态规划技术是进行模式识别时,解决被比较的两个大小不同模式的十分成功的算法。70 年代末应用于语音识别,在解决语音在时域上的非线性匹配问题上,同样十分成功。动态规划是一种最优化算法,其原理如图 13-3 所示。

　　通常,规整函数 $w(i)$ 被限制在一个平行四边形内,它的一条边的斜率为 2,另一条边的

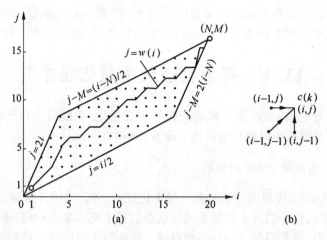

图13-3　动态规划

斜率为 $1/2$。规整函数的起始点为 $(1,1)$，终止点为 (N,M)。当前面的点 $(i,w(i))$ 上的 $w(i)$ 值已改变时，$w(i)$ 的斜率为 $0,1$ 或 2；否则就为 1 或 2。这是一种简单的路径限制。我们的目的是寻找一个规整函数，在平行四边形内由点 $(1,1)$ 到点 (N,M) 具有最小代价函数。由于已经对路径进行了限制，所以计算量可相应地减少。

总代价函数的计算式为

$$D[c(k)] = d[c(k)] + \min D[c(k-1)] \tag{13-2}$$

式中，$d[c(k)]$ 为匹配点 $c(k)$ 本身的代价，$\min D[c(k-1)]$ 是在 $c(k)$ 以前所有允许值（由路径限制而定）中最小的一个。因此，总代价函数是该点本身的代价与到达该点的最佳路径的代价之和。

DTW 的处理最终取决于选择合适的距离测度。有各种不同的距离测度。例如，对于滤波器组分析各帧采用最小平方欧几里德距离测度，而在 LPC 分析中，常采用对数似然比距离测度。

通常动态规划算法是从过程的最后阶段开始，即最优决策是逆序的决策过程。进行时间规整时，对于每一个 i 值都要考虑沿纵轴方向可以达到 i 的当前值的所有可能的点（即在允许区域内的所有点），由路径限制可减少这些可能的点，而得到几种可能的先前点，对于每一个新的可能点按式(13-2)找出最佳先前点，得到此点的代价。随着过程的进行，路径要分叉，并且分叉的可能性也不断增大。不断重复这一过程，得到从 (N,M) 到 $(1,1)$ 点的最佳路径。

从上面的过程可以看出，动态规划存在下列问题：

① 运算量大。由于要找出最佳匹配点，因此要考虑多种可能的情况。虽然路径限制减少了运算量，但运算量仍然很大，因而使识别速度减慢。这在大词汇量的识别中是一个严重缺点。

② 识别性能过分依赖于端点检测。端点检测的精度随着不同音素而有所不同，有些音素的端点检测精度较低，由此影响识别率的提高。

③ 没有充分利用语音信号的时序动态信息。现已提出多种方法来克服这一缺点。

尽管如此，DP 仍是一种有效的时间规整和语音测度计算的方法，是被经常使用的一种识别技术，在孤立字识别中具有广泛应用。

典型的例子是：10 个数目字，识别精度可望达到大于 99%。而另一种识别器的性能是：

① 16 通道滤波器组，带宽为 150 Hz ~ 4 kHz，每 0.5 s 语音 1 000 bit。② 单词间停顿 500 ms。③ 模拟存贮 500 s，最大词汇量为 256 字。④ 采用 DTW 技术，可第二次选择。

13.4　有限状态矢量量化技术

有限状态矢量量化(FSVQ)是一种有记忆的矢量量化。它既可以用于数据压缩与传输（对语音信号来说，也就是声码器），也可用于语音识别中。

13.4.1　FSVQ 原理及 FSVQ 声码器

首先介绍 FSVQ 的工作原理。FSVQ 是一种有记忆的、多码本的矢量量化系统，每个码本对应于一个状态。输入信号的某个矢量是用该状态的某个码本来量化的，得到该码本中的某码矢的角标作为输出。与此同时，FSVQ 还根据建立这些码本时所得的状态转移函数，确定下一个输入信号矢量应该用哪一个码本（仍是这个系统的多码本中的一个）来进行量化。或者说，每个编码量化的状态是根据上一个状态和上一个编码结果来确定的。

设 S 为有限个状态 s_n 所构成的一个状态空间，即 $S = [s_n, n = 1, 2, \cdots, K]$，对每一个状态都有 $s_n \in S$。每一个状态有一个编码器 α_{s_n}、解码器 β_{s_n} 和码书 C_{s_n}。进行量化编码时，除了要输出该码本中最小失真的那个码矢的角标 j_n 之外，还要给出下一个状态 s_{n+1}。设输入信号矢量为 $\boldsymbol{x} = [x_n, n = 1, 2, \cdots]$，则 $\boldsymbol{x}$、j_n、状态转移函数 $f(*, *)$ 以及重构矢量（码字）$\tilde{x}_n$ 之间具有如下的递推关系：

$$\begin{cases} j_n = \alpha_{ns_n}(x_n) \\ s_{n+1} = f(j_n, s_n) \\ \tilde{x}_n = \beta_{ns_n}(j_n) \end{cases} \tag{13-3}$$

根据上述过程，可画出 FSVQ 的方框图，如图 13-4 所示。

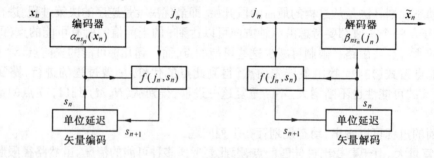

图 13-4　FSVQ 的原理框图

因为系统的状态空间 S 只含有有限个状态，所以称这种量化为有限状态矢量量化。实际上无记忆矢量量化是 FSVQ 当状态数为 1 时的特例。

由上面的讨论可知，FSVQ 的最大特点是有一个状态转移函数；利用这个状态转移函数，根据上一次状态 s_n 和上一次的编码结果 j_n，来确定下一个编码状态 s_{n+1}。所以，这个系统在不增加比特率的情况下，可以利用过去的信息来选择合适的码本进行编码，因而其性能比一般的同维数的无记忆的矢量量化系统好得多，但是其存储量增加了。

FSVQ 的设计方法仍然建立在 LBG 算法的基础上，具体可分为三步：① 各初始码本的设计。② 用训练序列来获得状态转移函数。③ 用迭代法逐步改进各码本的功能。在建立初始码本的同时,由训练序列的状态转移的统计分布,还同时得到状态转移函数。最后,再用训练序列来不断地进行迭代训练,以改进这些状态的码本性能和状态转移函数,直到满足所要求的失真为止。所得到的状态转移函数实际上是一个表格,可以从当前状态 s_n 最小失真的码矢角标 j_n 来查出下一个状态 s_{n+1}。

如果将图 13-4 所示的 FSVQ 用于实际的数据压缩与传输,即输入语音进行通信,就是 FSVQ 声码器。表 13-1 给出 FSVQ 声码器与 APVQ 及一般 VQ 编码器的性能比较,表中性能指标是信噪比(SNR dB)。由表可见,FSVQ 声码器的性能比 APVQ 编码器好一些,而比一般 VQ 编码器好得多。

表 13-1　FSVQ 与 APVQ 及一般 VQ 的性能比较

矢量维数 k	FSVQ		APVQ SNR	一般 VQ SNR
	SNR	状态数 K		
1	2.0	2	4.12	2.0
2	7.8	32	7.47	5.2
3	9.0	64	8.10	6.1
4	10.9	512	8.87	7.1
5	12.2	512	9.25	7.9

13.4.2　FSVQ 语音识别器

现在,讨论将 FSVQ 技术用于语音识别的情况。这时,应将上述的 FSVQ 声码器系统略加变化。在 FSVQ 声码器中,状态转移函数是决定下一个输入信号矢量应与系统中哪一个码本的所有码矢进行匹配。设欲识别的字有 V 个,对每一个字都建立了一个码本,则应具有 V 个状态转移函数,即每个字的码本内都有一个状态转移函数。这些转移函数分别决定输入信号矢量应与各 V 个码本中哪一个码矢进行匹配。也就是说,现在的状态是指某码本内部的码矢状态。设输入的某单字有 N 个(帧)矢量,则它们与各 V 个码本中的码矢都要进行 N 次匹配。最后,求出 N 次平均失真最小的那个码本,它就是被识别出来的字。上述过程如下:

设欲识别的字有 V 个,有 V 个码本,每码本有 K 个码矢,所以第 i 个字的第 k 个码矢可表示为

$$[y_k^i, k = 0,1,2,\cdots,K-1, i = 1,2,\cdots,V]$$

而输入的某单字的信号矢量为 $[x_n, n = 1,2,\cdots,N]$,则对于第 i 个码本有:

① 初始状态 s_1:第一个输入矢量的最小失真为

$$d(1,0) = \min_k d(x_1, y_{k_0}^i) = d(x_1, y_{k_0}^i)$$

即与第 i 个码本的匹配中,输入第一个矢量 x_1 与该码本中第 k_0 个码矢的失真是最小的。

② 下一个状态 s_2:它由前一状态 s_1 和前次识别结果 k_0 决定

$$s_2 = f(k_0, s_1)$$

该状态时,第二输入矢量的失真为

$$d(2,1) = d(x_2, y_{k_1}^i)$$

即与第 i 个码本的匹配中,输入的第二个矢量 x_2 与该码本第 k_1 个码矢的失真是最小的。

③ 依次决定以后的各个状态

$$s_3 = f(k_1, s_2)$$
$$\vdots$$
$$s_N = f(k_{N-2}, s_{N-1})$$
$$d(N, N-1) = d(x_N, y^i_{k_{N-1}}) \tag{13-4}$$

式中，$k_0, k_1, \cdots, k_{N-1}$ 是输入矢量经匹配后输出的码矢角标。

上述过程一直进行到输入的所有 N 个矢量都匹配完毕为止。显然，得出的不同码矢的角标数至多有 K 个。因此，该字的(第 i 个)码本对输入字的平均失真为

$$D_i = \frac{1}{N} \sum_{n=1}^{N} d(x_n, y^i_{k_{n-1}}) \tag{13-5}$$

与此同时，该输入单字矢量 $x_n(n = 1, 2, \cdots, N)$，也对其他各 V 个码本($i = 1, 2, \cdots, V$)进行上述运算，则该系统的识别输出的字将是

$$i^* = \mathrm{Arg} \min_{1 \leqslant i \leqslant V} D_i \tag{13-6}$$

由式(13-4)的第一式可知，"下一个状态"只选择了一个，即 k_0 角标的下一个状态角标是 k_1。而在训练码本和求状态转函数 $f(*,*)$ 时存在多种可能。角标 k_1 的状态只是 s_2 的一种可能，只是一个概率最大的状态。

13.5　孤立词识别系统

运用前面介绍的语音识别技术，人们设计了各种语音识别系统。有的已经应用于实际，有的还处于研究阶段。其中对孤立词的识别，研究得最早也最成熟。目前，对孤立词的识别，无论是小词汇量还是大词汇量，无论是与讲话者有关还是与讲话者无关，在实验室中的正识率均已达到 95% 以上。

这种系统存在的问题最少，因为说话者在各单词之间人为地停顿，这样每个单词就与其前后单词孤立开来，这可使识别过程大为简化；而且单词之间的端点检测比较容易；单词之间的协同发音影响也可减至最低；对孤立单词的发音都比较认真。由于此系统本身用途甚广，且其许多技术对其他类型系统有通用性并易于推广，所以稍加补充一些知识即可用于其他类型系统(如在识别部分加用适当语义信息等，则可用于连续语音识别中)。

孤立词语音识别的方法大致有以下几种。

① 采用动态规划技术。孤立词识别系统中可以采用模式匹配原理应用 DTW 算法构成。这种方法运算量较大，但技术上较简单，识别正确率也较高。其中失真测度可以用欧氏距离(适用于短时谱或倒谱参数)或对数似然比距离(适用于 LPC 参数)。决策方法可用最近邻域准则。

标准模板库中存放每个词的特征向量，特征可以是共振峰频率，也可以是 LPC 系数。标准模板要在识别之前通过训练建立起来。在特定人的场合，一个词只需用户说一遍即可；但多说几遍可以使一个词有多个标准模板，更好地适应语音的变化以提高识别率。在非特定人的场合，主要依靠多模板的作用：即每个词用多个用户的语音进行训练，每个用户的语音构成一个模板。但模板太多会造成存储和搜索的困难，为此可以采用聚类的方法，将若干相似的模板合并，用一个模板来代替。

如 13.3 节中所述，这种方法是利用最小距离准则逐站进行最优动态规划，即将待识别

音与某模板间差别的问题视为对该模板而言的一个最优路径选择问题。字音的起始点相应于路径的起始点,按最优路径起点至终点的距离即为待识音与模板音间的距离,待识音与何模板音间的距离最小即判为该模板相应的字音。

② 采用矢量量化技术。矢量量化技术最初是在语音压缩中提出来的,应用于语音通信中波形或参数的压缩,将矢量量化用于语音识别是近些年才被人们重视的一个应用方面。尤其是在孤立单词识别系统中,矢量量化技术得到了很好的应用。特别是有限状态矢量量化技术,对于语音识别更为有效。决策方法一般用最小平均失真准则。

矢量量化技术可用于减少计算量,应用于特征处理可减少特征的类型从而减少计算量,也可推广应用到模板的归并压缩。语音特征参数是分帧提取的,每帧特征参数一般构成一个矢量。因此,语音特征是一个矢量序列。该序列的数据量可能太大,不便于进一步处理。因此,有必要采用不同的编码方法对数据进行压缩。矢量量化是一种很有效的数据压缩技术,经过矢量量化后,语音信号就用一个码字序列来表示。矢量量化的主要工作是聚类,即在特征空间中合理地拟定一组点(称为一组聚类中心或码本),每个中心称为码字。于是特征空间中任一点均可按最小距离准则用码本之一来代表。

③ 采用隐马尔可夫模型技术。孤立词识别系统可以采用 HMM 构成。该模型的参数既可以用离散概率分布函数,也可以用后提出的连续概率密度函数(如正态高斯密度、高斯自回归密度等)。决策方法则用最大后验概率准则。

HMM 语音模型 $\lambda(\boldsymbol{\pi}, \boldsymbol{A}, \boldsymbol{B})$ 中,$\boldsymbol{\pi}$ 揭示了 HMM 的拓扑结构,$\boldsymbol{A}$ 描述了语音信号随时间的变化情况,$\boldsymbol{B}$ 给出了观测序列的统计特性。

采用 HMM 进行孤立词语音识别时,需要很多人进行训练,每个人将词汇表中的每个词说一遍,获得训练数据。利用这些训练数据,可以为每个词条建立一套 HMM 参数 $\lambda_v = \{\boldsymbol{\pi}_v, \boldsymbol{A}_v, \boldsymbol{B}_v\}$,$v = 1 \sim V$,$V$ 是词汇表中的词条数。在识别时每输入一个待识别语音,就可以得到一个 N 维的向量 $\boldsymbol{Y}$,这里 N 是语音中包含的帧数。通过计算每个 λ_v 产生 $\boldsymbol{Y}$ 的概率,便可以确定输入语音最可能是哪一个词。

这种方法中,每个字的模板不直接以特征向量时间序列的方式存储,而是以状态图的形式存储。它是用附有概率(或计分)表示语音模型,其特点是将字音的特征时间信息表示为一种"路径模型",途中各支或点附有相应的转移概率(或计分)等,它们由一组训练用的字音按一定规律计算得到(即经学习得到)。至于识别过程,就是让待识别字音按一定规律以最优方式由始点进行到终点相应的似然概率(或计分)。通过比较对于各字音相应的似然概率,判断该待识别字属何字音。

HMM 和动态时间规整相比,二者有许多相似之处,它们都是逐级进行的,并且 Viterbi HMM 识别器所用的算法实质上与动态时间规整算法相同。但是,HMM 用的状态少,而动态时间规整用的状态多。动态时间规整中的一个状态对应于一帧语音,而 HMM 的状态和语音之间没有恰当的时间等效:HMM 在一个状态中需要停留多长时间就停留多长时间,实际时间通常都多于一帧。对于任意给定的单词,动态时间规整对每一个状态规定只有一个输出,而 HMM 一个状态与各种可能输出有关。尽管如此,DTW 仍可视为 HMM 算法的一种特殊情况。实验表明,在与讲话者无关的孤立词语音识别中,连续 HMM 的正识率已达到 DTW 的水平,而其所要求的存贮量和计算时间却要小一个数量级。

HMM 对于语音识别具有很重要的意义,以 DTW 技术为基础的识别方法的训练过程简单(仅是聚类过程)而识别过程复杂;HMM 的情况恰与此相反。因此,可以认为 HMM 是设计任何实际识别系统的一个正确的解决方法。

隐马尔可夫模型不仅在孤立词识别中,而且在连续语音识别、说话人确认等方面也有重要应用。

④ 采用混合技术。如用矢量量化作为第一级识别(作为预处理,从而得到若干候选的识别结果),然后再用DTW或HMM方法做最后的识别。因此,可有VQ/DTW和VQ/HMM等识别方法。

一般孤立词识别系统的结构比较简单,其一般组成如图13-5所示。这时,输入的语音信号是一个一个的孤立单词信号,而参考模式是各个单词的模式,即词表中每个词对应一个参考模式。它是由这个词重复发音多遍,再经特征提取和某种训练算法得到的。孤立词的发音,词与词之间要有足够的时间间隙,以便能够检测到首末点。图中语声学分析部分主要是抽取语音特征信息。语音经过预处理后,要进行特征提取。特征提取一般要解决两个问题:一是从语音信号中提取(或测量)具有代表性的合适的特征参数;另一个是进行适当的数据压缩。13.2节中曾列举过一些常用的特征参数,其中尤以短时谱、倒谱和线性预测系数用得最多。

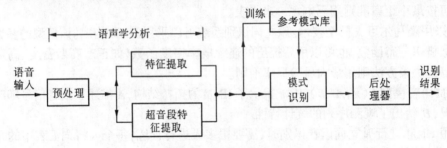

图 13-5　孤立词语音识别系统

第4章讨论了短时傅里叶分析的原理及方法,实现短时傅里叶分析的最简单的方法之一是采用带通滤波器组,这也是通道声码器的基础(11.3节)。在多种语音识别器中都是采用带通滤波器组来提取语音信号的特征(即短时谱)。一般来说,带通滤波器组容易用模拟电路来实现,频带的分布容易根据人耳的临界频率来安排。不过,除非使用大量的通道,一般数量的通道要估计谱峰附近的频谱形状是困难的。

对于语音识别,最有用的频谱表示方法还是同态处理或倒谱分析。而从计算量的观点来看,线测预测分析最吸引人。LPC分析的全极点性质能够精确地估计语音的谱峰;不过,这只是针对全极点模型的语音来说。对于鼻音和一些辅音来说,LPC对谱峰带宽的估计一般都大。

图13-5中,参考模式库中存储着训练时得到的压缩过的语音特征参数。显然,参考模式是否具有代表性是语音识别成功与否的关键之一。这些信息都已进行过压缩处理,以节省模式存储量和识别运算量;其方法是压缩平稳语音段的信息而保留非平稳音段的信息,主要是采用VQ技术。模式识别部分将压缩后的语音信息与参考模式进行比较,根据参考模式是模板还是随机模型分别采用两种不同的时间规整方法:动态规划技术或HMM技术。问题是如何提高整个系统对各种语音变化和环境变化的顽健性。方法是增加训练长度以重复训练,并采用平均或聚类的方法以消除发者者的个人特征。图中,后处理器主要是运用语言学知识对识别出的候选的字或词进行最后的判决(如汉语的声调知识的运用等)。

在语音识别中,孤立词识别是基础。词汇量的扩大、识别精度的提高和计算复杂度的降低是孤立单词识别的三个主要目标。要实现这三个目标,关键的问题是特征的选择和提取、失真测度的选择以及匹配算法的有效性。目前,特征提取的主要方法是线性预测和滤波器组法。匹配算法中主要是用 DTW 和 HMM 等两种方式。矢量量化技术则为特征提取和匹配算法提供了一个很好的降低运算复杂度的方法。

　　孤立词语音识别系统除了匹配算法可能采用 DTW 或 HMM 技术之外，结构上与基本的统计模式识别系统没有本质区别。它将词表中每个词独立地发音并作为一个整体来形成模式的。这种系统结构简单，语音端点检测显得非常重要。

　　在孤立词识别中，应用隐马尔可夫模型包含两个大的步骤：一是训练，一是识别。在进行训练时，用观察的序列训练得到参考模型集，每一个模型对应于模板中的一个单词。在进行识别时，为每一个参考模型计算出产生测试观察的概率，且测试信号（即输入信号）按最大概率被识别为某个单词。要实现上面的隐马尔可夫模型，模型的输入信号必须取自有限字母集中的离散序列，也就是说，必须将连续的话音信号变为有限离散的序列。假若模型的输入信号为 LPC 参数这样的矢量信号，那么用矢量量化完成上述的识别过程是非常合适的。

　　用 HMM 进行孤立词语音识别已经进行过很多研究。图 13-6 是一个实验的 VQ/HMM 孤

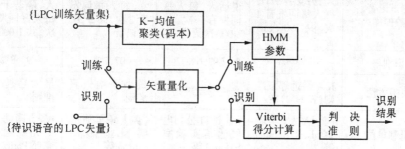

图 13-6　含有矢量量化的隐马尔可夫模型识别系统

立单词识别的方框图。图中矢量量化器作为整个识别系统的一个前处理器。首先从 LPC 训练矢量集当中，用 K-均值聚类算法得到 LPC 矢量码书和单词的隐马尔可夫模型；而后在测试过程中，由矢量量化器将输入的测试话音信号量化为有限字母集中的离散序列，此序列作为识别器（Viterbi 计数和判别）的输入。识别时不作 DTW 匹配计算，而用各个单词的隐马尔可夫模型计算 Viterbi 得分。这里，HMM 是一个具有 5 个状态的从左到右模型，具有有限的、规则的状态转移，如图 13-7 所示。实验所用数据库有两个（训练数据库和试验数据库），各包含 1 000个口语单词，这些单词是由 50 个男性和 50 个女

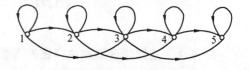

图 13-7　图 13-6 中使用的 HMM

性各读 10 个数字一遍得到。训练数据库用来估计矢量量化器和 HMM 参数，然后用试验数据库进行识别实验。

　　由于在计算 Viterbi 得分之前用矢量量化器进行了预处理，将概率密度函数变成了概率矩阵，所以可使计算量大为减少。由于语音的数据量很大，且考虑离散采样，因此采用了矢量量化的方法。这样在单词识别时，使用的是其下标，而不是它本身。这种方法能压缩数据，但 VQ 有量化误差，因而使识别精度有所下降。

　　与上述方法不同，还进行了另外一个实验，它使用了同样的矢量量化数据，但却是以 DTW 技术为基础进行模式识别的。实验结果表明，两个识别系统的识别精度几乎相同，都达到了 96％。但是，HMM 所要求的存贮量和计算量都要小一个数量级。

　　下面介绍一个基于 HMM 的识别系统的性能：① 8 bit A/D，提取时域特征。② 16 或 32 个单词的词汇表（也可扩展为 96 个字），每个单词可重复任意次（典型情况是 4 次）。③ 孤立单

词识别,单词说完前即可输出结果。④ 误识率为 0.7%。

表 13-2 给出了几种国外典型的孤立词识别系统的特性。

表 13-2 几种典型的孤立词语音识别系统

识别算法 性能指标	动态规划 聚类算法	动态规划结合 动态谱特征	多级码本矢量 量化模板	隐马尔可夫 模型化方法
词汇表	数字 0~9,26 个英语字母等计 39 词	日本国 100 个城市名	数字 0~9	数字 0~9
训练语音数据库	100 个说话人,男女各 50,每人每词发音 4 次,共 156 000 次语音	根据以前的聚类结果,从 30 个男性说话人中选出 4 人,每人发词汇表一次,共 400 次语音	55 男,57 女,每人每词发音 2 次,共 2 240 次语音	100 个说话人,男女各 50 人,每人每词发音 2 次,共 2 000 次语音
测试语音数据库	另外 10 个说话人,男女各 5 个,每人每词发音 1 次,共 390 次语音	另外 20 个男性说话人,每人每词发音一次,共 2 000 次语音	另外 56 男,57 女,每人每词发音 2 次,共 2 260 次语音	同样 100 个说话人,隔若干天后每人每词发音 1 次,共 1 000 次
识别率	89%	97.6%	97.7%	99.8%
决策方法	K - 最近邻域准则($K=2$)	最近邻域准则	最小平均失真准则	最大后验概率准则
研制单位	[美]AT&T 实验室 L. R. Rabiner 等	[日]NTT 公司电气通信实验室 S. Furui 等	[美]海军研究实验室 D.K. Burton 等	[美]国防分析研究院通信研究部 Poritz
备 注	1979 年发表,与说话人无关,每词 12 个模板,动态规划算法是约束端点 2:1	1986 年发表,参差阵动态规划(Staggered array DP)无端点约束	1985 年发表,采用多级码本,每节有 32 个码字	1986 年发表,10 个状态,输出按高斯分布考虑了声道的弱相关效应

13.6 连续语音识别

13.6.1 连续语音识别中存在的困难

孤立词语音识别基本上是建立在数学方法(包括统计分析、信息论、信号处理和模式分类)基础之上,是不含"语言"知识的识别。尽管这些技术在很大程度上可推广到连续语音识别中,但连续语音识别比孤立语音识别要困难得多,在连续语音识别中存在很多特殊的问题。

DTW 在处理小词汇量孤立词的语音识别问题上虽然是有效的,但是在大词汇量非特定人连续语音识别问题上却是无力的。在连续语音识别中,协同发音现象是最大的问题。所谓协同发音,是指同一音素的发音随上下文不同而变化。对于小词汇量孤立词识别系统,可以选择词、词组、短语甚至句子作为识别单位,在模式库中为每个词条建立一个模式,以此来回避协同发音问题。但是随着系统中用词量的提高,以词或词以上的单元作为识别单位是不可能的,因为模板数目将会很多,甚至是个天文数字。因此,大词汇量连续语音识别系统通常以音节甚至以音素为识别单位。这样,协同发音问题便无法回避了。

对于非特定人语音识别,还存在一个语音多变性的问题。它首先在于不同的人对相同的音素、音节、词或句子的发音有很大差异,还在于同一个人在不同的时间、不同的生理心理状态下,对相同的话语内容会有不同的发音。因此语音的多变性是一个非常复杂的问题。

应该指出,连续语音识别系统中的很多问题都与语言学知识有关,特别是大词汇量的识别系统要更多地强调语言学知识的运用。

13.6.2　连续语音识别的训练及识别方法

训练的主要问题是减少训练时间或用户配合的程度。对于多讲话者或讲话者不确定的情况,还要大量不同年龄、性别、籍贯的人的语音资料,进行聚类得到参数。考虑到语言的时变性,模板或语音库的参数几个月后就需要更新。目前这方面的研究工作集中在自学习或自适应上,即当模板或库的参数与当前语音存在差异时,机器能自动修改参数以适应当前的识别要求。

连续语音识别的方法中除了 DTW、VQ、HMM 等之外,还包括人工神经网络识别法和模糊数学识别法。

1.HMM 法

13.5 节中曾介绍了 HMM 在孤立词识别中的应用。实际上,HMM 已成为语音识别的主流技术,目前大多数连续语音识别系统都基于 HMM。

HMM 语音识别的一般过程是:先用 Baum-Welch 算法,通过迭代使观测序列与模型吻合的概率 $Pr(\lambda/O)$(O 指出当前样本的观测序列)达到某极限,训练出信号的最佳 HMM 模型 $\lambda(\pi,A,B)$;在识别过程中,采用基于整体约束最佳准则的 Veterbi 算法,计算当前语音序列和模型的似然概率 $Pr(\lambda/O)$(O 指当前语音信号序列),选出最佳状态序列,确定输出结果。

2.人工神经网络法

由于人工识别的速度及判别能力等方面常超过一般计算机,所以人们有兴趣研究与神经网络有关的识别机理。其目的是从听觉神经模型中得到启发,以构成具有类似能力的人工系统。与传统的语音识别方法相比,人工神经网络的出现和发展为语音识别开拓了新的思路,是一种很有前途的识别方法。这种系统是可以训练的,即随着经验的积累而改善自身的性能,能够解决那些用数学模型或规则描述难以处理的过程。它以连续训练方式进行学习,产生合乎输入要求的输出。

到了 20 世纪 80 年代末期,人工神经网络技术的研究兴起。神经网络由于具有较强的自组织能力和区分模式边界的能力,特别适合于语音识别的分类问题。前面讨论的语音识别方法如模式匹配法、VQ 等,是用逻辑推理和数学运算对语音进行规整、分类和识别。但人的听觉是建立在感觉细胞相互作用的基础上,只有根据人的生理特征,模仿神经细胞的功能,才能克服传统方法的不足,于是就出现了神经网络方法。特别是神经网络与其他一些语音识别方法相结合派生出来的混合型神经网络语音识别系统具有广阔的应用前景。

神经网络本质上是一种更为接近人的认识过程的计算模型,是一个自适应非线性动力学系统,模拟了人类神经元活动的原理,具有自适应性、并行性、鲁棒性、容错性和学习特性。通常神经网络是针对静态模式而设计的。语音信号是一个时变信号,因而将神经网络用于语音识别时需要对其作一些修正,使其具有反映输入语音信号时变特性的能力。

在利用人工神经网络进行语音识别时,在网络训练速度、网络训练的收敛性以及识别系统的可扩充性等方面还存在许多问题。人工神经网络的训练是非常耗时的,目前都在设法加快训练速度;改变网的结构,将大网分割为若干个子网,每个子网用来处理某特定范围的识别对象,这样可望加速训练,同时又可得到较高的识别率。用于语音识别的人工神经网络必须有其自身的特点。可将语音经过预处理或前置识别后,再送入某些类别的网作进一步处理。这样用多种方法结合起来,可望得到较好的效果。由于利用神经网络训练建模的计算量很大,所以目前只在实验室中使用,或者在识别过程中局部地采用这种技术。从总体上讲,基于神经网络的语音识别的研究还处在研究和实验阶段,对于大规模问题应用方法的研究刚刚起步,尤其是对于实际的语音识别系统应如何构成这一问题目前还在探索之中。

本书第 16 章将详细介绍人工神经网络在语音识别中的应用。

模糊逻辑算法是模拟人脑对模糊事物进行判断的能力。如对于韵母的共振峰轨迹的一些模糊概念:"快速上升、快速下降、上升、下降、缓慢上升、缓慢下降、稳定、在开始部分、在末尾部分、在中间部分、强、中、弱等"。目前,可以局部地应用这种算法。

13.6.3 基于 HMM 统一框架的大词汇量非特定人连续语音识别

协同发音和语音多变性问题使得大词汇量非特定人连续语音识别成为一个非常具有挑战性的研究课题。多年来,虽然进行了大量研究,但一直没有取得明显的进展。直到通过在语音识别系统中全盘采用 HMM 这一统一框架,终于使问题有了突破。

进入 20 世纪 90 年代以后,连续语音识别的研究取得了一些突破。典型的做法是:以 HMM 为统一框架,构筑声学/语音层、词层和句法层 3 层识别系统模型。声学/语音学是系统的底层,它接收语音输入,输出音节、半音节、音素、音子等。这里音子是指音素的发音。因为同一音素在不同相邻音素的场合下可能有不同的发音,因此音子是一个比音素更小的语音单位,可以将其作为语音识别的基本单位。每个基本识别单位至少被建立一套 HMM 结构和参数。每一个 HMM 中最基本的构成单位是状态及状态之间的转移弧。词层规定词汇表中每个词是由什么音素/音子串接而成,句法层规定词按什么规则构成句子,这些规则被称为句法。在 HMM 统一框架下,句法的描述不是按规则或转移网络的形式,而是采用概率式的句法结构。图 13-8 显示了上述识别系统模型。

参照图 13-8,每个句子由若干词条构成。句子中第 1 个可选词用 $A_1, B_1, \cdots$ 表示,选择概率为 $P(A_1), P(B_1), \cdots$;句子中第 2 个可选词用 $A_2, B_2, \cdots$ 表示,其选择概率与前一词条有关,所以表示为 $P(A_2/A_1), P(B_2/A_1), \cdots$;句子中第 3 个可选词用 $A_3, B_3, \cdots$ 表示,其选择概率与前两词条有关,所以表示为 $P(A_3/A_1, A_2), P(B_3/A_1, A_2), \cdots$。如限定句子中最多包含 L 个词,则第 L 个可选词用 $A_L, B_L, \cdots$ 表示,其选择概率与前 $L-1$ 个词条有关,所以表示为 $P(A_L/A_1, A_2, \cdots, A_{L-1}), P(B_L/A_1, A_2, \cdots, A_{L-1})$。最简单的方法是假设第 l 个词条的选择仅取决于第 $l-1$ 个词条的选择,这时上述的概率退化为 $P(A_l/A_{l-1}), P(B_l/A_{l-1})$,这相当于一阶马尔可夫模型。对应于多阶马尔可夫模型的句法更符合语言规律,同时也可降低句法的分支度。但是随着阶数的上升,算法的复杂性迅速增加。

句子由词条构成,而词条由音子构成,音子的 HMM 的构成单位是状态和转移弧;因此句子最终被描述为包含众多状态的状态图。所有可能的句子构成一个大系统大状态图。识别时,要在此大状态图中搜索一条路径,该路径所对应的状态图产生输入特征向量序列的概率最大,该状态图所对应的句子就是识别结果。

采用 HMM 统一框架的语音识别系统要解决的主要问题是:第一,在状态图中搜索最佳路径;第二,为每一个音子建立 HMM;第三,建立既符合应用要求又有高效算法的统计语言模型。

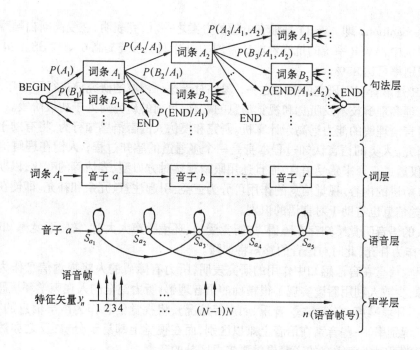

图 13-8　采用 HMM 统一框架的语音识别模型

从图13-8可以看出,在状态图中搜索最佳路径是一个运算量巨大的工作。设词汇表容量为 V,句子的最大长度为 R,则系统大状态图的分支数为 V^R 量级。在全搜索时,是将每个句子所对应的状态图作为一个整体 HMM 来计算其产生整个输入特征向量的概率。而在一般情况下,$V > 1\,000$,$R > 10$。就是说要计算 1000^{10} 个含有 $10 \times S$ 个状态(S 为音子 HMM 的平均状态数)HMM 产生整个输入特征向量序列的概率。这是难以完成的计算,但是在实际应用中,Viterbi 等快速算法给出了解决这一难题的途径。

建立音子HMM是一个细致的工作。选择音子而不用词或音素作为基本识别单位的主要原因有:词的数量太多,需要的存储空间太大;而音素在不同的上下文中会有不同的发音(协同发音问题)。

对于大词汇量连续语音识别来讲,识别的最终目的是从各种可能的子词序列形成一个网络中找出一个或多个最优的词序列。这在本质上属于搜索算法或解码算法的范畴。

13.7　听觉视觉双模态语音识别(AVSR)

语音识别目前在相对安静的环境下已经能够得到较高的识别率,在某些特定领域已达到了实用化的程度。但在许多实际应用场合,常常存在不同程度的干扰噪声,这些噪声来源不一、形式各样。而目前主要的语音识别系统是采用统计的方法,其模型在训练过程中难以考虑所有的干扰情况与类型,因而在识别这些被噪声污染的语音信号时性能将急剧下降。

为使语音识别技术能够广泛应用于各种实际场合,必须提高其对环境噪声的鲁棒性。常规的语音识别系统仅仅利用了语音的听觉特性,而没有考虑语音感知的视觉特性,在噪声或多人说话的环境下,识别率大大下降。

1984 年 Petajan 开拓性地将视觉信息引入到语音识别的研究中。引入说话者脸部的视觉信息,将其作为语音声学信息的补偿,即听觉视觉双模态语音识别(Audiovisual Bimodal

Speech Recognition，即 AVSR）是最有希望的方案之一。研究表明，在受高斯白噪声污染的孤立元音识别中，AVSR 系统的抗噪性能比常规的语音识别系统提高 6 ~ 12 dB。汉语元音音素的口型识别率可达 80%。

AVSR 是语音识别研究的热点之一，国外对于这一领域的研究已进行了多年。但由于涉及图像处理和理解技术及听觉和视觉信息的融合，目前的研究尚处于初级阶段。

人对言语理解的能力远高于计算机。研究和模仿人的言语感知行为，将有助于语音识别技术的研究。人类的语言认知过程本身是一个多通道的感知过程；人们在理解他人讲话内容时，不仅通过声音来感受信息，而且还用眼睛观察对方口型、表情等的变化，以期更准确地理解对方所讲的内容。视觉信息的作用可分为三类：引起注意、冗余和补充。即使在良好的环境下，视觉信息也有助于对言语的识别。

当人的语音听觉感知存在障碍，如听觉受损、环境噪声太大时，常将听觉感知（如说话者的唇形）作为补充，此时对语音的感知将加强。

对视觉信息在言语感知中作用的研究表明，听力有障碍的人将视觉信息作为主要的感知信息源，少数人利用唇读实现了很精确的语音理解；听力健全的人在声学环境恶劣的的情况下（包括环境噪声、交谈方式、音乐、回声等情况），将视觉信息作为声学信息的补充，有效地提高了识别率。一些音素在语音上难以区别，而在视觉上却易于分辨；反之亦然。因而，视觉信号通常可对噪声敏感的音素提供更多可区分的音素。

双模态语音识别系统一般包括视觉子系统和听觉子系统。其中视觉子系统进行图像处理以得到语音识别用的特征，而听觉子系统与一般的语音识别系统类似。最后，系统综合视觉和听觉两个子系统的数据进行分类识别。虽然双模态识别系统与传统的听觉单模态系统有相似之处，但前者的研究重点是视觉特征提取、融合策略及识别算法。

对模式识别的研究表明，处理复杂的高维模式识别问题的惟一方是结合学习技术。用于学习的数据越多，训练得到的模型就越精确，识别率就越高。因而语音识别中语音数据库的建立具有非常重要的作用。同样，听觉视觉双模态数据库是进行双模态语音识别的重要基础。

视觉特征提取是双模态语音识别中的关键技术，同时又具有很高的难度。视觉特征的提取分为基于像素的方法和基于模型的方法。

基于像素的方法是将原始图像或经过变换的变换域图像作为语音视觉特征。这种方法的优点是所有数据都起作用，具有较高的识别率和较好的稳健性。缺点是图像数据量太大，所以多采用降维的方法，但特征向量的维数仍然很高。同时，这种方法对于光照变化的顽健性差。

而基于模型的方法，用少量的参数表示提取出的主要发音器官如唇、下颌的轮廓，将其作为特征向量送入识别器。其优点是特征向量维数低，且对平移、旋转、光照等变化具有移不变性，因而识别速度快、顽健性好。但究竟哪些参数与语音的区别密切相关，目前还不是特别清楚，现有系统中采用的参数也不完全相同。而且，轮廓的提取与跟踪算法实现复杂，其稳定性也易于受到图像质量的影响，一旦轮廓的定位跟踪错误，识别将产生不可恢复的错误。

判决融合策略是近年来 AVSR 研究中的另一个热点。这里判决融合是将来自声学和视觉两个通道的信息结合到一起，对音子进行分类判决。由于两种信息来自不同通道，其时间上可能不完全同步，所受噪声干扰也不相同，因而需要一个判决融合系统来进行分类。其结构可分为数据到数据、判决到判决、数据到判决等三种。

第14章 说话人识别

14.1 概 述

说话人认别是从说话人发出的语音信号中自动提取说话人信息,并对说话人进行识别的研究领域。它是一类特殊的语音识别,其目的不是识别说话人讲的内容,而是识别说话人是谁。说话人识别与语音识别的区别在于,它并不注意语音信号中的语义内容,而是从语音信号中提取出个人的特征,即提取出包含在语音信号中的个性因素。

从信源角度看,说话人生理上的发音器官、说话时的心理和情感等,都对说话人说话时的语言及其发音产生影响,因此这一领域涉及声学、心理学、生理学、语言学等学科;从信号表述、自动信息提取和说话人识别的角度,它涉及到数字信号处理、模式识别和大规模集成电路实现等学科和研究领域。因此,说话人识别是跨学科的综合性应用研究领域。

近年来,这一技术迅速发展,一些系统已经得到了实用,而且应用领域正在不断扩大。与文本有关的说话人确认系统已经商品化,并且在许多需要进行身份核查的场所得到了应用。但仍然有许多问题需要解决,其中最关键的问题是,究竟用语音信号的哪些特征或特征变换描写说话人才是有效而可靠的,即要寻找更加有效的说话人特征提取和表示方法。这涉及到对人是如何通过听话而识别人这个过程的理解。因而说话人识别的研究与其他有关领域的进展,特别是认知科学的研究进展密切相关。

不同人的指纹不同,与此类似,每个人都有自己的发音器官特征以及讲话时特殊的语言习惯,这些都反映在语音信号中。说话人识别在司法、公安、通信、机要等领域有很大的应用价值,如可用于公安查对、银行信贷电话证实(存取检测)、专用或保密的声控命令(军或民用)及配合电话自动记录装置识别话者等方面。所发话音可以是指定的短语、孤立音、句子,一定范围内指定的或任意的短语、孤立音、句子。

说话人识别包括两种:说话人确认和说话人辨认,如图 14-1 所示。说话人确认与说话人辨认之间有相同的地方,也有一些区别。前者是判断说话人是否是指定的某人,只要使用一个特定的模板和待识别的测试语音进行匹配,系统只会作出"是"或"不是"的二元判决。而后者是从已知的一群人中识别出其中的某人,需要使用 N 个模板,系统必须辨认出待识别的语音是 N 个人中的哪一位,有时还要求对这 N 个以外的测试语音作出正确的判断。说话人辨认系统最重要的性能指标是识别率,即正确识别出说话人是谁的百分率。通常这个指标是随着候选人范围的扩大而降低的。

说话人识别的基本原理和方法与前述的语音识别相同,也是根据话音的不同特征通过判断逻辑(包括动态时间规整)判定语音类型,但它具有其特点:① 话音现在是按说话人划分,因而特征空间里的界限也应按说话人划分;② 应该应用宜于区分不同说话人的特征。说话人由于性别、心理及习惯上的差异,对于某些特征反映突出,而某些则迟钝,所以应找出

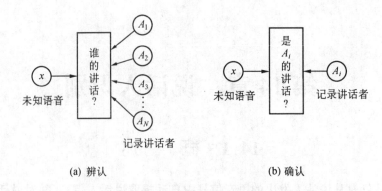

(a) 辨认　　　　　　　　　　　(b) 确认

图 14-1　说话人辨认和说话人确认

反映突出的特征和能突出差异的相应的距离测度;③ 由于说话人识别的目的是识别出说话人而不是所发语音的含义,所以采取的方法也有所不同,包括用以比较的帧和帧长的选定、识别逻辑的制定等。

14.2　特　征　选　取

从说话人的语音信号中提取出说话人的个性特征是说话人识别的关键。语音信号中既包含了所发话音的特征,也包含了说话人的个性特征,是语音特征和说话人个性特征的混合体。它们以非常复杂的形式交织在一起。在说话人识别中,特征选取往往都要舍去语义内容信息而保留个人特征信息。声音中所包含的个人特征信息有两种,一种是声道长度、声带等先天性发音器官的个人差别所产生的;另一种是由方言、语调等后天性讲话习惯产生的。前者是以共振峰频率的高低、带宽的大小、平均基频、频谱基本形状的斜率等所表现的;后者是以基频、共振峰频率的时间图案、单词的时间长等所表现的。两种特征要准确地分离并提取是困难的,为此,多采用同时含有两种特征的特征参数。

在说话人识别中,还应注意应用在较长时段(若干帧范围)内的过渡特征(如基音轮廓特征、倒谱过渡特征等)。这些过渡特征能较好地表征说话人个人的发音习惯,区别说话人。

14.2.1　说话人识别所用特征

说话人识别所用的特征包括:

1. 语音帧能量。

2. 基音周期。现已证实,基音周期及其派生参数携带有较多的个人特征信息。尤其是对汉语这种"有调"语种,一个字的基音周期的变化即声调,就是一种重要的相当稳定的个人特征参数。

3. 帧短时谱或 BPFG(带通滤波器组)特征(包括 14 ~ 16 个 BPF)。许多情况下采用滤波器组获得频谱信息。历史上,滤波器组曾是频谱信息的首要来源。

4. 线性预测系数 LPC。如 12 阶 LPC 线性预测导出的各种参数目前是识别特征的非常重要的来源。

5. 共振峰频率及带宽。

6. 鼻音联合特征。对于连续语音,由于发音时声道形状等随时间变动存在惯性,任一时刻的声道形状不但与该时刻所发的音素有关,也与邻近时刻的音素有关。此现象称为发音的协同现象。经试验分析得知,此联合性体现在帧特征上随着说话人的不同差异较大,因而可以利用它来区别说话人。尤其对于鼻音此性质较为突出。

7. 谱相关特征。短时谱中同频率谱线随时间的相关性特征随说话人的不同区别较大。

8. 相对发音速率特征。对于同一语音,对于不同说话人,发音过程中某些部分的相对发音速率间的差异很大。

9. LPC 倒谱。如由 12 阶 LPC 用迭代法得到的 12 阶 LPC 倒谱。由于高阶元差别常较低阶元的差别大,故应采用适当的加权。

10. 基音轮廓特征。基音特征在说话人识别中占有重要地位。不同说话人的平均基音特征往往差别不大,但是基音轮廓,即约在一个句子的时段内音调随时间变化的曲线形状(基音-时间函数)的变化却非常明显。应用这一特征的优点是它在传输(如经过电话线传输)及记录的过程中不产生失真。

11. 通常说话人的区别体现于不同的特征类型及特征向量的某些元,因而可以使用很长的复合的特征向量(如向量为 37 维),其中包括各种有一定区别效应的特征(此类特征多用于说话人确认)。为了适当压缩特征向量的维数,可对不同的"说话人群"对象,通过试验,根据所得的效果决定取用向量中的一部分元组成的低维向量来作为特征;也就是以原特征空间的一些子空间来作为现用的特征空间。

12. K-L 特征。求某个特征向量的协方差阵,再求此阵的相似对角阵,以某对角元(即各特征值)组成的向量为特征向量。可以除去其中值较小的元以压缩向量维数。可以看出,K-L 特征为将其他特征加工后的二次特征。

14.2.2　特征类型的优选准则

说话人识别中最根本的问题是如何从语音信号中提取说话人的特征。与一般用于模式识别的特征一样,这些特征应该具有区分性、稳定性和独立性。此外,还要求不易模仿的性质及容易测量等。

特征参数的选择应较好地反映说话人的个人特征:即要求对于同一个人,这些特征参数最好能集中在特征空间的某一区域,或者说方差很小;而对于不同的人则要求方差很大。

特征类型的有效性可用"F 比"来表征,它代表对某规定的语音而言不同说话人的该语音特征的均值的方差与同一说话人各次语音该特征的方差的均值之比,即

$$F = \frac{\text{不同说话人特征各自的均值的方差}}{\text{同一说话人各次特征的方差的均值}} = \frac{\langle [\mu_i - \overline{\mu}]^2 \rangle_i}{\langle [x_a^{(i)} - \mu_i]^2 \rangle_{a,i}} \tag{14-1}$$

式中,$\langle \cdot \rangle_i$ 指对说话人作平均,$\langle \cdot \rangle_a$ 指对某说话人各次的某语音特征作平均,$x_a^{(i)}$ 为第 i 个说话人的第 a 次语音特征

$$\mu_i = \langle x_a^{(i)} \rangle_a \tag{14-2}$$

是第 i 个说话人的各次特征的估计均值,而

$$\overline{\mu} = \langle \mu_i \rangle_i \tag{14-3}$$

是将所有说话人的 μ_i 平均所得的均值。

在 F 比定义的过程中假设差别分布是正态的,经证实这基本与事实相符。可以看出,虽

然 F 比不能直接得到误差概率,但显然 F 比越大则误差概率越小,故可以用来表征特征类型的优劣。

上面提到的特征 $x_a^{(i)}$ 为某个特征值,相应的 F 比也只是代表对该项特征而言的特征有效性。然而特征一般不仅是一个值,而是同时采用多种特征,是一个向量,且其中各元常具有相当的相关性,故按某特征得到 F 比后再作合并来得到总有效性的方法往往不够合理。为解决此问题常将 F 比的定义扩展到多维情况。

14.3　说话人识别系统的结构

说话人认别和语音识别一样,主要包括训练和识别两个阶段。训练阶段即系统的每个使用者说出若干训练语句,系统据此建立每个使用者的模板或模型参数。识别阶段则由待识人说的语音经特征提取后与系统训练时产生的模板或模型参数进行比较。

图 14-2 表示说话人识别的基本结构。从语音波中提取特征之后,计算与预先存储的各说话人登记的标准模式的距离(或相似度),根据比较的程度作出判断识别。说话人辨认就是判断由输入语音为最小距离的标准模式的说话人所确定的内容。像大多数识别器一样,说话人确认则是输入语音同模式库中的已知说话人的标准模式之间的距离测度进行计算,并将这个距离与预先确定的判决门限(阈值)来进行比较,根据其关系来进行判断。

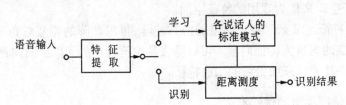

图 14-2　说话人识别系统的基本结构

说话人确认有四种可能的组合,表 14-1 表示这四种组合所发生概率的定义。当未知语音确实是本人语音时,状态定义为 s,当未知语音为非本人语音时,状态定义为 n。若对上述两种状态接受时定义为 S,若不接受而拒绝时定义为 N,则四种可能的组合为 $P(S/s)$、$P(S/n)$、$P(N/s)$、$P(N/n)$。其中 $P(S/s)$ 表示正确接受的概率;$P(S/n)$ 表示错误接受的概率,称为错误接受率,用 FA 表示(False Acceptance)。错误接受即是将冒名顶替者作为真正的说话人加以接受;$P(N/s)$ 表示错误拒绝的概率,称为错误拒绝率,用 FR 表示(False Rejection),错误拒绝即是将真正的说话人当成冒名顶替者加以拒绝;$P(N/n)$ 表示正确拒绝的概率。这时存在如下关系

$$P(S/s) + P(N/s) = 1 \tag{14-4}$$
$$P(S/n) + P(N/n) = 1 \tag{14-5}$$

若只采用 $P(S/s)$ 和 $P(S/n)$,就可以评价这个识别系统。若将 $P(S/s)$ 和 $P(S/n)$ 作为横坐标和纵坐标,并改变阈值,则对各识别系统就能获得图 14-3 所示的 ROC 曲线。在图 14-3 中,方法 B 始终优于方法 A,而 D 相当于没有识别能力的场合。

表 14-1　说话人确认的四种可能状态

		状	态
		s(本人)	n(他人)
判	S(接受)	$P(S/s)$	$P(S/n)$
定	N(拒绝)	$P(N/s)$	$P(N/n)$

说话人确认系统最重要的两个性能指标是错误拒绝率和错误接受率,判决门限和两种错误概率的关系如图 14-4 所示。在图 14-3 和图 14-4 中,a 点对应判决门限较小的情况,b 点对应判决门限较大的情况。根据使用场合的不同,这两类差错造成的影响也不同。比如在非常机密场所控制下,应该使 FA 尽量低以免非法进入者造成严重后果。一般 FA 要在 0.1% 以下,这样 FR 会略有上升,但是这可以通过一些辅助手段弥补。在大量使用者利用电话访问公共数据库的情况下,由于缺少对使用者环境的控制手段,FR 过高会造成用户的不满,但错误的接受不致于引起严重的后果。这时可以将 FR 定在 1% 以下,相应地 FA 要略有上升。通常,判决门限设定于两种错误概率相等时所对应的点上(图 14-4 中的 c 点),称其为等差错率阈值,用此时的错误率来进行评价。

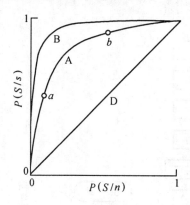

图 14-3　ROC 曲线

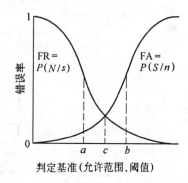

图 14-4　说话人确认的判决门限和错误率的关系

14.4　说话人识别中的识别方法

说话人识别系统可以基于模式匹配、HMM 和人工神经网络模型来实现。识别中的一些方法与语音识别类似,如用 DTW 或 VQ 技术来处理动态时间匹配问题。但是,一方面由于说话人识别有与文本有关、与文本无关等问题,另一方面是识别出说话人,而不是输出语音的含义,所以与语音识别也有些差异。概括来说,对于与文本有关的识别主要采用 VQ,将输入特征序列逐个与 VQ 的各码本中的码字比较,然后将距离累加作为识别依据,而不考虑时序,从而与被识别的音的音素顺序无关。对于上述的后一个特点,则是在输入序列中着重考虑对不同说话人而言有较大差异的部分,甚至只考虑这些部分而忽略其他部分(因此也忽略了语音的含义,但这并不影响对说话人的识别)。

由于人的语音是随生理、心理和健康的状况变化的,不同时间下的语音会有所不同,因此,如果说话人识别系统的训练时间与使用时间相差过长,会使系统的性能明显下降。这是说话人识别系统与一般语音识别系统的一个不同之处。为了维护系统的性能,一种办法是取不同时期的语音进行训练,另一种办法是在使用过程中不断更新参考模板。

下面结合实际系统例子讨论说话人识别中所采用的识别方法。

14.4.1 DTW 型说话人识别系统

该系统为说话人确认系统,与文本有关并且要求说话人在每规定语音节之间略有停顿。此系统的特征用 BPFG(附听觉特征处理),动态时间规整用 DTW。其特点为:① 在结构上基本沿用语音识别的系统。② 利用使用过程中的数据修正原模板,即当在某次使用过程中某说话人被正确证实时使用此时的输入特征对原模板作加权修改(一般用 1/10 加权)。这样可使模板逐次趋于完善。

系统框图如图 14-5 所示。采样时间间隔为 2.5 ms,所存的字音模板数为 15 × 16,即 15 个说话人各自的 16 个规定音。建立模板时,每个说话人对各字音各发音 10 次再经适当平均得到上述的各模板。

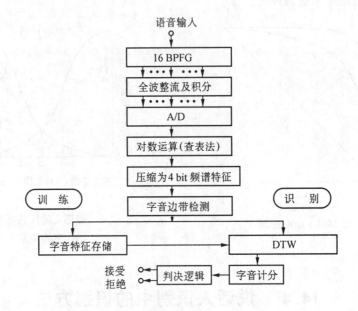

图 14-5　DTW 型说话人识别系统

在确认过程中,要求待确认者在他已知的 16 个字音中任选 2 ~ 4 个。先任选 2 字,将 2 个字所得的"计分"(距离的倒数) 相加,若已超过判决逻辑中所设定的阈值则予以肯定。否则,令待确认者另选 16 个字中其他字音并将计分加权累计,直到共发 4 个字音。若仍未达到阈值,则给予拒绝。

下面提供一个典型的实验结果。对于 1 732 个真的待确认者,经此系统的错误拒绝率为 0.6%;对于 630 个假的待证实者,错误接受率为 0.3%。当然,适当改变阈值可以调整这两种比率。

14.4.2 应用 VQ 的说话人识别系统

矢量量化技术在说话人识别中也有重要应用,采用 VQ 后可避免困难的语音分段问题和时间规整问题,作为一种数据压缩手段可大大减少系统所需的数据存储量。此外,VQ 的分类特性还可有效地作为辨识说话人的一种手段。我们可以将每个待识的说话人看做是一个信源,用一个码本来表征,码本是从该说话人的训练序列中提取的特征矢量聚类而生成,只要训练的序列足够长,可以认为这个码本有效地包含了说话人的个人特征,而与讲话的内容无关。对于 N 个说话人的系统,则建立 N 个码本。识别时,先从待识别的语音中分析出一组测试矢量 $x_1, x_2, \cdots, x_M$,用每一个码本依次对它们进行矢量量化,计算各自的平均量化失真

$$D_i = \frac{1}{M} \sum_{n=1}^{M} \min_{1 \leqslant l \leqslant L} \left[d(x_n, y_l^i) \right] \tag{14-6}$$

式中,$y_l^i, l = 1, 2, \cdots, L, i = 1, 2, \cdots, N$,是第 i 个码本中第 l 个码矢量,而 $d(x_n, y_l^i)$ 是待测矢量 x_n 和码矢量 y_l^i 之间的距离。

选择满足 D_i 最小的那个码本所对应的 i,作为系统辨认的结果。至于特征矢量仍可选用反映语音信号短时谱特性的 LPC 系数、倒谱参数等等。VQ 无论在与文本无关或与文本有关的识别中,都是一种有力的工具。

图 14-6 所示系统为应用 LPC 特征的 VQ 型说话人辨认系统。对每个说话人建有一个 VQ

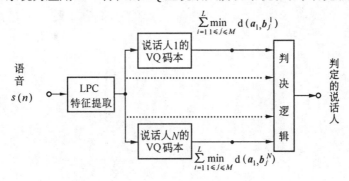

图 14-6　应用 VQ 的说话人辨认系统

码书。应用此系统的说话人数用 N 表示。在训练时,根据每一说话人所发语音计算各 LPC 特征向量,通过 VQ 聚类得到该说话人的码本,其码字数为 M。在聚类过程中所用的距离测度为 LPC 似然比失真测度,即令 a、b 向量间的距离

$$d(a, b) = \frac{b^T R_a b}{a^T R_a a} - 1 \tag{14-7}$$

其中,R_a 为 a 向量的自相关距阵。

在辨认过程中,将待识别语音帧特征序列 $a_1, \cdots, a_L$ 对第 i 个说话人按式(14-6)求总距离,然后以 $D_i (i = 1, \cdots, N)$ 中最小者相应的说话人作为辨认的结果。

系统的发音内容:由 100 个说话人(50 男、50 女)在 2 个月期间内均匀分 4 次由电话线以随机组合的数字串形式传送记录各 200 个孤立字音,即 10 个英语数目字(0 ~ 9)每字 20 次。其中 100 个作训练用,另 100 个则作测试用。因为测试语句可能是任意次序排列的数字串,所以这个实验也部分反映了与文本无关的说话人辨认情况。

进入系统的语音先经(200 ~ 3 200)Hz 的带通滤波后再以 6.67 kHz 取样率取样,又经一传输函数为 $H(z) = 1 - 0.95\, z^{-1}$ 的一阶滤波器预加重。所用窗为 45 ms 宽度的 Hamming 窗,帧长 30 ms(15 ms 重叠)。每帧特征为 8 阶 LPC,用先计算出各阶自相关系数的办法求得。

所进行的主要试验有:① 审查采用不同码本中码字数 2^R(R 称为码本率) 时的误确认率($R = 1,\cdots,6$);② 审查不同的辨认用的发音内容对误辨认率的影响。所用的发音内容计有:任选 10 个数目之一,任选 2 个不同数字,任选 4 个不同数字和用全部 10 个数目字,共四种情况。

在上面 ①、② 中所述的各情况下作辨认实验所得的结果综合起来如图 14-7 所示。由图可见,随着码书维数增加和测试语音变长,误识率迅速下降。当用全部 10 个数目字为发音内容而码书率为 6(即码书数为 64) 时,误识率可小到 1.5%。

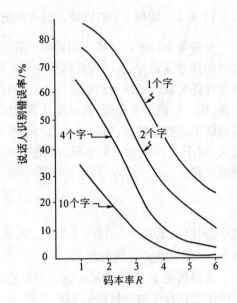

图 14-7 采用 VQ 的说话人识别结果

第15章 语音增强

15.1 概　　述

在前面各章讨论的理论和应用中,所用的语音数据大部分都是在接近理想的条件下采集的。例如,大多数语音识别和语音编码在开始研究时都要在高保真设备上录制语音,尤其要在无噪环境下。

但是,实际的语音处理系统常应用于不同的环境。例如,在汽车中 SNR 只有几 dB。在实际应用时,由于噪声的存在会产生很多问题,背景噪声的存在使语音质量降低的现象非常普遍,环境噪声的污染使许多语音处理系统的性能急剧恶化。比如,实用的语音识别系统大都是在安静环境中工作的,在噪声环境中尤其是强噪声环境中,语音识别系统的识别率将受到严重影响。低速率编码,特别是参数编码(如声码器),也遇到类似问题。这是由于语音产生模型是低数码率参数编码的基础,而在语音通信中不可避免地会受到来自周围环境、传输媒介引入的噪声、通信设备内部电噪声乃至其他说话人的干扰。这些干扰将使接收端接收到的参数已非纯净的原始语音参数,而是受噪声污染的参数。当噪声干扰严重时,重建语音的质量将急剧恶化,甚至变得完全不可懂。特别是,线性预测技术作为语音处理中最有效的手段,恰恰是最容易受噪声影响的。如果将线性预测看做频谱匹配过程,则在大量噪声使频谱畸变时,预测器就设法与畸变频谱匹配,而不是与原始语音匹配。当在声码器的接收端使用与发送端相同的预测器时,则合成语音的可懂度大大降低。

语音增强是解决噪声污染的一种有效方法,它的一个主要目标是从带噪语音信号中提取尽可能纯净的原始语音,即去掉语音信号中的噪声和干扰,改善它的质量。对受背景噪声污染的语音进行增强去噪是一个具有重要实际意义的课题,是目前迫切需要解决的问题,语音增强因而成为当前语音处理中的一个重要方向。语音增强是语音信号处理系统的重要组成部分。语音增强技术有着很广泛的应用,例如,作为语音编码(线性预测编码)和语音识别的预处理,消除语音中的混响以便从录音中恢复出高质量的语音,等等。将语音增强应用于数字频谱编码传输系统的接收端,可有效地提高接收信号的信噪比,降低误码率。这种技术对语音识别和说话人识别也十分重要,可使识别系统在通常环境中的含噪语音下进行工作。因而,语音增强技术是语音识别技术乃至人机语音通信技术走向实用化的前提。

在实际需求推动下,此后 30 多年来进行了大量的研究。早在 60 年代语音增强这个课题就已引起人们的注意,随着数字信号处理理论的成熟,70 年代曾形成一个研究高潮,取得了一些基础性成果,并使语音增强发展为语音信号数字处理的一个重要分支。进入 80 年代后,VLSI 技术的发展为语音增强的实时实现提供了可能。

噪声来源众多,随应用场合不同,其特性也各不相同,因而难以找出一种通用的语音增强算法适用于各种噪声环境。为此,必须针对不同噪声,采取不同的语音增强方法。30 多年来,人们针对加性噪声研究了各种语音增强算法。尽管目前语音增强在理论上并不十分完善,还有待发展,但某些增强方法已被证明是有效果的。各种增强方法各有长处并且适用于不同的应用场合。

实际中,背景噪声环境十分复杂;有相对固定的环境噪声,如机械传动声等,这类噪声为窄带噪声;有宽带白噪声,其频谱很宽,但与语音的相关性很小;有非平稳的随机噪声,其特点是复杂多变。由于干扰通常都是随机的,因而从带噪语音中提取完全纯净的语音几乎不可能。在这种情况下,语音增强的目的主要有两个:一是改进语音质量,消除背景噪声,使听者乐于接受,不感觉疲劳,这是一种主观度量;二是提高语音可懂度,这是一种客观度量。这两个目的往往不能兼得。

应当指出,目前对噪声中的语音信号处理的研究还很不充分,对背景噪声的有效处理方法还较少。如果能够在复杂的噪声环境下进行语音处理,将使语音信号处理的应用领域得到很大的拓展。

15.2　语音特性、人耳感知特性及噪声特性

语音增强不但与信号处理技术有关,又与语音特性、人耳感知特性和噪声特性密不可分。

语音增强算法的基础是对语音和噪声特性的了解和分析。本节将简要介绍语音和噪声的主要特性。

15.2.1　语音特性

语音特性在第 2 章中已经介绍过,下面对其简要地作一概括。

语音是一时变的、非平稳的随机过程,但由于一段时间内(10～30 ms)人的声带和声道形状的相对稳定性,可认为其特征是不变的,因而语音的短时谱具有相对稳定性。在语音分析中可利用短时谱的这种平稳性。

语音可分为清音和浊音两大类。浊音幅度大,在时域上呈现出明显的周期性;在频域上有共振峰结构,而且能量大部分集中在较低频段内。而清音幅度小,没有明显的时域和频域特征,类似于白噪声。在语音增强中,可以利用浊音的周期性特征,采用梳状滤波器提取语音分量或者抑制非语音信号,而清音则难以与宽带噪声区分。

语音信号可以用统计分析特性来描述。由于语音是非平稳、非遍历的随机过程,所以长时间的时域统计特性在语音增强中意义不大。语音的短时谱幅度的统计特性是时变的,只有当分析帧长趋于无穷大时,才能近似认为其具有高斯分布。高斯分布模型是根据中心极限定理得到的,将高斯模型应用于有限帧长只是一种近似的描述。在宽带噪声污染的语音增强中,可将这种假设作为分析的前提。

15.2.2　人耳感知特性

因为语音增强效果最终取决于人的主观感受,所以语音感知对语音增强研究有重要作用。人耳对背景噪声有很大的抑制作用,了解其机理大大有助于语音增强技术的发展。

语音感知问题涉及到生理学、心理学、声学和语音学诸多领域,其中很多问题有待进一

步研究。目前已有一些结论可用于语音增强：

① 人耳对语音的感知主要是通过其幅度谱获得的,而对相位谱则不敏感。

② 人耳对频率高低的感受近似与该频率的对数值成正比。

③ 人耳有掩蔽效应,即强信号对弱信号有抑制作用,能够将其掩盖。

所谓人耳的听觉掩蔽效应是指一个声音的存在会影响对另一个较弱声音的听觉,即一个声音在听觉上掩蔽了另一个较弱声音的存在,使人觉得另一个较弱的声音不存在。另外,当一个声音突然停止,人耳约在 150 ms 内对其他弱音听不清楚,甚至听不见。因而,利用人耳的生理特点,提高语音信号的信噪比,使有用的语音信号大于噪声一定级别,就可以在语音与噪声共存的情况下感觉不到噪声的存在。

④ 共振峰对语音的感知十分重要,特别是第二共振峰比第一共振峰更为重要,因此对语音信号进行一定程度的高通滤波不会对可懂度产生影响。

⑤ 人耳在两个人以上的说话环境中能够分辨出他所需要的声音。

15.2.3 噪声特性

这里我们所研究的噪声是声音的一种,它具有声波的一切特性。噪声具有统计特性。噪声的时域波形好象是杂乱无规则的,但无论哪种噪声,都绝不是完全无规则的,它们具有统计的规律、即统计特性。噪声的统计特性可以用其概率分布、均值、方差等来表示。

噪声来源于实际的应用环境,因而其特性变化很大。噪声可以是加性的,也可以是非加性的。对于非加性噪声,有些可以通过变换转变为加性噪声。例如,乘积性噪声或卷积性噪声可以通过同态变换而成为加性噪声。我们所关心的噪声大致可分为周期性噪声、冲激噪声、宽带噪声和语音干扰。

周期性噪声的特点是有许多离散的窄谱峰,它往往来源于发动机等周期性运转的机械。电气干扰,特别是 50 或 60 Hz 交流声也会引起周期性噪声。周期性噪声引起的问题可能最少,因为可以容易地通过检查功率谱发现并通过滤波或变换技术将其去掉。但应注意在滤除噪声同时不应损害有用信号。而且其中交流噪声的抑制很困难,因为其频率成分不是基音(因为它在语音信号有效频率以下),而是谐波成分(它可能以脉冲形式覆盖整个音频频谱)。

冲激噪声表现为时域波形中突然出现的窄脉冲,它通常是放电的结果。消除这种噪声可以在时域内进行,即根据带噪语音信号幅度的平均值确定阈值。当信号幅度超出这一阈值时,判别为冲激噪声,再对其进行衰减甚至完全消除。如果干扰脉冲之间不太靠近,还可以根据信号相邻样本数值简单地通过内插法将其从时间函数中去掉。

宽带噪声通常可以假定为高斯噪声和白噪声。它的来源很多,包括风、呼吸噪声和一般随机噪声源。量化噪声通常作为白噪声来处理,也可以视为宽带噪声。由于宽带噪声与语音信号在时域和频域上完全重叠,所以采用滤波方法是无效的,因而消除它最为困难。至今所研究的最成功的方法利用了某些非线性处理。目前的一些方法虽然降低了背景噪声,提高了信噪比,但并不提高语音的可懂度。因而对受宽带噪声干扰的语音进行增强时(特别是在低信噪比情况下),提高语音可懂度具有重要意义。

而干扰声音可能是由于话筒拾得的其他语音引起的或是在通信中串话引起的。

15.3 滤波器法

周期性噪声的功率谱具有许多离散的谱峰,因此,很容易通过检测功率谱来发现它们,从而采用滤波方法将其滤除。但应注意在消除噪声的同时不应损害有用的语音信号。有三种常用的滤波器:固定滤波器、自适应滤波器和傅里叶变换滤波器。

15.3.1 固定滤波器

这种滤波器仅在干扰成分也是平稳的时候才可用。最常见的是 50 或 60 Hz 交流声。滤除 60 Hz 成分很少采用高通滤波器,因为干扰是由 60 Hz 的奇次谐波引起的,特别是 3 ~ 7 次谐波(交流哼声就是 60 Hz 交流声,它具有丰富的谐波,这种谐波一般是由于话筒输入插孔没有接地而造成的)。用固定滤波器可以消除这些成分。

可采用数字滤波器。适当选择延迟线长度,便可产生一个梳状滤波器,这里凹口的位置取决于交流声的所有谐波。这样的一个系统示于图 15-1(a) 中,它由一个延时器和一个加法器构成。延迟时间为 T,它等于滤波器凹口间的间隔 f_0 的倒数。系统传递函数为

$$H(z) = 1 - z^{-T} \qquad (15\text{-}1)$$

通过适当选择 T 和采样率,就可使零点与交流声的谐波重合。

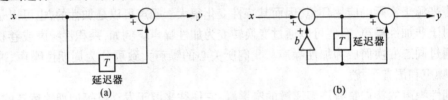

图 15-1　数字陷波滤波器

(a) 由一个延迟器和一个加法器构成的梳状滤波器　　(b) 利用反馈得到的窄凹口梳状滤波器

如果增设反馈回路,如图 15-1(b) 所示,此时传递函数变为

$$H(z) = \frac{1 - z^{-T}}{1 - bz^{-T}} \qquad (15\text{-}2)$$

反馈使极点离开原点,并接近零点。当极点靠近零点时,除各零点附近以外,在单位圆各处都会引起部分对消。因此梳齿可以变得很窄,而梳齿之间的响应又是平坦的。

15.3.2 自适应滤波

自适应滤波能够自动辨认应该滤除的成分。由线性预测器构成一个滤波器,其频率响应近似等于输入信号的逆功率谱,这就可以实现自适应。如果将预测算法用于具有强周期分量的噪声上,就可以得到一种滤波器,它对周期分量的响应最小。此时滤波器用于与噪声匹配。如果含噪语音通过这个预测器,则滤波器将使噪声分量衰减。如果噪声是平稳或是缓变的,则在无语音期间便可以对噪声进行估计,并根据估计的结果调整波滤器。采用这种方法的主要问题是,所得到的滤波器一般不是谱平衡的,这种不平衡使恢复的语音着色,并可能干扰线性预测声码器的工作。如果通过上述的部分使极点-零点对消而使凹口变窄,不会明显地改善系统的性能。某些实验表明,如果使 LPC 预测器的阶数比通常采用的阶数高得多,则可

以去除干扰,改善语音。

自适应滤波将在 15.7 节中详细介绍。

15.3.3　变换技术

通过直接变换频谱可以消除噪声的周期性成分,这可以用数字信号处理的方法来实现。变换滤波器如图 15-2(a) 所示。信号要经过 DFT 变换到频域,在频域进行处理,然后用 IDFT来重建语音信号。

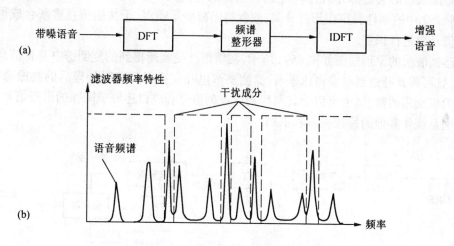

图 15-2　通过频谱整形消除周期性噪声

图 15-2(b) 所示为频谱整形器,它可以是简单的一系列选通门。它可将噪声成分变换到零值,则反变换后的信号周期性干扰将被滤除。

15.4　非线性处理

当干扰噪声为宽带噪声时,在整个频谱范围上都呈现噪声成分,噪声频谱遍布于语音信号频谱之中,因此前面介绍的滤波和频谱选通方法是不适用的。各类宽带噪声的污染较其他噪声更为普遍,处理也更困难,因为宽带噪声与语音信号在时域和频域上完全重叠。目前有一些针对宽带噪声的语音增强方法,虽然降低了背景噪声,提高了信噪比,但并不提高语音的可懂度。因而设法增强被宽带噪声污染的语音信号(特别是在低信噪比情况下),提高带噪语音的可懂度具有重要意义。

目前去除宽带噪声的主要方法分为三类:非线性处理、减谱法和自适应对消。本节讨论非线性处理的方法,在后面几节中讨论其他几种方法。

15.4.1　中心削波

可以通过削波进行非线性处理。其原理是因为低幅度语音被同时消去将使语音质量变坏,如果噪声的幅度比语音低,则消去整个低幅度成分,就会消去噪声。但应注意,时域波形经过中心削波对可懂度是有害的,因为低幅度语音被同时消去将使语音质量变坏,所以中心削波必须在频域内进行。这种方法可以用来降低语音中的混响。这里使用一个滤波器组,并对各滤波器的输出进行中心削波,然后在组合前使输出再通过一个相同的滤波器组,滤除由削波产生的畸变成分。

中心削波也应用到傅里叶变换上。这种方法在本质上与图 15-2 所示系统相同(图中频谱整形器由中心削波器代替)。时间函数由削波信号的反变换重新得到。

15.4.2　同态滤波法

同态滤波法的关键部分具有非线性处理性质,它应用于语音识别中,着眼于将语音信息(基音、频谱)中的乘性噪声或干扰分离,或者将已减少了噪声、干扰的信息重新合成得到降噪时域信号再进行识别。

同态滤波法的原理框图如图 15-3 所示,在傅里叶变换所得到的复倒谱中基音信息明显地出现,故可将其经适当时窗再作平滑、滤波及傅里叶变换得到降噪处理后的共振峰等。它们可作为识别用的特征。也可以令其与得到的音调信号合成以还原成降噪的语音信号,然后进入识别系统作其他的特征提取和识别。

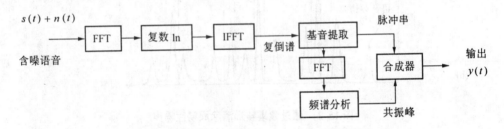

图 15-3　非线性处理中的同态滤波法框图

15.5　减谱法

15.5.1　减谱法

处理宽带噪声的最通用技术是减谱法,它是最早发展起来的语音增强方法之一,特别是在无参考信号源的单话筒录音系统下是一个有效的方法。语音是非平稳随机过程,但在 10 ~ 30 ms 的分析帧内可以近似看做是平稳的。如果能从带噪语音的短时谱中减去噪声频谱估值,则可得到纯净语音的频谱,即可达到语音增强的目的。由于噪声也是随机过程,因而这种估计只能建立在统计模型基础上。由于人耳对语音频谱分量的相位不敏感,因而这种方法主要针对短时幅度谱。

假定语音为平稳信号,而噪声和语音为加性信号且彼此不相关。此时带噪语音信号可表示为

$$y(t) = s(t) + n(t) \tag{15-3}$$

式中,$s(t)$ 为纯净语音信号,$n(t)$ 为噪声信号;若用 $Y(\omega)$、$S(\omega)$ 和 $N(\omega)$ 分别表示 $y(t)$、$s(t)$ 和 $n(t)$ 的傅里叶变换,则有下列关系存在

$$Y(\omega) = S(\omega) + N(\omega) \tag{15-4}$$

对功率谱,有

$$|Y(\omega)|^2 = |S(\omega)|^2 + |N(\omega)|^2 \tag{15-5}$$

因为假定噪声为不相关的,所以不会出现有信号与噪声的乘积项。只要从 $|Y(\omega)|^2$ 中减去 $|N(\omega)|^2$ 便可恢复 $|S(\omega)|^2$。由于人耳对语音相位不敏感,所以对语音的可懂度及质量起重要作用的是语音的短时幅度谱,而不是相位。因而,这里只考虑了幅度谱。因为噪声是局部平稳的,故可以认为发语音前的噪声与发语音期的噪声功率谱相同,因而可以利用发语音前(或后)的"寂静帧"来估计噪声。

然而,语音是不平稳的,而且实际上只能用一小段加窗信号。此时式(15-5)应写为

$$|Y_W(\omega)|^2 = |S_W(\omega)|^2 + |N_W(\omega)|^2 + S_W(\omega)N_W^*(\omega) + S_W^*(\omega)N_W(\omega) \tag{15-6}$$

式中,下标 W 表示加窗信号,$*$ 表示复共轭。可以根据观测数据估计 $|Y_W(\omega)|^2$,其余各项必须近似为统计均值。由于 $n(t)$ 和 $s(t)$ 独立,则互谱的统计均值为0,所以原始语音的估值为

$$|\hat{S}_W(\omega)|^2 = |Y_W(\omega)|^2 - \langle|N_W(\omega)|^2\rangle \tag{15-7}$$

式中,"^"表示估值,$\langle|N_W(\omega)|^2\rangle$ 为无语音时 $|N_W(\omega)|^2$ 的统计均值。因为涉及到估值,所以实际中有时这个差值会为负。因功率谱不能为负,故可令负值为0或改变其符号。

为了用傅里叶逆变变换再现语音,还需要 $S_W(\omega)$ 的相位,这里用 $\mathrm{P_h}[S_W(\omega)]$ 表示。由于人耳对语音的相位不敏感,因而可借用带噪语音相位,即 $Y_W(\omega)$ 的相位来近似。即

$$S_W(\omega) = |S_W(\omega)|\exp(\mathrm{j}\mathrm{P_h}[Y_W(\omega)]) \tag{15-8}$$

则恢复的语音是估值的傅里叶逆变换。

减谱法的原理框图如图15-4所示。图中,$\sqrt{}$ 的处理是用以将功率转换为幅度。只要噪声假定为白噪声,则被减去的估计谱可近似为一常数。此时,减谱法的功能与中心削波法相同。

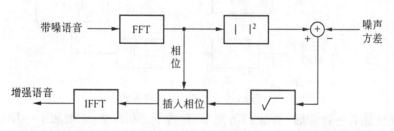

图 15-4　减谱法的原理框图

15.5.2　减谱法的改进形式

式(15-7)中的 $\langle|N_W(\omega)|^2\rangle$ 是以无声期间的统计平均的噪声方差代替当前分析帧的噪声频谱,而实际上噪声频谱服从高斯分布

$$p(x) = \frac{1}{\sqrt{2\pi}\sigma}\mathrm{e}^{-(x-m)^2/2\sigma^2} \tag{15-9}$$

式中,m 为 x 的均值,σ 为标准偏差。噪声的帧功率谱随机变化范围很宽,在频域中的最大、最小值之比往往达到几个数量级,而最大值与均值之比也达6~8倍。因此,带噪信号在减去噪声谱后,噪声分量很大的那些频率点上就会剩余较大的部分,在频谱上呈现出随机出现的尖峰,使去噪语音在听觉上形成残留噪声。这种噪声具有一定的节奏性起伏感,所以称之为"音乐噪声",它影响了语音的自然度甚至可懂度。

另一方面,在增强语音的过程中,提高信噪比与提高语音的可懂度是一对矛盾。在滤除噪声的同时或多或少地会损害语音信号。一般说来,噪声滤除得越多,语音信号被损害的程度就越厉害,可懂度就越多。特别在低噪比情况下,这一矛盾更为突出。而减谱的改进形式可以较好地消除音乐噪声,优化处理语音质量和可懂度这一对矛盾。噪声的能量往往分布于整个频率范围,而语音能量则较集中于某些频率或频段,尤其在元音的共振峰处。因此可在元音段等幅度较高的时帧去除噪声时,减去 $\beta \cdot \langle | N_W(\omega) |^2 \rangle (\beta > 1)$,则可更好地相对突出语音的功率谱。这种改进也称为被减项权值处理。

同时,将图 15-4 中的功率谱计算($| \cdot |^2$)及 $| \cdot |^{1/2}$ 改为 $| \cdot |^\alpha$ 和 $| \cdot |^{1/\alpha}$ 计算(这里 α 不一定为整数),可以增加灵活性。这种方法称为功率谱修正处理。经分析和实验得知,当 $\alpha > 2$ 时,它具有与被减项加权处理相同的效果。

综合上面两种处理,减谱法改进形式的原理框图如图 15-5 所示。此时式(15-7)修正为

$$| \hat{S}_W(\omega) |^\alpha = | Y_W(\omega) |^\alpha - \beta \cdot \langle | N_W(\omega) |^\alpha \rangle \qquad (15\text{-}10)$$

引入 α、β 两个参数为算法提供了很大的灵活性。当 $\alpha = 2$、$\beta = 1$ 时即变为基本的减谱法。针对语音信号的强弱及噪声的特点,选择恰当的参数,可更好地消除音乐噪声。实际的增强实验表明,适当调节 α、β,可以获得比原始的减谱法更好的增强效果。因此实际的增强过程中,更多地使用减谱法的改进形式。

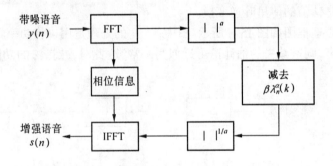

图 15-5　减谱法的改进形式

对减谱法还有一种变形,如图 15-6 所示,称为倒谱相减法。它增加了一步 IFFT 变换,将 $| Y_W(\omega) |^\alpha$ 变换到伪倒谱域中(实际上这并不是真正的倒谱,故称其为"伪"倒谱)。在伪倒谱域中语音和噪声可以更好地进行分离。

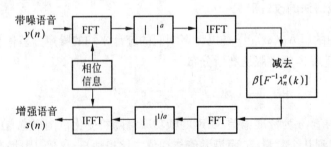

图 15-6　伪倒谱相减法

α 的数值根据经验选取。可以证明,在大 α 的条件下,一次频谱中的噪声样本的平均值接近 1,而方差接近于 0。实验表明,α 为 3 ~ 4 时,信噪比可改善 6 dB 左右。将该方法应用于

LPC 编码前的带噪语音上,使可懂度得到了改善。这是因为采用减谱法改善了频谱畸变,使预测器和要求的语音频谱匹配得更好。

减谱法及其改进形式运算量较小,容易实时实现,是目前最常用的语音增强方法。

15.6 自相关相减法

信号的功率谱是其自相关函数的傅里叶变换,因此应用于功率谱上的任何方法都可以应用到自相关上。这种原理是利用自相关相减法进行增强的基础。这种方法也称为相关抵消技术。其基本出发点是:从含噪语音中减去宽带噪声的最佳估计。利用信号本身相关,而信号与噪声、噪声与噪声之间可看做不相关的特性,可以将带噪信号进行自相关处理,使其得到与不带噪信号同样的自相关系数帧序列。

自相关相减法的推导过程与减谱法相仿。设带噪语音信号为 $y(t) = s(t) + n(t)$,则其自相关函数为

$$R_{yy}(\tau) = \frac{1}{T}\int_{-\infty}^{t} [y(t)y(t-\tau)]w(t)\mathrm{d}t =$$
$$\frac{1}{T}\int_{-\infty}^{t} [s(t)+n(t)][s(t-\tau)+n(t-\tau)]w(t)\mathrm{d}t =$$
$$\frac{1}{T}\int_{-\infty}^{t} [s(t)s(t-\tau) + s(t)n(t-\tau) + n(t)s(t-\tau) + n(t)n(t-\tau)]w(t)\mathrm{d}t \tag{15-11}$$

式中,$w(t)$ 为窗函数,由于 $s(t)$、$n(t)$ 不相关,所以上式第 2、3 项的交叉乘积项的积分结果为 0,故可写为

$$R_{yy}(\tau) = R_{ss}(\tau) + R_{nn}(\tau) \tag{15-12}$$

式中 $R_{ss}(\tau)$ 为信号的自相关。因假定噪声为白噪声,故其自相关函数 $R_{nn}(\tau)$ 为冲激函数,因此有

$$R_{yy}(\tau) = R_{ss}(\tau) + \sigma_n^2 \delta(\tau) \tag{15-13}$$

由上面的推导过程可知,语音的自相关可以从 $R_{yy}(\tau)$ 中减去噪声功率估值的方法来估计。这种方法很有吸引力,因为它不要求进行傅里叶变换。而且,如果采用语音线性预测编码,则自相关函数总是要计算的,因此,这种方法的附加运算量可以忽略不计。

利用自相关相减法的主要问题是 σ_n^2 的估计是不定的,而且一旦减法计算有错误,则所得结果就不再是自相关函数了。

15.7 自适应噪声对消

15.7.1 自适应滤波

与前面介绍的各种方法相比,带自适应滤波器的自适应噪声对消法的语音增强效果最好。这是因为这种方法比其他方法多用了一个参考噪声作为辅助输入,从而获得了比较全面的关于噪声的信息。特别是辅助输入噪声与语音中的噪声完全相关的情况下,自适应噪声对

消能完全排除噪声的随机性,彻底抵消语音中的噪声成分,从而无论在信噪比还是语音可懂度方面都能获得较大的提高。这种方法的缺点是辅助输入在某些情况下难以获得,这就限制了其应用范围。

20世纪40年代,维纳奠定了最佳滤波器研究的基础。这里最佳滤波器是指能够根据某一最佳准则进行滤波的滤波器。假定线性滤波器的输入为有用信号和噪声之和,两者均为广义平稳过程且已知它们的二阶统计特性,根据最小均方误差准则可求得最佳线性滤波器的参数。最小均方误差准则是应用最广泛的一种最佳准则,而这种滤波器称为维纳滤波器。

维纳滤波要求:① 输入过程是广义平稳的;② 输入过程的统计特性已知。对于其他最佳准则的滤波也有同样要求。然而,输入过程取决于信号和干扰环境,而它们的统计特性常常是未知、变化的。语音增强就属于这种情况,语音信号和噪声都具有随机和非平稳的性质,其统计特性不是先验的、且是变化的,因而不能使用固定参数的维纳最佳滤波器。

20世纪60年代又提出了著名的Kalman滤波器,这也是一种最优滤波器,可使受加性噪声污染的信号能与噪声在最小均方误差意义下最优地分开。Kalman滤波是一种递推算法,它的参数是时变的,适用于非平稳随机信号。然而这种滤波器也要求信号和噪声的统计特性已知。

为此,可采用自适应滤波器。这种滤波器在输入过程的统计特性未知或变化时,能够调整滤波器参数以满足某种最佳准则的要求。它根据前一时刻已获得的滤波器参数等结果,自动地调节当前时刻的滤波器参数。以适应信号或噪声未知的或随时间变化的统计特性,从而实现最优滤波。

自适应滤波器的算法有多种,有Widrow等提出的基于LMS(Least Mean Square)误差准则的算法及改进算法,有基于最小二乘准则的RLS算法等。LMS较RLS算法收敛速度慢,但算法简单,计算最小得多(LMS计算量 $\propto N$,RLS计算量 $\propto N^2$,其中 N 为滤波器加权系数个数),因而易于实现,已被广泛采用。

自适应对消是由自适应滤波器来完成的。自适应滤波器在输入信号和噪声的统计特性未知或变化的情况下,能调整自身参数,以达到最佳滤波效果。自适应滤波器最常用的算法是1965年Widows提出的横向结构LMS算法,该算法运算量小,易于实现。自适应滤波是从带噪语音中减去噪声的最佳估值,以得到纯净的语音。自适应滤波器通常采用FIR滤波器。这种方法中,关键问题是如何得到噪声的最佳估值,自适应滤波器的目的就是使估计出的噪声与实际噪声最接近,因而根据LMS准则来调整滤波器系数。

15.7.2 具有参考信号的自适应噪声对消

利用噪声对消进行语音增强的基本出发点是从带噪语音中减去噪声。这里一个重要的问题是如何得到噪声的复制品。在大多数语音增强问题中,只有一个输入信号可以处理。如果采用两个(或多个)话筒的语音采集系统,一个用来采集带噪语音,另一个(或多个)用来采集噪声,则这一问题就比较容易解决。图15-7中给出了一种双话筒采集系统的噪声对消原理框图。图中带噪语音序列和噪声序列经傅里叶变换后得到信号谱和噪声谱,其中噪声的幅度谱经数字滤波后与带噪语音相减,然后加上带噪语音谱的相位,再经傅里叶反变换恢复为时域信号。在强噪声背景时,这种方法可以得到很好的消除噪声效果。如果采集到的噪声足够逼真,甚至可以在时域上直接与带噪语音相减。

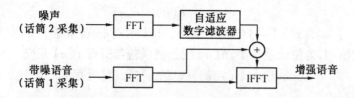

图 15-7　一种双话筒采集的自适应噪声对消原理

噪声对消法可以用于平稳噪声对消。此时,两个话筒必须要有相当的隔离度,但采集到的两种信号之间不可避免地会有时间差即产生延迟,因此实时采集到的两路信号中所包含的噪声段是不同的。因而采集到的噪声必须经过数字滤波器,以便得到尽可能接近带噪语音中的噪声。通常,需要采用自适应滤波器,使相减噪声与带噪语音中的噪声基本一致。

下面对这种方法进行详细分析。这里采用 Widrow 方法,其原理如图 15-8 所示。这里滤波器系数可以使用 LMS 误差准则进行估计,以使下列误差信号的能量最小

$$e(n) = x(n) - y(n) = [s(n) + n(n)] - \sum_{k=1}^{N} w_k r(n) \tag{15-14}$$

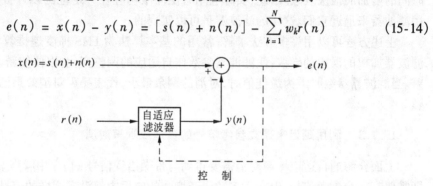

图 15-8　自适应噪声对消原理图

这里,$y(n)$ 是对 $r(n)$ 滤波后的输出,$r(n)$ 是第二个话筒采集到的噪声信号,w_k 为滤波器系数,N 为 FIR 滤波器的阶数。只要噪声与语音相互独立,那么使 $e(n)$ 的均方值最小,就能得到带噪语音中噪声的最佳估计。但是,如果采集到的噪声与语音相关,则滤波器系数只应在语音间歇期间进行刷新。滤波器阶数 N 与两个话筒相隔距离有关,两个话筒相隔数米时,N 值甚至可以取大于 1 000。

假设带噪信号 $x(n) = s(n) + n(n)$ 和参考信号 $r(n)$ 不相关,但 $r(n)$ 与 $n(n)$ 相关。例如,$r(n)$ 可以代表由信道中接收到的噪声 $n(n)$,而该信道中可以没有信号 $s(n)$。Widrow 方法的目的是滤出 $r(n)$,并使其与 $n(n)$ 匹配,以便消除掉 $n(n)$。其关键是使 $r(n)$ 尽可能接近 $n(n)$。

系统的均方输出为

$$\langle e(n) \rangle^2 = \langle (s(n) + n(n) - y(n))^2 \rangle \tag{15-15}$$

因为 $n(n)$ 和 $r(n)$ 都与 $s(n)$ 不相关,所以可写为

$$\langle e^2(n) \rangle = \langle s^2(n) \rangle + \langle (n(n) - y(n))^2 \rangle \tag{15-16}$$

应该指出,$\langle s^2(n) \rangle$ 与滤波器无关,$\langle s(n)^2 \rangle$ 和 $\langle (n(n) - y(n))^2 \rangle$ 是相加的关系。$y(n)$ 与 $n(n)$ 之间的最佳近似要用 $\langle (n(n) - y(n))^2 \rangle$ 的最小值表示,从而可以用 $\langle e^2(n) \rangle$ 的最小值表示。因此,可以得到以下结论:为使噪声得到最佳对消,要调整滤波器使 $\langle e^2(n) \rangle$ 最小。

滤波器的输出 $y(n)$ 是冲激响应 $h(n)$ 与输入 $r(n)$ 的卷积

$$y(n) = h(n) * r(n) \tag{15-17}$$

为使$\langle e^2(n) \rangle = \langle ((x(n) - y(n))^2 \rangle$最小,可以将$e(n)$看做是$r(n)$估计$x(n)$得到的误差。根据正交原理,为使误差最小,$h(n)$应当使误差与所有$r(n)$正交

$$\langle e(n)r(n-k) \rangle = 0, \qquad\qquad 对所有 n \tag{15-18}$$

即

$$\langle [x(n) - h(n) * r(n)r(n-k)] \rangle = 0 \tag{15-19}$$

将上式展开并交换卷积和求统计均值的运算,可得

$$\langle x(n)r(n-k) \rangle - h(n) * \langle r(n)r(n-k) \rangle = 0 \tag{15-20}$$

上式中第一项为$r(n)$和$x(n)$的互相关,第二项包含$r(n)$的自相关,因此由上式可得

$$h(k) * R_{rr}(k) = R_{rx}(k) \tag{15-21}$$

此时要求滤波器是非因果的,即冲激响应在$t < 0$时不为0。这种滤波器的冲激响应一般随时间的增加而很快衰减。因此,实际应用时使冲激响应在一定范围以外被截断并延迟,以便用滤波器来逼近它们。这样的滤波器是可以实现的。

上述方程可以用许多方法求解,常用的基本算法为 LMS 梯度递推算法。即通过测定各滤波器加权的误差的导数,使滤波器参数作自适应的调整变化,以便使新误差小于以前的误差。当滤波器参数收敛为最佳值时,对消的剩余最小,代表噪声对消效果已最好,从而停止调整。

15.7.3　利用延迟来建立参考信号的自适应噪声对消

上面介绍的自适应噪声对消需要得到与带噪语音信号$x(n)$中噪声$n(n)$的相关成分,即需要有一个参考信号,但在大多数语音增强的应用中都没有这样的信号可以利用。在很多应用场合,只允许一个话筒采集带噪语音。此时,如同语音与噪声相关时一样,必须在语音间歇期间利用采集到的噪声进行估值。如果噪声是平稳的,则可将由此得到的噪声估值用于与带噪语音相减;如果噪声是非平稳的,则会严重影响这种方法的语音增强效果。

在没有参考信号的情况下,也可通过将自适应噪声对消进行变换来解决这一问题。这种方法中不采用参考信号,将带噪语音作为原始信号,而将延迟一个基音周期的同样信号作为参考信号。这实际上是交换了语音和噪声信号的作用。利用浊音相邻基音周期的波形高度相关,而相应的噪声都不相关这一事实,可以估计出$x(n) = s(n) + n(n)$中的周期性较强或相关性较强的成分,因此这种方法只能在噪声类似白噪声(相关及周期性较弱)的情况下增强周期性或自相关较强的语音信号。利用输出(即误差)对滤波器作自适应调整,使噪声输出最小来求出无噪语音的最佳估计,如图 15-9 所示。

自适应对消中,由于 LMS 算法具有自适应能力,它与普通的平滑滤波相比区分噪声的能力更强。若只用低通滤波器来进行噪声去除,则不可避免地会损失信号的高频成分。用自适应算法可以解决这个问题。

采用自适应滤波进行噪声的去除与固定滤波相比具有更强的适应性。减谱法的原理是根据噪声与信号功率谱的不同,在频域上将噪声与信号分离。但是频域分析需要进行 FFT,计算量很大,很难实现实时处理。LMS 自适应滤波与减谱法相比,运算量小,可以实现实时处理。但是它与减谱法一样,增强后的语音也含明明显的"音乐噪声"。

除了前面各节介绍的一些语音增强的方法外,还有一种基于语音生成模型的增强方法。

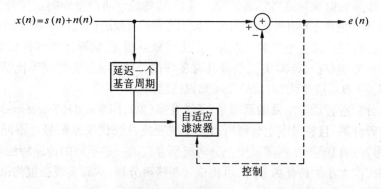

$$x(n)=s(n)+n(n) \longrightarrow \quad + \quad \bigcirc \quad \longrightarrow e(n)$$

图 15-9   利用延迟来建立参考信号的自适应滤波器

这种方法的基础是,语音的发声过程可以模型化为激励源作用于一个线性时变滤波器的输出。因而,如果能够知道激励参数和声道滤波器的参数,就能利用语音生成模型合成得到"纯净"的语音。这种方法的关键在于如何从带噪语音中准确地估计语音模型的参数(包括激励参数和声道参数),这种增强方法又称为分析-合成法。另一种方法则是鉴于激励参数难以准确估计,而只利用声道参数构造滤波器进行滤波处理。

此外,在语音增强中,可以结合人耳主观感知特性,在处理时模仿人的听觉特性,从而使对听觉影响最严重的频段上的噪声被有效滤除。这种处理可使主观听觉质量得到提高。

15.8   基于子波分析技术的语音增强简介

利用子波(Wavelet)分析技术进行语音增强是一种新兴的、很有前途的方法,这里给予简要的介绍。

前面介绍了一些语音增强方法,其中频谱分析技术(如减谱法)是一种传统方法,但这种方法适用于信号是平稳的且具有明显区别于噪声的谱特性的情况,若应用于非平稳信号时则存在着无法克服的弱点。而用自适应滤波(如维纳滤波、Kalman 滤波)进行去噪时,需要知道噪声的一些特征或统计性质;在无噪声先验知识的情况下,带噪信号中分离出语音就显得比较困难。传统的消噪方法除上述局限性外,有时甚至会给信号本身带来较大的畸变。

由于频谱分析技术的局限性,时-频分析技术得到了迅速发展,其中子波分析技术在信号处理领域表现出巨大的应用前景。子波分析作为一种新兴的理论,对数学和工程应用均产生了深远影响。从原则上讲,凡是使用傅里叶分析的地方,均可用子波分析来代替。子波分析作为一种新型的时-频分析方法,特别适用于非平稳、时变信号,如语音信号。它具有良好的时域和频域局部化特点、子波函数选择的灵活性以及与多尺度分析思相的有效结合,并且有快速算法加以实现,所以为解决这一问题提供了有效的工具,被认为是一种性能优良、很有前途的去噪方法,受到了越来越多的关注。

对带噪语音信号进行子波变换后,噪声的影响表现在各个尺度上,而信号的主要特征却分布在较大尺度上的有限个系数中,而且由大尺度上有限数目的子波系数可以很好的重构原始信号。因而通过将过小的子波系数置 0,并对相对大的系数作阈值处理,就可以近似最优的去除噪声。

在采用阈值方法处理语音信号时,需要考虑的一点是不要破坏清音段语音。这是由于清音段中包含了很多类似噪声的高频成分,若去除了这些成分将严重影响重构语音的质量。为此,可先将清音段识别并分割出来,然后对消音段语音和浊音段语音采用不同的阈值处理方法。

利用子波分析进行语音增强的优点是:① 去噪效果明显,信噪比能够得到显著提高;② 去噪后的语音信号损伤少,即对突变信息具有良好的分辨率;③ 在低信噪比情况下仍能有效地去除噪声;④ 自适应性强,对信号先验知识依赖少。

利用子波分析进行语音增强的原理是:子波变换(WT,即 Wavelet Transform)可将信号在多个尺度上进行分解,且各尺度上分解所得的子波变换系数代表原信号在不同分辨率上的信息,利用信号和随机噪声在不同尺度上分解时所存在的一些不同的传递特性和特征表现,如模极大值与尺度大小的特征关系等,可将信号与噪声分离,从而实现在重构语音信号中消除噪声、提高信噪比的目的。

近几年国外提出了一些基于子波变的去噪方法。如 Witkin 首先提出利用子波分解中不同尺度信号的空间相关去除噪声的思想;Mallat 提出的通过寻找子波变换系数中的局部极大值点,并据此重构信号可以很好地逼近未被噪声污染前的原始信号的方法;而 Donoho 提出了一种新的基于阈值决策的子波域去噪技术,它与其他子波去噪方法相仿,也是对信号先求子波变换,再对子波变换值进行去噪处理,能获得较好的去噪效果,有效提高信噪比。

利用子波分析进行语音增强算法的实现过程为:

① 进行带噪语音帧的离散子波变换(DWT,即 Discrete WT),得出各尺度上的子波系数。

② 对噪声方差的有效估计。子波去噪方法弥补了传统方法对信号先验知识要求较多这一不足,在处理过程中仅需要确定很少的参数,如噪声方差。

③ 子波域门限阈值的确定。

这里,合适的门限阈值选择是关键的一步,它将直接影响信号去噪的效果和重构信号的失真程度。阈值选取的一种方法是采用固定阈值。然而,采用自适应于不同尺度的阈值具有更好的效果,即利用随机噪声的子波变换在不同尺度上的不同特征表现,将对不同尺度上的子波系数应用不同的阈值来取舍用于重构的子波变换系数,即选取自适应于不同尺度的非线性软门限阈值。这种方法比固定阈值方法有更佳的去噪效果和较小的语音失真,且更顽健。

④ 由处理后得到的子波系数估值重构出纯净的语音信号。

这里,①、④ 步可以采用 Mallat 离散子波变换的快速算法,便于软硬件实现。

对带噪语音信号进行子波变换后,噪声的影响表现在各个尺度上,而信号的主要特征却分布在较大尺度上的有限个系数中,而且由大尺度上有限数目的子波系数可以很好地重构原始信号。因而通过将小的子波系数置 0,并对相对大的系数作阈值处理,就可以近似最优的去除噪声。

这里,在采用阈值方法处理语音信号时,有一点是不要破坏了清音语音。这是由于清音段中包含了很多类似噪声的高频成分,若去除了这些成分将严重影响重构语音的质量。为此,可先将清音段识别并分割出来,然后对清音段语音和浊音段语音采用不同的阈值处理方法。

子波分析不仅可用于语音增强,利用它对听觉特性的模仿,在语音分析、编码、合成及检测诸方面均有良好的应用前景。比如,基于子波理论的多分辨率思想,建立听觉模型滤波器组,提取语音或音频信号的特征,进行了许多卓有成效的研究,特别是在音频编码方面得到了很好的应用。

第16章 人工神经网络的应用

16.1 概　述

　　人工神经网络(ANN,即 Artifical Neural Networks)是用来模拟人脑结构及智能特点的一个前沿研究领域,是模仿人脑认知功能、模拟人类形象思维和联想记忆的新型信息处理系统。由于大脑是人的智能、思维、意识等一切高级活动的物质基础,所以构造具有人脑功能的信息处理系统可以解决传统方法所不能解决或难以解决的问题。

　　人工神经网络是仿照存在于人脑中的生物神经网络而构成的,通常简称为神经网络。神经网络结构和工作机理基本上是以人脑的组织结构和活动规律为背景的,具有类似人脑功能的若干基本特征,如学习记忆能力、知识概括和输入信息特征抽取能力等。应该指出,人类对大脑的研究还有很长的路要走,神经网络并不是人脑部分的真实再现,而是经过大大简化的、易于工程实现的、反映生物神经网络某些特征的数理表示,可以说是某种抽象、简化或模仿。

　　神经网络是用大量简单的处理单元并行连接而成的一种信息处理系统。神经网络可用来解决一些复杂的模式识别问题,这些问题用常规计算机的软件设计来解决则存在很多困难,如手写体文字识别、与说话人无关的连续语音识别以及多目标识别等。对于这些问题,尽管人们知道怎样做,却很难总结出明确的规则或方法。有相当大部分是基于长期学习和经验积累而形成的能力,并且根据所积累的知识能对处理对象进行联想、类比、概括等加工。

　　神经网络具体有以下一些重要特征:

　　① 具有并行的处理机制,从而具有高速的信息处理能力。

　　② 信息分布存储在连接神经元的各权值上,并且权值可以改变,因此具有很强的自适应性。所谓自适应性是对外界环境的变化不敏感,即改变自身特性以适应环境变化的能力。

　　③ 可以进行学习或训练。当外界环境变后,经过训练,神经网络能自动调整结构参数,以得到所要求的性能。

　　④ 输入输出关系是非线性的,因而具有非线性信息处理能力。

　　⑤ 具有强容错性。神经网络具有天然的冗余式结构——分布式存贮,因此,也就具有很强的容错性。部分的信息丢失或模糊的信息仍可以得到完整的恢复,表现出明显的顽健性。

　　⑥ 并行分布的结构使神经网络易于硬件实现。

　　⑦ 可以组成大规模的复杂系统,进行复杂问题的求解。

　　目前,神经网络的研究已经获得多方面的进展和成果。在网络模型、学习算法、系统理论以及实现方法等基本问题上的重要突破带动了神经网络在众多领域中的应用研究。

　　利用神经网络研究模式识别是目前人们讨论最为活跃的一个课题。神经网络在信息处

理中最典型、最有希望的领域就是模式识别。基于神经网络的模式识别与传统的模式识别相比,具有几个明显的优点:

① 能够识别带有噪声或变形的输入模式;

② 具有很强的自适应学习能力,通过对样本的学习,掌握模式变换的内在规律;

③ 能够将识别处理与若干预处理融合在一起进行;

④ 识别速度快。

80 年代中后期以来,探讨神经网络在语音信号处理中应用的研究十分活跃,其中以在语音识别方面的应用最令人瞩目。研究神经网络以探索人的听觉神经机理,改进现有识别系统的性能,是当前语音识别研究的一个重要方向。神经网络的特点使它特别适用于对语音信号进行处理。语音识别是神经网络的一个重要应用领域,且是其最适合的应用领域之一。人脑是自然界中存在的非常有效的语音识别系统。人工神经网络是对生物神经网络简化的模拟,它保持生物神经网络的许多特性。因而,利用神经网络进行语音识别可能在准确性方面取得进展。神经网络的独特优点及其强的分类能力和输入-输出映射能力在语音识别中很有吸引力。目前神经网络的研究虽不很成熟,但在语音识别的某些方面已取得了一些进展。

通常神经网络用于语音识别可分为两类,一类是神经网络与 HMM、DP 相结合的混合网络,另一类是根据人耳听觉生理学、心理学研究成果建立的听觉神经网络模型。目前神经网络在复杂性和规模上都远远不能与人的听觉系统相比。因此,探讨神经网络在语音信号处理中的应用,主要是从听觉模型中得到启发,以便构成一些具有类似能力的人工系统,使它们在解决语音信号处理(特别是语音识别)问题时能得到较好的性能。大量研究结果表明:听觉模型应用于语音识别是很有前途的,将听觉模型与神经网络结合起来应用于语音识别系统,无论是在识别率还是在抗噪性能方面都优于传统的识别方法。

利用神经网络进行语音信号处理这一技术的发展与听觉模型的基础研究密切相关。听觉模型是以人类听觉系统的生理学为基础,在语音的预处理、信号提取和分析技术以及基于这些技术所提出的听觉信息处理模型。对听觉模型的研究试图解决以下问题:① 在语音分析中找到更有效的语音参数,提高语音编码的效率;② 利用听觉模型提高语音识别的识别率与抗噪声模型;③ 探求说话人识别的新方法。

16.2 神经网络的基本概念

构成神经网络的三要素是神经元、训练(学习)算法及网络的连接方式。

16.2.1 神经元

神经元又称为节点或基本单元,是神经网络的基本处理单元。由神经元可以构成各种不同拓扑结构的神经网络,神经网络就是由神经元和它们之间的连接权组成的。神经元模型是生物神经元的抽象与模拟,这里抽象是从数学角度而言,而模拟是从神经元的结构和功能而言。

神经元是一个多输入单输出的非线性阈值元件,具有如下特点:① 具有多个输入、单个输出;② 具有内部阈值;③ 其特性是非线性函数。神经元的作用就是将若干输入加权求和,并且对这种加权得到的和进行非线性处理然后输出。

图 16-1 给出了神经元的一种结构。其输入输出之间的关系可表示为

$$X = \sum_{i=1}^{N} w_i x_i - \theta \tag{16-1}$$

$$y = f(X) \tag{16-2}$$

式中,$x_i, i = 1, \cdots, N$ 表示各个输入;w_i 为神经元的第 i 个输入与输出的连接强度,其值称为权值,这里权值用以调节输入的大小;θ 表示神经元的阈值是模拟生物神经元的阈值电位而设置的;$f(\ )$ 是表示神经元输入-输出关系的函数,称为特征函数。

特征函数的选则原则是使其具有非线性,以便可以计算复杂的映射。最简单的特征函数是阶跃函数,或称阈值函数,即

$$f(X) = \begin{cases} 0, & X < 0 \\ 1, & X \geqslant 0 \end{cases} \tag{16-3}$$

此时神经元的输出值只有两个值:1 或 0。S 型(Sigmoid)函数是一种很常用的特征函数,其表示为

$$f(X) = \frac{1}{1 + e^{\beta X}} \tag{16-4}$$

显然,这是一种非线性函数。它是一种连续函数形式,因而神经元的输出值可在某个范围内连续取值。式中 β 是一个常数,用于控制曲线扭曲部分的斜率。

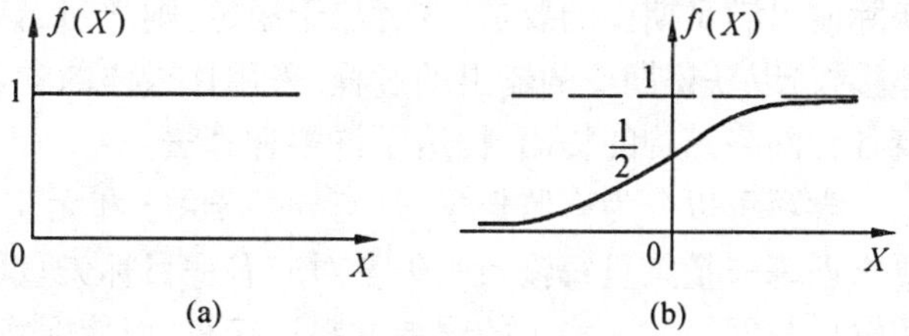

图 16-2 给出了阶跃特征函数(见

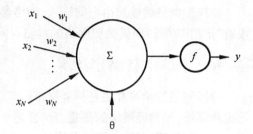

图 16-1　神经元模型的结构

图 16-2　特征函数

(a))及 S 型特征函数(见(b))。由图可见,S 函数输出曲线两端平坦,中间部分变化剧烈。当 X 很小时,$f(X)$ 接近于 0;而当 X 很大时,$f(X)$ 接近于 1,而当 X 在 0 附近时,$f(X)$ 才真正起转移作用。S 函数与阶跃函数相比,形式上具有"柔软性";从数学角度看,S 函数具有可微性,且具有较好的非线性映射能力。

图 16-1 所示的神经元模型虽然简单,但完全反映了生物神经元的主要特性,是对生物神经元一个完整的数学描述。

16.2.2　网络的连接方式

根据人脑活动机理可知,仅由单个神经元是不可能完成对输入信息的处理的。只有当大量的神经元组成庞大的网络,通过网络中各神经元的相互作用,才能实现对信息的处理与存贮。同样,只有将神经元按一定规则连接网络并让网络中各神经元按一定的规则变化,才能实现对输入模式的学习与识别。人工神经网络与生物神经网络的不同之处在于,后者是由上亿个以上的神经元连接而成的庞大网络,而前者限于物理上的困难及计算上的方便,是由数量上远少于前者,而完全按一定规律构成的网络。

神经网络的连接方式是指网络内神经元彼此连接的方式,又称为网络的拓扑结构,主要

有三种:① 单层连接方式,即网络中只包含有输入层和输出层两层。后面将要介绍的单层感知机就是基于这样的连接而构成的。② 多层连接方式,即网络中除输入层和输出层外,还有若干层中间层。多层感知机即属于这种连接方式。

单层连接方式和多层连接方式所构成的神经网络均属于前馈型网络,即神经元之间不存在反馈回路,且每一层神经元只与上一层神经元相连。

3. 循环连接方式。这种连接方式包含有反馈,即神经元之间存在着反馈回路。其反馈输入可以来自同一层的另一个神经元的输出,也可来自下一层的各个神经元的输出。循环神经网络就属于这种连接方式。

前馈型网络的输出由当前输入、网络参数和结构决定,而与网络过去的输出无关,因而没有"记忆"功能;而反馈型网络的输出与网络过去的输出有关,因此具有"记忆"功能。

16.2.3　学习(训练)算法

神经网络的学习算法是神经网络研究的主要内容之一,它的研究是一个重要的课题。学习也称训练,是神经网络的最重要特征之一。神经网络能够通过学习,改善其内部表示,以使网络达到所需要的性能。学习的实质是同一个训练集的样本模式反复作用于网络,网络按照一定的学习规则(即学习算法)自动调节网络神经元之间的连接权值或拓扑结构;当网络的实际输出满足期望的要求,或者趋于稳定,则学习结束。而本书所讨论的学习仅指不断调整连接权,以获得期望的输出的过程。采用什么样的学习算法与神经网络的结构有关,因此随着各种网络结构的提出,构造了许多种算法。

学习可以分为有监督学习(有导师学习)和无监督学习(无导师学习)两类。有监督学习要求训练矢量集里每输入一矢量对应有一目标矢量即希望的输出矢量,即根据监督指出希望输出与网络实际输出的误差调整连接权,而使网络总误差趋向于极小值。而无监督学习不需事先设定输出矢量,它是一种自动聚类过程,是通过训练矢量的加入不断调整权值以使输出矢量能够反映输入矢量的分布特点。

16.3　神经网络的模型结构

16.3.1　单层感知机

感知机(Perceptron)是人们为了研究大脑的存贮、学习和认识过程而提出的一类神经网络模型。

单层感知机(SLP,即 Single Layer Perceptron)的结构如图 16-3 所示。这种网络是由一个输入层和一个输出层的神经元组成的。层与层的神经元之间的每个连接有一个用数值表示的权,模仿一个输入单元对输出单元的影响。正的权表示增强,负的权表示抑制。当输入模式沿着连接从输入层传向输出层时,网络通过逐个修改权重(w_{ij})进行信息处理。信号仅在单方向流动,即从输入层到输出层。

每个神经元有个用数值表示的状态,它是由所有与之相连的神经元传递的信号决定的。如果神经元在输入层,它的状态是由它从外部接到的输入信号决定的,对于输出层的神经元,其状态由与之相连的神经元和特征函数来计算的。

M 个输入神经元、N 个输出神经元的单层感知机的数学表达式为

$$X_j = \sum_{i=1}^{m} w_{ij}x_i - \theta_j$$
$$y_j = f(X_j)$$
$$j = 1,2,\cdots,N \quad (16\text{-}5)$$

式中 θ_j 是第 j 个输出神经元的门限值。

感知机的学习是典型的有监督学习,可以通过训练达到学习的目的。训练的要素有两个:训练集和训练算法。训练集是由若干个输入-输出模式对构成的一个集合,所谓输入-输出模式对是指一个输入模式及其期望输出组成的向量对。在训练期间,不断用训练集中的每个模式对网络训练。当给定某一训练模式时,感知机输出神经元会产生一个实际输出向量,用期望输出与实际输出之差来修正网络连接权值。

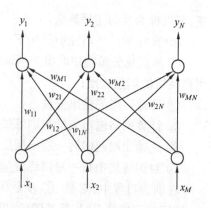

图 16-3　单层感知机的结构

16.3.2　多层感知机

多层感知机(MLP,即 Multi-Layer Perceptron) 是一种多层神经网络,与单层感知机不同,它除了输入层和输出层之外还有一个以上的隐含层(也称中间层)。上、下层之间各神经元实现全连接,即下层的每个单元与上层的每个单元都实现全连接,而每层各神经元之间无连接。多层感知机中只有信号前馈而没有信号反馈,因而是前馈神经网络。

多层感知机中,信号沿着连接从输入层经隐含层并传向输出层。对于隐含层的神经元,其状态由与之相连的神经元与特征函数来计算。这里,隐含层的作用是作为输入模式的"内部表示",即将输入模式中所含的区别于其他类别输入模式的特征抽取,并将抽取出的特征传给输出层。特征抽取的过程实际上就是输入层与隐含层连接权进行"自组织"化的过程。

图 16-4 给出一种三层感知机的结构。

反向传播(BP,即 Back Propagation) 算法是 80 年代初提出的训练多层感知机的有效算法,它是至今影响最大的一种网络学习算法,据统计有近 90% 的网络应用使用的是这一算法。BP 算法是典型的有导师学习算法。它是 LMS 的一种广义形式,即使用梯度搜索技术使理想输出和实际输出的均方误差最小。

在 BP 算法中,连接权是在两步训练样本的过程中确定的。首先,对于每层神经元,网络计算作为由输入矢量和与入相连权的函数的输出矢量的值。这个网络输出层值与真实输出层之比,确定输出层神经元的误差。第二步,误差通过网络反向传播;同时,按照它们对网络的贡献,调整各权值。如此循环使神经网络稳定(即权不再变化) 或均方误差小于某一阈值。

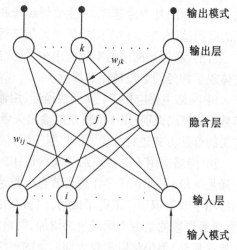

图 16-4　一种三层感知机的结构

由上述过程可见,在输出层计算的误差通过网络反向传播,被前面各层用来进行权的修

正,所以称为反向传播算法。

BP 算法的具体训练步骤如下:

① 从训练矢量集中取出一列训练矢量,将其中的输入矢量用作网络的输入,目标矢量用作网络的期望输出;

② 计算网络的输出矢量;

③ 计算网络输出矢量与训练矢量对中目标矢量之间的距离;

④ 从输出层起向后一层一层反向计算,直至第一隐层,直至整个训练集的误差最小;

⑤ 对训练集中每一对训练矢量重复 ① ~ ④ 步,直至整个训练集的误差最小。

在训练过程中,第 ③、④ 步是从输出层开始,使用迭代方法一直反向计算到第一隐层为止。训练过程的第 ④ 步是关键。这里权值调整是使整个训练集全网的均方误差 E 最小,即

$$E = \frac{\sum_P \sum_K (z'_k - z_k)^2}{2P} \tag{16-6}$$

式中,K 为网络输出层神经元个数,z'_k 和 z_k 分别是输出层第 k 个神经元的实际输出和期望输出,而 P 为训练集中训练矢量对的个数。

一般来说,BP 算法中训练样本要反复多次输入网络,才能使网络收敛到稳定的结构。近年来对 BP 算法提出了许多改进算法以加速其收敛或避免收敛到局部极小值。

应该指出,在用 BP 算法对多层感知机进行学习的过程中,从网络的学习角度看,网络的状态前向更新及误差信号的后向传播过程中,信息的传播是双向的。但这并不意味着网络中层与层之间的连接结构也是双向的,多层感知机是一种前向网络。

用 BP 算法进行训练的前馈网络称为 BP 网络,它是实际中最常用的神经网络。用 BP 网络建立模型包括两个阶段:首先必须确定一个适当的网络结构,然后再对这个网络利用训练样本进行训练。对于每个 BP 网络,输入神经元对应已知的输入,而输出神经元对应期望的输出,余下的问题是确定隐含层的神经元个数。隐含层神经元数与输入神经元、输出神经元的数目和问题的复杂性等有关,主要凭经验和反复实验来确定。可以先凭经验确定隐含层神经元的适当范围,然后对不同的神经元数进行试验,以得出最佳的模型结构。

目前,在神经网络的实际应用中,绝大部分的网络模型是采用 BP 网络及它的变化形成,它体现了神经网络最精化的部分。

BP 网络主要应用于:① 函数逼近:用输入矢量和相应的输出矢量训练 1 个网络逼近 1 个函数;② 模式识别:用 1 个特定的输出矢量与输入矢量联系起来;③ 分类:将输入矢量以所定义的合适方式进行分类;④ 数据压缩,减少输出矢量维数以便于传输或存储。

BP 网络应用于语音识别的缺点是:BP 算法是一种梯度算法,不能保证连接权值收敛于全局最优解;另外它还存在隐含节点个数选择的问题,并只能进行小词汇量的语音识别。BP 网络用于音素识别已取得了成功,但若直接扩展到词汇层次,会产生时间规整和端点检测问题;更为严重的是由于词汇量的增加,网络结构迅速增大,训练时间太大;尽管为此提出了许多快速算法,但仍难以实现大词汇量的连续语音识别。

多层感知机与前面介绍的单层感知机在语音信号处理中可以用作矢量量化器、类音素分类器、声调识别、清／浊音判别、音素分割,还能与其他方法结合构成具有鲁棒性的语音识别系统,也可用于说话人识别和语音编码等方面。

16.3.3 自组织映射神经网络

自组织特征映射(SOFM,即 Self Organization Feature Mapping) 神经网络是一种很重要的无导师学习网络,主要用于模式识别、语音识别分类等应用场合。这种网络是由 Kohonen 提出的,有时也称为 Kohonen 神经网络。

SOFM 网络具有非线性降维的功能,能将输入映射到低维,减少了维数而保持足够的信息来鉴别事物间的类别。

研究表明:大脑皮层是一种薄层结构,信息存储在表面,声音对听觉器官的刺激沿神经通路向大脑皮层投射时,会保持一种结构特征,从而在大脑皮层形式各种特征区域。大脑皮层的不同区域对应于不同的感知内容,它能在接受外信息刺激下,不断传感反射信号,自组织大脑皮层空间的功能。其聚类性、排列性类似于生物系统。

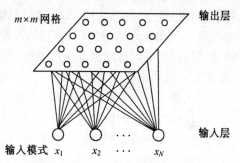

图 16-5 二维 SOFM 网络

SOFM 网络即是模仿人脑的这种功能而构造的一种神经网络,其结构如图 16-5 所示。它由输入层和输出层组成。输入层由 N 个神经元组成,输出层由 $m \times m = M$ 个输出神经元组成,且形成一个二维网络阵列。显示出具有地形结构顺序的逻辑图像,具有语义映射的功能。输入层各神经元与输出层各种神经元之间实现全连接;而输出层各神经元之间也实行相邻神经元的连接。SOFM 网络结构与基本神经网络的不同之处在于其输出层是一个二维网络阵列。

对 SOFM 网络训练无需规定所要求的输出(即导师),因此它是无导师学习(即自组织)网络。它对输入模式进行自动分类,即通过对输入模式的反复学习,抽取各输入模式中所含的特征,并对其进行自组织,在输出层将分类结果表现出来。SOFM 网络将输入直接映射到输出层平面上的一个点;对于相似的输入,网络的输出神经元在输出平面上也是相近的。

SOFM 网络与其他类型的网络的区别是:不是以一个神经元或一个神经元向量反映分类结果,而是以若干神经元同时反映分类结果。一旦某个神经元受到损害,如连接权溢出、计算误差超限、硬件故障等,余下的神经元仍可保证所对应的记忆信息不会消失。

SOFM 网络的自组织能力表现在,各连接权反映了输入模式的统计特性。即通过网络的学习,输出层各神经元的连接权向量的空间分布能够正确反映输入模式的空间概率分布。因而如果预先知道了输入模式的概率分布函数,则通过对输入模式的学习,网络输出层各神经元连接权向量的空间分布密度将与输入模式的概率分布趋于一致。所以这些连接权向量可作为这类输入模式的最佳参考向量。相反,作为这一特性的逆运用,在不知道输入模式的概率分布情况时,可以通过网络将这组输入模式进行学习,最后由网络连接权向量的空间分布将这组输入模式的概率分布情况表现出来。所以有时也称 SOFM 网络为学习矢量量化器。

SOFM 网络的训练算法可采用矢量量化中码书生成算法中的随机梯法的变形形式。目前,对 SOFM 网络又提出了多种改进的结构及算法,如 LVQ2。

SOFM 网络在对随机信号的分类和处理上有显著的优势,因而获得了较广泛的应用。但是,网络在高维映射到低维时会出现畸变,压缩比越大,畸变越严重。另外网络要求输出神经元数很大,因而其连接数很大,所以它比其他神经网络的规模要大。

16.3.4 时延神经网络

语音信号是一个时变信号,因而神经网络应能反映出语音参数的时变性质。为了使神经网络能够处理语音中的动态特征,需要表达包含在语音中各声音事件的时间关系,以及抽取在时间变化过程中的不变特性。在利用神经网络解决语音识别问题时,必须使网络具有很强的非线性判决能力,以处理语音模式在时间上的不精确性,如语音的起止点或语音特征的时间位移等。而采用静态神经网络进行语音识别时,语音信号的时间信息处理是难以处理的一个课题。为解决这些问题,提出了时延神经网络(TDNN,即 Time Delay Neural Network) 结构。

TDNN 与传统的神经网络有所不同。传统的神网络指多层感知机,它采用 BP 算法学习。多层感知机是一种静态结构,没有时间规整能力,这对语音识别来说是一个很大的缺陷。而 TDNN 是一种动态结构的网络,在它的神经元中引入了延时,可以包含参数在若干时延范围内的情况;每层采用滑动窗处理后再连接到下一层。这种网络可以对语音模式在时间上的位移偏差有一定的承受能力。

TDNN 是一种多层网络,包括一个输入层,两个隐含层及一个输出层。网络中各层间有足够的连接权,以使网络具有学习复杂非线性判决的能力。而与训练数据相比,网络的权数应当足够少,从而可使网络能够更好地提取训练数据中的特征。

TDNN 针对音素的发音长度和暂态位置的变化,利用时间延迟单元捕捉前一层的上下文变化;其中短时变化体现在靠近输入层的单元中,长时变化体现在靠近输出层的单元中。

TDNN 神经元如图 16-6 所示。由图可见,它引入了延时单元 D_1 到 D_N。神经元的 J 个输入中,每一个均要乘以 $N + 1$ 个权;其中一个是针对未延时的输入,而其余 N 个是针对 N 个延时单元的输入,即对每个输入要在 $N + 1$ 个不同时刻加以度量。例如,对于 $J = 16, N = 2$,需计算 16 个输入的加权和需 48 个权。因此,一个 TDNN 神经元具有将当前输入和以前时刻的输入进行关联与比较的能力。图中神经元的输出非线性函数仍取 S 函数。

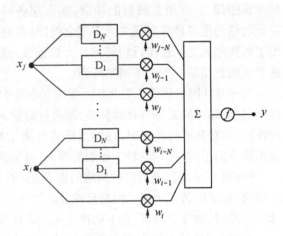

图 16-6　TDNN 神经元

TDNN 的训练算法仍采用 BP 算法,即训练时,误差由输出层向输入层反向传播,逐层修改两个隐含层中神经元的权值。因而,它是以 BP 网络为基础的多层神经网络。TDNN 的训练需要很大的计算量与迭代次数,这是它的一个缺点。

TDNN 用于识别音素时,解决了时间对准的问题,具有较好的效果,其识别率达到 98.5%;而在同样实验条件下,常规的 HMM 方法的识别率为 93.7%。

16.3.5　循环神经网络

语音信号是时域上的动态信号,它所包含的信息不仅表现在瞬态特性方面,更重要的是反映在相邻段语音信号的关联上。常规采用的神经网络模型如多层感知机和 SOM 网络等都不能处理时间上的关联。为使网络模型更适合于处理语音,必须使神经网络具有动态性质,因而可在神经网络中引入反馈或循环连接。为此可采用循环神经网络(RNN,即 Recurrent Neural Networks)。

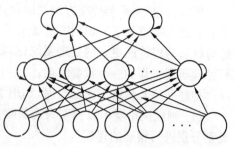

图 16-7　一种循环网络结构

循环神经网络既有前馈通路,又有反馈通路。反馈通路可将某一层神经元的输出,经过一段时间延迟后送到同一层的神经元,或送到较低层的神经元。在网络中加入反馈通路可以处理与时间有关的状态序列,使得网络可以"记忆"从前输入所引起的特性,这对于语音信号处理是很有用的。

图 16-7 给出了一种用来区别"no"和"go"的循环网络结构,在网络的输出层及隐含层的每个神经元都含有一个单位延时的自反馈通路。

此外,语音识别中还应用预测神经网络(PNN)。预测神经网络将神经网络中的感知器作为预测器而不是模式分类器来用,是 20 世纪 90 年代新兴的一种神经网络语音识别方法,具有很强的建模能力,可用于大词汇量、连续语音、非特定人的语音识别研究上。其特点为:充分利用语音模式中的时间相关性作为识别的线索;用 DP 法对语音信号进行时间规整;基于 DP 和 BP 能够找到一种优化算法;容易增加新的词别类等。

16.4　神经网络与传统方法的结合

16.4.1　概　述

在语音识别的研究发展中,已经形成了一些公认的行之有效的方法,如 HMM 等。HMM 之所以在语音识别中应用较为成功,主要是它具有较强的对时间序列结构的建模能力。但这些方法也存在一些缺陷,如 HMM 识别能力较弱。HMM 不同于人脑的处理方式,其自适应能力、鲁棒性都不理想,主要表现在对低层次的声学音素建模能力差,使声学上相似的词易混淆;对高层次语音理解或诏义上建模能力差,这使其仅能接受有限状态或概率文法等简单应用场合。另外一阶 HMM 假设输出相互独立,因而很难直接用模型描述协同发音;而且 HMM 还需要对状态的分布作先验假设。另一方面,神经网络在语音识别的研究中取得了重要进展,神经网络本质上是一个自适应非线性动力学系统,模拟了人类神经元活动的原理,具有学习、联想、对比、推理和概括能力,这些能力都是传统方法,如 HMM 所不具备的。但神经网络也存在缺陷。尽管它在时间规整方面进行了很多改进,但仍不能很好地描述语音信号的时间动态特性。另外基本的神经网络的输入节点是固定的,而语音信号的时长变化都很大,二者之间存在矛盾。因此,尽管很多实验表明它在小词汇量、已知音素边界的场合下其识别性能往往高于 HMM 等方法,但它仍未能够成为语音识别研究的主流方法。

所以,将神网络与传统方法相结合,分别利用各自优势,是一种较好的研究途径。神经网络的发展为传统的语音识别方法提供了更为广泛的选择余地,使有可能将不同方法的优点综合以后构成性能更好的处理系统,提高其鲁棒性。这种研究一直是近年来神经网络语音信号处理研究工作的一个重要方向。

神经网络与传统方法结合时,利用了它的以下优势。

(1) 神经网络学习以判别式为基础,网络的训练是为了避免不正确的分类,同时对每一类别分别进行精确的建模。

(2) 按照最小均方误差准则训练的神经网络用于解决分类问题时,网络的输出可以作为后验概率的估值,因此不必对基本的概率密度函数作很强的假定。

(3) 神经网络在解决分类问题时可将多种约束结合在一起,同时为这些约束找到最优组合,因此没有必要认为各种特征是相互独立的,即没有必要对输入特征的统计分布和统计独立性作很强的假定。

(4) 神经网络具有高度并行结构,特别符合高性能语音识别系统的要求,同时也适合于硬件实现。

在神经网络与其他方法结合而构成的系统中,神经网络或者作为前端进行预处理,或者作为后端进行后处理。对于在语音识别中已经成熟的时间规整算法(如 DTW)、统计模型方法(如 HMM),以及模板匹配方法等,都相继出现了大量的与之相结合的神经网络系统。

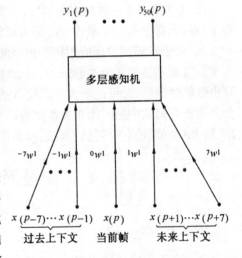

图 16-8　用于计算 DTW 搜索中距离得分的前馈神经网络

16.4.2　神经网络与 DTW

将神经网络纳入 DTW 框架中的最简单方法是利用多层感知机计算 DTW 搜索中的局部路径得分,图 16-8 给出了一个例子。多层感知机计算的优点在于距离得分可以包含对上下文的敏感性。如图中,在一个网络中,以当前特征矢量为中心的 15 帧矢量同时输入到多层感知机中。每一帧特征矢量包括 60 位,用于指示码本中该帧的码字序号。距离得分也为二进制,或者为 0,或者为 1。该得分用于 DTW 算法中,作为局部距离匹配得分。

另外一种方法与上述方法类似,只不过前面若干帧经时延后输入到网络中,有点象 TDNN。

上述这些实验均表明比传统的 DTW 算法的性能有所提高。

16.4.3　神经网络与 VQ

VQ 在语音信号处理中占有十分重要的地位,包括语音编码和语音识别在内的许多重要应用领域中它都起着关键性的作用。然而,VQ 训练算法有一个重要缺点,即不能保证算法一定收敛;有时尽管收敛,但收敛速度很慢。这就限制了 VQ 技术的应用。目前,VQ 的研究集中于具有最小平均失真的码本的形成和实现 VQ 编码时的快速搜索。

目前,一个重要的研究途径是将神经网络与 VQ 相结合。神经网络的一项非常重要的功能是通过学习实现对输入矢量的分类;即每输入一个矢量,神经网络输出一个该矢量所属类别的标号,从这一点看它与 VQ 的功能十分相近。神经网络与 VQ 的不同且具有优势之处在于:

(1) 通过由大量神经元的并行分布处理系统实现,因而较之 VQ 的串行搜索而言,可用并行搜索方法由输入矢量求得其输出标号。因此,其运行速度比 VQ 高得多。

(2) 依托于并行分布处理机构,可以建立高效的学习算法(与 VQ 码本的建立算法相对应,也可称为训练算法)。在学习算法中,无导师学习又称为自组织学习,无需依赖于事先已建立的对这些矢量类别的约定,这与 VQ 码本的建立过程十分相似。而有导师学习需事先建立训练矢量集中各矢量所属类别的约定,通过学习使神经网络能够完成这种约定,并且推广到所有未参加训练的输入矢量,因而可完成各种模式识别任务。

(3) VQ 中各输出标号不存在空间关系上的关联(拓扑),而象 SOM 等神经网络,各输出间存在空间拓扑关联。这对于进一步利用这些输出是很有价值的。

可见,神经网络与 VQ 相结合,既有助于形成高质量的码本,又自然解决了快速搜索问题,此外还可以引入许多新的概念与方法(如空间几何结构、有导师学习等),从而更加拓宽了 VQ 的应用领域。

有三种神经网络与 VQ 有密切关系:

① 多层感知机(采用有导师学习算法);

② ART(自适应谐振理论神经网络,采用自组织学习算法);

③ SOM 神经网络(自组织和有导师学习均被采用)。

目前的研究集中于 SOM 神经网络,这种神经网络近年来由于其独特优势在语音识别研究中受到高度重视,并在应用中取得了很大成功。它的学习算法有两个阶段:自组织学习和有导师学习,后者也称为 LVQ,而 LVQ 的改进称为 LVQ2。

16.4.4 神经网络与 HMM

第 8 章及第 13 章介绍了 HMM 的基本原理及在语音识别中的应用。HMM 是语音识别的主流方法,但它的缺点是分辨能力较弱。而神经网络具有很强的自组织自学习能力,在用于语音识别时可以得到很强的对复杂边界的分辨能力以及对不完全信息的鲁棒性,并且有TDNN 和 SOM 等有效的方法。另外,神经网络具有对输入信号进行非线性变换的能力,只要网络有足够的规模,其输出可以实时逼近任何一种函数。因此可以用神经网络计算 HMM 的模型参数。然而,如前所述,神经网络模型存在着语音识别样本与训练样本间的时间规整问题。

如果将 HMM 与神经网络结合起来,则可充分利用 HMM 时间规整能力强、而神经网络分辨能力强的特点,可以得到较好的时间匹配与模式分类,因而将神经网络与 HMM 结合起来是一个十分重要的研究方向,神经网络与 HMM 一起构成混合型语音识别系统是一种极有前途的语音识别方法。

HMM/神经网络混合型语音识别系统具有以下优点:HMM 的模型参数由神经网络求得,不必象一般的 HMM 模型那样对信号作许多不切实际的假定;神经网络求出的模型参数与实际输入信号有关,它包括了语音信号的时变特征;用神经网络计算语音的模型参数,可以选用合适的最佳准则,使它所求得的模型参数与本类语音建立最佳匹配关系,同时与非本类语音距离最大,可以进行自学习,用于非特定人语音识别。神经网络与HMM相结合的混合语音识别方法的研究始于90的代初。下面列举一些研究成果:如提出用多层感知机估计HMM的状态概率输出的方法,并且该神经网络的输出值可作为模式分类的最大后验概率的估值;又如为增强HMM相对较弱的识别能力,从HMM的算法入手进行改进,提出一种用于实现HMM的循环神经网络,HMM的参数就作为网络的连接权值,因此模型参数的估计就可以用BP算法实现,并且证明了偏导数的反向传播与HMM参数的最大似然估计,Baum-Welch算法的反向过程在形式上完全一样。将SOFM神经网络改进后用于HMM语音识别中,并利用SOFM能够确定样本空间概率聚类中心的自组织能力对语音进行识别。

这里介绍一种将SOM神经网络学习算法与HMM相结合而构成的一种用于音素识别的混合LVQ-HMM系统。在通常的离散HMM中,码本是利用使失真最小的聚类算法(如传统的K-均值算法)产生的;而在这种系统中,对语音特征矢量进行量化的码本则是利用自组织网络的LVQ算法训练产生的。初始码本的形成是利用与音素有关的K-均值聚类算法对训练样本中的所有特征矢量聚类,并产生预先规定的参考矢量数,然后,将此初始码本利用LVQ2算法进行训练,以产生分类能力高的码本。利用这一码本对所有训练样本编码并用以估计每个HMM参数。该系统中所用的音素模型是4状态从左至右HMM模型。

利用该系统进行的音素实验表明,它的识别率优于码本尺寸大十倍的利用K-均值聚类算法的VQ-HMM系统。这表明,这种混合系统可以大大减少计算时间,减少系统存储量的要求,使模型参数更易于估计,以及导致识别性能的改善等。这种混合系统也可用于单词,短语甚至连续语音识别。

神经网络用于语音识别已发展为一个重要的研究课题。从研究方向看,神经网络与传统方法相结合、多种网络模型相结合是解决目前语音识别中问题的有效途径。

16.5　神经网络语音合成

NET talk系统将神经网络成功地应用于语音合成问题。它是一个神经网络模拟程序,用于完成英文课文到发音记号(音素和音调等信息)的模式变换。这些发音记号序列(网络的输出)送到语音合成器,便可实现对输入课文的发音。

NET talk系统是一个多层前馈网络,用BP算法学习。输入层有7个神经元,提示出课文相邻的7个字符序列;每个神经元含有29个单元,其中前26个单元对应于26个英文字母,作为接收字符输入,而后3个对应于空格和标点符号。输出层由26个单元组成,其中21个单元各自对应于输入中间字符发音的舌的位置、音素的型、无声和有声等音素特征,剩下的5个单元表示音调等信息。中

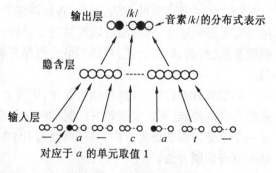

图16-9　NET talk的结构

间隐含层神经元数限制在120以内,依据实际情况而变。网络的结构如图16-9所示。

用于网络学习的数据取自一儿童对1 000个单词课文的发音。所有音素都可由2个发音

特征(发音记号)的组合来表示。网络(含80个隐含神经元)在经过约10次往返全文学习后,对学习课文中字符的正确回想率在90%以上,有关音调的正确回想率上升到94%左右。在学习过程中,若将网络的输出送到语音合成器,来回学习十次全文,就可大致全部听懂和理解发音。

若网络的学习数据取自某袖珍词典中使用频率高的1 000个单词,这些单词被随机地挑出送给网络学习;当网络无中间隐神经元时,30次循环学习后网络的正确回想率约为80%;而当中间隐含神经元数为120时,同样的学习可得到约98%的回想率。正确回想率随隐层神经元数的增加而指数上升,但当隐层神经元数超过60时,正确回想率上升得非常慢。

对增加隐含层数也进行了实验。当使用有80个神经元的两个隐含层,比使用有80个神经元的一个隐含层,网络有更高的正确回想率。实验还表明,网络通过学习,掌握了字符与发音变换的内在规律。

此外,对网络的容错性进行了考察。当连接权在(−0.5,0.5)范围内均匀分布抖动时,对网络的正确识别率几乎没有影响,并且随着连接权这种损坏的增加,网络性能退化较为缓慢。另一方面,这种连接权随机抖动损坏网络的再学习,比具有同样识别率但连接权没有随机损坏网络的学习速度快得多。可见,这种网络有较好的容错性和连接权随机损坏的快速恢复能力。

在NET talk神经网络提出后,有人曾经利用两个并行的神经网络,分别根据单词串及NET talk系统产生的音素参数产生基音及其变化值,并将这种信息送到语音合成器中;也有人利用神经网络来确定浊音的声道参数,用来构成语音产生模型。

神经网络已被应用在语音合成的多种环节中,如用其产生音素参数,产生确定浊音的声道参数,用其将音素转换为语音参数。

16.6 神经网络语音识别

16.6.1 静态语音识别

神经网络是一种新技术,所以将其应用于语音识别时,首先针对的是经过预分段的静态语音这类基本问题。主要是利用BP算法训练多层感知机和用LVQ算法训练的SOM网络。研究表明:

(1) 神经网络对语音的分类特性基本上优于传统方法,但这是在对时间规整问题要求较低的场合,而对时间对准要求稍高的汉语音调识别,则是作了分段预处理;

(2) 用BP算法训练多层感知机比传统方法的训练时间明显增加,这也是神经网络在各种应用中普遍遇到的一个问题。

(3) 用SOM神经网络对静态语音的分类要优于多层感知机,这是因为LVQ是专门为分类设计的,它计算距离测度。

下面介绍神经网络用于静态语音识别的两个例子。

1.SOM网络声控打字机

SOM神经网络在语音识别中的应用始终是研究的热点之一,它曾成功地用于声控打字机这一实用系统受到了广泛的关注。

这一系统的工作过程是：将大量不同音素提供给有 SOM 网络的语音识别系统，在网络充分学习后，当向系统输入发音时，系统会自动识别声音，并将其转换为文字通过打印机输出。系统的识别率为 90% 以上，可将按正常速度发音的语音识别出来。

SOM 网络使语音识别的处理过程大大减化，比传统技术有明显的优越性。它在识别系统中承担着对音素的分类任务，即将语音频谱进行矢量量化。

由语音信号通过截止频率为 5.3 kHz 的滤波器后，以 13.03 kHz 的取样率进行取样，再用 A/D 转化为 12 bit 的数字信号。将信号进行 256 点 FFT，得到分辨率为 9.83 ms 的信号频谱。对频谱进行平滑处理并取对数后，在 200 Hz ~ 5 kHz 范围内将其分为 15 个音素，由这 15 个音素所组成的矢量，代表了输入语音信号的模式。SOM 网络将这些模式进行矢量量化。由于 SOM 网络的特征映射功能，可以找到与输入模式最接近的分类结果（即最邻近分类）。

这里使用了具有 15 个输入神经元、96 个输出神经元的双层网络。用 50 个实验语音（共含有 21 个不同音素）对网络进行训练。当向系统输入一单词的发音后，在 SOM 网络的输出层可以映射出这个单词所顺序对应的音素。所得到的识别结果必须经过后处理，即将音素序列传入规则库进行语音规则分析，对识别结果进行确认与修正。规则库中存贮了 15 000 ~ 20 000 个规则。经确认和修改后的结果输入到文字处理机，将其显示或打印出来。

2. 一个音节识别的研究工作

这里介绍一个利用多层前馈网络进行音节识别的研究工作。

所用网络是一个三层前馈网络，输入层有 320 个神经元，中间隐含层有 2 至 6 个神经元，依据实验的不同而定，输出层神经元数由所需识别的音节种类而定。网络由 BP 算法学习。用于实验的语音数据，是一个男性对 [ba]、[bi]、[bu]、[da]、[di]、[du]、[ga]、[gi] 和 [gu] 9 种辅音-元音音节的发音，每个音节各发音 56 次，共 504 个语音信号。这些语音信号在提供给网络前经过如下的预处理：在经过 10 kHz 的取样前经过 3.5 kHz 的低通滤波器，用 6.4 ms 宽的 FFT 将其分为 20 帧，FFT 的结果用 16 个频谱区间的幅度谱来表示；再用对数变换将幅度谱归一化在 (0,1) 内，由此得到的 320 个值作为网络的输入模式提供给网络。图 16-10 给出了 [ba]、[bi] 和 [bu] 三个音节对应的输入模式。在网络的输出层，对应于输入音节的输出神经元其希望输出为 1，其余为 0。

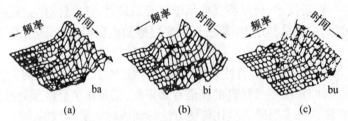

图 16-10 几个输入模式例子

用于实验的这些输入模式分为两部分：一半用于学习，另一半用于测试。实验分三种情况：即 9 种音节的识别，3 种元音的识别，3 种辅音的识别。对于这种情况，在 10 万次输入模式的学习后，用于学习的模式其识别率达 100%，但此时希望输出 1 的神经元可能输出是 0.5，另其他神经元的输出值小于 0.5。对于未曾学习过的另一半模式，对 9 种音节的识别率约为 86.4%（4 个隐含神经元），对 3 种元音的识别率约为 98.5%（3 个隐神经元）；而对 3 种辅音的识别率约为 92.1%（3 个隐神经元）。若对用于学习的模式按比例加上噪声，则对未曾学习过的另一半模式,其识别率分别为 90%、99.7% 和 95%。

多层前馈网络被认为是信号处理中的有效方法,其主要优点是有现成的训练算法。它的另一个重要特性是在输入和输出矢量之间可以近似为一个非线性分类器。多层前馈网络常被用作语音模式的分类,输出层代表分类各词。在小数量分类器中,多层前馈网络比通常的方法更有效。如 BP 网络克服了 HMM 对声学上相似的词易混淆的特点,成功地用于音素识别。研究表明,它对静态模式识别任务是十分有效的,这使其成功地应用具有固定长度的语音输入模式识别的场合,如辅音识别、元音识别、音节识别,以及孤立字识别。

但对于连续语音识别(输入模式长度可变)的场合,多层前馈网络并非有效;它应用于大词汇量连续语音识别时存在一些困难。首先,对于大数量的分类,网络要求大量的训练数据以便学习。其次,如果增加新的识别分类,这种系统要求将所有种类的训练数据重新训练。此外,要减少语音模式的识别也有困难。所以,在上面这些情况下,要探索更加行之有效的方法。如用 BP 网络完成静态模式匹配,再用 HMM 或 DP 完成时间对准。

16.6.2　连续语音识别

基于神经网络的连续语音识别比静态语音识别要困难得多。目前,主要有 4 类连续语音识别方法:

(1) 使用具有静态模式识别能力的神经网络,有效分类连续语音中的音素或音节,以便标号或分割这个语音信号,为更高级的处理提供必要的基础。如 16.6.1 中所述。

(2) 使用具有特殊结构的神经网络。由于语音是作为特征参数的时间序列处理的,因而神经网络必须能够处理时变语音序列。比如,TDNN 和循环神经网络提出的目的,就是为了更好地处理语音的动态特性。其中 TDNN 是在多层感知机中建立起时间延迟,并结合网络上层的跨时帧信息,以得到时间规整特性的一个例子。

语音的动态变化所引起的主要问题是时间轴失真和频谱模型的变化。为了更好地解决这一问题,提出了一种动态规划神经网络(DNN,即 Dymanic Programming Neural Networks)。多层感知机是用对输入的一组随时间变化的特征参数作分类识别,若利用动态规划算法进行时间规整,并利用 BP 算法来分析频谱的变化,就变成了 DNN。这种网络模型曾成功地应用于与说话人无关的孤立数字识别。

(3) 应用 SOM 神经网络。这种网络曾成功地应用于声控打字机。它最初是用来对静态模式分类的;为了包含信号随时间变化的因素,对这种网络提出了数种修正方案。

(4) 将神经网络与 HMM 相结合。其基本思想是通过由神经网络输出神经元的激活值作用 HMM 的输出特征,以将神经网络有效的静态模式分类能力与 HMM 有效的时变序列建模能力结合起来。如 16.4.4 中所述。

下面介绍一种 SOM 网络与 HMM 相结合的方法。在这个连续语音识别系统中,HMM 作为一个主处理模块,而 SOM 网络被认为是声学数据与 HMM 之间的一个滤波器。这个 SOM 网络提供适合于 HMM 统计估值的数据,即在学习过程中,SOM 网络形成输入模式特征聚类所需要的网络连接权,使得网络各输出神经元敏感于各种特定的音素特征;而 SOM 网络的输出值用于计算 HMM 的状态转移和各状态的输出概率。

用于实验的语音数据是对 130 个句子的连续发音记录,共有 5 个由同一说话人对这 130

个句子的连续发音记录,每个记录持续约5分钟。前4个记录用于系统的学习,最后一个句子用于系统的测试。这个 HMM 用于表示语音的音素。用于 SOM 的输入模式是由语音记录中每隔 10 ms 经 LPC 分析获得的 12 个倒谱系数和 1 个归一化能量系数所构成,即每个输入模式有 13 个分量。4 个发音记录经这样的处理一共可得到约 40 000 个学习矢量,这些学习矢量足以使 SOM 网络学习收敛。

为求得最佳的映射参数,在 SOM 网络取 10 × 10 到 20 × 20 之间不同的神经元数时,进行了系统对连续语音的音素识别性能实验。当 SOM 网络的单元数在 10 × 10 到 17 × 17 之间时,识别性能随单元数的增加而提高;若进一步增加单元数目,识别性能反而下降。这可能是由于 HMM 的参数数目太大,难以从这些可用的学习数据中可靠估值。

当 SOM 网络的单元数为 17 × 17 时,对音素的识别率为 62%,这比 VQ - HMM 语音识别系统的识别率高 2%。用于学习的数据也可直接使用语音波形值,但此时识别性能将下降。

SOM 网络和 HMM 结合实现了连续语音识别所需参数的自组织学习,避免了对学习数据的人工分割,这在大词汇量连续语音识别中是非常有用的。

16.7　神经网络说话人识别

说话人识别包含着从低层次到高层次的各个阶段及其彼此之间的相互作用,是一个复杂的模式识别问题,而模式识别的新方法——神经网络,很适合于这类问题。20世纪80年代以来,利用神经网络进行说话人识别的研究逐渐开展起来。与语音识别不同,这里利用神经网络是希望通过它的训练,更好地提取语音样本中所包含的说话人的特征;即强化说话人的特征,而弱化发音的共性特征。因为目前还难以对这些特征提取形成公认的准则,故神经网络在一定程度上显现出它的优越性。

研究表明,用多层感知机和 SOM 网络进行说话人识别,在静态情况下可以较好地实现对说话人的鉴别。利用 SOM 网络与利用多层感知机相比,具有结构简单、学习时间短等优点。为了更好地适应语音信号的动态特性,后来的研究多集中于 TDNN 和循环网络,或者是由它们组成的混合系统;同时还探讨了模仿听觉通路的说话人识别系统。但总体上讲,基于神经网络的说话人识别还处于研究和实验阶段,尤其是对于实际的说话人识别系统的构成还处于摸索之中。

下面介绍两个研究成果。

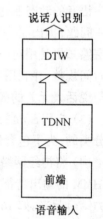

图16-11　基于听觉通路模型的说话人识别系统

16.7.1　基于听觉通路模型的混合说话人识别系统

人的听觉通路由外围听觉系统、听觉通路和听觉中枢组成。目前对于外围听觉系统的研究相对深入一些,并且已经提出了几种模型,有的已在语音识别系统中作为预处理器使用。从听觉通路的神经生理结构而言,可以用一个多层前馈网络描述。这种网络可以对网络的输入形成某种内部的表达,通过逐级抽象,可以形成对不同人的聚类。

如果以不同人的目标函数作为导师来训练网络,则其隐层的输出可以作为与说话人有关的特征模式加以利用。一方面,这种特征模式可以继续向上传递作为表示听觉皮层的多层 SOM 网络的输入作进一步处理;另一方面,也可直接对这种特征模式进行判决。为了检验听觉通路模型的特征提取能力,利用了一个 TDNN。在网络训练时,在该网络附加一个输出层,该输出层的每个神经元对应一个说话人,利用 BP 算法加以训练。然后,去掉输出层,以隐含层的输出送到一模式识别器,通过 DTW 给出最后的判别。这一混合系统框图如图 16-11 所示。

实验中取 9 个男性说话人的 10 次发音,对 10 个孤立数字的非同期发音分别取为训练集和测试集。语音信号经过分帧处理,每 25.6 ms 提取 16 个 LPC 系数,对每一个数字建立一个 TDNN,每个网络有 16 个输入神经元,16 个隐含神经元,在训练时的输出层含有 9 个神经元。对于每个数字和每个说话人建立 5 个模板。在训练时,利用每个 TDNN 的隐含层输出与模板匹配并取距离最小者作为候选者。

在实验中分别考察了利用 TDNN,利用前馈神经网络及虽然利用 TDNN 但不利用 DTW 等情况,得到的平均识别率分别为 85.1%、69.8% 及 75.5%。这说明采用 TDNN(或其他考虑时间关联性的网络)作为语音信号中所包含的说话人的特征提取器是合适的,但是为了进一步改善其性能还应对其输出作后处理。

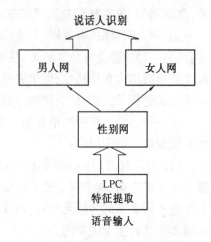

图 16-12　模块化说话人识别系统

16.7.2　一种模块化的说话人识别系统

图 16-12 给出了一种模块化的说话人识别系统,经过预处理所得到的语音数据先送入第一个子网 M_1 进行性别的确认,根据确认的结果再分别将样本送入识别男性的子网 M_2 或识别女性的子网 M_3。

语音数据经过预处理分为 25.6ms 的帧,每帧提取 16 个 LPC 系数。将每句话分为若干相关联的时间窗口,每窗口长 25 帧,并与后面的窗重叠 24 帧。这些窗数据分别加到 3 个子网上。在训练时对每句话随机选取 70 个窗口数据;而测试时,将整个句子所包含的窗逐个输入,每加入一窗数据即求其输出矢量,然后对输出矢量求和进行判决。

M_1 是一个 TDNN 网;M_2 和 M_3 网结构相同,均为三层网络,输入层有 16×25 单元,对应于 25 帧输入。第一隐层有 12 个单元。每个单元与输入层的 5 帧相连,并且依次向右滑动一帧,因此若隐单元 1 与第 1 帧到第 5 帧相连,则隐单元 2 与 2 帧到第 6 帧相连。第 2 隐层含有 10 个单元,每个单元与第 1 隐层的 7 列相连,并且彼此重叠 6 列,输出层全连到第 2 隐层。这种连接方式可表示为 (16.25, 12.21, 10.15, 10)(5.1, 7.1),其中第一括号内的数目表示多层网中每层的维数,第二括号内的数表示局部窗的尺度和滑移帧数。这里在输入层所取的窗口长度大于音素识别时的长度,因为对于说话人识别来说更需要全局性的信息。

实验是针对 20 个人进行的,男女各一半,每个说话人利用 5 句话训练,5 句话测试。对于 M_1 识别率可达 100%,而对于 M_2 和 M_3,平均识别率可达 98%。

16.8　神经网络语音增强

语音增强的内容在第 15 章中曾经讨论过。语音增强是区分语音中的背景噪声,其目的在于改善语音质量,特别是提高语音的可懂度。在这方面已经提出了一些行之有效的方法,但这些方法在增强语音的同时往往会引起语音自然度的恶化。

80 年代中期以来有人曾利用 BP 网络从平稳与非平稳噪声中提取语音信号,它取自几个广播员在安静环境下发的 5 000 个单词音,由其中 216 次发音形成一个音素平衡的数据库。噪声是由计算机房中录音得到的。噪声与语音均以 12 kHz 取样,量化为 16 bit,然后将噪声加到语音上,信噪比为 – 20 dB。网络输入由 60 个时间样值的窗口组成,每次向前滑动一个样值,每一个分析窗位置的网络输出都与相应的无污染语音窗口的时间样值比较,计算其误差,然后利用 BP 算法调整网络的权。

为了判断训练的有效性,对重构语音的质量进行了检验。一种检验方法是观察语谱图的变化,另一种检验是可懂度测试。从语谱图上可见,经过网络输出的语谱图与纯净语音相比,高频共振峰结构有所恶化;但语音是可懂的,基音结构也得以维持。同时,也将神经网络输出与谱减法进行了比较;试听结果,对前者满意的比率大于后者(56.6% 比 43.4%)。

这一章介绍了神经网络在语音信号处理中的应用。目前,由神经网络构成的语音信号处理系统需解决以下问题:

(1) 寻求各合理的网络结构以便具有听觉系统的功能特征。其中多网络组合是一个很重要的发展方向,这主要是受人的听觉系统的启发。听觉系统是分层次的,在每一层次上有若干种不同类型的神经元组合,以完成特定的听觉处理功能。因此,任何一种单一的网络都难以实现这种复杂的功能。

(2) 具有实时处理能力。

(3) 对外界条件变化的良好自我修正能力。

(4) 与常规语音处理系统结合以构成更好的混合系统。

(5) 对于带噪语音数据输入及时延反馈输入能够很好处理。

第 17 章　语音信号处理中的新兴与前沿技术

17.1　混沌理论的应用

17.1.1　语音信号的非线性处理方法

语音信号处理的方法可分为两大类,一类是基于确定性线性系统理论,另一类是基于不确定性非线性系统理论。目前大多数方法都属于第一类, 即基于几十年来使用的传统的语音线性模型(激励源 – 滤波器)。

线性方法基于语音的短时平稳性,即当分段足够小时,用线性系统来近似非线性系统,从而产生了诸如线性预测、同态滤波、正交变换等分段线性分析方法。这一类方法理论简单、计算上也易于处理,因而一直是研究的重点。如 20 世纪 80 年代的子词单元、多级识别、多模板和聚类技术、连续语音匹配技术等语音识别方法均属于这一类方法。

但是,传统的分段线性方法存在许多不足,这使得基于这一类方法的语音处理技术,如语音识别、语音合成及语音编码系统的性能难以进一步得到提高,如不确定人的连续语音识别、高自然度语音合成及高质量低数码率语音编码等问题尚未彻底解决。

大量的理论和实验研究表明, 语音信号是一个复杂的非线性过程, 它可认为是一个具有固有的非线性动力学特征的系统所产生的。语音产生过程中存在重要的非线性空气动力学现象,因而简单地用线性模型描述不够精确的。

目前,人们逐渐转向非线性信号处理的研究。这类研究近年来得到了迅速发展,逐渐成为与信号的线性处理方法平行的体系;它最初是为研究混沌信号发展起来的,但其分析和处理的对象更为广泛。

近年来,语音生成是一个非线性过程的观点引起了人们的很大兴趣,对分析语音产生复杂情况的非线性技术的兴趣大大增加。其目的是结合对语音的非线性特征的分析,改善音素识别和自然语音合成,提高对说话人辨认的能力。

非线性处理克服了传统的线性方法的不足, 在语音信号处理中非常有效。非线性处理方法,如混沌理论、分形理论、小波理论、人工神经网络等在语音处理中得到了广泛的应用,在语音识别和语音编码等方面取得很大进展。

但是应该指出,非线性方法不能完全取代线性方法;二者的有效结合才是语音信号处理的发展方向。

17.1.2　混沌、分形理论与语音信号处理

20 世纪 60 年代以来,非线性科学得到了迅速发展。混沌、分形理论作为非线性科学的一个分支,也得到了迅速的发展。混沌(chaos)是非线性科学中十分活跃、应用前景十分广

阔的领域，是一门新兴的交叉学科。非线性科学最重要的成就之一就在于对混沌现象的认识。混沌理论是在 70 年代非线性科学中的重要发现，90 年代后，在很多领域得到了广泛的应用。关于混沌动力学的许多概念和方法，如混沌吸引子、相空间重构和符号动力学广泛应用于很多研究领域，并取得了普遍的成功。

混沌概念由 Lorenz 提出，是一种低阶确定性的非线性动力系统所表现出的非常复杂的行为，是指自然界中普遍存在的一种状态。混沌是一种表面看起来无规则的运动，但并不是一片混乱，它是"有序中的无序"，有序是指确定性，无序是指最终结果不可预测。混沌比有序更为普遍，因为绝大部分现象不是有序、平衡和稳定的。它与我们所熟知的可用定律表述的运动完全不同，是无周期、无序、非线性、变化的。混沌系统的最大特点是对初始条件十分敏感，因此系统未来的行为不可预测。

混沌系统必定是非线性的，但非线性系统不一定存在混沌。

混沌信号是介于确定性和随机性之间的一种信号，一般具有不规则的波形，却由确定性机制产生。随机过程常作为不规则物理现象的模型，当过程本身复杂，存在大量独立的自由度时，用随机过程建模是合理的。但利用随机过程往往是基于数学上的方便，而不是根据物理根源。混沌信号处理弥补了这一不足，它提供了分析自然现象的新方法。同时，作为一种非线性方法，可以弥补线性处理的不足。

智能信息处理包括下列功能：① 与人脑一样地记忆和处理信息；② 具有巨大的计算能力；③ 具有广泛的适应性；④ 可利用学习结果（知识、经验等）进行信息处理。实现智能信息处理系统是非常困难的，但利用混沌动力学中"简单的规则可产生复杂动力学"这一重要特征，在由一些简单器件构成的系统中用包含着比较简单的混沌吸引子来表现人的知识和经验，并以此处理一些复杂的动力学问题，从而实现具有适应性的信息处理功能是完全可能的。

目前，继模糊逻辑和神经网络后，混沌已成为与神经网络、模糊逻辑相互交叉和融合地进行智能模拟和智能信息处理的强有力工具。

语音信号是一个复杂的非线性过程，其中存在着产生混沌的机制。这一结果使人们将混沌理论引入语音处理。基于混沌理论的非线性系统可以对语音生成中的很多非线性动态现象建模，将其应用于语音编码、合成及识别，已取得了一定的成功。

例如可以利用语音信号调制、分形和混沌结构进行识别与合成，及基于重构多维吸引子的非线性语音分析与预测。又如，可基于混沌原理在多维相空间对语音信号建模并提取非线性声学特征，将这些混沌特征与（基于倒谱的）标准的线性方法进行结合，可研究语音短时声学特征的一般化混合集，这将对基于 HMM 的单词识别的性能具有重要的改进。

混沌、分形等理论在本质上是非线性的，因而可弥补传统的线性分析方法的不足。但是应该指出，采用单一的混沌、分形特征，如 Lyapunov 指数、分形维数等，只能作为说话人识别、语音识别、语音编码等的一种辅助特征，不能完全代替传统的特征。采用多尺度分形分析方法，可以得到更精确的特征。

17.1.3　语音信号的混沌性

语音非线性特性的研究至少可以在两个方向上进行。① 非线性微分方程（Navier - Stokes）组的仿真。这种方程决定了声管中语音气流的三维动力学特性。② 检测这种现象并提取有关信息的信号处理系统。对于后一个问题，计算上必须被简化，即为研究模型并提取有关的语音信号声学特征，描述了语音中的两类非线性现象，即调制和湍流。湍流可以从几何方面探测到，这引入了分形；而同时又可从非线性动态方面检测到，这又引入了混沌。

严格的声学及空气动力学理论已证明，语音信号不是确定性线性过程，也不是随机过程，而是一个复杂的非线性过程。另外，语音是由混沌的自然音素组成的，其中存在着混沌机制。语音信号会在声道边界层产生涡流，并最终形成湍流，而湍流本身就是一种混沌。而且，辅音信号的混沌程度大于元音信号，这是因为发辅音时送气强度及其声道壁的摩擦程度比元音信号强。

混沌信号处理可应用简单的确定性系统解释高度不规则的非线性运动。从信号处理的角度，确定信号是否为混沌，应从信号产生的物理背景出发；同时，必须由实验验证下列特性：① 信号有界；② 信号的分数维有限，且通常不是整数，这是不规则信号与噪声相区别的根本特性之一；③ 信号的最大李雅普诺夫(Lyapunov)指数为正，这决定了信号对初始条件的敏感性；④ 信号是局部可预测的，特别地，信号的动力学系统可以用确定性模型重建。上面提到的分数维和 Lyapunov 指数是混沌信号的特征量。

大量关于语音信号分形维数和 Lyapunov 指数的统计实验表明，语音信号符合最大 Lyapunov 指数为正和分形维数有限的要求；而语音信号显然是局部可预测的。因此，从物理背景和实验两方面，都可得出结论，语音信号中存在着混沌因素。这是将混沌理论引入语音信号处理中的基础。

17.1.4　语音信号的相空间重构

系统中独立变量构成的空间称为相空间。相空间中运动的轨迹即为相图。相图能够反映出吸引子的形态，是分析动力学系统的重要工具。在对语音信号分析时，通过对系统相空间(吸引子)的分析，可以了解发声系统的动力学特性。

目前无法得到语音信号动力学系统的微分方程，因而无法通过数值分析得到不同初始条件下微分方程对应轨迹的集合即相图，因而相空间未知。所考察的只能是语音时间序列，因而，必须由时间序列重构系统的相空间，这一问题具有重要意义。

现在还不存在理论上的相空间重构方法，而是采用 Takens 提出的嵌入定理。嵌入定理采用延时相图法重构相空间。延时相图法用时间序列来重构相空间包括吸引子、动态特性和相空间的拓扑结构。

重构相空间时，所用数据是对时间序列以一定间隔重新采样得到的，其间隔即为 τ。对于语音序列 $\{s(i)\}|_{i=1}^N$，取延时 τ，则 m 维空间的点

$$\{s(i), s(i+\tau), \quad s(i+(m-1)\tau)\}|_{i=1}^N$$

构成了一个 m 维向量集，它在 m 维空间中随时间 t 变化的点的轨迹构成了相空间，即语音信号的相图。

时间延迟的意义在于使参加重构的相邻样点间尽可能不相关，从而使嵌入空间中的样点所包含的关于原吸引子的信息尽可能多。因而，τ 应取得大一些；如果 τ 太小，则冗余度加大，使重构相空间轨迹向相空间主对角线压缩。

嵌入定理实质上是将系统相空间向嵌入空间投影，若嵌入维数很小时，相空间轨迹向低

维空间投影,将产生许多错误的交叉;随着嵌入维数的增大,错误交叉的数量减少;嵌入维数大于吸引子维数的2倍,是相空间重构的充分条件。嵌入维数并非越大越好。如果维数过大,观测数据中的噪声会占满嵌入空间的大部分,使原系统吸引子退缩,重要性被噪声掩盖。而且,嵌入维数越大,计算量也越大。因而,有必要得到最小的嵌入维数。

求最小嵌入维数可采用基于去虚假交叉(相邻点)的方法,如虚邻点法(FNN,False Nearest Neighbors),主成分分析法(PCA),或基于信息论分析系统变量相互依赖性的交互信息法等。

下面介绍交互信息法。通常选择时间序列自相关函数的第一个零点所对应的为最佳值,这样可得到线性独立的嵌入向量。交互信息的概念强调了样点之间随机意义上的广义独立性。采用交互信息曲线上第一个局域最小值对应的 τ 作为延迟时间,可以使吸引子能够在空间中充分展开。

对于语音序列,设

$$S = \{s(t), s(t+\tau), \cdots, s(t+(m-1)\tau)\}$$
$$Q = \{q(t), q(t+\tau), \cdots, q(t+(m-1)\tau)\}$$

式中 $q(t) = s(t+\tau)$。熵

$$H(Q) = -\sum p(q_i)\log p(q_i)$$
$$H(S) = -\sum p(s_j)\log p(s_j) \tag{17-1}$$
$$H(Q;S) = -\sum_{i,j} p(q_i,s_j)\log p(q_i,s_j)$$

则交互信息量

$$I(Q;S) = H(Q) + H(S) - H(Q;S) \tag{17-2}$$

这里 $I(Q;S)$ 是的函数,$I(\tau) \sim \tau$ 的关系曲线即为交互信息曲线。

用延时相图法对语音信号进行重构后,可得到其吸引子;由于相空间的维数大于3,无法直接将吸引子表示出来。这里相空间的维数描述了语音信号对应的动力学系统所需要的微分方程的个数,即自由度。

为直观表示语音吸引子,可将其在某一平面上投影。下面吸引子用它在 $\{s(i), s(i+\tau)\}$ 平面上的投影表示。

图17-1给出了通过延时相图法,求出的汉语[o]、[a]、[u]、[i]、[p]、[f]、[t]、[zh]等音素的吸引子的相空间轨迹图。

1.不同语音有不同的吸引子。

2.[o]、[a]、[u]、[i]等语音是浊音,由于波形具有准周期性,所以其吸引子表现为闭合环面;[p]、[f]、[t]、[zh]等为清音,不具有准周期性,故其吸引子与浊音完全不同,为不规则曲线。

3.吸引子的形状与值有关;图中(a)~(c)为对于同一语音,当分别取10、50、100时的吸引子,可见其形状差别较大。

4.同一音素的语音信号吸引子有某种某种相似性。图中(a)、(d)、(e)为[o]的3次不同发音时的吸引子,其形状相似。

另一方面,也可采用线性预测法进行相空间重构。考虑到语音信号的特点和计算效率,采用这种方法可较好地去掉样点间的相关性。当预测器阶数足够高,线性预测产生的误差序

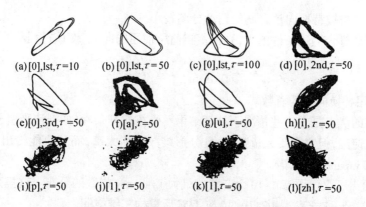

(a)[0],lst,$\tau=10$ (b)[0],lst,$\tau=50$ (c)[0],lst,$\tau=100$ (d)[0],2nd,$\tau=50$

(e)[0],3rd,$\tau=50$ (f)[a],$\tau=50$ (g)[u],$\tau=50$ (h)[i],$\tau=50$

(i)[p],$\tau=50$ (j)[1],$\tau=50$ (k)[1],$\tau=50$ (l)[zh],$\tau=50$

图 17-1　语音吸引子的相空间轨迹图

列样点间不相关,因而对应的延时相图能够重构相空间。因为语音的混沌特性主要是由激励气流产生的,线性预测误差信号就相当于激励信号,线性预测法去掉了发音时声道共鸣的影响,所以是合理的。线性预测有很多成熟的快速解法,所以其计算量与原始的延时相图法相比增加不大。

17.1.5　语音信号的 Lyapunov 指数

在重构相空间的基础上,可以分析 Lyapunov 指数。Lyapunov 指数是混沌过程中描述非线性系统动态特性的重要动力学参数,给出的是动态系统沿其相空间主轴发散或收敛的平均速度。它表示系统对初始条件敏感性的度量,是区分系统是处于混沌还是非混沌状态的最直接的特征量之一。

Lyapunov 指数的大小与系统的混沌程度有关。假设系统从相空间中某个半径足够小的超球开始演变,则第 i 个 Lyapunov 指数定义为

$$\lambda_i = \lim_{t \to \infty} \frac{1}{t} \log(r_i(t)/r_i(0)) \tag{17-3}$$

式中 $r_i(t)$ 是 t 时刻按长度排在第 i 位的超椭球轴的长度,$r_i(0)$ 是初始球的半径。就是说,在平均的意义下,随着时间的变化,小球的半径发生如下的变化

$$r_i(t) \propto r_i(0)\mathrm{e}^{\lambda_i t} \tag{17-4}$$

设最大 Lyapunov 指数用 λ 表示,即 $\lambda = \max_i \lambda_i$。$\lambda < 0$ 时,相空间运行轨迹收缩,对初始条件不敏感,相当于没有混沌;$\lambda = 0$ 时,相空间运行轨迹稳定,初始误差既不放大,也不缩小,相当于没有混沌;$\lambda > 0$ 时,相空间运行轨迹迅速分离,长时间动态行为对初始条件敏感,处于混沌状态。因此,即使 Lyapunov 指数大小不知道,其符号的类型也能够提供动力学系统的定性情况。

Wolf 等给出了一种从实际数据中计算最大 Lyapunov 指数的算法,可将其称为轨道跟踪法。它是用跟踪系统两条、三条或更多的轨道,获得其演变规律来提取 Lyapunov 指数。

其过程为:首先对语音信号用延时相图法进行相空间重构,给定起始点 $\{s(t_0), s(t_0 + \tau), \cdots, s(t_0 + (m-1)\tau)\}$,得到该点的最近邻域点,其长度用 $L(t_0)$ 表示。随着时间演化到 t_1,初始长度也演化到 $L'(t_1)$。在搜索时,所要求的点应满足以下两个条件:

1. 与基准点的分开距离较小;

2.演化向量与被替换向量之间的角度分离较小。

如果不存在符合上述条件的点,则保留当前所使用的向量,使该过程不断重复。于是有

$$\lambda = \frac{1}{t_M - t_0} \sum_{i=1}^{M} \log \frac{L'(t_k)}{L(t_{k-1})} \qquad (17\text{-}5)$$

式中,M 是使用替换向量的总数。

Wolf 方法的优点是在一些情况下计算结果不受拓扑复杂性(如混沌吸引子)的影响。这种方法被广泛使用,但它需要大量数据,且分形维数不能太高;而且只能给出 Lyapunov 指数值,无法给出 Lyapunov 指数谱。

表 17-1 给出了汉语语音中 10 个音素的最大 Lyapunov 指数的分布。这里采用 15 个说话人的 6 000 次发音,取样率为 16 kHz,12 阶 LPC 后重构三维空间。

表 17-1 部分汉语语音的最大 Lyapunov 指数的分布

音素	类　别	λ	音素	类　别	λ
sh	舌尖后阻声	5.498 0 ~ 7.308 5	j	舌面阻声	3.334 8 ~ 4.198 1
z	舌尖前阻声	3.197 5 ~ 4.883 0	b	唇 阻 声	3.334 8 ~ 4.198 1
g	舌 根 阻声	0.945 7 ~ 1.352 8	d	舌尖阻声	0.905 5 ~ 1.566 1
l	舌尖阻声	0.399 8 ~ 0.624 8	j	单元音	0.788 6 ~ 1.378 6
ian	复鼻尾音	0.648 2 ~ 1.172 7	ao	双元音	0.465 4 ~ 0.535 6

λ 的含义是相空间演化轨迹变化的快慢程度,可近似理解为语音发音器官状态的变化。实验结果表明,辅音的 λ 比元音大,辅音中擦音和塞擦音的 λ 最大,其次是塞音,再次为浊音,这与语音的发声机理是吻合的。

目前,对 Lyapunov 指数计算的研究致力于使算法具有良好的收敛性、精度及较强的抑制噪声和干扰的能力。

17.1.6 基于混沌神经网络(CNN)的语音识别

1.混沌神经网络

神经网络在语音识别中有着重要的应用,主要是利用其较强的分类、聚类和非线性变换能力,这些正是传统语音识别的不足之处。应用于语音识别的神经网络结构有许多种,典型的有 MLP、SOFM、RBF 等。但这些神经网络很大的一个缺陷是,只能实现静态输入输出模式对的联想,是静态模式分类器。而语音序列是具有短时平稳性的时变动态序列,为此提出了一些动态神经网络,如 TDNN 和 RNN 等。

另一方面,目前的神经网络模型是简化与粗糙的,并且具有一些先验性,如 Boltzmann 机引入随机扰动来避免局部最小,尽管有效,但缺乏脑生理学基础。混沌与智能是相关的,神经网络中引入混沌的思想有助于揭示人的形象思维的奥秘。

将混沌引入语音信号处理,一种方向是采用混沌神经网络的方法。对生物脑细胞的研究表明,某些生物脑细胞工作于混沌状态。20 世纪 80 年代,人们发现人脑中存在混沌现象,如在脑电图中存在有混沌,这证明了混沌是神经系统的正常特征。尤其在单独的神经元中,可通过实验观察到混沌状态。混沌理论可用来理解脑中某些不规则的活动,因而混沌动力学为人们深入研究神经网络提供了新的机遇。因此,用神经网络研究或产生混沌及构

造混沌神经网络就成为极为关注的新课题。

神经网络和混沌相互融合的研究从 90 年代开始，其目的是弄清大脑的混沌现象，建立包含有混沌动力学的神经网络模型，以提高信息处理的效率和柔性。

混沌神经网络(Chaotic Neural Network，即 CNN)是一种具有复杂动力学行为的动态神经网络，它是由混沌神经元以一定的拓扑结构相互连接而成的。CNN 的出现不是偶然的，因为人工神经网络是由模拟生物神经元的人工神经元组成的。从神经生理学的观点看，实际神经元具有人工神经元缺少的一种重要的混沌特性。因此，可将混沌特性引入神经元，构造混沌神经元并引入神经网络构成 CNN，利用混沌在生物信息处理中的功能和优势，使其更好地模仿人的特性。

2. 基于混沌神经网络的语音识别

下面介绍将混沌神经网络用于语音识别。

采用的神经元模型为扩展的 Nagumo – Sato 混沌神经元模型，其方程如下

$$x(t+1) = f(y(t+1)) \tag{17-6}$$

式中
$$y(t+1) = A(t) - \alpha \sum_{d=0}^{t} k^d g(x(t-d)) - \theta \tag{17-7}$$

这里，$x(t)$ 为离散时刻神经元的输出，取值为 $0 \sim 1$，$A(t)$ 为 t 时刻的外部激励，g 为不应性函数，α 为不应性度量参数，k 为不应性衰减参数，θ 为阈值。

该混沌神经元模型可简化为

$$y(t+1) = ky(t) - \alpha f(y(t)) + a \tag{17-8}$$
$$x(t+1) = f(y(t+1)) \tag{17-9}$$

式中，f 为 sigmoid 型函数，a 为常数。

方程(17-9) 中 y 随参数 a 变化的分岔图表明，这一神经元模型包含着丰富的动力学行为，不仅有固定点、极限环等稳态行为，还存在着混沌。

考虑外部输入和内部神经元的反馈输入，可利用上述混沌神经元构成 CNN，其中第 i 个神经元的动力学方程为

$$x_i(t+1) = f(y_i(t+1)) \tag{17-10}$$

$$y_i(t+1) = ky_i(t) + \sum_{j=1}^{M} w_{ij} f(y_j(t)) + \sum_{j=1}^{N} v_{ij} I_j(t) - \alpha f(y_i(t)) + a_i \tag{17-11}$$

式中，x_i 为 $t+1$ 时刻第 i 个混沌神经元的输出，神经元的内部状态 $y_i(t+1)$，M 为混沌神经元的个数，w_{ij} 为第 j 个混沌神经元到第个神经元的联接权，N 为混沌神经元外部输入的个数，v_{ij} 为第 j 个外部输入到第 i 个神经元的联接权，I_j 为第 j 个外部输入

$$a_i = -\theta_i(1-k)$$

方程(17-10) 和(17-11) 描述了网络中一个混沌神经元的动力学行为，网络中第 i 个混沌神经元如图 17-2 所示。

利用上面的混沌神经元模型，并考虑到语音信号的时变特性，可构成能适应短时语音信号的多层混沌神经网络，如图 17-3 所示。网络在隐层和输出层含有混沌神经元，即每层的神经元内部存在相互反馈输入，而整个

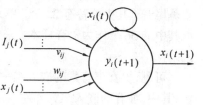

图 17-2　第 i 个混沌神经元

网络则通过每层之间单向的联接权构成一个多层前馈网络。

在语音识别中，CNN 的作用就是当输入一个随时间变化的语音序列模式时，得到这一模式类别的平稳输出。由静态神经元组成的多层前馈神经网络的 BP 算法已经非常成熟，但它不能直接应用于 CNN 的权值学习，这是因为混沌神经元中含有自反馈输入，因而无法直接计算其梯度。为此可利用变分法，将 BP 算法推广到 CNN 的学习中。

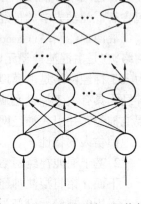

17-3　多层混沌神经网络结构

CNN 语音识别框图如图 17-4 所示。可采用三层 CNN，包括一个输入层、一个隐层和一个输出层，隐层和输出层由混沌神经元组成。为了更好地反映语音的时变特性，可将连续多帧语音的特征矢量同时输入到 CNN 中。输出层神经元的数目与要识别的语音类别相同。CNN 的参数 k 和由实验确定，以使网络具有最好的学习和时间规整性能。

将这种 CNN 用于汉语孤立数字音的识别，其平均识别率要高于 RNN 和 TDNN。这说明 CNN 中丰富的动力学行为可以改善网络的学习性能，使网络收敛到一个更低的极值。

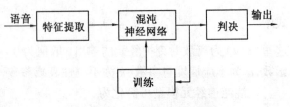

图 17-4　CNN 语音识别框图

17.1.7　基于混沌的语音、噪声判别

语音信号处理中，判别有声段和无声段的关键在于提取有声段和无声段的不同特征参数。目前一般利用短时能量、过零率及谱特征等。但如果背景噪声较大，有声段和无声段的判别就比较困难。

语音信号的混沌特征可为有声段和无声段的判别提供新的分析基础。但是，混沌信号的特征，如 Lyapunov 指数和分形维数等均为长时性的，而应用于判别的特征应为短时性的。

为此，基于混沌信号的相空间重构，利用和信号分形维关联的嵌入维特征，进行有声段和无声段的判别。该方法还可进一步对语音段的噪声含量进行定性评价。

语音和噪声的重构相空间轨迹有很大区别。语音的相空间重构图较为规则，而噪声的相空间重构图完全是杂乱无章的。这一特性可用于区分有声段和无声段，表征为相空间重构特性的嵌入维。嵌入维和系统的分形维相关联。

这里统计了汉语语音音素的嵌入维。汉语的主要音素可以分为辅音、单元音、复元音和复鼻尾音，其中辅音有 22 个，单元音有 13 个，复元音也有 13 个，复鼻尾音有 16 个。这里取其中的 56 个作为语音样本，采集了一个男声和一个女声的发音。统计的嵌入维如表 17-2 所示。

可见，男女声音素的嵌入维一般为 4 左右，加上嵌入维为 5 的音素，为 85.72%，占大多数；其中，浊音的嵌入维为 4 左右。而辅音表现出较强的随机性，这与常规的有声段和无声段判别时，对清音和噪声判别较为困难的原因一致。

表 17-2　汉语音素嵌入维数统计

嵌入维数	3	4	5	6	7	>14
元　音	0	8	2	1	1	0
辅　音	2	20	12	0	0	8
复元音	0	18	5	0	1	0
复鼻尾音	0	20	11	2	0	1
占总数/%	1.79	58.93	26.79	2.68	1.79	8.04

在一段语音中混有白噪声和 1 000 Hz 的单频正弦波,如图 17-5 所示。图 17-6 为求出的各信号短时段的嵌入维。可见语音段、白噪声和单频信号可以很容易地加以区分。实际上,语音段的嵌入维在 4 附近,白噪声嵌入维大于 10,单频正弦波嵌入维为 2。短时分析结果和长时分析基本相同。同时,语音段中,字与字之间的噪声也被清楚地标注了,如图中的"∗"段。

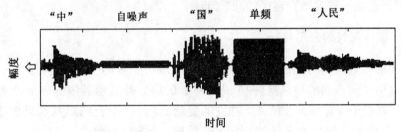

图 17-5　嵌入维语音样本及白噪声和单频正弦波

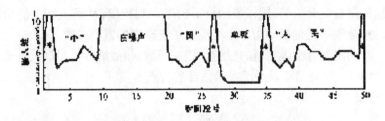

图 17-6　语音信号的嵌入维数

基于混沌的语音、噪声判别方法没有利用信号的幅度信息,因而与信号的相对幅度无关。

17.2　分形理论的应用

17.2.1　概　述

分形理论(Fractal)是 B.B.Mandelbrot 于 1973 年提出的一种描述不规则几何形状的数学方法。分形理论是描述混沌信号特征的有效手段,在很多领域得到了广泛的应用。

传统上,描述客观世界的几何学是欧几里得几何学,以及解析几何、微分几何等,它们能有效地对三维物体进行描述。但传统几何学并不能描述自然界中的所有对象,如海岸线、山形、河川等。这些不规则的对象无法用欧几里得几何学来描述。

分形是研究自然界自相似现象的有力数学工具。自相似现象产生的动力学基础是混沌吸引子。分形的最主要特征是相似性，即局部与整体以某种方式相似，最常见的方式是统计相似性，即将局部放大后，与整体具有相同的统计分布。用欧氏几何描述的对象具有一定的特征长度和标度，且成规则形状；而分形几何则无特征长度和标度。分形几何图形具有自相似性和递归性，易于计算机迭代，擅长描述自然界普遍存在的事物，如语音、图像等。近20年来，由于具有深刻的理论意义和有巨大的应用价值，分形的研究受到了非常广泛的重视。

非线性动态语音气流会导致不同程度的涡流产生，涡流是一种混沌现象。混沌动力学系统收敛于一定的吸引子，而该吸引子在相空间中可以用分形来建模。涡流的几何特征具有分形特性，所以涡流的结构可以用分形来定量地表述。因此，可以用分形来分析语音信号中各种程度的涡流现象。

分形理论在语音信号处理中有很大的应用前景。描述混沌信号特征的有效手段之一是运用分形理论，语音中的混沌机制可以用分形理论来分析。分形可有效地为自然现象中的混沌建模，因而它是一种为语音建模的理想方法。

17.2.2　语音信号的分形特征

状态空间的维数反映的是描述该空间中的运动所需变量的个数。混沌吸引子的维数是刻划该混沌吸引子所必须的信息量。一个几何对象的维数是表示其中的一个点所需的独立变量的个数，如对于 n 维空间就有 n 个独立的变量。对于一集合 A 来说，如果描述其中的点需要 d 个坐标，则称该集合为 d 维的，而 d 通常是一个非负整数。

在欧氏空间中，点都是整数维。而分形中的维数一般是分数，它突破了一般拓扑集维数为整数的限制。分形的度量是分数维，用以表示分形的不规则程度，从而从测度的角度将维数从整数扩大到分数。分数维是刻画动力学系统吸引子复杂度的重要参数。

分数维有多种，常用的有计盒维数、信息维数、相关维数、相似维数等。其中，计盒维数最为常用，它具有概念清晰、计算简单及易于经验估计的特点。

n 维欧氏空间子集 F 的计盒维数 D_B 定义为

$$D_B = \lim_{\delta \to} \frac{\log N_\delta(F)}{\log(1/\delta)} \tag{17-12}$$

式中 $N_\delta(F)$ 表示用单元大小 δ 来覆盖子集 F 所需的个数。假定上述极限存在，$\log N_\delta(F)$ 是下列5个数中的任意1个：① 覆盖 F 的半径为 δ 的最少闭球个数；② 覆盖 F 的边长为 δ 的最小立方体个数；③ 与 F 相关的 δ – 网立方体个数；④ 覆盖 F 的直径最大为 δ 的集的最少个数；⑤ 球心在 F 上，半径为 δ 的相互不交的球的最多个数。

式(17-12)表明，曲线 $\log(1/\delta)$ – $\log N_\delta(F)$ 在 $\delta \to 0$ 时的渐近线是直线，其斜率为 D_B。

研究表明，计盒维数对语音信号并不是特别合适，实际计算中，要使 $\delta \to 0$ 是有困难的，因为信号以固定时间间隔采样，所以可用直线拟合的方法来计算 D_B。

在语音信号的各种分形特征中，分形维数是主要的参数，因为它能定量表示语音时域波形的复杂程度。语音波形可视为二维开曲线，其轮廓具有分形特性。在一定的限制条件下，不同的音素的波形具有不同的不规则性，分形维数即是代表了不同音素波形不规则性的测度。

各种文献所求得的语音信号的分形维数值不一致,这一方面和所使用的具体分数维有关,另一方面与计算方法有关。如有的求出的语音信号的分数维在 1.66 左右,并给出了从物理根源出发的解释;有的为 1.5 左右,且不同性质的语音,分数维波动较大;有的在 2.9 左右。一般元音波形较简单,分形维数较小;辅音较复杂,分形维数较大。

寻找适合于语音信号的分数维的定义和计算方法,从带噪信号、短样本数的语音信号中正确、高效地估计出分数维,是目前的研究方向之一。

分形维数具有一定的几何意义,揭示了集合的尺度不变性或自相似性,但单一的分形维数只能从整体上反映集合的不规则性,所提供的信息量太少, 缺乏对局部奇异性的描述,无法满足一些实际应用的需要。为此可采用多标度分形(Multifractal)即多重分形,它是普通分形维数的扩展,描述了分形体在不同最大观测尺度下的特性,是定义在分形结构上的由多个标度指数的奇异测度构成的无限集合。

17.2.3 基于分形的语音分割

语音识别中一个重要的问题是将发音分割成小的单元,即进行语音分割。而短时语音的分形维数在语音分割中是非常有用的特征参数,它可作为语音分割的一种手段。

分形维数的轨迹是由语音的特性决定的。语音波形的幅度具有不规则性,那么波形的分形维数可作为不规则性的测度。每一个音素、词由于其自身的相关性而表现相对稳定的分维值,相邻音素、词之间的分形维数会有一些差异,使得语音的分形维数轨迹产生突变。

在一段语音中,无声段由于含有噪声而呈现高的分形维数,有声段由于语音具有相关性而表现为低的分形维数。这样,发音的起止点就可由分形维数轨迹来确定。此外,元音由于其自相关性更强和波形更规则而呈现低分形维数,辅音由于具有较大的波动性和类似噪声的特性而呈现较高的分形维数值,这也提供了一种分割元音和辅音的方法。

估算语音信号短时分形维数的轨迹可检测一段发音的边界,并有效地用于语音分割,可将发音分割成句子、词,甚至音素。

在利用式(17-12)计算分形维数时, 由于取样后的语音信号是不连续的连续信号,所以使 $\delta \to 0$ 是不现实的。这里求语音信号的分形维数是为进行语音分割,只要使分形维数的变化趋势正确,而其值的准确性并不十分重要,为此可采用多点直线拟合来计算 D_B。

图 17-7 给出了处理结果。可见,分形维数轨迹在词与词的边界处存在拐点,从而可容易地进行词与词之间的分割。从图 17-8 可以看到,对于音"发([f][a:])",由于辅音[f]与元音[a:]的波形不规则性不同,使对不规则性的测度 – 分形维数值发生明显的变化,从而可完成元音与辅音之间的分割。

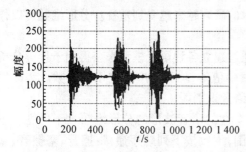 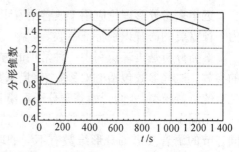

图 17-7 由三个字组成的语音波形和分形维数轨迹

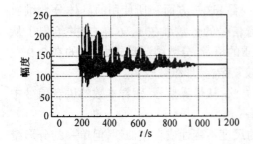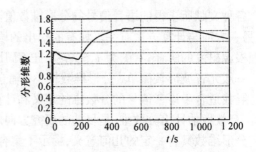

图 17-8　单字"发"的语音波形和分形维数轨迹

17.2.4　基于分形码本的语音 CELP 编码

CELP 编码方法可在低数码率下获得高的语音质量,因而一直是语音编码中研究的热点。

在 CELP 编码系统中,输入语音信号 $s(n)$ 首先经过短时线性预测分析得到误差信号 $u(n)$,再对 $u(n)$ 进行长时线性预测分析得到激励信号 $e(n)$。如何对 $e(n)$ 进行编码是各类线性预测编码算法的关键。CELP 采用由一个随机噪声码本集中选择出来的码矢量来代替 $e(n)$,此码矢量在码本集中的位置即为 $e(n)$ 的编码,选择最佳码矢量的准则是使合成语音与原始语音之听觉误差达到最小。但是,CELP 最大的缺陷是运算量太大。

实际上,语音产生的激励信号并非是随机噪声,而是分形信号。因而在构造 CELP 码本时,更为合理的方法是采用分形码本来代替随机噪声码本,以实现快速搜索的目的。

为此,首先要统计语音信号线性预测激励信号的 D_B。

分形码本的实现过程是,首先将码本按 D_B 的大小进行分类,使每个子码本类的大小相同。根据此原则及 D_B 的分布特性,确定 D_B 的分类判决门限点。编码时,先计算激励信号的 D_B,然后根据 D_B 选择进行最佳码本搜索的子码本类,从而可提高搜索速度。

采用分形码本后可将码本取得更大,如取总码本大小为 12 bit,即 4 096 个码矢量,分别进行将总码本集分为 8、16、32 类,相应每类的子码本大小分别为 9、8、7 bit,最佳码搜索只是在某一类子码本中进行,因而可使搜索速度提高 2～8 倍。常规的 CELP 以 20 ms 为一帧,每 5 ms 为一子帧进行最佳码搜索。而分形码本 CELP 由于码本更大,所以可将子帧周期增大。该方法每 10 ms 为一子帧进行最佳码搜索,相应地每 10 ms 的激励信号比常规的 CELP 少用 8 bit,从而使总数码率降低了 800 bit/s。

17.2.5　分形在语音识别中的应用

近年来将分形理论应用于改善语音识别技术的研究越来越受到重视。分形维数可以作为一种重要的语音识别特征参数。

聚类分析是语音识别中一种常用的方法。通过建立各种语音模型来获得用于聚类分析的参数。这些参数包括 LPC 系数、倒谱系数、共振峰值等,均为被广泛使用的参数。为改进现有的语音模型,人们开始基于分形建模并用于语音识别。

不同发音人的语音波形的分形维数值不同,女性的语音波形的分形维数大于男性。不同音节的语音波形的分形维数有不同的取值范围,大致按下列顺序递减:擦音、塞擦音、塞音、元音、浊辅音。所以语音波形的分形维数可作为语音识别的一个重要辅助特征。

除分形维数外,分形理论还可提供另外一些参数用于语音识别,即迭代函数系统(Iterated Function System, 即 IFS)。设短时语音为 f(x,y),则存在 $a_i, b_i, c_i, d_i, e_i, f$,使得

$$f(x,y) = \begin{vmatrix} a_i & b_i \\ c_i & d_i \end{vmatrix} \cdot \begin{vmatrix} x \\ y \end{vmatrix} + \begin{vmatrix} e_i \\ f \end{vmatrix} \tag{17-13}$$

由 $a_i, b_i, c_i, d_i, e_i, f$ 确定的该函数即是迭代函数,这一函数的吸引子即是短时语音,也即迭代函数的各参数不断调整使 $f(x,y)$ 逼近语音。参数 $a_i, b_i, c_i, d_i, e_i, f$ 可作为聚类分析的参数,为提高聚类分析的有效性,还可用最能反映 IFS 中各参数特征的协方差矩阵的特征值作为聚类参数。

也可将分形维数与 IFS 结合起来进行语音识别。

17.2.6 基于多重分形的语音质量评价

在语音质量评价系统的研究中, 人是语音的最终接收者,所以主观评价是最基本的评价方法,但这种方法在实际应用中存在很大困难。而目前语音质量客观评价方法的研究很多集中在输入 – 输出方式上, 它以系统输入和输出语音信号之间的误差为基础。这种方法要求有原始语音,同时在时间上要求同步,但是在很多应用中, 特别是在移动通信、航天及军事等领域要求较高的灵活性和实时性,而且可能无法得到原始信号。为此需要基于输出方式的评价方法。

为此可引入分形理论。但是常规的分形方法具有一定的局限性,因为它采用单一的分形维数。而对于语音信号,单一的分形维数不能完全揭示其内部的本质特征。因而有必要采用多重分形,计算语音信号的计盒维数、信息维数、相关维数等分形维数,来描述语音信号的质量特征。

计盒维数本质上是以在不同尺度 δ 下覆盖信号的方格数为基础,它忽视了信号样点在不同尺度 δ 方格覆盖下的分布信息。而语音信号这个随时间变化的序列中包含着丰富的信息,隐含了各种信息变化的痕迹,因而有必要反映出信号波形在不同尺度 δ 方格覆盖下的空间概率分布。

设语音信号取样后的点的集合为 $\mathbf{A}, \mathbf{A} \subset R^2$,用边长为 δ 的小正方形组成的网格对空间进行分割及对 A 集进行覆盖。令 $N_\delta(i)$ 表示在 δ 尺度下所形成的第 i 个网格 A 集元出现的个数($i = 1,2,3,\cdots,N$),而 N 为在 δ 尺度下所形成的网格区域数。设点成概率分布,令集合中的点进入第个网格内的概率为 $P_\delta(i)$,则

$$P_\delta(i) = N_\delta(i)/N, \quad i = 1,2,3,\cdots,M \tag{17-14}$$

其中, $P_\delta(i)$ 也可认为是在 δ 尺度下第 i 个网格对集合 A 的权重分布,它表征了集合 A 对 δ 尺度网格区域的密度分布,即在局部网格区域的生长几率。

根据多重分形理论,可得出语音信号的多重维数的定义

$$D_q = \begin{cases} \lim\limits_{\delta \to 0} \dfrac{\log \sum\limits_{i=1}^{N} I_\delta(i)}{\log(1/\delta)}, & q = 1 \\[4mm] \dfrac{1}{1-q} \lim\limits_{\delta \to 0} \dfrac{\log \sum\limits_{i=1}^{N} P_\delta^q(i)}{\log(1/\delta)}, & q \neq 1 \end{cases} \tag{17-15}$$

其中
$$I_\delta = \begin{cases} P_\delta(i)\log P_\delta(i), & P_\delta(i) \neq 0 \\ 0, & P_\delta(i) = 0 \end{cases}$$

显然，$q = 0$，D_q 表示计盒维数 D_B；$q = 1$ 时，D_q 为信息维数；$q = 2$ 时，D_q 为相关维数等。

设将语音信号分为 N 帧，设 $D_q^{(i)}$ 为其每帧的分形维数，其中 $i = 1, 2, 3, \cdots, N$，$q = 0, 1$，2。分别定义客观评价指数 I_1, I_2, I_3 和联合评价指数 I

$$I_1 = \frac{1}{N}\sum_{i=1}^{N} D_0^{(i)}$$

$$I_2 = \frac{1}{N}\sum_{i=1}^{N} D_1^{(i)} \qquad (17\text{-}16)$$

$$I_3 = \frac{1}{N}\sum_{i=1}^{N} D_2^{(i)}$$

$$I = \alpha I_1 + \beta I_2 + \gamma I_3 \qquad (17\text{-}17)$$

其中 α, β, γ 为加权系数，且 $\alpha + \beta + \gamma = 1$。以 I_1, I_2, I_3 和 I 为特征参量来对语音信号质量进行评价。

这种评价方法的性能以与实际主观评价值的相关性，即与 MOS 的相关程度来衡量。研究表明，I_1, I_2, I_3 均与 MOS 具有一定的相关度，而联合评价指数的性能最好。

17.3 支持向量机(SVM)在语音识别和说话人识别中的应用

17.3.1 概　述

基于数据的机器学习是现代智能技术中的重要方面，研究从观测数据(样本)出发寻找规律，利用这些规律对未来数据或无法观测的数据进行预测，包括模式识别、人工神经网络等在内，现有的机器学习方法的重要理论基础之一是统计学。传统统计学研究的是在样本数目趋于无穷大时的渐近理论，现有学习方法也多是基于这一假设。但实际上，样本数往往是有限的，因此一些理论上性能优良的学习方法实际中可能无法达到很好的性能。如采用经验风险最小准则来训练样本，在有限样本或训练样本不足的情况下，往往容易产生过学习等不良情况，从而丧失推广能力。

与传统统计学习相比，统计学习理论(Statistical Learning Theory, SLT)是一种研究有限样本情况下机器学习规律的理论，解决了如何由满足经验风险最小原则就能收敛到理论风险最小的问题，为解决有限样本学习问题提供了一个统一的框架。SLT 对有限样本情况下模式识别中的一些根本性问题进行了系统的研究。它有望解决如神经网络结构选择、局部极小点和过学习等许多难以解决的问题。

Vapnik 等人自 20 世纪 60 ~ 70 年代开始致力于这一领域的研究，进入 90 年代，该理论被用来分析神经网络。到了 90 年代中期，随着 SLT 的不断发展与成熟，也由于人工神经网络等学习方法在理论上缺乏实质性进展，SLT 开始受到越来越广泛的重视。

支持向量机(Support Vector Machine, SVM)是在 SLT 的基础上发展起来的一种通用学习方法，是 SLT 中最新、最实用的内容。这种方法在解决一系列实际问题中获得了成功，由于其出色的学习性能而成为机器学习中研究的热点。SLT 和 SVM 是 20 世纪 90 年代末发展最快的研究方向之一，正在成为继人工神经网络之后的研究热点，并有力地推动机器学习理论和技术的发展。

如何在小样本基础上获得最佳分类器的设计效果，一直是模式识别研究的一个重要内容。SVM 是解决模式识别问题的有力工具。它用结构风险准则来训练样本，可防止出现过学习，还具有较强的推广能力。

当用训练好的 SVM 进行分类识别时，由于其判别函数中只包含与支持向量的内积与求和，因此识别时的计算复杂度取决于支持向量的个数。

SVM 的分类函数在形式上类似于一个神经网络，因此也被称为支持向量网络，其计算可以分布并行实现。因而当支持向量个数较多时，采用分布并行计算结构后就能大幅降低计算时间。所以，采用 SVM 不仅能得到最佳分类效果，同时也能够满足分类的快速性要求。

与神经网络方法相比，SVM 具有以下优点，易于训练，训练速度较快，特征矢量的维数对训练的影响不大，无"维数灾难"问题；无局部最小问题，模型参数选取容易。其缺点是模板需要较大的存储空间。

SVM 在解决有限样本、非线性及高维模式识别问题中表现出许多特有的性能。如在手写体识别、面孔识别、说话人识别及音素的分类等应用中普遍具有较好的性能，其他应用还包括文本自动分类、三维物体识别、遥感图像分析等。

语音识别是模式识别的一个分支，目前其主流方法是 HMM。但它以传统统计模式识别方法为基础，只有在样本趋于无穷时，其性能才有理论上的保证。因而可将 SVM 用于语音识别，以改善其性能。

本章介绍 SVM 在语音分类识别和说话人识别（包括说话人辨认和说话人确认）等方面的研究及应用。

17.3.2 支持向量机

1.最优分类超平面（OSH）

SVM 是由线性可分情况下最优分类超平面（OSH，Optimal Separating Hyperplane）引申得到的。这里考虑一个最基本的两类分类问题。线性可分最优分类超平面的基本思想可用图 17-9 进行说明。图中，实心点和空心点代表两类样本，分类间隔定义为两类距离超平面最近的点到超平面距离之和。所谓最优分类面就是要求分类面不但能将两类正确分开（训练错误率为 0），而且使分类间隔最大。

使分类间隔最大可看作是对推广能力的控制。分类间隔越大，推广能力就可能越好，这是 SVM 的核心思想之一。统计学习理论指出，使分类间隔最大就是使 VC 维的上界最小，从而实现结构风险最小化（SRM）准则中对函数复杂性的选择。

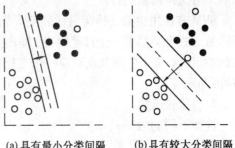

(a)具有最小分类间隔　　(b)具有较大分类间隔

图 17-9　最优分类超平面示意图

2.支持向量机

实际中，大多数分类问题不可能由线性分类器来解决。对于非线性问题，通常可通过非线性变换将原始集合映射到高维特征空间，转化为某个高维空间中的线性问题，再在变换空间求最优分类面。

SVM 即是基于上述思想来实现的，其中距离超平面最近的异类向量被称为支持向量（Support Vector，即 SV），一组支持向量可以惟一地确定一个超平面。

这里，非线性变换是通过适当的内积函数实现的。在 SVM 中，设输入向量为 x，选择适当的内积核函数 $K(x_i, x)$ 可实现某一非线性变换后的线性分类。尽管将 SVM 认为是在高维空间中的线性算法，但不涉及到在高维空间中的任何计算。通过使用核函数使所有计算均是在输入空间直接进行的。

在 SVM 中，将目标函数

$$Q(\alpha) = \sum_{i=1}^{n} \alpha_i - \frac{1}{2} \sum_{i,j=1}^{n} \alpha_i \alpha_j y_i y_j K(x_i, x) \qquad (17-18)$$

最小化。其条件为

$$\sum_{i=1}^{n} \alpha_i y_i = 0 \qquad (17-19)$$

$$0 \leqslant \alpha_i \leqslant C, \qquad i = 1, 2, \cdots, n \qquad (17-20)$$

式中 α_i 为与每个样本对应的 Lagrange 乘子。这是一个不等式约束下二次规划（QP）问题，存在惟一解。解中将只有一部分 α_i 不为零，对应的样本就是支持向量。式(17-20) 中，C 为错误惩罚系数，它用来控制错误分类样本的惩罚程度，实现在错误分类样本的比例与算法复杂程度之间的折衷。C 是大于 0 的常数，需要预先确定。

由于支持向量占所有向量的比例是 SVM 错误分类率的上限，所以合理选择 C 对系统性能有重要影响。若 C 较大，则分类面较复杂，但平均支持向量所占的比例较小，分类错误的样本将会减少；若 C 较小，则分类面比较平滑、简单，但分类错误的样本将增加。但 C 过大将导致训练时间增加，且支持向量所占比例没有明显的减小。

在 SVM 中，分类函数为

$$f(x) = \mathrm{sgn}\left(\sum_{i=1}^{n} \alpha_i y_i K(x_i, x) + b \right) \qquad (17-21)$$

式中 b 为分类阈值，可以用任意一个支持向量求得。由于非支持向量对应的 α_i 均为 0，因而求和只对支持向量进行。

SVM 方法用少数支持向量代表整个样本集，其分类函数形式上类似于一个神经网络，输出是中间节点的线性组合，每个中间节点对应一个支持向量，如图 17-10 所示。

3. 内积核函数

选择不同的内积核函数可得到不同的支持向量机，常用的有以下几种

（1）多项式

$$K(x, x_i) = [(x \cdot x_i) + 1]^q \qquad (17-22)$$

所得到的是 q 阶多项式分类器。

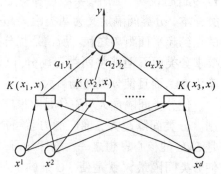

图 17-10　支持向量机示意图

（2）径向基函数

$$K(x,x_i) = \exp(-\mid x - x_i \mid^2/\sigma^2) \tag{17-23}$$

所得到的分类器与传统的 RBF 的重要区别是，每个基函数中心对应一个支持向量，它们及输出权值均由算法自动确定。式中参数 σ 控制 RBF 核函数的形状。

（3）二层神经网络

$$K(x,x_i) = \tanh(v(x \cdot x_i) + c) \tag{17-24}$$

即采用 sigmoid 函数作为内积。这时 SVM 实现的是含有一个隐层的 MLP，隐层节点数由算法自动确定，而且不存在神经网络方法中难以解决的局部极小点问题。

4.SVM 研究中的一些问题

SVM 得到的是全局最优解，因此在很多问题上将会有其他统计学习方法无法相比的优越性。但作为一种尚未成熟的新技术，目前还存在很多局限。

（1）提高 SVM 的训练性能

由于 SVM 的训练方法本质上是一个 QP 问题，如果训练集规模很大，SVM 的训练性能将大大降低。为此，可从两个方面来考虑，一是从训练算法入手，如利用 SMO 算法；二是减小训练集。由于支持向量仅是类与类边缘的一小部分样本，距支持向量较远的样本对选择支持向量的影响较小，因而可利用其他方法（如聚类、去噪等）大大缩小训练样本，从而提高 SVM 的训练性能。

（2）核函数及核函数参数的选择

核函数确定后，只能对参数 C 进行调整，因此核函数的选择对 SVM 的性能至关重要。目前有一些对基于先验知识限制核的选择的研究，但如何针对具体问题选择最佳的核函数仍是难以解决的问题。

SVM 主要用于解决两分类问题，而对多分类及回归问题的性能有待进一步研究。

17.3.3 基于支持向量机及 DTW 的语音识别

将 SVM 应用于语音识别时，需要解决两个问题。

一是 SVM 计算得到的是一种距离得分，而应用 HMM 需要的是后验概率。SVM 作为两分类器，对各个样本计算得到的是相对分类面的距离。为此，可将 SVM 与 HMM 结合构成一个混合分类系统，用 SVM 计算特征矢量序列中各个特征矢量的后验概率，用 HMM 实现特征矢量序列的动态归整。

二是语音变长时域信号，其发音持续时间是随机的，同类发音的各次发音长度不同，因而提取的特征序列的长度也是变化的，而 SVM 的核函数处理的是等长度向量，因此不能直接对语音信号的特征序列进行内积处理。为此，需要研究新的内积核函数形式，来处理语音信号的时变特性。

这里将 SVM 的结构框架进行了扩展，将 SVM 与 DTW 相结合，得到一个 RBF/DTW 混合结构内积核函数，使 SVM 可以对变长度语音信号直接进行分类识别。

在传统的语音识别方法中，DTW 可有效地处理语音的时变特性，它是将全局最优化问题转化为许多局部最优问题的一步一步决策。设参考模板特征矢量序列为 $A = (a_1, a_2, \cdots, a_l)$；输入特征矢量序列为 $B = (b_1, b_2, \cdots, b_j)$；归整函数为 $C = (c(1), c(2), \cdots, c(n))$，其中 n 为归整路径长度，第 n 个匹配点对由 A 的第 $i(n)$ 个特征矢量与被测模板 B 的第 $j(n)$

个特征矢量构成。两者之间的距离 $d(a_{i(n)}, b_{j(n)})$ 称为局部匹配距离。DTW 通过局部优化的方法实现加权距离总和最小，即求

$$D = \min_c \frac{\sum_{n=1}^{N} [d(a_{i(n)}, b_{j(n)}) w(n)]}{\sum_{n=1}^{N} w(n)} \tag{17-25}$$

采用不同的核函数时，SVM 的分类效果接近。这里采用 RBF 核函数是因为其 $|x - x_i|$ 所表达的向量差的形式与 DTW 的归整代价的概念更为一致。下面，对 RBF 进行修正，将 DTW 嵌入到该核函数的计算中，可得到一个 RBF/DTW 混合结构的核函数

$$K(x, x_i) = \exp(-D^2/\sigma^2) \tag{17-26}$$

现将 RBF 中的 $|x - x_i|$ 直接用 DTW 算法求得的代价函数值 D 代替，以实现两个不等长的语音特征矢量序列之间的直接内积，而对于 SVM 算法的构造形式及训练方法没有任何影响。

需要考虑的另一个问题是，SVM 作为二分类器不能直接区分多个类别。若将该方法扩展到 N 个类别发音的分类时，可采用下面两种方法来构造分类器。

一种方法是建立 N 个 SVM，每个 SVM 将某一类与剩余 $N-1$ 类的所有样本分开。这种方法的单个 SVM 训练规模较大，并且训练数据不均衡，即如果各类样本数据数量相同，则比例仅占 $1/N$。另一种方法是在两两类别之间建立一个 SVM，则共有 $N(N-1)/2$ 个 SVM。但其缺点是 SVM 的数量较多，对测试数据分类时必须要进行较多计算，并结合判决策略才能得到最后结果，而最简单的判决策略是取最大值所属类别。

17.3.4 基于支持向量机的说话人识别

目前在说话人识别中，说话人辨认和说话人确认多采用基于 Bayes 判决的统计模型分类器(如 GMM)或神经网络分类器(如 RBF)等，其缺点是需要用交叉验证估计参数的数目来防止出现有限样本的过学习。

为此，可将 SVM 应用于说话人识别，包括应用于说话人辨认和说话人确认中。

1.基于支持向量机的说话人辨认

说话人辨认是在 N 个说话人的集合中，找出测试语音中的那个说话人。但是，SVM 只能辨别两类数据。为此，在说话人辨认中，首先进行分类处理。即将一个较大的分类问题划分为一些较小的子分类问题，每个子分类器只区分两个说话人。因而对于 N 个类别，共有 $C_N^2 = N(N-1)/2$ 对类别，即需要同等数量的子分类器。每个子分类器用对应的两个说话人的训练语音进行训练。

每个子分类器由 SVM 来实现。将两个说话人的每个训练语音特征向量分别标记为 $(+1, -1)$ 两类，然后利用 SVM 的训练算法对由这些特征向量所构成目标函数，式(17-18)进行求解，最后所求得的解中不等于 0 的 a_i^* 所对应的 x_i 即为支持向量。这些支持向量就构成了一个能够区分两个说话人的 SVM 说话人模型。这样，当所有 $N(N-1)$ 个模型训练完成后，就构成了说话人辨认模型。

识别时，将每一帧测试语音特征向量输入到一个 SVM 中去，对每一帧向量用式(17-21)进行判别，输出结果为 +1 或 -1，表示该向量属于两个说话人之一。当所有的测试语音特

征向量判别完毕后,将输出 + 1 和 - 1 的次数分别求和,所得结果即为该 SVM 分类器的输出。该过程可以看作是一个"投票"过程。如果 $N = 2$,在一个 SVM 分类器的两个输出中,"得票"最多的所对应的说话人即为判别结果。当 $N > 2$ 时,可按一定规则结合所有的 SVM 分类器,完成对测试语音的识别。

2. 基于支持向量机的说话人确认

利用 SVM 可以进行说话人确认,为此,可采用说话人聚类的方法来建立背景模型,即将声音类似的说话人聚集为同一类,以提高说话人确认系统的性能。即将背景说话人聚为 M 类,用 SVM 算法对目标说话人数据和这 M 类数据分别进行训练,得到 M 个 SVM 模型,这 M 个模型组成该目标说话人的说话人确认模型。这样处理不仅使每个分类器的训练量减少,而且综合所有的分类器后性能也将提高。

在说话人确认的测试阶段,对对输入的测试语音特征矢量,每个 SVM 分类器的预测输出函数如式(17-21)所示。

通过比较测试矢量和最优分类超平面的距离并采用 sigmoid 函数,可以得到 SVM 的后验概率输出为

$$P(C_+ \mid \boldsymbol{x}) = \frac{1}{1 + \exp(- f(\boldsymbol{x}))} \tag{17-27}$$

长度为 L 个矢量组成的测试语音 X 的对数得分为

$$P(C_+ \mid X) = \frac{1}{L} \sum_{j=1}^{L} \log(P(C_+ \mid \boldsymbol{x}_j)) \tag{17-28}$$

将 $P(C_+ \mid X)$ 值与阈值 T 进行比较,如果大于 T,则接受该说话人,否则拒绝。其中阈值一般选取等差错率(EER, Equal Error Rate)阈值。综合所有 M 个 SVM 模型的结果,得出最终确认结果。

17.4 语音信号的非线性预测(NLP)编码

17.4.1 语音信号的非线性预测

信号预测的一般公式可表示为

$$\bar{s}(n + P) = f(s(n + P - 1), s(n + P - 2), \cdots, s(n)) \tag{17-29}$$

式中,P 为预测阶数,当 $f()$ 为线性函数时为线性预测;否则为非线性预测(NLP)。

长期以来,语音处理均使用线性预测技术是因为其计算简单,易于实现。线性预测技术的理论基础是语音的激励源 —— 声道模型,其中声道由无损声管模型表示。无损声管模型是实际情况的一种近似,实际上声道不可能是无损的,摩擦音的激励源不在声管的输入端而在声管的内壁,鼻音的产生除声道外还有鼻腔的作用,等等。另一方面,语音信号本质上是非线性和非平稳的,线性加权的假设无法保证在任何情况下都具有良好的预测效果。所有这些都表明用线性预测技术进行语音信号处理的不足。

为克服线性预测的不足,产生了语音的非线性预测技术,非线性时间序列模型的应用,期望能够更准确地表示语音信号的非线性特性。非线性预测技术在语音编码中具有重要的应用。

现有的神经网络很多用于语音分类。由于神经网络具有较强的非线性处理能力,所以也可将其应用于时间序列的非线性预测, 即信号的非线性参数提取方面。语音信号是一种典型的时间序列信号,所以可将神经网络应用于语音的非线性预测中,它是实现语音信号非线性预测的有利工具。如果神经网络的输入层有 P 个神经元,输出层有 1 个神经元,则可将其训练为一个 P 阶的非线性预测器。

语音信号存在两种相关性,一种是相邻样点间相关性, 即短时相关性;另一种是周期样点间相关性, 即长时相关性。为去除这两种相关性,在线性预测技术里,常使用短时与长时两种预测,这必然要应用复杂的基音检测技术;或者不用长时预测器,而用增加嵌入维数的方法弥补语音质量的下降。

研究表明,语音的长时线性相关就是短时非线性相关。所以若对语音信号采用神经网络预测器,有望在不用长时预测器而且 P 不是很高的情况下, 得到比线性预测更好的编码性能。

对于 NLP,语音信号的每个取样值均可以用它过去若干个取样值的非线性组合来表示,因而可定义系数矩阵 C

$$C = \begin{bmatrix} c_{11} & c_{12} & \cdots & c_{1p} \\ c_{21} & c_{22} & \cdots & c_{2p} \\ \vdots & \vdots & & \vdots \\ c_{p1} & c_{p2} & \cdots & c_{pp} \end{bmatrix} \tag{17-30}$$

其中 c_{ij} 为信号的非线性特征参数,且有

$$\bar{s}(n) = \sum_{j=1}^{P} \sum_{i=1}^{P} c_{ij} s^j(n-i) \tag{17-31}$$

对语音信号而言,基于神经网络的 NLP 方法即是通过用语音序列对神经网络进行训练而得到式(17-32)中精确的 f,或确定式(17-30) 中的 C 矩阵。

神经网络为非线性系统提供了良好的方法,但如何选取最佳网络用于语音信号处理,目前只能通过实验来决定。

17.4.2 用 MLP 实现语音的非线性预测编码

给定 P 个语音样本 $X^k = (x_1^k, \cdots, x_p^k)^T = (x(k-1), \cdots, x(k-p))^T$,语音的非线性预测就是寻找一种非线性变换 $h(\Phi, X^k)$,使其与 X^k 的误差函数

$$D = E[(X^k - h(\Phi, X^k))^2] \tag{17-32}$$

最小。神经网络是一种通用的逼近非线性函数的工具,可以用它来实现 $h(\Phi, X^k)$。此时,Φ 为神经网络各参数的集合,它包括神经元的类型、神经网络的结构、各神经元之间的连接权值等。神经网络实现非线性预测的实质是通过训练得到神经网络参数集

$$\Phi = \underset{\Phi}{\operatorname{argmin}} E[(X^k - h(\Phi, X^k))^2] \tag{17-33}$$

Φ 所定义的神经网络即为所要寻找的最佳非线性预测器。由于语音具有短时平稳性,语音的非线性预测器也需要是时变的,即对每一个语音帧分别训练相应的神经网络。

MLP 非线性预测器网络拓扑结构如图 17-11 所示,其输入层有 P 个神经元,输入矢量中, 设 $x_0^k = 1$。隐含层由 Q 个神经元组成,各神经元的激活函数为 $f()$,隐层输出矢量为

$$H^k = (h_0^k, h_1^k, \cdots, h_j^k \cdots, h_p^k)^T, h_0^k = 1 \tag{17-34}$$

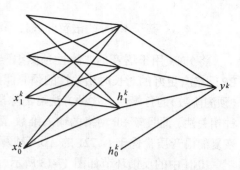

上面用到的 x_0^k、h_0^k 并非实际输入信号和隐含层输出信号，仅是为便于表示神经元的阈值而专门定义的。输出层只有 1 个神经元，其输出信号为 y^k。为使网络输出信号幅度与实际语音信号相同，输出层神经元激活函数采用线性函数。输入层与隐层神经元之间的连接权值向量为 $W = (W_1, W_2, \cdots, W_j, \cdots, W_Q)^T$，$W_j = (w_{0j}, w_{1j}, \cdots, w_{pj})^T$。隐层与输出层神经元之间的连接权值向量为 $V = (v_1, v_2, \cdots, v_Q)^T$。隐层神经元和输出层神经元的输出分别为

图 17-11　MLP非线性预测器网络拓扑结构

$$h_j^k = f(W_j X^k) = f(\sum_{i=1}^{P} w_{ij} x_i^k) = f(w_{0j} + \sum_{i=1}^{P} w_{ij} x_i^k), \quad j = 1, \cdots, P \tag{17-35}$$

$$y^k = V H^k = \sum_{l=0}^{Q} v_l h_l^k = v_0 + \sum_{l=1}^{Q} v_l h_l^k \tag{17-36}$$

语音信号具有线性相关性，而噪声则不同，其相邻样值之间是线性独立的，无法用线性预测器对其进行预测。神经网络是一种通用的非线性预测器，既适用于语音信号的非线性预测，也适用于噪声的预测。因而，用其实现语音信号的非线性预测时会引入线性预测中不存在的问题。输入到预测器的信号是被噪声干扰的语音信号，预测器同时对语音和噪声进行预测，因而得到的预测参数并不是对语音信号为最佳，而是对带噪音为最佳，从而产生过匹配问题。因而需要对神经网络的误差信号进行修正，以减少过匹配。

图 17-12 给出的从上至下的三个信号分别为原始语音信号、10 阶线性预测残差信号和 10 阶 NLP 残差信号的波形。可见，线性预测残差信号含有较明显的基音周期信息，表现为在基音周期的起始处预测误差比较大，有明显的脉冲。由图可见，原始语音的前半部分包含的频率成分比较单一，非线性特性不十分明显，所以线性预测的精度较高，残差信号较小。而信号的后半部分高频成分比较丰富，非线性特征较为明显，所以其预测误差明显增加。而 NLP

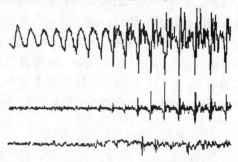

图 17-12　语音信号、线性预测残差信号、NLP 残差信号的波形

残差信号波形变化趋势与线性预测基本一致，但其幅度明显减小，而且残差信号中不再有明显的基音周期信息，即基音周期的起始处不再有很大的残差脉冲。因而 MLP 非线性预测器的预测性能优于线性预测器，而且还可起到长时预测的作用。

非线性预测器的运算量与线性预测器相比增加很多，无法实时实现。为此可引入 VQ，即预先训练出一定数量的非线性预测器。预测时用输入语音信号逐个测试非线性预测器，选出一个最佳的预测器，从而避免神经网络的训练过程。但这种方案的鲁棒性有待验证。

17.4.3 基于 RNN 的语音非线性预测编码

将 RNN 用于语音的非线性预测编码,以改善系统性能。利用内部记忆功能,RNN 较 BP 网络有更好的对长时相关性的预测能力,及更好地对嵌入维数(预测阶数)的鲁棒性。这种方法可消除语音信号的长时和短时两种相关性,而且较 BP 网络的输入维数、隐节点数均有所减少。其恢复的语音质量优于 G.721 的 ADPCM 算法。

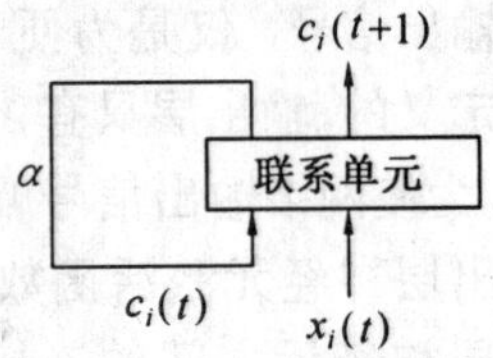

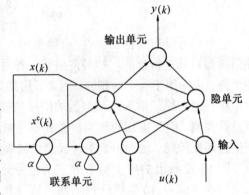

图 17.13 反馈的作用

RNN 中的反馈环节如图 17-13 所示,由图可知

$$c_i(t+1) = \alpha c_i(t) + x_i(t) \tag{17-37}$$

其中,α 为自反馈系数,且 $0 \leqslant \alpha \leqslant 1$。对式(17-40)进行迭代可得

$$c_i(t+1) = x_i(t) + \alpha x_i(t-1) + \alpha^2 x_i(t-2) + \cdots \tag{17-38}$$

可见,联系单元的输出是 $x_i(t)$ 过去值的滑动平均和,且 α 越接近于 1,记忆向过去延伸得越长。

将这一反馈环节引入神经网络,可得 RNN 网络,如图 17-14 所示。网络输入为 $u(k-1)$,输出为 $y(k)$,隐单元输出为 $x(k)$。用 $x^c(k)$ 表示联系单元在 k 时刻的输出。

反馈提供了对输入信号的无限记忆功能,这正是 RNN 与 BP 时延网络的最大区别。RNN 网络的记忆能力对长时相关的预测能力有一定的改善,且联系单元的反馈系数越接近 1,预测值向过去延伸的越长。这一点同具有长时相关性的时间序列的特性有一定的相似之处。如对于语音信号,在基音周期外,随样点之间距离的增加,它们之间的互相影响越来越小。而且加权系数使得过去值对现在值的影响随其距离而递减变化,这也符合时间序列信号的变化特点。

图 17-14 RNN 网络

汉英名词术语对照

B

白化　Whitening

白噪声　White noise

板仓-斋藤格型结构　Itakura-Saito Lattice structure

板仓-斋藤距离测度　Itakura-Saito distance measure

板仓-斋藤误差测度　Itakura-Satio error measure

半音节　Demisyllables

半元音　Semivowel

胞腔　Voronoi cell

保真皮　Fidelity

爆破音　Plosive Sounds

贝叶斯定理　Bayes' theorem

贝叶斯分类器　Bayesian classifiers

贝叶斯识别　Bayesian recognition

鼻化元音　Nasalized vowels

鼻音　Nasals

比特率　Bit-rate

边信息　Side information

编码器　Encoder

编码语音　Encoding speech

变换编码　Transform coding

变换技术　Transfor techniques

变换矩阵　Transformation matrix

变速率编码　Variable-rate encoding

标准化欧氏距离　Normalized euclidean distance

并行处理　Parallel processing

波形编码　Waveform encoding

不定(非特定)说话人识别器　Talker-independent recognizer

C

擦音　Spirants

取样　Sampling

取样定理　Sampling theorem

取样频率　Sampling frequency

抽取与插值　Decimation and interpolation

参考模式　Reference pattern

参数激励　Parametric excitation

残差　Residual

残差激励　Residual excitation

残差激励声码器　Residual-excited vocoder

差分　Differencing

差分量化　Differential quantization

差分脉冲编码调制　Differential PCM

长时平均自相关估计　Long-term averaged autocorrelation estimates

乘积码　Product codes

乘积码量化器　Product-code quantizers

冲激响应　Impulse response

冲激噪声　Impulsive noise

传递函数　Transfer function

窗口宽度(窗宽)　Window width

窗口形状　Window shape

纯净语音　Clean speech

词素　Morph

词素词典　Morph dictionary

错误接受　False acceptances

错误拒绝　False rejections

清音　Unvoiced Sounds

D

代价函数　Cost function

单词匹配器　Word matcher

单词识别　Word recognition

单词挑选　Word spotting

单位冲激函数　Unit impulse function

单位取样响应　Unit sample response

单位取样（冲激）序列　Unit sample（impulse）sequence

倒滤（波）　Liftering

倒频（率）　Quefrency

倒（频）谱　Cepstrum

倒谱系数　Cepstral coefficients

对角化　Diagonalization

对数量化　Logarithmic quantization

对数功率谱　Logged power spectrum

对数面积比　Log area ratios

低通滤波　Low－pass filtering

递归关系　Recurrence relations

电话带宽　Telephone bandwidth

电话留言系统　Telephone inter ception system

叠接段　Overlapping segments

叠接相加法　Overlap-add technique

动态规划　Dynamic programming

动态规划校正　DP normalization

动态时间规整　Dynamic time warping

杜宾法　Durbin's method

独立随机变量　Independent random variables

端点检测　Endpoint detection

端点自由规整　UE warping

短语结构　Phrase-structure

短时自相关函数　Short-time autocorrelation function

短时平均幅度　Short-time average magenitude

短时平均幅差函数　Short-time average magnitude difference function

短时平均过零率　Short-time average zero-crossing rate

短时傅里叶变换　Short-time Fourier transform

短时能量　Short-time energy

多级编码器　Multiple-stage encoder

多脉冲编码器　Multipulse encoders

多速率编码器　Multiple-rate encoders

E

二次型　Quadratic form

F

法庭应用　Forensic applications

发音　Articulation

发音器官　Vocal organs，organs of speech

发音语音学　Articulatory phonetics

反馈　Feedback

反混叠滤波　Anti－overlap filtering

反射系数　Reflection coefficients

反向传播　Back propagation

反向传递函数　Reverse transfer function

反向预测器　Reverse predictor

反向预测误差　Reverse prediction error

非递归　Non recursive

非均匀量化器　Non-uniform quantizers

非时变系统　Time-invariant system

非线性处理　Nonlinear processing

分布参数系统　Distributed-parameter system

分段圆管模型　Piecewise-cylindrical model

分类　Classification

分析带宽　Analysis bandwidth

分析-综合系统　Analysis-synthesis system

峰差基音提取器　Peak-difference pitch extractors

峰值削波　Peak clipping

幅度差函数　Magnitude-difference function

辐射　Radiation

辐射阻抗　Radiation impedance

辅音　Consonants

辅音性/非辅音性(区别特征) Consonantal/non-consonantal distinctive feature

傅里叶变换 Fourier transform

复倒频谱 Complex cepstrum

G

概率密度 Probability densities

伽玛概率密度 Gamma probability density

干扰 Interference

干扰语音 Interfering speech

感知机 Perceptron

感知加权滤波 Perceptual weighting filter

高频预加重 High-frequency preemphasis

高斯密度函数 Gaussian density function

高通滤波 High-pass filtering

格型法 Lattice solution

格型滤波器 Lattice filter

跟踪 Tracking

功率谱 Power spectrum

功率谱密度 Power spectral density

共振峰 Formants

共振峰带宽 Formant bandwidths

共振峰估值 Formant estimations

共振峰频率 Formant frequencies

共振峰声码器 Formant vocoder

共振峰提取器 Formant extradors

孤立单词识别 Isolated-word recognition

关联单词识别 Connected-word recognition

规则合成 Synthesis by rule

规整函数 Warping function

规整路径 Warping path

国际音标 International phonetic alphabet(IPA)

过采样 Over-sampling

过零率 Zero-crossings counts

过零测量 Zero-crossing measurements

H

海明窗 Hamming window

海明加权 Hamming weighting

含噪信道 Noisy channels

含噪语音 Noisy speech

合成(综合)分析 Analysis by synthesis

合成语音 Synthesized speech

呼吸噪声 Breath noise

互相关 Cross-correlation

滑动平均模型 Moving-average(MA) model

混叠 Aliasing

混响 Reverberation

后向预测误差 Backward prediction error

J

激励 Excitation

畸变(失真) Distortion

激励模型 Excitation model

基带信号 Baseband signal

基音(音调) Pitch

基音范围 Range of pitch

基音估值 Pitch estimation

基音估值器 Pitch estimator

基音频率 Fundamental frequency, Pitch frequency

基音周期 Pitch period

基音检测 Pitch detection

计算机语声应答 Computer Voice response

加权欧氏距离 Weighted euclidean distance

加窗 Windowing

监督学习 Supervised Learning

简化逆滤波跟踪算法 SIFT algorithm

交流哼声 Walergate buzz

解卷(积) Deconvolution

矩形加权 Rectangular weighting

局部最大值 Local maxima

距离　Distance

距离测度　Distance measures

聚类　Clustering

句法范畴　Syntactic categories

句法规则　Syntactic rules

决策函数　Decision function

卷积　Convolution

均匀量化　Uniform quantization

均匀概率密度　Uniform probability density

均方误差　Mean-squared error

均匀无损声管　Uniform lossless tube

均值　Mean

K

抗混(叠)滤波器　Anti-aliasing filter

颗粒噪声　Granular noise

可懂度(清晰度)　Intelligibility, Articulation

口腔　Oral cavity

宽带语图　Wide-band spectrogram

宽带噪声　Wideband noise

快速傅里叶变换　Fast Fourier Transform(FFT)

扩张器　Expander

L

拉普拉斯概率密度　Laplacian probability density

类元音　Vocoids

离散傅里叶变换　Discrete Fourier Transform (DFT)

联合概率密度　Joint probability density

连接权值　Connection weight

连续可变斜率增量调制　CVSD modulation

连续语音识别　Continuous speech recognition

量化　Quantization

量化误差　Quantization errors

量化噪声　Quantization noise

零极点混合模型　Mixed pole-zero model

滤波　Filtering

滤波器　Filter

滤波器组　Filter-bank

滤波器组求和法　Filter bank summation method

M

马尔可夫链　Markov chain

码矢量　Code vector

码书　Codebook

码书搜索时间　Codebook search time

码书形成　Codebook formation

冒名顶替者　Impostors

模板　Templates

模式　Patterns

模式分类　Pattern classification

模式库　Pattern library

模式识别　Pattern recognition

模数转换　Analog-to-digital（A/D）conversion

面积函数　Area function

N

奈奎斯特速率　Nyquist rate

内插　Interpolation

逆滤波器　Inverse filter

O

欧几里德距离　Euclidian distance

P

判据　Discriminant

判决　Decision

判决门限　Decision thresholds

判决准则　Decision rule

偏相关系数　Partial-correlation（PARCOR）coefficients

频带分析　Frequency-band analysis

频率直方图　Frequency histogram

频率响应　Frequency response

(频)谱包络　Spectrum envelope

频谱分析　Spectrum analysis

频谱平坦　Spectrum flattening

频谱相减(减谱法)　Spectrum subtraction

频谱整形器　Spectrum shaper

频域分析　Frency-domain analysis

平滑　Smoothing

平均幅度差函数　Absolute magnitude-difference function (AMDF)

平均评价分　MOS(Mean Opinion Score)

平稳性　Stationary

Q

前馈网络　Feedforward network

欠采样　Undersampling

乔里斯基分解　Cholesky decomposition

切分(法)　Segmentation

清晰度(可懂度)　Articulation, Intelligibility

清晰度指数　Articulation index

清音　Unvoiced

求根法　Root-finding method

区别特征　Distinctive features

去相关(性)　Removal of correlations

全极点模型　All-pole model

全零点模型　All-zero model

权向量　Weight vector

R

人工神经网络　Artificial neural network

人工智能　Artificial intelligence

人脑　Brain

认知科学　Cognitive science

冗余度　Redundancy

S

塞擦音　Affricate

塞音　Stops

熵编码　Entropy coding

上下文(语境)　Context

上下文独立语法　Context-free grammars

神经元　Neuron

声带　Vocal cords

声道　Vocal tract

声道长度　Vocal tract length

声道传递函数　Vocal tract transfer function

声道滤波器　Vocal tract filter

声道模型　Vocal tract model

声道频率响应　Frequency response of vocal tract

声码器　Vocoder

声门　Glottis

声门波　Glottal waveform

声门激励函数　Glottal excitation function

声门脉冲序列　Glottal pulse-train

声纹　Voice print

声学分析　Acoustical analysis

声学理论　Acoustic theory

声学特性　Acoustic characteristics

声学语音学　Acoustic phonetics

生成模型　Generative model

失真测度　Distortion measurement

识别　Recognition

识别器　Recognizer

时间对准　Time registration

时间校正　Time normalization

时间规整　Time warping

时域分析　Time-domain analysis

时域基音估值　Time-domain pitch estimation

矢量量化　Vector quantization

数模变换　Digital-to-analog(D/A) conversion

数字化　Digitization

数字滤波器　Digital filter

双音素　Diphones

双元音　Diphthongs

说话人(话者)　Speaker, talker

说话人辨认　Speaker identification

说话人个人特征　Speaker characteristics

说话人鉴别(证实)　Speaker authentication

说话人确认　Speaker verification

说话人识别　Speaker recognition

说话人识别系统　Speaker-recognision system

说话人无关的识别器　Talker-independent recognizer

说话人有关的识别器　Talker-dependent recognizer

咝音　Sibilants

似然比　Likelihood rations

似然比测度　Likelihood ratio measure

送气音　Aspirated

T

特定说话人识别器　Talker-dependent recognizer

特征空间　Feature space

特征矢量　Feature vectors, Characteristic vectors, Eigenvectors

特征选取　Feature selection

调制　Modulation

条件概率　Conditional probabilities

听话人　Listener

听觉器官　Hearing

听觉系统　Auditory system

听觉掩蔽效应　Auditory masking effect

通道声码器　Channel vocoder

统计模式识别　Statistical pattern recognition

托普利兹矩阵　Toeplitz matrix

同态声码器　Homomorphic vocoder

同态系统的特征系统　Characteristic system for homomorphic deconvolution

W

伪(虚假)共振峰　Pseudoformants

伪随机噪声　Pseudorandom noise

文本-语音转换　Text-to-speech conversion

稳定性　Stability

稳定系统　Stable systems

稳健性顽健性　Robustness

无限冲激响应滤波器　IIR filter

无监督学习　Unsupervised learning

无噪语音　Noiseless speech

无损声管模型　Lossless tube models

误差函数　Error function

误差准则　Error criterion

X

系统函数　System function

系统模型　System model

线性系统　Linear system

线性预测　Linear prediction

线性预测器　Linear predictor

线性预测分析　Linear predictive analysis

线性预测残差　LPC residual

线性预测编码　Linear predictive coding (LPC)

线性预测编码器　Linear-prediction encoder

线性预测方程　Linear-prediction equations

线性预测距离测度　LPC-based distance measures

线性预测声码器　Linear-prediction vocoder, LPC vocoder

线性预测系数　LPC coefficient

相关(性)　Correlation

相关函数　Correlation function

相关矩阵　Correlation matrix

相关系数　Correlated coefficient

相位声码器　Phase vocoder

谐波峰(值)　Harmonic peaks

协方差法　Covariance method

协方差方程　Covariance equations
协方差矩阵　Covariance matrix
协同发音　Coarticulation
斜率过载　Slope overload
斜率过载噪声　Slope overload noise
信息率　Information rate
信噪比　Signal-to-noise ratio（SNR 或 S/N）
形心　Centroids
修正自相关　Modified autocorrelation
削波　Clipping
选峰法　Peak-picking method
学习阶段　Learing phase
训练阶段　Training phase

Y

压扩器　Compander
咽　Pharynx
掩蔽　Masking
译码器　Decoder
音标　Phonetic transcription
音节　Syllables
音色　Timbre
音素　Phones
音位　Phonemes
音位学　Phonemics
音质　Tone quality
隐马尔可夫模型　Hidden Markov Model（HMM）
有限冲激响应滤波器　Finite-duration impulse-response（FIR）filters
有限状态模型　Finite-state models
语调　Intonation
语法　Grammar
语谱图　Spectrogram
语谱仪　Spectrograph
语言　Language
语言学　Linguistic
语义知识　Semantic knowledge
语音　Speech sound, speech, voice

语音的全极点模型　All-pole model for speech
语音编码　Speech encoding
语音分析　Speech analysis
语音感知　Speech perception
语音合成　Speech synthesis
语音合成器　Speech synthesizer
语音加密　Voice eacryption
语音理解　Speech understanding
语音生成　Speech generation
语音识别　Speech recognition
语音识别器　Speech recognizers
语音信号　Speech signals
语音学　Phonetics
语音压缩　Voice compression
语音应答系统　Voice response systems
语音预处理　Pre－processing of speech
语音增强　Speech enhancement
预测　Prediction
预测残差　Prediction residual
预测器　Predictor
预测器阶数　Order of predictor
预测器系数　Predictor coefficients
预测误差　Prediction error
预测误差功率　Prediction-error power
预测误差滤波器　Prediction-error filter
预处理　Pre－processing
预加重　Preemphasis
元音　Vowels
韵律　Prosodics
韵律特征　Prosodic feature

Z

噪声　Noise
噪声整形　Noise shaping
最大相位信号　Maximum phase signals
最小相位信号　Minimum phase signals
最小均方误差准则　Least mean square rule
最大熵法　Maximum-entropy method

最大似然法　Maximum likelihood method

最大似然测度　Maximum-likelihood measure

最陡下降法　Method of steepest descent

最佳规整路径　Optimum warping path

最近邻准则　NNR(Nearest-neighbor rule)

最小预测残差　Minimum prediction residual

最小预测误差　Minimum prediction error

增量调制　Delta modulation

窄带语图　Narrow-band spectrogram

诊断押韵试验　Diagnostic rhyme test (DRT)

正定二次型　Positive-definite quadratic form

正交化　Orthogonalization

正交镜像滤波器　Quadrature mirror filters

正交原理　Orthogonality principle

正向预测器　Forward predictor

正向预测误差　Forward prediction error

直方图　Histogram

智能　Intelligence

终端模拟合成器　Terminal-analog synthesizer

中心矢量　Centre vector

中心削波　Center clipping

中值平滑　Median smoothing

重音　Stress

周期性噪声　Periodic noise

主观失真测量　Perceptual distortion measures

主周期　Principal cycles

浊音　Voiced

浊音性/清音性（区别特征）　Voiced/Voiceless distinetive feature

子带声码器　Sub-band vocoder

自动机　Automata

自回归模型　Autoregressive (AR) model

自回归-滑动平均模型　Autoregressive moving-average (ARMA) model

自然度　Naturalness

自适应变换编码　Adaptive transform coding

自适应量化　Adaptive quantization

自适应滤波　Adaptive filtering

自适应预测　Adaptive prediction

自适应增量调制　Adaptive delta modulation

自相关法　Autocorrelation method

自相关方程　Autocorrelation equations

自相关函数　Autocorrelation function

自相关矩阵　Autocorrelation matrix

自相关声码器　Autocorrelation vocoder

自组织　Self-organization

综合分析　Analysis by synthesis

参 考 文 献

[1]　RABINER L R, SCHAFER R W. Digital Processing of Speech Signals[M]. Englewood Cliffs (New Jersey): Prentice-Hall Inc., 1978(朱雪龙等.语音信号数字处理[M].北京:科学出版社,1983).

[2]　PARSONS T W. Voice and Speech Processing[M]. New York: McGraw-Hill Book Company, 1986(文成义,常国芩,王化周,赖全福.语音处理[M].北京:国防工业出版社,1990).

[3]　杨行峻,迟惠生等.语音信号数字处理[M].北京:电子工业出版社,1995.

[4]　姚天任.数字语音处理[M].武汉:华中理工大学出版社,1992.

[5]　易克初,田斌,付强.语音信号处理[M].北京:国防工业出版社,2000.

[6]　陈永彬,王仁华.语言信号处理[M].合肥:中国科技大学出版社,1990.

[7]　古井贞熙著.数字声音处理[M].朱家新,张国海,易武秀译.北京:人民邮电出版社,1993.

[8]　FANT G. Acoustic Theory of Speech Production[M]. The Hague(The Netherlands): Muton, 1960.

[9]　FLANAGAN J L. Speech Analysis, Synthesis and Perception[M]. New York: Springer - Verlag, 2nd Ed., 1972.

[10]　MARKEL J D, GRAY A H. Linear Prediction of Speech[M]. New York: Springer - Verlag, 1976.

[11]　MAKHOUL J. Stable and Efficient Lattice Methods for Linear Prediction[J]. IEEE Trans. on ASSP, 1977, 25:423-428, .

[12]　MAKHOUL J. Linear Prediction: a Tutorial Review. Proc[J]. IEEE, 1975, 63(4): 561-580.

[13]　ITAKURA F. Line Spectrum Representation of Linear Predictive Coefficients of Speech Signals [J]. J. Acoust. Soc. Am., 1975, 57, s35(a):535.

[14]　OPPENHEIM A V, KOPEC C E, TRIBOLET J M. Speech Analysis by Homomorphic Prediction [J]. IEEE Trans. on ASSP, 24:327-332.

[15]　BURG J. Maximum Entropy Spectral Analysis[D]. PhD. dissertation, Stanford Univ., Stanford, CA, 1975.

[16]　胡征,杨有为.矢量量化原理及应用[M].西安:西安电子科技大学出版社,1988.

[17]　ABUT H, GRAY R M, REBOLLESO G. Vector Quantization of Speech and Speech - like Waveformd[J]. IEEE Trans. on ASSP, 1982, 30(3):423-435.

[18]　JUANG B H, WONG D Y, GRAY JR A H. Distortion Performance of Vector Quantization for LPC Voice Coding[J]. IEEE Trans. on ASSP, 1982, 30:294-304.

[19]　GERSHO A, CUPERMAN V. Vector Quantization: a Pattern - Matching Technique for Speech Coding[J]. IEEE Communications Magazine, 21(9):12-15.

[20] GRAY R M. Vector Quantization[J]. IEEE ASSP Magazine, 1984,1(25):4-29.

[21] JUANG B H, GRAY A H Jr. Multiple Stage Vector Quantization for Speech Coding[C]. Proc. ICASSP,1982:597-600.

[22] LINDE Y, BUZO A and GRAY R M. An Algorithm for Vector Quantizer Design[J]. IEEE Trans. on Commun.,1980,28(1):84-95.

[23] SABIN M J and GRAY R M. Product Code Vector Quantizers for Waveform and Voice Coding [J]. IEEE Trans. on ASSP,1984,32(3):474-488,.

[24] Vladimir Cuperman and Allen Gersho. Vector Predictive Coding of Speech at 16kbps[J]. IEEE Trans. on Commun.,1985,33(7):685-696.

[25] WONG D Y and JUANG B H. Voice Coding at 800 bps and Lower Data Rates with LPC Vector Quantization[C]. Proc. ICASSP,1982:606-609.

[26] BAUM L E, *et al*.. A Maximization Technique Occuring in the Statistical Analysis of Probabilistic Functions of Markov Chains[J]. Ann. Math. Stat., 1970,41:164-171.

[27] LIPORACE L R. Maximum Likelihood Estimation for Multivariate Observations of Markov Sources[J]. IEEE Trans. on Inform. Theory,1982,28:729-734.

[28] JUANG B H. Maximum - Likelihood Estimation for Mixture Multivariate Stochastic Observations of Markov Chains[J]. Bell System Tech. J.,1985,64(6):1235-1250.

[29] RABINER L R and JUANG B H. An Introduction to Hidden Markov Models[J]. IEEE ASSP Magazine, 1986:4-16.

[30] BAUM L E and EAGON J A. An Inequality with Applications to Statistical Estimation for Probabilistic Functions of a Markov Process and to a Model for Ecology[J]. Bull. AMS.73, 1967: 360-363.

[31] HESS W. Pitch Determination of Speech Signals - Algorithm and Devices[M]. Berlin: Springer - Verlag,1983.

[32] SONDHI M M. New Methods of Pitch Extraction[J]. IEEE Trans. on AU,1968,16:262-266.

[33] GOLD B and RABINER L R. Parallel Processing for Estimating Pitch Periods of Speech in the Time Domain[J]. J. Acoust. Soc. Am.,1969,46:442-448.

[34] SCHFER R W and RABINER L R. System for Automatic Formant Analysis of Voiced Speech [J]. J. Acoust. Soc. Am.,1970,47:634-648.

[35] MARKEL J D. The SIFT Algorithm for Fundamental Frequency Estimation[J]. IEEE Trans. on AU,1972,Dec.,20:367-377.

[36] HAMMING R W. Coding and Information Theory[M]. Englewood Cliffs(New Jersey): Prentice-Hall Inc.,1980.

[37] 鲍长春. 低比特率数字语音编码基础[M]. 北京: 北京工业大学出版社,2001.

[38] 毕厚杰. 多媒体信息的传输与处理[M]. 北京: 人民邮电出版社,1999.

[39] ATAL B S and SCHROEDER M R. Adaptive Predictive Coding of Speech Signals[J]. Bell System Tech. J.,1970,49(8):1973-1986.

[40] CROCHIERE R E,WEBBER S A and FLANAGAN J L. Digital Coding of Speech in Sub-bands [J]. Bell System Tech. J.,1976,55(8):1059-1085.

[41] ESTEBAN D and GALAND C. Application of Quadrature Mirror Filters to Split Band Voice Coding Schemes[C]. Proc. IEEE ICASSP, Hartford, CT, 1977: 191-195.

[42] AHMDE N, NATARAJAN T and RAO K R. Discrete Cosine Transform[J]. IEEE Trans. on Computers, 1974: 90-93.

[43] ATAL B S. Predictive Coding of Speech at Low Bit Rates[J]. IEEE Trans. on Commun., 1982, 30(4): 600-614.

[44] GRAY A H Jr. and MARKEL J D. Quantization and Bit Allocation in Speech Processing[J]. IEEE Trans. on ASSP, 1976, 24(6): 459-473.

[45] GREEFKES J A. A Digitally Companded Delta Modulation Modem for Speech Transmission [C]. Proc. IEEE Int. Conf. on Commun., 1970: 33-48.

[46] HUANG J Y and SCHULTHEISS P M. Block Quantization of Correlated Gaussian Random Variables[J]. IEEE Trans. on Commun. Syst., 1963, 11: 289-296.

[47] CCITT 8th Plenary Assembly. Recommendation[G]. 721. 32kb/s Adaptive Differential Pulse Code Modulation (ADPCM), 1984.

[48] MAGILL D T. Adaptive Speech Compression System for Packet Communication Systems[C]. Telecomm. Conf. Record, 1973.

[49] TREMAIN T E. The Government Standard Linear Predictive Coding Algorithm: LPC - 10[J]. Speech Technology, 1982, 1(2): 40-49.

[50] GOLD B and RADER C M. The Channel Vocoder[J]. IEEE Trans. on AU, 1967, 15(4): 148-161.

[51] FLANGAN J L and GOLDEN R M. Phase Vocoder[J]. Bell System Tech. J., 1966, 45: 1493-1509.

[52] FLANAGAN J L, et al.. Speech Coding[J]. IEEE Trans. on Commun., 1979, 27(4): 710-737.

[53] SMITH C P. Perception of Vocoder Speech Processed by Pattern Matching[J]. J. Acoust. Soc. Am., 1969, 46(6): 1562-1571.

[54] WEINSTEIN C J and OPPENHEIM A V. Predictive Coding in a Homomorphic Vocoder[J]. IEEE Trans. on AU, 1971, 19(3): 303-308.

[55] GRAY A H Jr. and MARKEL J D. Digital Lattice and Ladder Filter Synthesis[J]. IEEE Trans. on AU, 1973, 21: 491-500.

[56] HASKEW J R, et al.. Results of a Study of the Linear Prediction Vocoder[J]. IEEE Trans. on Commun., 1973, 21: 1008-1014.

[57] ATAL B S, REMDE R. A New Model of LPC Excitation for Producing Natural - Sounding Speech at Low Bit Rates[C]. Proc. ICASSP, 1982: 614-617.

[58] ARASEKI T, OZWA K and OCHIAL K. Multi - pulse Excited Speech Coder based on Maximum Crosscorrelation Search Algorithm[C]. Proc. IEEE GLOBECOM, 1983, 2: 794-798.

[59] ATAL B S and SCHROEDER M R. Stochastic Coding of Speech Signal at Very Low Bit Rates [C]. Proc. of Int. Conf. on Commun., 1984, Part 2: 1610-1613.

[60] SCHROEDER M R and ATAL B S. Code - Excited Linear Prediction (CELP) High Quality at

Very Low Bit Rates[C].Proc.ICASSP,1985:937-940.

[61] PATISAUL C R and HAMMETT J C.Time-Frequency Resolution Experiment in Speech Analysis and Synthesis[J]. J.Acoust. Soc.Am.,1975,58(6):1297-1307.

[62] FURUI S.Digital Speech Processing, Synthesis and Recognition[M]. Marcel Dekker Inc., 1989.

[63] 郭军.智能信息技术[M].北京:北京邮电大学出版社,1999.

[64] ROSENBERG A.Effect of Glottal Pulse Shape on Quality of Natural Vowels[J]. J.Acoust. Soc.Am.,1971,49(3):583-590.

[65] KLATT D H.Software for Cascade Parallel Formant Synthesizer[J]. J.Acoust.Soc.Am., 1980,67(3):971-995.

[66] RABINER L R and JUANG B H. Fundamentals of Speech Recognition[M]. Englewood Cliffs (New Jersey):Prentice-Hall Inc.,1993.

[67] LEA W A Ed.. Trends in Speech Recognition[M]. Englewood Cliffs(New Jersey):Prentice‐Hall Inc.,1980.

[68] 陈尚勤,罗承烈,杨雪.近代语音识别[M].成都:电子科技大学出版社,1991.

[69] HYDE S R. Automatic Speech Recognition, A Critical Surrey and Discussion of Literature, in Automatic Speech and Speaker Recognition[M]. N.R.Dixon and T.B. Martin Ed., IEEE Press,1978.

[70] Haltsonen.Improved Dynamic Time Warping Methods for Discrete Utterance Recognition[J]. IEEE Trans. on ASSP, 1985,33:449-450.

[71] BARKER J K. The DRAGON System:an Overview[J].IEEE Trans. on ASSP, 1975,23(1): 24-29.

[72] JELINEK F. Continuous Speech Recognition by Statistical Methods[J]. Proc.IEEE,1976,64 (4):532-556.

[73] LEVINSON S E,et al.. An Introduction to the Application of the Theory of Probabilistic Functions of a Markov Process to Automatic Speech Recognition[J].Bell System Tech. J., 1983, 62(4):1035-1047.

[74] RABINER L R, LEVINSON S E. A Speaker-Independent, Syntax-Directed, Connected Word Recognition System Based on Hidden Markov Models and Level Building[J]. IEEE Trans. on ASSP,1985,33(3):561-573.

[75] RABINER L R,et al..On the Application of Vector Quantization and Hidden Markov Model to Speaker-independent, Isolated Word Recognition[J]. Bell System Tech. J., 1983, 62(4): 1075-1105.

[76] PORITZ A B and RICHTER A G.On Hidden Markov Models in Isolated Word Recognition [C]. Proc.ICASSP,1986:705-709.

[77] BURTON D K and SHORE J E.Isolated Word Recognition Using Multisection Vector Quantization Codebooks[J]. IEEE Trans. on ASSP,1985,33(4):837-849.

[78] WOLF J.Efficient Acoustic Parameters for Speaker Recognition[J]. J.Acoust. Soc.Am., 1972,51:2044-2056.

[79] ATAL B S.Automatic Speaker Recognition Based on Pitch Contour[J]. J.Acoust.Soc.Am.,

1972,52:1687-1697.

[80] LIM J S. Speech Enhancement[M]. Englewood Cliffs(New Jersey):Prentice – Hall Inc., 1983.

[81] MITCHELL O M and BERKLEY D A. Reduction of Long – time Reverberation by a Center – clipping Process[J]. J. Acoust. Soc. Am., 1970,47(1):84.

82] WEISS M R, et al.. Processing Speech Signals to Attenuate Interference[J]. IEEE Symp. Speech Recognition, 1974:292-293.

[83] BOLL S F. Suppression of Acoustic Noise in Speech Using Spectral Subtraction[J]. IEEE Trans. on ASSP, 1979,27(2):113-120.

[84] BEROUTI M, et al.. Enhancement of Speech Corrupted by Acoustic Noise[C]. ICASSP, 1979:208-211.

[85] LIM J S and OPPENHEIM A V. Enhancement and Bandwidth Compression of Noisy Speech [J]. Proc. IEEE, 1979,67(12):1586-1604.

[86] MALLAT S. A Theory for Multiresolution Signal Decomposition:the Wavelet Repre – sentation [J]. IEEE Trans. on PAMI, 1989,11(7):674-691.

[87] MALLAT S and HWANG W L. Singularity Detection and Processing with Wavelet[J]. IEEE Trans. on Inform. Theory,1992,38(2):617-643.

[88] RIOUL O and VETTERH M. Wavelet and Signal Prcocessing[J]. IEEE Signal Processing Magazine,1991.

[89] DONOHO D L. De – noising by Soft – thresholding[J]. IEEE Trans. on Inform. Theory,1995, 41(5):613-617.

[90] 靳蕃,范俊波,谭永东.神经网络与神经计算机[M].成都:西南交通大学出版社,1991.

[91] 王伟.人工神经网络原理[M].北京:北京航空航天大学出版社,1995.

[92] MORGAN D P, SCOFIELD C L. Neural Networks and Speech Processing[M]. Kluwer Academic Publishers,1991.

[93] KOHONEN T. Self – Organized Formulation of Tepologically Correct Feature Maps[J]. Biological Cybernetics, 1982(43):59-69.

[94] LIPPMAN R P. An Introduction to Computing with Nets[J]. IEEE Magazine,1987:4-22.

[95] WAIBEL A, et al.. Phoneme Recognition Using Time – Delay Neural Networks[J]. IEEE Trans. on ASSP,1989,37(12):1888-1898.

[96] MC DERMOTT E, et al.. Silft – Tolerant LVQ and Hybrid LVQ – HMM for Phonemes Recognition, in Readings in Speech Recognition[J]. Ed. A. Waibel and Kai – fu li, San Mateo:Morgan Kaufman Publishers:425-438.

[97] WEIJTERS T, THOLE J. Speech Synthesis with Artificial Neural Networks[C]. Proc. Int. Conf. on Neural Networks,San Francisco,1993:1764-1769.

[98] JIANG X, GANG Z Y, SUN F, CHI H. A Hybrid Speaker Recognition System Based on the Auditory Path Model[C]. Proc. of WCNN'93, Portland,1993:598-601.

[99] BENNANI Y and GALLINARI P. On the Use of TDNN Extracted Features Information In Talker Identification[C]. Proc. ICASSP,Toronto,1991:385-388.

[100] 徐彦君,杜利民,李国强等. 汉语听觉视觉双模态数据库 CAVSR1.0[J].声学学报,

2000,25(1):42-49.

[101] 姚鸿勋,高文,王瑞等.视觉语言——唇读综述[J].电子学报,2001,29(2):239-246.

[102] MCGURK H, MACDONALD J. Hearing lips and seeing voices[J]. Nature,1976,264: 746-748.

[103] CHIOU G I, HWANG J N. Lipreading from color video[J]. IEEE Trans. on Image Processing,1997,6(8):1192-1195.

[104] SILABEE P L, BOVIK A C. Computer Lipreading for improved accuracy in automatic speech recognition[J]. IEEE Trans. on Speech and Audio Processing, 1996(4):337-351.

[105] 江铭虎,袁保宗,林碧琴.神经网络语音识别的研究及进展[J].电信科学,1997,13(7):1-5.

[106] 李晓霞,王东木,李雪耀.语音识别技术评述[J].计算机应用研究,1999,10:1-3.

[107] 倪维桢.语音编码综述[J].江苏通信技术,2000,16(2):1-4.

[108] 王少勇,王秉均.语音编码技术的现状及发展[J].天津通信技术,2000,2:1-4.

[109] Speech Characterization and Synthesis by Nonlinear Methods[J]. IEEE Trans. on Speech and Audio Processing, 1999,7(1):1-17.

[110] MARAGOS P, DIMAKIS A G, KOKKINOS I. Some advances in nonlinear speech modeling using modulations, fractals, and chaos[C]. Proc. of 14th International Conference on Digital Signal Processing, 2002,vol.1: 325 – 332.

[111] 黄润生.混沌及其应用[M].武汉:武汉大学出版社,2000.

[112] 韦岗,陆以勤,欧阳景正.混沌、分形理论与语音信号处理[J].电子学报,1996,24(1):34-38.

[113] 董远,胡光锐.语音识别的非线性方法[J].电路与系统学报,1998,3(1):52-58.

[114] 王跃科,林嘉宇,黄芝平.混沌信号处理[J].国防科技大学学报,2000,22(5):73-77.

[115] WOLF A, et al. Determining Lyapunov exponents from time series[D]. Physica D,1985,16:285-317.

[116] HEIDARI S, et al. Self – similar set identification in the time – scale domain[J]. IEEE Trans. on SP, 1996,44(6):1568-1573.

[117] THOMPSON C, MULPUR A, MEHTA V. Transition to chaos in acoustically driven flow[J]. J Acoust. Soc. Am.,1991,90(4):2097-2103.

[118] ALBANO A M, et al. SVD and Grassberger – Procaccia algorithm[J]. Phys. Rev. A., 1988,38:3017-3026.

[119] HAYKIN S, LI X B. Detection of signal in chaos[J]. Proc. of IEEE, 1995,83(1):95-122.

[120] FRASER A M. Information and entropy in strange attractors[J]. IEEE Trans. on IT, 1989, 35(2):245-262.

[121] 陈亮,张雄伟.语音信号非线性特征的研究[J].解放军理工大学学报,2000,2(1):11-17.

[122] 周志杰.语音信号非线性特征的数值表示[J].解放军理工大学学报,2002,3(1):27-30.

[123] FROYLAND J. Introduction of chaos and coherence[M]. London: Institute of Physics Publishing,1992.

[124] PACKARD N H, et al. Geometry from a time series[J]. Phys. Rev. Lett.,1980,45(9): 712-715.

[125] TAKENS F. Detecting strange attractors in trubulence[J]. Lecture Notes in Mathematics, 898,(Springer, Berlin,1981,230-242.

[126] BARNSLEY M F, HELTON J, HADLIN D P. Recurrent iterated function system[J]. Constructive Approximation,1989,5:3-31.

[127] MORGAN N, BOURLAND H A. Neural networks for statistical recognition of continuous speech[J]. Proc. of IEEE,1995,83(5):742-770.

[128] AIHARA K, TAKABE T, TOYADA M. Chaotic neural networks[J].Phys. Lett. A,1990, 144:333-340.

[129] BRYSON A E, DENHAM W. A steepest – ascent method for solving optimum programming problem[J]. J. App. Mech.,1962,29(2):247-257.

[130] 任晓林,胡光锐,徐雄.基于混沌神经网络的语音识别方法[J].上海交通大学学报, 1999, 33(12): 1517-1520.

[131] 林嘉宇,王跃科,黄芝平等.一种新的基于混沌的语音、噪声判别方法[J]. 通信学报,2001, 22(2): 123-128.

[132] PICKOUER C, KHORASANI A. Fractal characterization of speech waveform[J]. Graphs, Conp & Graphics,1986,10(1):55-61.

[133] THYSSEN J, NIELSEN H, HANSI S D. Nonlinear short – term prediction in speech coding [C]. Proc. of ICASSP, 1994, vol. I :185-188.

[134] TOWNSHEND B. Nonlinear prediction of speech[C]. Proc of ICASSP , 1991:425-428.

[135] MAGAGOS P. Fractal aspects of speech signal: dimension and interpolation[C]. Proc. of I-CASSP, 1991:417-420.

[136] SENEVIRATHNE T R. Use of fractal for speech segmentation and recognition[J]. Meng Thesis, Division of Computer Science, Asian Institute of Technology, Bangkok,Thailand, 1991, 8-23.

[137] SENEVIRATHNE T R, BOHEZ E L J, WINDEN J A V. Amplitude scale method: new and efficient approach to measure fractal dimension of speech waveform[J]. Electronics Letters, 1992,28:420-422.

[138] 陈国,胡修林,曹鹏等. 基于网格维数的汉语语音分形特征研究[J].声学学报,2001, 16(1):59-66.

[139] 董远,胡光锐,孙放.一种基于分形理论的语音分割新方法[J]. 上海交通大学学报, 1998,32(4):97-99.

[140] 董远,胡光锐. 多重分形在语音分割和语音识别中的应用[J]. 上海交通大学学报, 1999,33(11):1406-1408.

[141] 张学工. 关于统计学习理论与支持向量机[J]. 自动化学报, 2000, 26,(1):32-42.

[142] JOHN C. Platt. Sequential Minimal Optimization: A Fast Algorithm for Training Support Vector Machines[R]. Microsoft Research Technical Report, MSR – TR – 98 – 14, April, 1998.

[143] PLATT J C. Using Sparaseness and Analysis QP to Speed Training of Support Vector Machine

[J]. In: Kearns M S, et al. eds, Advance in Neural Information Processing Systems (volume11), Cambridge, MA: MIT Press, 1999.

[144] GANAPATHIRAJU A, HAMAKER J, PICONE J. Hybrid SVM/ HMM architectures for speech recognition [J]. http // www. isip. msstate. edu/publications/conferences/icslp/2000/hybrid asr/paper v0. pdf, 2002.

[145] 刘江华, 程君实, 陈佳品. 支持向量机训练算法综述[J]. 信息与控制, 2002, 31(1): 45-49.

[146] OSUNA E, FREUND R, GIROSI F. Training support vector machines: An application to face detection[C]. Proc. of CVPR'97, Puerto Rico, 1997.

[147] 何建新, 刘真祥. SVM 与 DTW 结合实现语音分类识别[J]. 贵州大学学报(自然科学版), 2002, 19(4): 320-324.

[148] 侯风雷, 王炳锡. 基于说话人聚类和支持向量机的说话人确认研究[J]. 计算机应用, 2002, 22(10): 33-35.

[149] 侯风雷, 王炳锡. 基于支持向量机的说话人辨认研究[J]. 通信学报, 2002, 23(6): 61-67.

[150] RIZVI A. Residual vector quantization using a multiplayer competing neural network[J]. IEEE Trans. on SAC, 1994, 12(9): 1452-1459.

[151] GAO X M, et al. Modeling of speech signals using an optimal neural network structure based on PMDL principle[J]. IEEE Trans. on Speech and Audio Processing, 1998, 6(2): 177-180.

[152] THYSSEN J, NIELSEN H, HANSEN S D. Nonlinear short – term prediction in speech coding[C]. Proc. of ICASSP, 1994, I: 185-188.

[153] KRISHAMURTHY A K, et al. Neural networks for VQ of speech and images[J]. IEEE Trans. on SAC, 1990, 8(8): 1449-1457.

[154] HAYKIN S, LI L. Nonlinear adaptive prediction of non – stationary signals[J]. IEEE Trans. on SP, 1995, 43(2): 526-535.

[155] WU L, NIRANJAN M. On the design of nonlinear speech predictors with recurrent nets[C]. Proc of ICASSP, 1994, I: 529-532.

[156] Diaz – de – Maria F, et al. Nonlinear prediction for speech coding using radial basis functions [C]. Proc of ICASSP, 1995: 788-791.

[157] Diaz – de – Maria F et al. Improving CELP coders by backward adaptive non – linear prediction[J]. Int. J. of Adaptive Contrl and Signal Processing, 1997, 11: 585-601.

[158] UCHINO E, et al. Orthogonal least squares learning algorithm for radial basis function networks[J]. IEEE Trans. on Neural Networks, Mar 1991, 101: 177-185.

[159] 周志杰. MLP 语音信号非线性预测器[J]. 解放军理工大学学报(自然科学版), 2001, 2(5): 1-4.

[160] 张雪英, 王安红. 基于 RNN 的非线性预测语音编码[J]. 太原理工大学学报, 2003, 34(3): 270-272.

[161] TSUNGNAN L, Bill G Home, Lee Giles. Learning long – term dependencies in NARX recurrent neural networks[J]. IEEE Trans. on Neural Network, 1996, 7(6): 1329-1338.